D1263149

COURS
de
MORPHOLOGIE GÉNÉRALE

(THÉORIQUE ET DESCRIPTIVE)

Igor Mel'čuk

COURS
de
MORPHOLOGIE GÉNÉRALE

(THÉORIQUE ET DESCRIPTIVE)

Texte français revu par Yves Gentilhomme

Volume I :

Introduction
et
Première partie : Le mot

Les Presses de l'Université de Montréal
CNRS ÉDITIONS

La rédaction de cet ouvrage a été en partie subventionnée par le Fonds F.C.A.C. pour l'aide et le soutien à la recherche (subvention nº OU-73, octroyée en 1981). La version finale du manuscrit et sa préparation pour l'édition ont été effectuées grâce à deux bourses Killam (1988, 1990). En outre, la publication de ce livre a bénéficié du soutien de la Délégation générale à la langue française (Service du Premier ministre français) et de l'Association des linguistes de l'Enseignement supérieur de France.

Données de catalogage avant publication (Canada)

Mel'čuk, I. A. (Igor' Aleksandrovic), 1932-

Cours de morphologie générale

L'ouvrage complet comprendra 5 vol.
Comprend des réf. bibliogr. et un index.

ISBN 2-7606-1548-0

1. Grammaire comparée et générale – Morphologie. 2. Mot (Linguistique). 3. Analyse linguistique (Linguistique). 4. Sémantique. I. Titre.

P241.M44 1992   415   C93-096036-X

«Tous droits de traduction et d'adaptation, en totalité ou en partie, réservés pour tous les pays. La reproduction d'un extrait quelconque de ce livre, par quelque procédé que ce soit, tant électronique que mécanique, en particulier par photocopie et par microfilm, est interdite sans l'autorisation écrite de l'éditeur.»

© Les Presses de l'Université de Montréal, 1993
   Imprimé au Canada

ISBN 2-7606-1548-0 (Presses de l'Université de Montréal)
ISBN 2-222-04778-1 (CNRS Éditions)

820324

À L. I., sans paroles.

Im Anfang war das Wort!
ᶜAu commencement était le mot!ᵕ
J.W. von Goethe, «Faust»
[d'après l'*Évangile selon Saint Jean*, I.1]

В оный день, когда над миром новым
Бог склонял лицо своё, тогда
Солнце останавливали словом,
Словом разрушали города!
ᶜEn ces temps où sur un monde nouveau
Dieu penchait son visage tranquille,
On arrêtait le soleil par un mot,
Un seul mot pouvait raser des villes!ᵕ
N. Goumilyov, «Le Mot».

Le mot, malgré la difficulté qu'on a à le définir, est une unité qui s'impose à
l'esprit, quelque chose de central dans le mécanisme de la langue.
F. de Saussure, «Cours de linguistique générale».

Amis lecteurs, qui ce livre lisez,
Despouillez vous de toute affection;
Et, le lisant, ne vous scandalisez :
Il ne contient mal ni infection.
Or esbaudissez vous, mes amours, et guayemment lisez le reste, tout à l'aise du corps et au profit des reins!

Maître Alcofribas, *alias* François Rabelais.

REMERCIEMENTS

Pendant les longues années de travail exténuant sur le «Cours de morphologie générale», j'ai profité de l'aide désintéressée de nombreuses personnes; je n'exagère pas en disant que sans leur appui le livre n'aurait pas été prêt aujourd'hui — et n'aurait peut-être jamais été terminé. Le moment est venu de m'acquitter de l'obligation aussi importante que plaisante de leur exprimer ma gratitude la plus cordiale.

Deux noms viennent en tête de la liste : L. Iordanskaja et N. Pertsov.

Lidija Iordanskaja, comme toujours, a partagé avec moi les premières et les dernières difficultés. Elle a lu, à plusieurs reprises, le texte entier : des premières ébauches jusqu'à la version finale. Il me serait impossible d'indiquer explicitement tous les passages où son intervention a été décisive, et je me limiterai ici à dire que le livre, dans son état présent, lui doit beaucoup plus que je ne saurais lui reconnaître.

Nikolaj Pertsov, pour sa part, malgré les milliers de kilomètres qui nous séparent depuis quinze ans, a lu le livre page par page; ses critiques, ses contre-exemples et ses suggestions m'ont évité de nombreuses erreurs. Je lui dois aussi de non moins nombreuses et précises formulations. Les lettres de M. Pertsov — des dizaines de pages de discussions morphologiques — pourraient constituer une annexe intéressante au livre.

Yves-Charles Morin a accepté de lire la plus grande partie du manuscrit. Ses remarques m'ont été particulièrement précieuses dans la mesure où elles m'ont permis de tenir compte des façons de voir des linguistes occidentaux, surtout américains. Issu d'une école de pensée différente mais essayant de m'adresser aux collègues de ce côté de la frontière, j'ai dû faire des efforts pour moduler dûment mon exposé; à cet égard, l'aide de M. Morin me fut inestimable. J'ai discuté avec lui à plusieurs reprises tous les exemples français, de sorte que les solutions et les descriptions proposées (par le «Cours de morphologie générale») dans ce domaine doivent beaucoup à ses idées. (Il va sans dire que je suis seul responsable des erreurs et des imprécisions qui s'y sont glissées.)

Zygmunt Saloni a passé le texte au peigne fin, en m'aidant à en éliminer certaines incohérences, des formulations maladroites et des passages obscurs.

Enfin, j'ai reçu des remarques et des propositions judicieuses concernant certaines parties du livre de Luc Bouquiaux, Greville Corbett, Wolfgang Dressler, David Gaatone, Gladys Guarisma, Irina Mourav'jova, Ferenc Papp, Alain Polguère, Elena Savvina, Tamás Szende, György Szépe et Elena Ustinova; de nombreuses discussions des concepts de base avec Sergej Jaxontov, il y a beaucoup d'années, m'ont aidé à mieux formuler les définitions centrales.

Je dois une mention spéciale à mes amis et collègues francophones dont les efforts continus et concertés ont permis de donner à mon texte un air suffisamment français. Comme le fameux mathématicien Hermann Weyl l'a dit, «le destin a mis sur ma pensée les chaînes d'une langue étrangère»; les amis que je nomme ici non seulement m'ont soulagé de ces chaînes mais ils m'ont fait me sentir à l'aise dans cet océan sans rives qu'est le français. D'abord, Louise Dagenais a travaillé avec moi des centaines de pages du manuscrit, ligne après ligne; en fait, elle m'a appris à écrire en français. Ensuite, Nadia Arbatchewsky-Jumarie a pris la relève pour mener à bien ce travail aussi difficile qu'ingrat. Beaucoup d'améliorations sont dues à Yves-Charles Morin; certains paragraphes ont été lus par Antoine Di-Lillo et Jean St-Germain; Alain Polguère a corrigé des vingtaines d'ajouts et de modifications effectués au dernier moment. Yves Gentilhomme a entrepris la tâche gigantesque de la révision du manuscrit au complet; les dernières touches ont été apportées à la version finale par André Clas, et Alain Polguère a lu les épreuves.

En conclusion, j'aimerais remercier la direction du Département de linguistique de l'Université de Montréal, qui a assumé le travail de dactylographie d'un manuscrit aussi complexe que volumineux aux stades initiaux. André Mel'čuk m'a initié au traitement de texte sur Macintosh; sans son intervention, j'aurais manqué de courage pour mener à bout ce travail colossal.

Je prie toutes les personnes mentionnées d'accepter l'hommage de ma plus vive gratitude pour leur collaboration autant éclairée qu'amicale.

I. M.

TABLE DES MATIÈRES

PREMIÈRE PARTIE

LE MOT

TABLEAU PHONÉTIQUE

Nous n'avons inclus dans ce tableau que les symboles qui
pourraient présenter certaines difficultés de lecture.

/aⁱ/ : diphtongue de l'angl. *my* ꞌmonꞋ
/aᵘ/ : diphtongue de l'angl. *house* ꞌmaisonꞋ
/β/ : consonne bilabiale fricative sonore
/C/ : consonne
/C̄/ : consonne longue ⟨= géminée⟩
/Cʰ/ : consonne aspirée
/Cʷ/ : consonne labialisée
/C′/ : consonne palatalisée
/Cꞌ/ : consonne glottalisée
/Ọ/ : consonne rétroflexe ⟨= cérébrale⟩
/c/ : consonne alvéolaire affriquée sifflante sourde [= fr. *ts*]
/č/ : consonne palato-alvéolaire affriquée chuintante sourde [= fr. *tch*]
/ç/ : consonne palatale fricative sourde [= all. *ch* de *ich* ꞌjeꞋ]
/ɗ/ : consonne dentale implosive sonore
/e/ : voyelle antérieure moyenne fermée non labialisée [= fr. *é*]
/eⁱ/ : diphtongue de l'angl. *day* ꞌjourꞋ
/ɛ/ : voyelle antérieure moyenne ouverte non labialisée [= fr. *è*]
/ə/ : voyelle centrale [schwa]
/γ/ : consonne vélaire fricative sonore
/g̣/ : consonne uvulaire fricative sonore
/h/ : consonne laryngale fricative sourde [= angl. *h*]
/ɦ/ : consonne laryngale fricative sonore
/ħ/ : consonne pharyngale fricative sourde
/ɪ/ : voyelle antérieure haute ouverte non labialisée [= angl. *i* de *pin* ꞌépingleꞋ]
/j/ : glide palatale [= fr. *y* de *yod*]
/l̥/ : consonne apicale latérale fricative sourde
/ƛ/ : consonne palatale latérale affriquée sourde [nahuatl *tl*]
/ŋ/ : consonne vélaire nasale [= angl. *ng*]
/o/ : voyelle postérieure moyenne fermée labialisée [= fr. *eau*]
/ɔ/ : voyelle postérieure moyenne ouverte labialisée [= fr. *o* de *bonne*]
/ö/ : voyelle antérieure moyenne fermée labialisée [= fr. *eu* de *feu*]
/œ/ : voyelle antérieure moyenne ouverte labialisée [= fr. *eu* de *peur*]
/r̃/ : consonne dentale vibrante sonore forte [= esp. *r* de *rana* ꞌgrenouilleꞋ]
/ř/ : consonne dentale vibrante fricative sourde
/q/ : consonne uvulaire plosive sourde
/š/ : consonne palato-alvéolaire fricative chuintante sourde [= fr. *ch*]
/ü/ : voyelle antérieure haute fermée labialisée [= fr. *u*]

/ɯ/ : voyelle postérieure haute fermée non labialisée [≈ fr. *ou* sans labialisation]

/V/ : voyelle

/V̄/ : voyelle longue

/Ṽ/ : voyelle nasale

/w/ : glide bilabiale bas [= angl. *w*]

/x/ : consonne vélaire fricative sourde [= all. *ch* de *Buch* ʿlivreʾ]

/χ/ : consonne uvulaire fricative sourde [= esp. *j*]

/ɥ/ : glide bilabiale haut [= fr. *u* de *lui*]

/ž/ : consonne palato-alvéolaire fricative chuintante sonore [= fr. *j*]

/ǯ/ : consonne palato-alvéolaire affriquée chuintante sonore [= angl. *j*]

/θ/ : consonne interdentale fricative sourde [= angl. *th* de *think* ʿpenserʾ]

/ʔ/ : consonne laryngale plosive sourde [coup de glotte]

/ʕ/ : consonne pharyngale fricative sonore

NB : Pour le bénéfice du lecteur, nous présentons à la page suivante une ébauche fort approximative du système des phonèmes des langues naturelles, inspirée du livre de Geoffrey K. Pullum and William A. Ladusaw, *Phonetic Symbol Guide*, 1986, Chicago - London : The University of Chicago Press.

Système des phonèmes des langues naturelles

Voyelles

		antérieures		centrales		postérieures	
		non lab	lab	non lab	lab	non lab	lab
hautes	fermées	i	ü	ɨ	ʉ	ɯ	u
hautes	ouvertes	ɪ	Ü	ɨ	ʉ	ɯ	ʊ
moyennes	fermées	e	ö	ə		ë	o
moyennes	ouvertes	ɛ	œ	ʌ			ɔ
basses		æ		a		ɑ	

Consonnes

PLOSIVES	bilabiales	dentales	alvéolaires	rétroflexes	palatales	uvulaires	vélaires	laryngales
sourdes	p	t̪	t	ṭ	k̡	k	q	ʔ
sonores	b	d̪	d	ḍ	g̡	g	q̇	—

FRICA-TIVES	bila-biales	labio-dentales	inter-dentales	dentales	alvéolaires	rétroflexes	palato-alvéo-laires	palatales	vélaires	uvu-laires	pharyn-gales	laryn-gales
sourdes	ɸ	f	θ	ś	s	ṣ	š	ɕ	x	χ	ħ	h
sonores	β	v	ð	ź	z	ẓ	ž	ʑ	ɣ	ġ	ʕ	ɦ

AFFRIQUÉES	alvéolaires	palato-alvéolaires	latérales
sourdes	c	č	ƛ
sonores	ʒ	ǯ	ƛ̌

LISTE DES ABRÉVIATIONS ET DES SYMBOLES

Adj	:	adjectif
ACC	:	accusatif [cas grammatical]
ACT	:	actif
Adv	:	adverbe
ALL	:	allatif [cas grammatical]
-Anaph	:	anaphorique
ATTR	:	relation syntaxique profonde attributive
CO^{dir}	:	complément d'objet direct
CO^{indir}	:	complément d'objet indirect
COM	:	comitatif [cas grammatical]
-Comm	:	communicatif
COORD	:	relation syntaxique profonde coordinative
Δ	:	sous-arbre standard, ou la structure SyntS d'un syntagme$_1$ type; par exemple, ΔSN = sous-arbre du syntagme$_1$ nominal
DAT	:	datif [cas grammatical]
DEC	:	dictionnaire explicatif et combinatoire
DIM	:	diminutif
FÉM	:	féminin
FL	:	fonction lexicale
FUT	:	futur
g	:	genre grammatical
GÉN	:	génitif [cas grammatical]
IMPF	:	imparfait
IND	:	indicatif
INSTR	:	instrumental [cas grammatical]
L	:	lexie / lexème
L	:	langue donnée
LOC	:	locatif [cas grammatical]
MASC	:	masculin
-Morph-	:	morphologique
MST	:	modèle Sens-Texte
n	:	nombre grammatical
N	:	nom [partie du discours]
NÉG	:	négation
NEUT	:	neutre
NOM	:	nominatif [cas grammatical]
OBJ	:	objet [marqueur de nombre et de personne du complément d'objet]
-P	:	profond
PART	:	partitif [cas grammatical]

-Phon-	:	phonétique / phonologique
pl	:	pluriel
PND	:	prosodie neutre déclarative
PRÉS	:	présent
-Pros-	:	prosodique
r	:	relation syntaxique de dépendance; l'écriture «X $\xrightarrow{\ r\ }$ Y» signifie 'Y dépend syntaxiquement de X, et la relation qui les lie est *r* '
R	:	radical / racine
R-	:	représentation
RMorphP/S	:	représentation morphologique profonde / de surface
RPhonP/S	:	représentation phonologique profonde / de surface
RSém	:	représentation sémantique
RSyntP/S	:	représentation syntaxique profonde / de surface
Rel-	:	relation
S-	:	structure
-S	:	de surface
Σ	:	syntactique (du signe linguistique$_1$)
-Sém-	:	sémantique
sg	:	singulier
SG	:	sujet grammatical
SUBJ	:	subjectif [cas grammatical]
SUJ	:	sujet [marqueur verbal de nombre et de personne du sujet grammatical]
-Synt-	:	syntaxique
TST	:	théorie Sens-Texte
V	:	verbe
$\ulcorner$X + Y + … + Z$\urcorner$	:	expression phraséologique constituée des lexèmes X, Y, …, Z
'X'	:	sens de l'expression X
w	:	mot-forme
I, II, …, VI	:	relations syntaxiques profondes actantielles (= le 1er, le 2e, …, le 6e actant SyntP)
⊕	:	(méta-)opération d'union linguistique$_1$
Λ	:	ensemble vide
∈, ∉	:	'est / n'est pas un élément de'
∪	:	union ensembliste (X∪Y : 'l'union de X et Y', ou 'les éléments de X et ceux de Y réunis')
⊃	:	inclusion ensembliste (X⊃Y : 'X inclut Y', ou 'Y est un sous-ensemble de X')
∩	:	intersection ensembliste (X∩Y : 'l'intersection de X et Y', ou 'les éléments communs de X et de Y')

PRÉFACE

Le livre que nous vous présentons, ami lecteur, est consacré à l'unité de base des langues naturelles : au mot. La linguistique est une science des langues naturelles; la morphologie en est la partie qui s'occupe spécifiquement des mots. Un peu plus loin, nous préciserons le cadre rigoureux à l'intérieur duquel nous décrirons les concepts nécessaires, mais nous voudrions indiquer d'abord deux propriétés générales du livre — ou, plutôt, deux cibles visées au cours de longues années de travail.

Primo, le «Cours de morphologie générale (théorique et descriptive)» (dorénavant, CMG) se veut une présentation EXHAUSTIVE de toutes les connaissances pertinentes au sujet du mot, dont la linguistique dispose à ce jour. Bien entendu, nous ne cherchons pas à être exhaustif par rapport aux faits observables dans les langues naturelles : cela est, de toute évidence, impossible. Mais nous avons essayé d'être exhaustif sur le plan conceptuel, c'est-à-dire de développer des calculs de possibilités théoriques dans le domaine de la morphologie — pour construire ainsi une grille d'analyse (au moins) théoriquement complète. À notre connaissance, le CMG est le premier traité de ce type parmi les ouvrages sur la morphologie.

Secundo, le CMG se veut une présentation FORMELLE de toutes les connaissances morphologiques. Une telle approche impose le postulat d'un nombre limité de concepts de base (qui restent non définis au sein de notre système) et la construction subséquente d'un appareil conceptuel où chacun des concepts mis en jeu est soit indéfinissable, soit défini en termes de concepts indéfinissables et/ou définis au préalable. Il s'agit en fait de la construction d'un métalangage artificiel, adapté à la description du mot et de son comportement en langue. Nous reprendrons la question du métalangage morphologique par la suite; ici, nous voudrions insister sur le caractère formel de notre présentation. En d'autres termes, nous mettons l'accent sur la cohérence logique du système conceptuel proposé, cohérence fondée sur les formulations les plus explicites possibles. Encore une fois, nous ne connaissons pas d'autre ouvrage de morphologie qui se donne pour objectif d'être complètement formel, c'est-à-dire explicite et cohérent, dans le domaine du métalangage.

Le CMG est donc une première tentative pour présenter la morphologie linguistique$_1$ de façon à assurer, d'une part, l'exhaustivité déductive conceptuelle et, d'autre part, le caractère formel de la présentation. Il est bien compréhensible qu'une première tentative de cette envergure, de surcroît par un seul chercheur (plutôt que par une équipe de spécialistes), soit entachée de défaillances et contienne force défauts, étourderies, lacunes et simples erreurs. Nous sommes parfaitement conscient du fait qu'il est présomptueux de notre part de nous lancer dans une entreprise de ce genre — parce que, de par la nature même du projet, nous nous exposons à des attaques faciles et à des critiques bien méritées.

Cependant, nous sommes convaincu qu'une présentation synthétique de la morphologie, effectuée dans un cadre uni, fondée sur un ensemble de principes rigoureux et développée de façon déductive avec l'intention de couvrir le domaine en entier, est une des tâches les plus pressantes de la linguistique moderne. Nous croyons que la linguistique souffre d'un tohu-bohu conceptuel. À la différence des sciences comme les mathématiques, la physique, la chimie, la génétique, etc., la linguistique ne dispose ni d'une terminologie unifiée, ni d'une nomenclature généralement adoptée, ni même d'un cadre théorique plus ou moins universel. Il ne serait guère exagéré de dire qu'il y a autant de linguistiques que de linguistes. Comme résultat, beaucoup d'efforts se perdent dans des embrouillements terminologiques, beaucoup de discussions rappellent des dialogues de sourds, beaucoup de trouvailles d'une école linguistique restent inaccessibles aux représentants des autres écoles, et cela uniquement à cause de l'ignorance du langage scientifique pratiqué ailleurs. (D'autant plus que les langages scientifiques des différentes écoles sont trop souvent mutuellement intraduisibles.) Le paysage «politique» de la linguistique moderne ressemble à celui de l'Europe du début du Moyen Âge : une multitude d'États ou quasi-États féodaux, chacun avec son souverain, son église et son patois.

Le CMG vise, dans un premier temps, l'unification de la linguistique, au moins dans le domaine morphologique.

Nous ne sommes pas assez naïf pour espérer y arriver dès aujourd'hui; nous sommes aussi très loin de penser que le CMG pourrait produire un miracle et changer d'un seul coup l'état de choses. Cependant, nous aimerions croire que notre travail apportera sa contribution, ne serait-ce que de façon indirecte, modeste et limitée, à la cause de l'unification de la linguistique. C'est avec cet objectif que le CMG a été conçu.

Notre démarche trouve ses racines dans une entreprise universellement connue, lancée par un groupe de mathématiciens français en 1939. Nous parlons du fameux mathématicien Nicolas Bourbaki, qui n'a jamais existé mais qui a quand même publié plus de 20 volumes d'un traité couvrant les mathématiques modernes. Il s'agit d'une société anonyme de chercheurs français (incluant, entre autres, J. Dieudonné, H. Cartan, C. Chevalier, A. Weil) dont la plupart se sont établis aux États-Unis[1] et qui ont créé une sorte d'hybride entre la monographie de recherches et l'encyclopédie. Ils ont essayé de décrire toute la mathématique en utilisant un même langage formel unifié et en se fondant sur la méthode axiomatique et combinatoire. Leur but n'était aucunement le formalisme pour le formalisme; la formalisation n'est, dans l'optique de N. Bourbaki, qu'un outil indispensable pour mettre à nu l'essence même des mathématiques, pour faire ressortir clairement les structures fondamentales présentes dans tous les domaines mais souvent ignorées — puisque, à cause de langages différents, on n'en voit pas la parenté. Nous ne pouvons pas présenter dans ce livre l'approche bourbakienne, même en esquisse;[2] mais il faut souligner qu'il y a 30 ans, elle a frappé l'imagination de l'auteur avec une telle force qu'il n'a cessé depuis de rêver de contribuer à une entreprise similaire en linguistique. Le CMG représente donc le fruit de ce rêve. Non seulement le livre suit les grandes lignes logiques tracées par N. Bourbaki, mais il utilise également beaucoup de procédés de présentation que ce dernier a introduits (tels les symboles graphiques dans les marges, destinés à guider l'attention du lecteur : voir §3 du chapitre I de l'Introduction, p. 38).

Cependant, une mise en garde importante s'impose :

Le CMG n'atteint pas et ne peut pas atteindre le même degré de rigueur et de formalisation que celui manifesté dans l'œuvre de Bourbaki.

Nous ne croyons pas que la vraie rigueur mathématique puisse être visée en linguistique, qui est, dans notre optique, une science empirique. Par conséquent, l'auteur serait heureux s'il pouvait atteindre un niveau de rigueur supérieur à celui d'avant le CMG. Ce caractère relatif du système proposé est discuté plus en détail dans la section **4** du chapitre III de l'Introduction, pp. 90-91.

Ayant ainsi caractérisé l'essence et les objectifs du CMG et reconnu notre dette envers N. Bourbaki, nous pouvons maintenant laisser le lecteur en tête-à-tête avec le livre.

NOTES

[1] (p. 2). Plusieurs ouvrages de N. Bourbaki portent la mention «Institut Mathématique de l'Université de Nancago», puisque J. Dieudonné a commencé sa carrière mathématique à Nancy pour la continuer à Chicago; A. Weil a aussi travaillé à l'Université de Chicago.

[2] (p. 3). Pour plus de détails sur l'œuvre de Bourbaki, voir, par exemple, N. Bourbaki, «The Architecture of Mathematics», *The American Mathematical Monthly*, 57: 4, 222-232, et P. Halmos, «Nicolas Bourbaki», *Scientific American*, May 1957, 88-99.

INTRODUCTION

Comme de bons hors-d'œuvre avant un solide repas, cette introduction a pour but d'exciter l'appétit de notre lecteur en mettant en marche son intérêt et son intelligence. Pour qu'elle remplisse bien cette tâche, nous y ferons le point sur les trois problèmes suivants, qui peuvent se présenter au lecteur au tout début :

1) La nature du livre qu'il tient en main ou, si on veut, ses trois aspects : logique, linguistique et présentationnel.

2) Le cadre théorique du livre, c'est-à-dire le système de référence par rapport auquel il faut le situer; en l'occurrence, la théorie linguistique Sens-Texte.

3) Les concepts auxiliaires qui constituent les fondements logiques du livre.

Chaque problème sera traité dans un chapitre séparé, de façon que l'Introduction comporte trois chapitres :

- Chapitre I.   Nature du «Cours de morphologie générale».
- Chapitre II.   Brève présentation de la théorie linguistique$_1$ Sens-Texte.
- Chapitre III. Concepts auxiliaires.

CHAPITRE I

NATURE DU «COURS DE MORPHOLOGIE GÉNÉRALE»

À l'aube de la vie tumultueuse de la grammaire générative-transformation-nelle, quelqu'un a observé très judicieusement que les grammaires génératives ne savent pas ouvrir les huîtres (ni faire bien d'autres choses semblables). Cette remarque bouffonne accentue l'importance de la règle suivante, qui est banale, mais hélas! trop souvent oubliée :

> Pour mettre en œuvre un outil (et une théorie, une méthode, un formalisme scientifique sont des outils), il faut d'abord comprendre à quoi exactement cet outil est destiné, ce qu'il faut en attendre et ne pas en attendre, quels sont ses avantages et désavantages.

En un mot, il n'est pas raisonnable d'essayer d'ouvrir une huître avec une grammaire générative et d'engendrer un ensemble de phrases grammaticales avec un couteau à huîtres.

Le présent livre est aussi un outil, et pour qu'on puisse le lire, le consulter, l'appliquer avec succès, on doit, «avant toute chose» (comme disait Paul Verlaine), comprendre à fond sa nature. Nous consacrerons le présent chapitre à la caractérisation détaillée de cette nature.

Puisque le CMG est, *grosso modo*, la présentation d'un langage formel, c'est-à-dire d'un système de concepts destinés aux descriptions morphologiques, nous pouvons en distinguer les trois aspects suivants (caractéristiques de tout langage formel et, de façon plus générale, de tout objet informationnel ou de tout signe) :

• aspect «syntaxique», concernant la structure formelle du système conceptuel, ou la façon dont il est organisé;

• aspect «sémantique», concernant le contenu substantiel du système, ou les phénomènes qu'il représente et la façon dont il les représente;

• aspect «pragmatique», concernant l'usage du système, ou l'interaction entre le système et les lecteurs du livre.

(On reconnaîtra immédiatement dans cette triple division le schéma sémiotique de Charles Peirce.)

Conformément à ces trois aspects généraux, nous allons caractériser la nature du CMG sous trois aspects spécifiques, qui seront traités chacun dans un paragraphe à part :

§1. Aspect logique de l'ouvrage
[cela correspond au plan «syntaxique», soit à la forme du système conceptuel];

§2. Aspect linguistique$_2$ de l'ouvrage
[ici nous expliquerons son contenu «sémantique», c'est-à-dire les corrélations entre le système conceptuel proposé et la langue; pour l'indice «2» dans l'adjectif *linguistique$_2$*, voir plus loin, p. 10];

§3. Aspect présentationnel de l'ouvrage
[où il sera question de son côté «pragmatique» ou, plus précisément, de sa façon de fournir le matériel exposé].

§ 1

ASPECT LOGIQUE DE L'OUVRAGE

— Mais, mon cher docteur, pensez-vous que la terminologie soit AUSSI importante?[1]

[La chute d'une blague; pour son texte
intégral, voir la note 1 à la p. 21.]

1. Généralités

Ce livre est consacré à un très vieux problème : celui de la TERMINOLOGIE
LINGUISTIQUE$_2$. Et la réponse qu'il donne à la question posée dans l'épigraphe
est oui, oui sans réserve, mille fois oui — au sein d'une science, la terminologie
a une importance primordiale. C'est vrai, parce qu'en disant «terminologie»,
nous ne pensons pas aux termes comme à de simples noms arbitraires, qui sont
plus ou moins commodes, suggestifs, euphoniques, etc., mais qui, à part cela,
n'auraient pas de rôle profond à jouer. Loin de là :

Par terminologie, nous entendons un SYSTÈME rigoureux de
TERMES comme reflet exact d'un SYSTÈME rigoureux de
CONCEPTS exacts.

Dans ce sens, la terminologie est importante justement parce qu'elle est appelée à représenter le système de concepts sous-jacent à la science dont il est
question, en l'occurrence la morphologie linguistique.

L'approche plus traditionnelle de la terminologie scientifique consiste à
chercher des noms (ou désignations) convenables pour des concepts préexis-
tants, le plus souvent sans s'attaquer à ces concepts. En un mot, la terminologie
est interprétée comme une poursuite de bonnes NOMINATIONS. Or, une telle
interprétation n'est pas la nôtre.

Tout en reconnaissant l'importance de bonnes nominations pour les concepts scientifiques, nous mettons l'accent sur les concepts eux-mêmes. Dans
notre optique, l'élaboration d'une terminologie scientifique — dans le cas présent morphologique — présuppose d'abord l'élaboration d'un SYSTÈME RIGOU-
REUX DE CONCEPTS. Mais un tel système conceptuel dans un domaine X

équivaut, pour nous, à la théorie même de X. Cela veut dire, entre autres, que l'appareil conceptuel de la morphologie que nous cherchons à construire dans le CMG n'est pas autre chose qu'une théorie morphologique.

Il est notoire qu'un vrai progrès en linguistique moderne n'est possible qu'en élaborant et en développant son propre appareil logique et conceptuel, ou, autrement dit, en formalisant systématiquement son propre langage scientifique. Ce langage est un MÉTALANGAGE, ou la LANGUE DE LINGUISTIQUE, opposée nettement à de nombreuses langues objets, c'est-à-dire aux langues naturelles, que la linguistique se propose d'étudier et de décrire.

La nécessité d'un langage formel unifié pour la linguistique a été proclamée en 1950 par Einar Haugen (Haugen 1951) et, dix ans plus tard, la question a été reprise et rediscutée en profondeur par Vjačeslav Ivanov (Ivanov 1961).[2] Depuis lors, plusieurs chercheurs ont répété les mêmes exigences, tout en insistant sur la valeur intrinsèque d'un système conceptuel bien précis. Cependant, jusqu'à tout récemment (voir ci-dessous), personne n'a, à notre connaissance, essayé de construire au moins un fragment assez sérieux d'une langue formelle linguistique$_2$.

Remarque importante. Conformément à l'esprit du présent livre, nous veillerons particulièrement à éviter l'ambiguïté dans notre propre terminologie commençant par le terme *linguistique*. Cet adjectif est ambigu entre ʿrelatif à la langueʾ [all. *sprachlich*] et ʿrelatif à la linguistiqueʾ [all. *sprachwissenschaftlich*]. Nous allons distinguer ces deux acceptions à l'aide d'indices : nous écrirons *linguistique$_1$* = ʿrelatif à la langueʾ et *linguistique$_2$* = ʿrelatif à la linguistiqueʾ.[3]

L'usage des indices pour désambiguïser certains termes est typique du présent ouvrage.

Nous pouvons alors dire que le «Cours de morphologie générale» constitue une tentative de construire et de présenter aux linguistes un fragment suffisamment important d'une langue formelle linguistique$_2$, à savoir, d'une langue formelle pour la morphologie. Autrement dit, l'orientation majeure du CMG est MÉTALINGUISTIQUE.

La démarche métalinguistique — ou même l'intérêt pour une métalangue de la linguistique — n'est pas populaire dans la science contemporaine du langage. À part notre propre essai, Mel'čuk 1982a, où nous avons esquissé une métalangue pour l'aspect formel de la morphologie, nous pouvons mentionner seulement les articles Harris 1986 et Timberlake 1986, consacrés tous les deux à la construction d'une métalangue pour les recherches typologiques en syntaxe.[4] Sur la toile de fond de cette pénurie de travaux métalinguistiques, on ne voit que plus clairement encore l'importance de lancer notre entreprise, de faire au moins les premiers pas vers la création d'une métalangue morphologique.

Un langage formel est déterminé par son vocabulaire (souvent appelé *alphabet*) et par sa syntaxe (qui inclut les *règles de formation* et les *règles de transformation*). Dans notre cas, le langage formel de la morphologie utilise comme syntaxe celle du français, peut-être légèrement contrainte. C'est le vocabulaire de ce langage qui constitue l'objectif principal du CMG et qui retiendra notre attention dans les pages qui suivent.

Si l'on veut exprimer l'essence logique de ce livre en une seule phrase, on peut dire que, d'une certaine façon, il ne contient qu'une liste structurée de noms — qui doivent servir lors des discussions sur les phénomènes morphologiques. Insistons sur ce point : le CMG ne parle pas beaucoup de nouveaux faits ni de nouvelles théories; il ne propose pas de principes abstraits et généraux sur lesquels la morphologie doit être bâtie; il ne décrit pas exhaustivement la structure morphologique de telle ou telle langue naturelle.

Le CMG ne fait que proposer un SYSTÈME DE CONCEPTS ET DE NOMS CORRESPONDANTS pour la description des entités et des processus qu'on observe au niveau du mot dans les langues du monde.

Cela ne signifie pas que le présent livre ne contient ni analyses ni descriptions spécifiques des faits morphologiques. Au contraire, il est rempli d'exemples bien concrets des phénomènes morphologiques les plus variés. Ces exemples, jouant un rôle double, à la fois argumentatif et pédagogique, représentent, dans certains cas, des recherches originales, bien qu'assez souvent ils se limitent à des illustrations faciles. Nous en reparlerons au §2 (**5**, p. 29 ssq.); ici, il suffit de souligner que toute la matière linguistique[1] présentée dans le CMG se trouve en position subordonnée par rapport au système conceptuel; nous n'avons recours à des faits morphologiques qu'en fonction de ce système et pour son bénéfice.

Pour faire mieux ressortir la nature logique du CMG, nous pouvons le comparer aux deux livres relativement récents, consacrés, eux aussi, à la morphologie : Scalise 1986 et Bybee 1985.

• Scalise 1986 est orienté vers une THÉORIE ABSTRAITE ET FORMELLE de la morphologie, développée dans le cadre général de la théorie générative. L'ouvrage discute plusieurs hypothèses («hypothèse lexicaliste», «hypothèse de mot comme base», «hypothèse de base unitaire», …), modèles et conditions («modèle de Halle», «condition d'adjacence», …), règles et contraintes générales («règle de blocage», «contrainte *Aucun Syntagme*», …), etc. Cependant, on n'y voit aucune définition d'un concept morphologique quelconque et peu d'analyses spécifiques des phénomènes morphologiques. Ces analyses sont tirées presque exclusivement de l'italien et de l'anglais; quelques-unes viennent du français. (Une douzaine d'autres langues sont mentionnées sporadiquement.)

• Bybee 1985 est orienté vers une DESCRIPTION ANALYTIQUE DES FAITS MORPHOLOGIQUES dans les langues du monde. L'ouvrage discute, de façon très détaillée et profonde, de la flexion verbale dans 50 langues. On y trouve la caractérisation rapide de catégories flexionnelles verbales, mais l'accent est mis sur l'étude et l'analyse des faits, de sorte que les concepts morphologiques eux-mêmes ne sont pas suffisamment élaborés.

Le CMG (qui est d'ailleurs plus près, en matière de contenu, de Bybee 1985 que de Scalise 1986) se situe, par rapport à ces deux livres, sur un plan à part : il ne vise ni une théorie abstraite ni une analyse concrète des faits comme tels, son objectif primaire étant un ENSEMBLE DE CONCEPTS ET DE NOMS CONFORMES À UNE THÉORIE COHÉRENTE ET BIEN ADAPTÉS À L'ANALYSE DES FAITS PARTICULIERS. De façon approximative, nous pouvons dire que le CMG est un dictionnaire de termes morphologiques. Développant cette analogie, nous dirons que le CMG est un «dictionnaire de LANGUE MORPHOLOGIQUE», et non pas un «dictionnaire de CHOSES MORPHOLOGIQUES» : nous ne décrivons pas d'objets morphologiques, ce qu'un dictionnaire encyclopédique de morphologie devrait faire; nous ne nous occupons que des mots qui sont utilisés quand on parle des objets en question. Nous essayons d'établir le sens précis de ces mots, de fixer leur combinatoire et d'arrêter leur comportement syntaxique. Notre préoccupation centrale est, comme nous l'avons déjà dit, MÉTALINGUISTIQUE.

Cela revient à constater que le CMG propose un système cohérent de concepts morphologiques, avec leurs termes respectifs. Comme résultat, le livre constitue une série de définitions, au nombre approximatif de 250. En fait, les définitions occupent les cinq premières de ses sept parties et se taillent la part du lion du volume. Un livre ne contenant que des définitions n'est pas habituel en linguistique; aussi nous appartient-il d'en présenter toutes les particularités, en insistant sur les comment et les pourquoi. Nous envisageons les trois aspects suivants :

– les exigences que notre système conceptuel doit satisfaire;
– le caractère déductif du système proposé;
– la structure d'une définition et du système de définitions.

Nous aborderons ces aspects, un à un, dans les sections qui suivent.

2. Exigences imposées au système conceptuel

Une définition comme telle ne peut pas être vraie ou fausse; par conséquent, le système conceptuel que nous offrons dans ce livre ne peut pas être jugé du point de vue de la vérité. Mais même si les concepts morphologiques et les termes correspondants échappent — de par leur nature — au critère de vérité, cela ne veut pas dire qu'ils soient arbitraires et n'obéissent à aucun critère : ils doivent répondre à certaines exigences, d'ordre logique et d'ordre pratique. Commençons par les concepts, pour considérer ensuite les termes.

2.1. Exigences imposées aux concepts morphologiques. Parmi ces exigences, ce sont les exigences logiques qui priment.

1. Exigences logiques

Il y en a deux :

a)   clarté logique de chaque concept;

b)   absence de contradictions dans le système de concepts.

La ***clarté logique d'un concept*** présuppose sa définition exclusivement en termes d'autres concepts définis au préalable ou signalés comme indéfinissables; la structure syntaxique de la définition doit être assez rigoureuse pour exclure toute ambiguïté et toute indétermination (c'est-à-dire le caractère vague). Par exemple, nous ne pouvons admettre de définitions comme les deux définitions ci-dessous (que nous traduisons d'un manuel anglais de morphologie) :

«Quand les formes qui identifient un morphème [le terme *morphème* n'a pas été défini auparavant! — I.M.] changent, l'usage normal est de parler d'une **alternance** entre elles»;

«Cet *-s* [dans *arm*-**s**, *tree*-**s**, *generation*-**s** — I.M.] est un exemple de ce que nous allons d'habitude appeler un **formatif**».

Nous adoptons comme règle absolue une forme particulière de définition et nous observons cette règle à travers toutes les définitions du CMG.

Par ***absence de contradictions*** dans un système conceptuel, nous entendons une organisation du système telle qu'elle exclut la situation où un phénomène réel (en l'occurrence, linguistique$_1$) X pourrait être couvert simultanément par deux concepts différents qui associeraient à X des propriétés incompatibles ou contradictoires.

L'absence de contradictions dans le système de concepts morphologiques est une condition *sine qua non* de notre approche. Nous essayons de l'assurer par l'observation minutieuse de toutes les règles d'écriture de définitions (voir la section **4** plus loin, p. 18 ssq.) et par de multiples vérifications. (Cependant, étant donné la complexité du système en question, nous ne pouvons pas être tout à fait certain d'en avoir éliminé toutes les contradictions.)

2. Exigences pratiques

Nous en posons quatre :

a)   richesse;

b)   finesse;

c)   caractère naturel;

d)   productivité.

Ces exigences n'étant pas formelles, nous ne pouvons les caractériser que de façon très approximative. Ainsi, nous n'étudions pas les relations qu'elles ont entre elles (bien que ces exigences ne soient pas indépendantes).

La ***richesse*** d'un système conceptuel suppose l'existence de tous les concepts nécessaires à la description des phénomènes visés. Un système morphologique n'est pas suffisamment riche si l'on peut indiquer un phénomène linguistique₁ qui a lieu au sein du mot-forme mais pour lequel le système n'offre pas de concept.

La *finesse* du système suppose un pouvoir de résolution correspondant aux faits observés : quels que soient deux faits morphologiques, si le linguiste les perçoit comme différents, le système doit lui fournir deux concepts différents pour en parler. Autrement dit, le système est censé présenter des concepts aussi fins que la réalité linguistique₁ l'exige.

Le *caractère naturel* du système signifie la capacité des concepts introduits de refléter de façon suffisamment fidèle l'INTUITION des linguistes à propos des faits observés. Un concept doit couvrir un ensemble de faits perçu par le chercheur comme naturel («Ces faits vont ensemble»); les distinctions qu'un concept établit doivent aussi apparaître comme naturelles («Il est naturel de distinguer ces faits»); et ainsi de suite. Avouons que la notion de ⸢naturel⸣ est extrêmement vague et subjective. Cependant, et malgré cela, elle est fort importante et joue en linguistique moderne un rôle de plus en plus crucial. En effet, ⸢naturel⸣ veut dire, plus ou moins, ⸢qui correspond bien à l'intuition linguistique₁ du chercheur⸣; donc, partant à la recherche des solutions naturelles, les linguistes s'adressent, de plus en plus, à leur intuition, c'est-à-dire qu'ils ont recours essentiellement à l'*introspection*. Mentionnons, par exemple, l'œuvre sémantique d'Anna Wierzbicka (1972, 1980, 1985, 1987), où l'introspection est mise à la base de toute recherche linguistique₂. La théorie Sens-Texte, elle aussi, insiste sur l'importance de l'accord entre la description formelle des faits observés et l'intuition linguistique₁/₂ du linguiste. C'est cet accord que nous envisageons quand nous parlons du caractère naturel exigé de notre système conceptuel.

Remarque. Dans le cadre de l'approche appelée «morphologie naturelle» (Dressler 1977, 1986a, b; cf. aussi Mayerthaler 1981), le terme *naturel* a un sens différent. Un procédé morphologique est considéré comme plus ou moins naturel en fonction de ses PROPRIÉTÉS SÉMIOTIQUES : plus le procédé en question est satisfaisant du point de vue sémiotique, plus il est naturel. Ainsi, les affixes sont censés être plus naturels que les apophonies, puisqu'ils sont plus facilement perçus que ces dernières, etc.; cf. angl. *hand* ⸢main⸣ ~ *hand* + *s* ⸢mains⸣, où le pluriel est exprimé par un suffixe, *vs foot* ⸢pied⸣ ~ *feet* ⸢pieds⸣, où le pluriel est exprimé par une apophonie, moins «isolable» dans le corps du mot-forme. Nous parlerons des propriétés sémiotiques des moyens et des signes morphologiques dans la Cinquième partie. Quant au terme *naturel* lui-même, nous ne l'employons que dans le sens de ⸢qui correspond bien à l'intuition linguistique₁/₂ du chercheur⸣.

Il est clair que la notion de ⸢naturel⸣, telle qu'elle est présentée ici, demeure très vague; les recherches visant à la rendre plus précise restent à faire. (Cf. la notion de ⸢similaire⸣ ⟨= ⸢similitude⸣, ⸢ressembler⸣⟩ dans le chapitre III plus loin, **1.3**, p. 83 : c'est aussi une notion fort importante, mais très vague et subjective, qui nécessite des précisions.)

Et enfin, la ***productivité*** du système détermine la facilité d'en combiner les éléments pour en construire de nouveaux. Aucun système conceptuel, même le plus riche et le plus fin, ne peut prévoir tous les phénomènes objets ni toutes les distinctions à tracer. Il est donc nécessaire que le chercheur puisse aisément associer les concepts dont il dispose pour en créer de nouveaux en fonction de ses besoins.

Le CMG propose un système de concepts morphologiques qui est censé remplir les six exigences ci-dessus.

2.2. Exigences imposées aux termes morphologiques. Nous en postulons deux : l'une logique et l'autre d'ordre pratique. Comme dans le cas des exigences imposées aux concepts, l'exigence logique prime.

1. Exigence logique

C'est une exigence tout à fait banale et généralement acceptée : le ***caractère univoque*** d'un terme. Autrement dit, nous voulons que chaque terme corresponde à un seul concept (pas d'ambiguïté de termes) et que chaque concept soit désigné par un seul terme (pas de synonymie de termes). Pour assurer l'univocité de nos termes, nous avons souvent recours aux indices distinctifs. Ainsi, on a déjà vu *linguistique₁* vs *linguistique₂*; on aura de même *composé₁* vs *composé₂*, *dérivé₁* vs *dérivé₂*, *réduplication₁* [= opération] vs *réduplication₂* [= signe ayant une réduplication₁ comme signifiant], et ainsi de suite. Nous utilisons également des modificateurs de toute sorte, comme, par exemple, *autonomie* [de signe] AU SENS FORT vs *autonomie* AU SENS FAIBLE ou *cas RÉGI* vs *cas ACCORDÉ*.

2. Exigence pratique

Nous préférons que le terme choisi soit déjà connu en linguistique, même s'il est employé de façon (légèrement) différente. Cela veut dire que nous préférons changer le sens d'un terme existant — pourvu, bien entendu, que ce changement ne soit pas démesuré — plutôt que créer un nouveau terme. (Il va sans dire que nous créons de nouveaux termes là où aucun terme convenable ne nous est connu.)

Notre stratégie est donc opposée à celle de Louis Hjelmslev, qui, dans le but d'éviter toute connotation indésirable, a fabriqué sa terminologie quasiment *ex nihilo* (Hjelmslev 1968-1971), voir plus loin, au §2, p. 26. Suivant le principe du rapprochement maximal avec la linguistique dite traditionnelle, le CMG, au contraire, essaie de faire usage du terme courant, en le précisant de façon appropriée. Cette démarche nous semble plus «naturelle» et moins difficile pour le lecteur.

3. Caractère déductif du système conceptuel proposé

Le système conceptuel pour la morphologie linguistique$_2$ contenu dans ce livre possède une propriété importante qui le distingue nettement de presque toutes les tentatives semblables que nous connaissons : [5]

Le système en question est développé de FAÇON DÉDUCTIVE.

Cette formulation comporte deux aspects indépendants que nous devons considérer séparément :

— tous les concepts sont définis à partir d'un nombre limité de concepts indéfinissables, spécifiés au préalable;

— la liste même des concepts à définir a été établie par calcul de tous les cas possibles (plutôt que par des recherches empiriques).

3.1. Concepts indéfinissables comme base logique du système. Comme c'est le cas pour tout système logique, le système proposé est développé à partir d'un certain nombre de concepts eux-mêmes non définis (ni définissables) dans le cadre du système, mais qui sont spécifiés avant de procéder à la construction des concepts morphologiques à proprement parler. Ces CONCEPTS DE BASE sont de deux types majeurs : d'une part, des concepts scientifiques de caractère général, *grosso modo* logiques (par exemple, 'ensemble', 'relation', ...,'concaténation', 'disjonction', ...); d'autre part, des concepts linguistiques$_2$ appartenant à d'autres domaines de la science du langage, mais sous-jacents à certains concepts morphologiques (par exemple, 'langue', 'phonème', 'relation sémantique/ syntaxique', 'actant sémantique/syntaxique', ...). Tous ces concepts sont donnés dans le chapitre III de l'Introduction, p. 81 ssq.); ici il nous suffit de constater que n'importe quel concept morphologique de notre système est défini soit en termes de concepts de base énumérés, soit en termes d'autres concepts morphologiques déjà définis. De cette manière, un concept morphologique peut toujours être réduit, peut-être par plusieurs pas successifs, à des concepts de base.

3.2. Calculs de possibilités comme moyen logique de construction du système. Nous venons de parler de la façon dont nos concepts sont définis; disons maintenant quelques mots sur la façon dont l'ensemble des concepts à définir est établi.

Dans les livres de référence et les manuels, les concepts à traiter sont réunis grâce à la recherche empirique des faits linguistiques$_1$. C'est la démarche adoptée, par exemple, dans Nida 1949 (le meilleur livre de morphologie, à notre avis) : on y énumère les types d'affixes trouvés dans telles ou telles langues, les types d'alternances connus, les catégories flexionnelles observées, etc. D'autres auteurs agissent de la même façon; voir les références au §2 de ce chapitre, **2**, p. 27. Cependant, le CMG emploie une démarche différente.

Suivant les enseignements de Roman Jakobson, nous essayons de fixer, dans un domaine particulier, quelques éléments conceptuels de base et, en les combinant ensuite de toutes les façons possibles, de construire tous les concepts pertinents logiquement possibles. Autrement dit, nous élaborons un calcul de possibilités logiques, et nous le faisons d'abord sans égard pour la réalité à représenter. C'est seulement quand tous les concepts possibles sont établis que nous leur cherchons une interprétation linguistique₁, en indiquant les cas où nous ne trouvons aucune interprétation réelle et en analysant logiquement la possibilité d'en trouver une. Il n'est pas exagéré de dire que la notion de CALCUL domine ce livre.

Comme illustration, indiquons que nous essayons d'établir, par des calculs logiques, les divisions majeures de la morphologie elle-même, les familles de catégories flexionnelles, les types de moyens morphologiques, les types de signes linguistiques₁ qu'on trouve au niveau du mot-forme, etc.

L'approche par calculs logiques garantit, au moins de façon relative, le CARACTÈRE EXHAUSTIF de notre système de concepts.

Cela ne veut aucunement dire que nous pensons avoir couvert tous les phénomènes morphologiques ou avoir décrit ceux que nous avons étudiés dans tous les détails possibles. Loin de là : nous sommes conscient d'avoir seulement défriché le terrain et ébauché les avenues de l'exploration pour l'avenir. Mais si nous disons que les langues naturelles ont quatre types d'affixes, c'est exactement quatre, et tout en restant dans le cadre des critères choisis, on ne trouvera jamais un cinquième type : tout affixe, aussi exotique ou farfelu qu'il soit, tombera nécessairement dans une des quatre cases préfabriquées. En parlant du caractère exhaustif du système conceptuel du CMG, nous avons en tête précisément ce fait : la division logiquement exhaustive de chaque champ visé.

Notre façon de procéder nous permet de PRÉVOIR certains phénomènes morphologiques logiquement possibles mais jusqu'à présent inconnus. Les cases vides du système forcent le linguiste soit à chercher des éléments qui les remplissent, soit à expliquer théoriquement l'impossibilité de les remplir.

Bien entendu, des divisions plus fines peuvent manquer à l'intérieur des divisions établies ainsi que des concepts représentant des cas particuliers des concepts introduits; dans ce sens, notre système conceptuel ne peut pas être exhaustif : comme tout système conceptuel scientifique, il est ouvert.

On peut comparer la démarche adoptée dans le CMG à l'approche de Dmitri Mendeleïev pour la construction de son fameux tableau périodique des éléments chimiques (1869). En se fondant sur le poids atomique des éléments, Mendeleïev a développé un calcul d'éléments chimiques possibles. Les éléments sont arrangés de telle façon que la position d'un élément dans le tableau (c'est-à-dire dans une case particulière) signale ses propriétés chimiques et physiques. Comme on le sait, plusieurs éléments prévus par le tableau de Mendeleïev mais inconnus en son temps ont été découverts plus tard. En travaillant sur le CMG, nous voulions créer quelque chose de semblable : un calcul des phénomènes morphologiques possibles.

4. Structure des définitions dans le système conceptuel proposé

Les exigences logiques énoncées en **2.1** et le caractère déductif du système expliqué en **3** déterminent la structure des définitions qui constituent le corps du CMG. Précisons d'abord leur TYPE LOGIQUE et, ensuite, les PRINCIPES qu'elles sont censées respecter.

4.1. Type logique des définitions. La plupart des définitions dans le CMG sont du type le plus répandu : les définitions qu'on appelle analytiques, faites en termes du genre prochain plus l'indication des différences spécifiques. La première personne à formuler explicitement ce type de définition fut probablement Boèce (480-524, ministre du roi des Ostrogoths Théodoric le Grand,[6] poète, musicologue et philosophe) :

Definitio fit per genus proximum et differentiam specificam 'Une définition se fait par genre prochain et différence spécifique'.

Quelque 1500 ans plus tard, nous suivons, dans le CMG, la recommandation de Boèce.

Les définitions du type boécien, que nous appelons ici des définitions standard, sont formulées, dans le CMG, selon un des deux schémas suivants :

a) Un X [= le **défini**]
    est
    un Y qui possède les propriétés suivantes : ... [= le **définissant**];
b) Nous appelons un Y
    un X [= le **défini**]
    si et seulement si Y vérifie les conditions suivantes : ...
    [= le **définissant**]

Pour une définition donnée, nous choisissons le schéma qui correspond le mieux à sa nature et qui permet la formulation la plus aisée.

4.2. Principes de définition. Nous posons que les définitions du CMG doivent être écrites en observant, de la façon la plus stricte, les quatre principes suivants :

1. Principe d'adéquation

Le définissant doit être NÉCESSAIRE et SUFFISANT pour identifier le défini de façon unique dans tous les emplois possibles.

D'une part, cela veut dire que chaque composante dans le définissant doit être nécessaire : son élimination change l'intension du définissant et détruit l'identité sémantique du définissant et du défini. Si ce n'est pas le cas, la composante non nécessaire doit obligatoirement être enlevée. Par exemple, dans la définition de *suffixe* comme ⟨affixe qui suit la racine, **immédiatement ou après un autre morphe**⟩, la composante en caractères gras n'est pas nécessaire : son élimination ne change pas l'intension du définissant (puisque, logiquement parlant, X peut suivre Y soit immédiatement, soit non immédiatement : *tertium non datur*).

D'autre part, l'ensemble des composantes dans le définissant doit inclure toutes les composantes nécessaires, c'est-à-dire être suffisant. Par exemple, la définition de *suffixe* comme ⟨morphe qui suit la racine⟩ n'est pas suffisante : elle couvre aussi les racines qui suivent les autres racines dans des composés (*porte-avions, porte-clés, porte-bagages,* ...). Il faut ajouter la composante ⟨affixal⟩ et dire ⟨morphe affixal⟩ [⟨morphe affixal⟩ étant réduit par le principe de bloc maximum, voir ci-dessous, point 4, à ⟨affixe⟩].

Le corollaire le plus important du principe d'adéquation est la SUBSTITUABILITÉ RÉCIPROQUE ABSOLUE du défini et du définissant dans n'importe quel contexte *salva veritate*. Ainsi, dans une constatation morphologique quelconque, y compris une définition, on peut substituer à chaque terme son définissant ou à chaque définissant le terme défini correspondant, sans affecter la valeur de vérité de la constatation. Le test de substitution devient donc l'instrument principal dans la vérification de notre système conceptuel.

2. Principe d'univocité

‖ Tout terme dans un définissant n'a qu'un seul sens, et tout sens n'est exprimé dans les définissants que par un seul terme.

Cela veut dire que le langage formel proposé pour la morphologie n'admet ni ambiguïté ni synonymie de ses termes : chaque terme exprime un seul concept bien défini, et chaque concept est exprimé par un seul terme.

3. Principe de décomposition

‖ Tout concept est défini en termes de concepts plus simples que lui.

Cela correspond à la décomposition sémantique de tous les concepts proposés et s'accorde parfaitement avec le caractère déductif du système dont nous avons parlé plus haut.

Un corollaire important de ce principe est l'ABSENCE DE CERCLES VICIEUX dans le système de définitions, ce qui en exclut toutes contradictions formelles.

4. Principe de bloc maximum

‖ Un définissant doit être composé des concepts les plus «englobants» (= les plus généraux) possibles.

Autrement dit, si un définissant contient deux concepts, $C_1 + C_2$, tels que ${}^{'}C_1 + C_2{}^{'} = {}^{'}C{}^{'}$, c'est-à-dire que C est défini à son tour comme ${}^{'}C_1 + C_2{}^{'}$, alors $C_1 + C_2$ doit être remplacé par C. Contrairement aux principes 1-3, qui ont une valeur logique, le principe 4, qui demande l'usage du «bloc maximum» partout où c'est possible, ne joue pas pour le contenu ou la structure logique des définitions. Son rôle est d'assurer qu'un définissant ne viole pas l'ordre naturel d'introduction de nouveaux concepts : un concept est alors toujours défini par les concepts les plus proches, sans brûler les étapes. Ainsi, si nous avons dans notre système les trois définitions suivantes :

$$X = A + B + C + D + E,$$
$$Y = A + B,$$
$$Z = C + D + E,$$

la première viole le principe de bloc maximum et doit être réécrite comme suit :

$$X = Y + Z,$$

avec Y et Z définis à leur tour comme il est indiqué.

Ce principe garantit, comme nous venons de le voir, la démonstration explicite de la hiérarchie logique des concepts introduits.

Nous croyons que ces quatre principes sont nécessaires et suffisants pour assurer la rigueur voulue du système conceptuel du CMG. [7]

Remarquons que les mêmes principes font partie des principes d'écriture des définitions lexicographiques dans le *Dictionnaire explicatif et combinatoire du français contemporain* (Mel'čuk *et al.* 1984, 1988, 1992; en particulier, Mel'čuk 1988c). Cela témoigne, une fois de plus, du caractère essentiellement «linguistique₁» de notre démarche dans le CMG : ici, nous sommes en train d'élaborer un langage (= une MÉTAlangue par rapport aux langues naturelles); ce langage a des «mots» (= *termes*) qu'il faut définir; nous les définissons, et leurs définitions (= *concepts*) obéissent aux mêmes règles que les définitions des mots d'une langue naturelle.

Notons encore qu'en linguistique, on a déjà formulé — et cela, à plusieurs reprises — des principes identiques ou similaires de définition, appliqués à la terminologie scientifique ou bien aux dictionnaires monolingues (= dictionnaires de langue); aussi de tels principes ne sont-ils aucunement une nouveauté (voir, par exemple, Skoroxod'ko 1965, Apresjan 1968, 1969a, b, Apresyan *et al.* 1969 : 4-5 [8]). Cependant, bien que ces principes semblent être reconnus *de jure*, ils sont très loin d'être respectés *de facto*. De plus, on ne les voit pas souvent formulés de façon explicite. Ces deux faits, plus l'importance primordiale de ces principes pour le CMG, justifient largement notre décision de les énoncer encore une fois ici en toutes lettres.

Après avoir ainsi présenté les exigences générales que notre système conceptuel doit satisfaire, précisé son caractère déductif et ébauché la structure des définitions qui le composent, nous pouvons maintenant passer à la discussion de son aspect linguistique$_2$.

NOTES

[1] (p. 9). Voici la blague citée dans l'épigraphe :
Un monsieur frappe, tard dans la nuit, à la porte d'un médecin. Celui-ci le laisse entrer, et le visiteur sans même saluer lui dit :
- Docteur, châtrez-moi tout de suite!
- Quoi? Êtes-vous fou, monsieur?
- Pas du tout, mais j'aimerais que vous me châtriez tout de suite. Allez-vous le faire?
- J'appelle la police, voilà ce que je fais.
- Eh non, dit le visiteur, qui sort un pistolet. – Vous me châtrez ou je tire! Est-ce clair?

Le médecin, sous la menace de l'arme, emmène le patient bizarre à la salle d'opération et effectue l'intervention chirurgicale. Après l'opération, le patient, très poli, paie la facture et remercie le médecin en expressions recherchées; il est sur le point de partir, quand le médecin lui demande la raison d'un souhait pour le moins aussi farfelu.

- C'est très simple. Je suis passionnément amoureux d'une fille juive qui m'a promis de se donner à moi et même peut-être de se marier avec moi — à condition que je me fasse châtrer avant vendredi prochain.
- Oh nom de nom! elle a probablement dit de vous faire circoncire?
- Ah oui, si ma mémoire est bonne, circoncire était le terme qu'elle a employé. Mais, mon cher docteur, vous n'allez pas me faire une querelle de mots, quand même! Pensez-vous que la terminologie soit aussi importante?

[2] (1, p. 10). Certes, même avant Haugen, de nombreux linguistes se sont penchés sur les questions terminologiques. On connaît même la grandiose entreprise de Louis Hjelmslev (1968-1971) visant un système global de concepts pour la linguistique, avec la nomenclature correspondante. Nous pouvons aussi citer Bloomfield 1933, où l'auteur développait l'appareil conceptuel de la linguistique structuraliste, en particulier de la morphologie. Cependant, la conception d'un langage formel de la linguistique est due, en toute probabilité, à Haugen.

[3] (1, **Remarque**, p. 10). Nous avons recours à cette démarche depuis le début des années 80 (voir, par exemple, Mel'čuk 1982a : 123, note 2). Cf. aussi la proposition de Hammarström (1984) de distinguer explicitement entre les deux sens des adjectifs *linguistic / linguistique* en anglais et en français.

[4] (1, p. 10). Nous ne pouvons pas résister à la tentation de citer A. Timberlake : «The notion of metalanguage … is virtually commensurate with the notion of

linguistic theory» (Timberlake 1986 : 77). Il a exprimé, de façon laconique, l'essentiel de l'approche du CMG.

[5] (**3**, p. 16). Peut-être le seul ouvrage universellement connu consacré au développement rigoureusement déductif d'un système conceptuel pour la linguistique entière (et non seulement pour la morphologie) est le fameux livre Hjelmslev 1968-1971; voir également Hjelmslev 1985. Cf. aussi une tentative plus récente : Hammarström 1976.

[6] (**4.1**, p. 18). Chose curieuse, Théodoric, qui régnait sur l'Italie en excellent césar, économe, juge équitable, tolérant pour les catholiques et qui appréciait beaucoup le sage Boèce, devint, vers la fin de sa vie, un vieillard soupçonneux qui voyait partout des complots; il fit périr Boèce deux ans avant sa propre mort.

[7] (**4.2**, 4, p. 20). La formulation des quatre principes de définition ne peut pas (et ne prétend pas) remplacer une discussion sérieuse de la THÉORIE DES DÉFINITIONS scientifiques. Cette théorie a donné lieu à une vaste littérature; mentionnons, par exemple, l'ouvrage classique Robinson 1954, ainsi que Borsodi 1967, Bierwisch and Kiefer 1969, Essler 1970 et Dahlberg 1976 (ce dernier ouvrage contenant des détails sur l'application des théories définitoires aux systèmes terminologiques). Dans ce livre, bien entendu, nous ne devons pas nous plonger dans les questions générales concernant la définition; il nous semble cependant utile de faire les deux remarques suivantes :

1. Les autres types connus de définition. Les définitions scientifiques ne sont pas toutes du type de nos définitions standard (= type boécien). On en connaît encore au moins trois autres types :

• **Définition par liste.** Ainsi :

Les *peuples slaves* [= le défini] sont ⟨les Slaves de l'Ouest, les Slaves de l'Est et les Slaves du Sud⟩ [= le définissant].

Les *Slaves de l'Ouest* sont ⟨les Polonais, les Kachoubes, les Sorbiens, les Tchèques et les Slovaques⟩.

Les *Slaves de l'Est* sont ⟨les Russes, les Ukrainiens et les Biélorusses⟩.

Les *Slaves du Sud* sont ⟨les Bulgares, les Macédoniens, les Serbes, les Croates et les Slovènes⟩.

Les définitions de ce type abondent en linguistique descriptive : les familles linguistiques$_1$ sont toujours définies par des listes; le lexique d'une langue est toujours défini par une liste de ses lexies [= unités lexicales]; et ainsi de suite.

• **Définition par formule de calcul.** Ainsi :

$$densité \; [= \text{le défini}] = \frac{masse}{volume} \; [= \text{le définissant}];$$

$$force = masse \times accélération; \text{ etc.}$$

De telles définitions sont typiques des sciences physiques.

- **Définition récursive.** Ainsi :

Le concept d'*expression propositionnelle* [logique formelle] peut être défini récursivement en trois temps :

1. Toute proposition simple ou toute variable propositionnelle est une *expression propositionnelle*.
2. La négation d'une expression propositionnelle est une *expression propositionnelle*.
3. Toute combinaison d'expressions propositionnelles à l'aide de connecteurs logiques est une *expression propositionnelle*.

Autrement dit, une définition récursive spécifie d'abord les objets les plus simples ou les plus canoniques de la classe qui nous intéresse, ces objets apparaissant comme plus ou moins évidents; ensuite elle indique comment, à partir de ces objets «primaires», on peut construire des objets «secondaires» — plus complexes, mais suffisamment semblables aux objets «primaires», en tout cas, sous les aspects pertinents; enfin, les objets «secondaires» et les objets «primaires» sont considérés comme des représentants d'une même classe.

Dans le système conceptuel de morphologie proposé dans le CMG, presque toutes les définitions sont du type boécien [un *X* est ʿun *Y* qui …ʾ]. Cependant, nous utilisons aussi quelques définitions récursives, par exemple, en définissant le mot-forme (voir plus loin, Première partie, ch. IV, §2, **1,** définitions I.22 et I.23, pp. 187-188).

2. Suffisance des principes de définition postulés. Nous ne pouvons pas prouver (au sens strict du terme) que nos principes sont suffisants, mais nous pouvons quand même signaler que les exigences imposées aux définitions scientifiques dans les ouvrages spéciaux sont soit réductibles aux principes 1-3, soit inacceptables. Ainsi, les deux propriétés des bonnes définitions formulées dans Welte 1974 : 106-107 — à savoir, l'éliminabilité [= chaque terme est remplaçable par sa définition] et la non-créativité [= aucune définition ne permet des conclusions qui n'étaient pas possibles sans elle] — sont en fait équivalentes au principe d'adéquation. Mais la propriété de non-négativité [= «une définition ne doit pas être formulée en termes de négation»; Welte 1974 : 106] est tout simplement inacceptable, car parfois nous avons besoin de définitions négatives. Par exemple, un *affixe* est ʿun morphe qui n'est pas une racineʾ (Cinquième partie, chapitre II, §3, définition V.14). Nous ne voyons pas pourquoi une telle définition doit être interdite à partir de considérations théoriques.

[8] (**4.2,** après le point 4, p. 20). *Apresjan* et *Apresyan*, ainsi que *Žolkovskij*, *Žolkovsky* et *Zholkovsky* sont des variantes orthographiques des noms de deux linguistes russes, collègues et amis, que je mentionne assez souvent dans le CMG. Malheureusement, toutes ces variantes sont utilisées dans les références de publications, de sorte que je suis obligé de les citer telles quelles.

ASPECT LINGUISTIQUE₂ DE L'OUVRAGE

Puisque le CMG est dédié à la morphologie linguistique₁, il nous faut commencer par la discussion du terme *morphologie* lui-même. Ensuite, nous traiterons des cinq questions suivantes :
- sources du système de concepts morphologiques proposés;
- caractère prescriptif du système;
- caractère non opératoire de nos définitions;
- illustrations linguistiques₁;
- cadre théorique du système proposé.

1. Morphologie en tant que discipline linguistique₂

Le terme *morphologie* vient du grec ancien *morphé* ʿformeʾ et *lógos* ʿscience, connaissance(s)ʾ; donc le tout signifie littéralement ʿscience ⟨ou étude⟩ de la FORMEʾ. En effet, on parle de la *morphologie des plantes*, de la *morphologie des êtres vivants*, de la *morphologie du relief terrestre*, etc. Mais en linguistique, ce terme a acquis une signification spécialisée : ʿétude des formes des motsʾ et, par extension, ʿétude du motʾ. Bien qu'on doive aussi parler de la forme des syntagmes et/ou des phrases, on n'y applique pas le terme *morphologie*; c'est le mot, et le mot seulement, qui fait l'objet de la morphologie linguistique₂, selon un usage général.

D'autre part, la morphologie linguistique₂ ne se limite aucunement à la forme des mots : elle s'occupe aussi bien de leur signification (même si ce n'est pas la signification d'un mot dans sa totalité qui intéresse la morphologie) et de leur combinatoire (bien que partiellement).

Nous pouvons alors nous appuyer sur la thèse suivante, qui semble être généralement acceptée en linguistique moderne :

La *morphologie* est une partie de la linguistique qui s'occupe du mot sous tous les aspects pertinents.

Comme on peut le voir, le sens qu'on donne à ce terme en linguistique est très éloigné de son sens étymologique. Pourtant, il est universellement accepté, et nous l'adoptons dans notre livre.

Nous préciserons plus loin, à la fin de la première partie, les divisions majeures de la morphologie comme science et nous introduirons au chapitre II qui suit la distinction entre la REPRÉSENTATION MORPHOLOGIQUE des mots-formes (p. 47) et la COMPOSANTE MORPHOLOGIQUE du modèle linguistique₁ (p. 62); pour le moment, la constatation ci-dessus nous suffira.

2. Sources et origines du système conceptuel proposé

Les concepts individuels présentés dans ce livre et leur système, ainsi que la vue globale de la morphologie et les principes de base de description ne sont pas apparus dans un désert intellectuel. Nous avons assis le système conceptuel proposé — ou, au moins, nous avons de bonne foi essayé de l'asseoir — sur les bases solides jetées par plus d'un siècle de recherches morphologiques assidues. Lors du travail sur le CMG, notre intention a toujours été d'assimiler et d'utiliser autant de biens accumulés par nos prédécesseurs que possible. Nous ne le disons pas ici seulement par «politesse» scientifique, c'est-à-dire parce que l'éthique du savant exige de reconnaître scrupuleusement la contribution des autres, mais surtout pour expliquer davantage les intentions de l'ouvrage.

Le CMG se veut un résultat naturel du développement logique cohérent de l'appareil conceptuel dont la morphologie s'est dotée vers le milieu des années 80, plutôt qu'une rupture radicale avec la tradition et un système flambant neuf qui viserait à s'opposer à ses précurseurs.

Le CMG contraste donc avec Hjelmslev 1968-1971, qui crée son système de façon à éviter tout rapprochement avec les autres démarches et élabore sa terminologie à partir d'éléments latins et grecs, mais à l'exclusion presque totale des termes en cours en dehors de sa doctrine. Nous, au contraire, faisons notre possible pour retenir les termes existants avec les acceptions existantes. (Nous n'y réussirons pas toujours; ce problème sera repris un peu plus loin.)

Poussée à l'extrême, une telle démarche exigerait un exposé détaillé sur l'état actuel de la morphologie, après quoi nous devrions indiquer les développements que nous croyons y avoir apportés. Cependant, la littérature correspondante est tellement riche (des dizaines de milliers d'ouvrages) que même des références à titre indicatif sont hors question. En plus, le CMG n'est pas et ne doit pas être un guide bibliographique. Pour cette raison, nous nous limitons, dans le corps du livre, au minimum de références, que nous réunissons à la fin des paragraphes et des chapitres dans de petites sections intitulées REMARQUES BIBLIOGRAPHIQUES. Ici, nous n'indiquerons que quelques ouvrages de base qui nous ont beaucoup influencé ou qui ont été beaucoup utilisés dans la construction de notre système; nous les regrouperons sous les quatre rubriques suivantes :

– Nos maîtres linguistiques$_2$, ou les ouvrages des personnes à qui l'auteur doit sa façon particulière d'envisager la morphologie linguistique$_2$. Trois noms dominent cette rubrique : Alexandre Reformatskij (1960, 1967), Alexandre Xolodovič (1979) et Roman Jakobson (1971).

– Les ouvrages classiques de morphologie : Sapir 1921 : 57-146, Bloomfield 1933 : ch. VII - XVI, Hockett 1947, Harris 1951 : 156-352 et, tout spécialement, Nida 1949.

– Les manuels et les livres de référence généraux dans le domaine morphologique publiés dans les années 70 et 80 : Matthews 1974, Kubrjakova 1974, Bulygina 1977, Dressler 1977 et Dressler1985, Bergenholtz und Mugdan 1979, Wurzel 1984, Bybee 1985.

– Certains ouvrages spéciaux qui se sont avérés fort utiles sous plusieurs aspects; ici, nous devons signaler surtout Aronoff 1976 et Bider et Bol'šakov 1976-1977.

3. Caractère prescriptif du système conceptuel proposé

Par son orientation vers la terminologie et les concepts, c'est-à-dire vers la métalangue de la morphologie, le CMG ressemble, à un degré non négligeable, aux dictionnaires de termes linguistiques$_2$: Knobloch 1961-1971, Axmanova 1966, Marouzeau 1969, Gołąb *et al.* 1970, Ulrich 1972, Heupel 1973, Dubois *et al.* 1973, Lewandowski 1973-1975. Il y a, bien sûr, une différence d'organisation et de présentation : les dictionnaires ci-dessus présentent les termes par ordre alphabétique (la succession des termes étant donc, d'un point de vue logique, tout à fait incohérente) et dans des articles très brefs et plus ou moins isolés; alors que le CMG offre un texte suivi où les concepts sont introduits dans une succession logique. Cependant, le CMG a une propriété plus importante qui l'oppose à tous les dictionnaires mentionnés : il est PRESCRIPTIF, alors que les ouvrages antérieurs, sans aucune exception, sont descriptifs.

En effet, tous ces dictionnaires cherchent à refléter, de la façon la plus systématique possible, l'USAGE OBSERVÉ des termes et des concepts linguistiques$_2$. Certains se limitent à citer littéralement les définitions ou les explications trouvées dans les publications d'une école particulière (Hamp 1966 le fait pour le structuralisme américain; Vachek 1966, pour le structuralisme pragois; Welte 1974 représente surtout l'approche générative-transformationnelle). Les autres s'efforcent de systématiser, de standardiser, d'uniformiser, mais toujours en vue de décrire, plus ou moins fidèlement, l'usage (peut-être l'usage qui prévaut) accepté par la linguistique. Or, c'est précisément cet usage qui nécessite une révision fondamentale.

Le CMG se donne comme tâche principale de créer un système «idéal» de concepts morphologiques — concepts possédant des définitions rigoureuses, formant un système logique et couvrant le champ concerné de façon exhaustive. Cela nous amène fatalement à refaire l'interprétation de certains termes, à avoir recours à des amputations et à des greffes, à privilégier certains emplois au détriment des autres, etc. Nous voulons retenir le plus possible de la pratique morphologique telle que nous la voyons aujourd'hui — mais nous savons d'avance que beaucoup de changements, parfois très profonds et sérieux, sont inévitables.

De façon plus précise, nous pouvons dire que le CMG substitue à l'ENSEMBLE DES NOTIONS morphologiques existantes un SYSTÈME DES CONCEPTS morphologiques spécialement construits. En le faisant, nous nous fondons sur l'opposition «notion ~ concept» établie dans Gentilhomme 1982, qui nous semble d'une telle importance pour nos fins que nous allons la présenter ici (suivant Y. Gentilhomme).

CONCEPT	NOTION
1. Est définissable, c'est-à-dire peut être entièrement connu par sa définition logique.	1. N'est pas définissable et doit être spécifiée par une esquisse suggestive, intuitivement claire.
2. Est finalisé, c'est-à-dire est destiné à fonctionner à l'intérieur d'une discipline spécifique.	2. N'a pas pour finalité le fonctionnement technique dans une discipline spécifique; est tributaire de l'intuition et du sens commun.
3. Est terminologisé, c'est-à-dire doit être représenté par une expression de support technique, dont le sens est parfaitement net.	3. N'a pas de terme technique, mais est exprimée par un mot du langage courant; ne peut pas être cernée de façon parfaitement nette.
4. Interdit tout glissement de sens, notamment la métonymie et la métaphore; présuppose la monosémie.	4. Est passible de glissement de sens : il n'y a pas vocation de monosémie.

«Sur le canevas indéfini de la notion, les spécialistes en tout genre brodent et baptisent des concepts adéquats à leur savoir renouvelé» (Gentilhomme 1982 : 81) : nous ne pouvons formuler la distinction visée de façon plus expressive!

Ce que nous entendons par caractère prescriptif du système conceptuel du CMG doit maintenant être clair. Bien ancré dans le sol riche de notions de la morphologie moderne, le présent livre essaie de développer une terminologie du type mathématique, bien adaptée aux besoins des linguistes qui veulent décrire les phénomènes morphologiques des langues les plus variées. Nous voulons que cette terminologie et les concepts sous-jacents assurent une compréhension mutuelle entre les chercheurs, mais aussi qu'ils les assistent dans leurs explorations : qu'ils leur suggèrent des possibilités, qu'ils servent de béquilles logiques à leur intuition et qu'ils les aident à rédiger leurs constatations. Certes, pour atteindre ce but, nous sommes obligé d'être prescriptif.

4. Caractère non opératoire des définitions

Une autre propriété importante de notre système est que les définitions fournies ne sont pas opératoires. Une définition typique du CMG indique les conditions sous lesquelles le terme correspondant T peut être appliqué à l'unité considérée U, ou autrement dit, elle spécifie les propriétés que U doit posséder pour que nous ayons le droit de l'appeler T. Mais elle ne donne aucune indication sur la façon d'établir ces propriétés de U.

L'humoriste britannique bien connu G. Mikes a dit une fois : «The trouble with definitions is that although they can be illuminating, witty, amusing, original and revolutionary, there is one thing — and perhaps one thing only — which they cannot do : define a thing» (G. Mikes, *English Humour for Beginners*, 1980, London : André Deutsch, p. 9). Cette plaisanterie est parfaitement valable pour les définitions du CMG : aucune définition du CMG ne «définit» une CHOSE, c'est-à-dire un fait linguistique$_1$; une définition du CMG ne définit que le NOM d'un fait linguistique$_1$. (Dans la terminologie des logiciens — voir, par exemple, Robinson 1954 : ch. II-V — les définitions du CMG sont des définitions NOMINALES.)

Le système de définitions proposé, même s'il était optimal, ne serait pas destiné à garantir les analyses mécaniques des données linguistiques$_1$ brutes en vue d'obtenir des unités plausibles; il n'est pas censé non plus contribuer à tracer les distinctions jugées pertinentes entre les unités. Son seul but est, comme nous l'avons déjà signalé à plusieurs reprises, de donner aux linguistes des outils commodes : un système de noms munis de conditions rigoureuses d'usage. Une fois de plus, nous devons insister sur le caractère surtout métalinguistique du livre. Ce qui nous intéresse dans le CMG, ce sont les mots, plutôt que les choses.

5. Illustrations linguistiques$_1$

Cependant, ceci n'empêche pas les illustrations linguistiques$_1$, c'est-à-dire les «illustrations par choses», de jouer un rôle important au sein du CMG. Nous croyons qu'un concept abstrait, du moins en linguistique, ne peut être complètement assimilé, s'il n'est pas illustré par un (ou plusieurs) exemple(s) concret(s). Les illustrations riches et diversifiées tirées des langues de tous types constituent la chair vivante qui enveloppe le squelette solide du système conceptuel. Les exemples ont, dans le CMG, une double fonction :

– argumentative (c'est-à-dire qu'ils démontrent l'avantage de tel ou tel concept; leur ensemble constitue, pour ainsi dire, un terrain d'essai pour le système proposé);

– pédagogique, déjà mentionnée (c'est-à-dire qu'ils permettent de mieux comprendre ce qui motive nos constructions formelles).

La première fonction exige des exemples plus sophistiqués et assez complexes, donc souvent contestables et présentant des problèmes irrésolus parfois de taille.

La seconde, elle, demande des exemples plutôt banals — indiscutables, bien connus, facilement compréhensibles.

Tiraillé entre ces deux besoins, nous avons essayé de nous en tenir à une proportion raisonnable, tout en admettant les exemples des deux types — des plus simples aux plus complexes.

De façon générale, nous utilisons beaucoup d'exemples, empruntés à de nombreuses langues. Pour aider le lecteur, chaque exemple est glosé de façon détaillée, muni d'une traduction littérale (= morphe par morphe) et, si nécessaire, de commentaires.

Il est évident que l'auteur ne peut se vanter d'une maîtrise suffisante de toutes les langues utilisées ou même d'une majorité d'entre elles. Nous puisons nos exemples aux meilleures sources disponibles et, partout où nous étions en mesure de le faire, nous avons vérifié nous-même les données présentées. Mais nous ne pouvons pas prendre la responsabilité des faits linguistiques$_1$ cités ni des analyses que nous tenons pour acquises. Il est donc tout à fait probable qu'un certain nombre de nos exemples contiennent des erreurs de fait ou d'analyse. Cependant, dans le cadre d'un livre comme celui-ci, cela n'a pas trop d'importance. Le CMG ne poursuit pas l'objectif de développer des descriptions exactes des phénomènes concrets des langues particulières. Le livre se veut un outil métalinguistique — un système conceptuel adapté à la description de la morphologie. Les exemples qu'il contient n'ont pas une trop grande valeur comme tels, mais comme des réalisations précises des concepts introduits. Un exemple dans le CMG doit être compris, de façon générale, comme suit :

«**Si** les faits F_1, F_2, …, F_n sont vrais,

alors il y a lieu d'admettre les conséquences C_1, C_2, …, C_m».

La vérité des faits cités est moins pertinente dans notre perspective que la validité de l'implication elle-même.

Pour ne pas encombrer l'exposé, nous n'indiquons pas la source de nos données pour les langues majeures, dont les descriptions sont faciles à trouver. Dans les cas d'une langue assez «exotique», nous citons la référence. Nous signalons aussi explicitement les données et les analyses provenant de l'auteur lui-même.

En conclusion, remarquons encore deux particularités des exemples contenus dans le CMG :

1) Dans le cas d'un phénomène linguistique$_1$ dont le statut ou la nature sont sujets à controverses, nous acceptons, sans justification spéciale, le POINT DE VUE LE PLUS TRADITIONNEL, le plus répandu (même s'il est critiquable).

2) Le CMG NE VISE PAS UNE DESCRIPTION COMPLÈTE des faits linguistiques$_1$ traités : nous nous permettons d'omettre tous les détails non pertinents pour le thème de discussion, de ne pas formuler certaines conditions restrictives, etc.

6. Cadre théorique du système conceptuel proposé

Chose certaine, un système conceptuel du type envisagé ne peut être construit que dans un système de référence précis, c'est-à-dire dans un cadre théorique plus général. En même temps, notre intention est de donner aux linguistes un langage formel morphologique qui soit maximalement indépendant des particularités d'une théorie spécifique; nous voudrions que n'importe qui puisse utiliser nos outils indépendamment de ses convictions théoriques.

Cherchant la solution la moins douloureuse à ce conflit entre la nécessité d'un cadre théorique et le désir de ne pas trop dépendre d'une théorie particulière, nous avons pris, en tant que notre système de référence, la théorie linguistique$_2$ Sens-Texte. La raison en est très simple : cette théorie apparaît comme la plus neutre (surtout au chapitre de la morphologie), ainsi que la plus proche de la démarche traditionnelle et du sens commun. En fait, elle nous sert plutôt comme toile de fond : ses éléments spécifiques ne sont presque pas utilisés dans les Parties I-V du CMG; c'est seulement dans la Partie VI, là où nous présentons des exemples de modèles morphologiques, que nous faisons usage de représentations morphologiques prévues par la théorie Sens-Texte. À part cela, le lecteur peut travailler avec le CMG quasiment sans se soucier de la théorie sous-jacente : ni les définitions, ni les discussions des exemples ne contiennent de référence substantielle à cette (ou à une autre) théorie. Bien entendu, l'auteur, en écrivant le CMG, avait la théorie Sens-Texte constamment présente à l'esprit, et cette circonstance a assuré l'unité et la systématicité nécessaires à un tel livre. Mais il a fait de son mieux pour que les propositions théoriques soient le moins visibles possible dans le texte final.

Cependant, nous avons cru bon de présenter la théorie Sens-Texte dans le CMG, ne serait-ce que sous forme d'ébauche. Une prise de contact, même superficielle, avec la théorie donne au lecteur une plus vaste perspective, lui permet de mieux situer la morphologie parmi les autres disciplines linguistiques$_2$ et, de ce fait, l'aide à comprendre nos raisonnements morphologiques de façon plus profonde. Nous consacrerons un chapitre spécial à une esquisse de la théorie Sens-Texte : chapitre II de cette Introduction (p. 41 ssq.).

REMARQUES BIBLIOGRAPHIQUES

Pour aider le lecteur à mieux situer les propositions du CMG, nous présentons ici, à titre indicatif, quelques ouvrages de morphologie plus récents à CARACTÈRE ASSEZ GÉNÉRAL (que nous n'avons pas mentionnés précédemment).

Commençons par les recueils Thomas-Flinders 1981, Zwicky and Wallace 1984, Hammond and Noonan 1988 et Dressler *et al.* 1990.

Indiquons ensuite sept articles importants : Anderson 1977, 1982, 1985 et 1988, Aronoff 1983, Molino 1985 et Zwicky 1988, en les faisant suivre par des monographies : Matthews 1972, Lieber 1981, Mayerthaler 1981, Plank 1981, Wurzel 1984, Carstairs 1987, Dressler *et al.* 1987 et Szymanek 1989.

Spencer 1991 contient une revue détaillée de la plupart des théories, des approches, des modèles et des hypothèses développés dans le domaine de la morphologie, ainsi qu'une discussion des interfaces «morphologie – phonologie» et «morphologie – syntaxe». Muni de riches exemples commentés, cet ouvrage complémente bien le CMG.

Enfin, la bibliographie Beard and Szymanek 1989 comprend à peu près 2200 références et couvre les années 1960-1985.

§ 3

ASPECT PRÉSENTATIONNEL DE L'OUVRAGE

> Fais en sorte que ton prochain n'ait pas à souffrir de
> ta sagesse.
>
> Omar Khayyam, cité dans Gentilhomme
> 1985 : 98.

Les objectifs mêmes que vise le «Cours de morphologie générale» font que sa lecture est difficile. Tout d'abord, le livre se veut un système conceptuel formel, ce qui représente déjà un fardeau assez lourd que l'intelligence du lecteur doit constamment supporter; ensuite, le livre prétend fournir un aperçu assez détaillé d'un domaine linguistique₁ richissime, si bien que le lecteur est forcé de suivre les méandres d'un labyrinthe de phénomènes exotiques, en mémorisant des faits étranges de langues inconnues, etc. Un certain degré de difficulté est donc inévitable : c'est le prix à payer pour ce que le lecteur veut obtenir.

Cependant, pour faciliter le travail du lecteur dans la mesure du possible, nous allons maintenant répondre aux trois questions suivantes :
- Quel genre d'ouvrage est le CMG?
- Comment l'ouvrage est-il organisé?
- De quelle façon utilise-t-il les procédés typographiques?

1. Le «Cours de morphologie générale» : trois genres en un

Le CMG est un livre qui relève de plusieurs genres. Premièrement, il présente le fruit de recherches menées par l'auteur lui-même depuis 35 ans. Il fait état, entre autres, de plusieurs résultats déjà publiés dans des revues de linguistique. De plus, ces résultats originaux, avec ceux d'autres chercheurs, sont organisés par l'auteur en un système particulier, reflétant une vision particulière. De ce point de vue, le CMG doit être considéré comme une MONOGRAPHIE SCIENTIFIQUE.

Deuxièmement, le livre trace un tour d'horizon du domaine entier de la morphologie. Il comprend d'innombrables résultats, obtenus par d'autres linguistes, qu'on trouve dans la littérature. De ce point de vue, le CMG doit être considéré comme un LIVRE DE RÉFÉRENCE, une espèce d'encyclopédie linguis-tique₂.

Et troisièmement, le livre tente de présenter le matériel de la façon la plus pédagogique possible; dans cette optique, nous mettons l'accent sur l'accessi-bilité du texte même à un non-spécialiste. Non seulement nous choisissons des formulations explicites, ne faisant référence qu'à des phénomènes déjà vus, et fournissons partout les explications jugées nécessaires, mais nous plaçons aus-si, dans des endroits stratégiques, des questions posées au lecteur pour lui per-mettre de s'autocontrôler. (Ces questions varient beaucoup en complexité; parfois elles présupposent des exercices assez sérieux, voire même de petites recherches.) De ce point de vue, le CMG doit être considéré comme un MA-NUEL. Ce n'est pas, bien sûr, un manuel destiné aux étudiants de première année en linguistique; compte tenu de sa difficulté, il nous semble plutôt correspondre à un niveau relativement élevé dans l'apprentissage de la linguistique.

Somme toute, le CMG apparaît comme un alliage (ou un hybride?) des trois genres indiqués : c'est une monographie de recherche, un livre de référen-ce et un manuel, sous une même couverture.

2. Présentation adoptée

Dans un ouvrage aussi complexe et volumineux que le CMG, la structure de présentation revêt un caractère spécial. Pour ne pas se perdre dans le dédale des définitions, commentaires, remarques, exemples et contre-exemples, ana-lyses (parfois très techniques), etc., le lecteur doit, à chaque instant de sa pro-gression à travers le texte, se rendre parfaitement compte de sa position dans l'espace conceptuel du livre. Autrement dit, il faut qu'il sache exactement ce qu'il est en train de voir, où on va le mener ensuite et par quelle avenue on pré-voit passer. Avant tout, le lecteur est censé être conscient de la structure géné-rale du CMG, ainsi que de la structure de chacune de ses parties, etc.

Le LIVRE est divisé en sept parties principales, sans compter l'Introduction. La composition de ces parties sera exposée et justifiée à la fin de la Première partie, au chapitre VII, lorsque nous aurons introduit les concepts nécessaires sous-jacents à notre raisonnement. Ici, nous nous limiterons à dire que chaque partie du CMG couvre un seul aspect particulier de la morphologie linguis-tique₁ : le mot comme un tout, les significations morphologiques, les moyens morphologiques, etc.

Chaque PARTIE s'articule en chapitres, et la composition de ces chapitres est exposée et justifiée au début de la partie; à la fin, nous donnons un bref aper-çu de son contenu, c'est-à-dire un résumé des points les plus importants.

Chaque CHAPITRE reprend, de façon générale, la structure des parties : il peut être divisé en paragraphes, dont la composition est exposée et justifiée au début du chapitre; à la fin d'un chapitre, nous plaçons un bref résumé de son contenu. (Un chapitre qui n'est pas suffisamment long ne comporte pas de paragraphes.)

À son tour, un PARAGRAPHE (ou un chapitre n'ayant pas de paragraphes) est découpé en sections numérotées et munies de titres (en caractères gras, centrés). Une section (par exemple, **2**) peut encore être divisée en sous-sections portant des numéros doubles (**2.1, 2.2, 2.3**, ...) et ayant aussi des titres (également en caractères gras et qui ne sont pas centrés). Des subdivisions plus petites sont possibles et même fréquentes, mais elles ne sont pas standardisées et peuvent varier selon les besoins de l'exposé.

Les DÉFINITIONS, qui forment la charpente de notre texte, sont numérotées dans chaque partie par des numéros composés (le numéro de la partie + le numéro d'ordre de la définition dans la partie donnée; par exemple : I.11, I.12, ...; IV.23, etc.). Chaque définition prend pour titre le terme exprimant le concept défini; elle peut être suivie de **commentaires** et d'**exemples**.

Un aspect important du système de définitions proposé dans le CMG est l'ordre dans lequel les concepts examinés y sont introduits. Cet ordre se veut STRICTEMENT PROGRESSIF, en ce sens que si un concept C_2 est défini par un autre concept C_1, ce dernier doit toujours être défini avant C_2. De cette façon, les définitions ne font jamais référence à ce qui se trouve en aval mais seulement à ce qui se trouve en amont; la présentation formelle se développe donc dans un seul sens.

Nous nous permettons, cependant, de violer ce principe dans deux circonstances spécifiques.

Primo, il y a quelques cas où, pour des raisons purement pédagogiques, il nous a semblé préférable d'introduire un concept C_1 sous-jacent au concept C_2 plus loin que C_2 dans le cadre de notre exposé. Une telle situation peut survenir si C_1 appartient à une famille logique de concepts $\{C_i\}$ qui doit être décrite après C_2; en principe, C_1 peut être séparé des autres C_i et considéré avant C_2, mais cela aurait rendu la compréhension de C_1 plus difficile pour le lecteur. Nous sacrifions donc parfois notre principe d'ordonnancement progressif pour faciliter la lecture du livre, ce qui s'accorde d'ailleurs parfaitement avec son caractère de manuel. De tels cas d'anticipation apparaissent dans environ 10 pour cent de nos définitions.

Secundo, de temps en temps nous utilisons, dans des passages informels, certains concepts qui ne seront définis que plus tard. Les deux cas les plus typiques où cela peut se produire sont :

• Discussions des exemples, dans lesquelles le désir d'utiliser des exemples «vivants», c'est-à-dire assez complexes, nous force parfois à recourir à des concepts qui attendent encore leur définition.

• Caractérisations préalables de certains concepts importants ayant pour but de préparer le terrain et d'éclairer le plan de l'exposé ultérieur.

Le nom d'un concept qui n'a pas encore été introduit formellement est indiqué, à la première mention dans le passage donné, en caractères ***italique gras*** (comme tous les termes techniques) et accompagné de la référence à la définition rigoureuse.

Les EXEMPLES représentent des faits linguistiques₁ illustrant le phénomène discuté. Ils sont numérotés successivement à l'intérieur de chaque paragraphe (ou du chapitre sans paragraphe) par des chiffres arabes entre parenthèses : (1), (2), etc.

Dans un ouvrage comme celui-ci, la présentation des exemples linguistiques₁ apparaît très importante. Précisons donc la démarche adoptée pour leur standardisation.

1. De par leur nature, les exemples du CMG sont très variés. De façon fort approximative, nous pouvons quand même les réduire à trois types majeurs :

– phrases ou listes de mots, munies de traductions (littérales et/ou littéraires, voir ci-dessous);

– paradigmes₁ organisés selon les catégories grammaticales pertinentes;

– mots-formes illustrant la structure morphologique interne.

2. Après le numéro identifiant l'exemple, nous indiquons la langue impliquée.

3. Au besoin, les formes illustratives apparaissent soit en orthographe conventionnelle, soit en transcription phonologique. Pour les écritures nationales utilisant des alphabets ou des caractères différant de l'alphabet latin (comme le russe, l'arabe, le géorgien ou le chinois), nous employons une translitération latine standard.

4. Là où nous le jugeons nécessaire, nous indiquons la division du mot-forme analysé en morphes. Le symbole «+» marque la frontière morphique ainsi que la succession linéaire des morphes.

5. Un morphe zéro (Ø) n'est indiqué que s'il est considéré comme pertinent dans l'exemple en cause.

6. Chaque morphe est glosé séparément :

– Les morphes «lexicaux» reçoivent comme gloses les équivalents français les plus littéraux possibles, alors que les morphes «grammaticaux» sont glosés par des abréviations — en majuscules — des termes grammaticaux (dont la forme complète se retrouve dans la *Liste des abréviations et des symboles*, au début de chaque volume du CMG; dans le présent volume, voir pp. XXV-XXVI).

– Si la glose d'un morphe «lexical» est constituée de plusieurs mots, ces mots sont séparés par des points (pour montrer le caractère unifié de la glose; par exemple, «jeune.homme» ou «petite.pierre»).

– La glose d'une unité non divisée en morphes peut comprendre une partie «lexicale» et une partie «grammaticale»; ces deux parties sont séparées par un trait d'union et les éléments de la partie grammaticale, par des points (par exemple, «voir-ACT.IND.PASSÉ»).

7. Une traduction littérale (marquée «litt.») et/ou une traduction littéraire peut être ajoutée ou substituée à la glose. Dans une traduction littérale, les éléments qui servent d'équivalent à un seul élément de départ sont réunis par des traits d'union. Les éléments introduits dans la traduction par souci de clarté sont mis entre crochets.

Voici trois cas d'exemples typiques tels qu'utilisés dans le CMG.

(7)   **a.** espagnol

    Quiero dártelo ~ Te lo quiero dar ʿJe veux te le donnerʾ.

    vs

    b. français

    *Je veux te le donner ~ *Je te le veux donner.*

[L'exemple est tiré du §2, chapitre IV, Première partie, p. 195.]

(27)   Dans les verbes composés (= *incorporatifs*) du tchouktchi, ...

    a. T $+$ *otkocʔə* $+$ *ntəwat* $+ Ø$ $+ ək$

    1SG.SUJ   piège   mettre   AOR 1SG.SUJ

    ʿJ'ai mis un ⟨des⟩ piège⟨s⟩ʾ.

[L'exemple est tiré du §2, chapitre IV, Première partie, p. 215.]

(2)   japonais

    Hunega   *mieta*,   litt. ʿBateau était-visibleʾ.

    bateau-SUBJ voir-PASSÉ

[L'exemple est tiré du §1, chapitre V, Première partie, p. 258.]

NB : Pour le problème général de la présentation des exemples en morphologie linguistique$_2$, voir l'article détaillé Lehmann 1982.

Le système assez complexe de structuration et de présentation du texte semble justifié, dans un livre comme celui-ci, par le besoin de références multiples et surtout par notre volonté de donner priorité à la logique de l'exposé. Cela nous a même poussé à admettre des parties et des chapitres de tailles très inégales, si la logique des divisions factuelles l'imposait.

Pour ne pas surcharger l'exposé de détails pertinents mais plutôt marginaux, nous avons recours à des notes placées à la fin de chaque paragraphe (et de chaque chapitre ne comportant pas de paragraphes). La même démarche s'applique aux références : comme nous l'avons signalé, dans le texte, nous ne nous permettons que le minimum de références; mais, en revanche, à la fin de chaque paragraphe, une section spéciale, intitulée REMARQUES BIBLIOGRAPHIQUES, présentera, à l'intention du lecteur, les principaux ouvrages portant sur les sujets traités. Bien entendu, ces REMARQUES ne prétendent pas être complètes.

NB : En règle générale, nous n'indiquons pas les créateurs des termes présentés (à quelques exceptions près). De telles indications demanderaient une recherche bibliographique spéciale, que nous ne pouvons entreprendre dans un livre comme le CMG.

3. Conventions typographiques

Pour mieux orienter notre lecteur et guider son attention, nous employons une sorte de «signalisation routière» : quelques procédés graphiques, qui feront ressortir le caractère spécial d'un passage dans le texte. Les signes de notre code de la route sont au nombre de cinq.

1. **L'encadrement** indique l'idée clé de la section correspondante, le point le plus important. Par exemple (voir Première partie, chapitre IV, **2**, § 1, p. 170) :

> Un énoncé (complet) peut être réalisé entre deux pauses absolues, c'est-à-dire entre deux silences du locuteur.

2. **Le point d'exclamation dans un cercle** indique une constatation concernant l'usage terminologique (une abréviation, une terminologie parallèle, un abus de langage que nous admettons, etc.). Par exemple (voir Première partie, chapitre I, **3.4**, p. 99) :

Pour éviter toute confusion, nous renonçons à employer le mot *mot* dans ce livre comme terme technique; seuls les termes *mot-forme* et *lexème* seront admis dans nos raisonnements à caractère logique.

3. **Le signe d'un tournant brusque** indique une remarque logiquement et psychologiquement très importante dont la valeur peut facilement échapper au lecteur : une mise en garde contre une compréhension fautive; une clarification qui anticipe les choses à venir et, du même coup, aide à suivre l'exposé; etc. Par exemple (voir Première partie, chapitre III, §1, **3**, 2, p. 140) :

La forme des règles morphonologiques que nous employons est rigoureusement définie dans la Sixième partie, là où commence la discussion des modèles morphologiques. Mais pour faciliter la lecture des nombreux exemples qui apparaissent avant, nous fournissons ci-dessous quelques clarifications concernant les notations adoptées :

4. **Le point d'interrogation dans un rectangle contenant en bas un numéro** indique un exercice adressé au lecteur, le numéro se référant à la réponse donnée à la fin du volume (pour que le lecteur puisse contrôler sa compréhension). Par exemple (voir Première partie, chapitre II, §2, **1**, l'exemple (1), p. 124) :

> ⁇
> 7   Expliquez l'index numérique qui suit l'écriture **lettre**; consultez le chapitre I, **4.2**, p. 103.

5. **Deux barres parallèles verticales** (à gauche) indiquent une formulation formelle importante, c'est-à-dire une définition, un principe ou un postulat. Par exemple (voir Première partie, chapitre III, §3, p. 158) :

Définition I.11 : signe linéairement divisible

Un signe segmental **X** est appelé *linéairement divisible en signes segmentaux* **X₁**, **X₂**, ..., **Xₙ** si et seulement si **X** est représentable en termes de **X₁**, **X₂**, ..., **Xₙ** et de la méta-opération ⊕ et que son signifiant /X/ est linéairement divisible en signifiants /X₁/, /X₂/, ..., /Xₙ/.

Différents types de caractères ont été adoptés afin de faciliter la lecture du CMG. Voilà les conventions retenues :

• L'*italique* signale des éléments linguistiques₁, tels qu'on les trouve dans le discours. La plupart des exemples sont donc en italique.

• Les **caractères gras** ont trois fonctions différentes (mais qui ne risquent pas d'être confondues) :
  – soit ils signalent des signes linguistiques₁;
  – soit ils désignent des connecteurs logiques (**et, ou, si — alors**);
  – soit ils sont utilisés dans les titres des sections et des sous-sections.

• L'*italique gras* signale les termes à leur première mention (ou à une mention hors contexte, si leur nature terminologique n'est pas immédiatement évidente), ou bien il est utilisé dans les exemples linguistiques₁ pour faire ressortir l'élément en cause.

• Les MAJUSCULES signalent des lexèmes et des vocables.

• Les PETITES MAJUSCULES sont employées pour des emphases de toutes sortes.

RÉSUMÉ DU CHAPITRE I

Le «Cours de morphologie générale» est consacré au problème de terminologie linguistique₂; celle-ci est censée être fondée sur un système formel de concepts rigoureux. Le système conceptuel proposé pour la morphologie doit satisfaire aux six exigences suivantes : clarté logique de concepts, absence de contradictions, richesse, finesse, caractère naturel et productivité. C'est un système strictement déductif de définitions basé sur un nombre fini de concepts premiers non définis et ayant recours à des calculs de possibilités; ceci garantit son caractère exhaustif.

Les définitions, qui constituent le noyau du contenu du CMG, ne sont pas opératoires; elles sont presque toutes du type «par genre prochain et différences spécifiques» et obéissent aux quatre principes suivants : le principe d'adéquation, le principe d'univocité, le principe de décomposition et le principe de bloc maximum.

La morphologie est considérée, dans le CMG, comme l'étude du mot sous tous les aspects pertinents. D'une part, le livre essaie de poursuivre et de développer la morphologie traditionnelle; d'autre part, il adopte une tendance prescriptive, se donnant comme tâche de fournir un système «idéal» de concepts morphologiques. Afin d'offrir un substrat concret, le CMG met l'accent sur les illustrations linguistiques[1].

Le livre constitue un amalgame de trois genres : c'est, en même temps, une monographie scientifique, un livre de référence et un manuel.

CHAPITRE II

BRÈVE PRÉSENTATION
DE LA THÉORIE LINGUISTIQUE₂ SENS-TEXTE

Dans ce chapitre, nous donnons une caractérisation rapide mais (espérons-le) suffisamment détaillée du cadre théorique général au sein duquel nous plaçons la morphologie. Il s'agit d'une théorie linguistique$_2$ proposée par A. Zholkovsky et le présent auteur en 1965 (Žolkovskij et Mel'čuk 1965, 1967); elle est connue sous le nom de *théorie Sens-Texte.*[1] Nous procéderons en trois étapes :

1) Tout d'abord, nous parlerons des postulats principaux de la théorie Sens-Texte (TST, en abrégé) et de son orientation générale.

2) Ensuite, nous expliquerons les représentations linguistiques$_1$ de différents niveaux, telles qu'elles sont supposées par la TST.

3) À la fin, nous présenterons le modèle linguistique$_1$ Sens-Texte (MST) : outil de base pour la description des langues naturelles, selon la théorie Sens-Texte.

NB : Rappelons que l'usage des indices «1» et «2» auprès de l'adjectif *linguistique* a été expliqué plus haut, chapitre I, §1, **1**, p. 10.

1. La théorie Sens-Texte : ses postulats et son objectif

La TST s'appuie sur les trois postulats suivants :

Postulat 1

La langue naturelle est (considérée comme) une correspondance multi-multivoque entre un ensemble dénombrable infini de sens et un ensemble dénombrable infini de textes.

Symboliquement, le postulat 1 peut s'écrire comme suit :

(1) $\{\text{SENS}_i\} \Longleftarrow \text{langue} \Longrightarrow \{\text{TEXTE}_j\} \mid 0 < i, j < \infty$

Un sens relève de la face interne de la parole; c'est un phénomène psychique — une information transmise (ou à transmettre) dans un événement langagier. Un texte relève de la face externe de la parole; c'est un phénomène physique — un ensemble de vibrations acoustiques servant de moyen de transmission dans un événement langagier.

Le postulat 1 exige trois clarifications importantes.

Primo, le terme *sens* doit être interprété ici de la façon la plus étroite possible. Il ne s'agit aucunement du sens que nous obtenons comme résultat d'une bonne compréhension d'un énoncé quelconque, que nous en dégageons grâce à la logique, à nos connaissances extralinguistiques, etc., c'est-à-dire qu'il ne s'agit pas du «vrai» sens, qui est, en fin de compte, la seule raison d'être de la communication. Dans (1), nous ne visons que le sens purement langagier : le plus superficiel, le plus littéral, celui qui est accessible uniquement grâce à la maîtrise de la langue en cause. C'est seulement ce sens-là qui nous intéresse présentement et que nous définissons comme suit :

‖ Le sens est l'invariant des paraphrases langagières.

Secundo, le terme **texte** doit aussi être interprété d'une façon particulière. Il ne s'agit aucunement du texte cohérent, c'est-à-dire d'un discours organisé, donc du texte au sens de la grammaire de texte ou des théories de la narration. Dans (1), nous appliquons le terme *texte* au côté extérieur, physique de TOUTE manifestation langagière. Ainsi nous considérons comme des textes les signifiants des morphes, des mots-formes, des phrases, des alinéas, etc., de même que des nouvelles et des romans entiers. *Texte* est, dans le cadre du CMG, un terme technique qu'il faut utiliser strictement dans les limites indiquées.

Tertio, bien que les sens et les textes aient leur existence réelle, la TST, théorie linguistique$_2$ par excellence, ne doit et ne peut pas les traiter dans leur réalité psychique (= neurologique) et physique. La TST ne s'occupe que de leurs REPRÉSENTATIONS, c'est-à-dire de leurs descriptions au moyen de langages formels élaborés à cette fin par la linguistique. La représentation du sens est appelée **représentation sémantique** (RSém), la représentation du texte, **représentation phon(ét)ique** (RPhon). Divers langages formels, ou transcriptions, pour la RPhon sont connus en linguistique; mais pour la RSém, la linguistique ne dispose pas encore d'un langage formel universellement adopté. La construction d'un tel langage, c'est-à-dire d'un langage formel sémantique, est une des tâches les plus pressantes de la linguistique moderne.

Étant donné le rôle primordial des représentations dans la TST, nous pouvons réécrire (1) comme (2) :

(2) $\{\text{RSém}_i\} \Longleftarrow\!\!\text{langue}\!\!\Longrightarrow \{\text{RPhon}_j\} \mid 0 < i, j < \infty$

C'est sous cette forme que nous utilisons le postulat 1.

Postulat 2

‖ La correspondance (2) doit être représentée par un dispositif logique qui
‖ constitue un **modèle fonctionnel** de la langue en question.

Les sens et les textes d'une langue donnée sont directement perçus par les locuteurs, mais ce n'est pas le cas des règles qui les relient. Par conséquent, nous nous trouvons dans une situation classique, devant une «boîte noire» (*black box*) : en tant que linguistes, nous ne contrôlons, pour une langue, que les entrées (= sens) et les sorties (= textes), les règles qui assurent la correspondance entre les deux étant inobservables. La seule solution qui se présente, pour un chercheur intéressé à la langue comme telle, est un système de règles formelles simulant cette correspondance observée de la meilleure façon possible : c'est un modèle fonctionnel de la langue naturelle, ou — dans le cadre du CMG — un MODÈLE SENS-TEXTE (MST).

Nous retournerons au concept de modèle fonctionnel dans la Sixième partie, chapitre I, §3, **1.2**, définition VI.4, où le lecteur trouvera des explications et des éclaircissements à ce propos. Il nous suffira ici, afin d'éviter tout malentendu, d'insister sur l'acception de l'adjectif *fonctionnel* dans l'expression *modèle fonctionnel* : nous lui donnons le sens ʿrelatif au FONCTIONNEMENT de ...ʾ et nous l'opposons à *structural* = ʿrelatif à la STRUCTURE de ...ʾ. Ainsi un modèle fonctionnel de X a pour tâche de reproduire (= de modéliser) le comportement ou le fonctionnement de X plutôt que de chercher à reproduire (= à modéliser) sa structure. Un modèle fonctionnel ne fait pas autre chose que de relier, de la façon la plus logique, la plus compacte et la plus naturelle possible, les *entrées* et les *sorties* observables du «dispositif» X, sans trop se préoccuper des circuits internes de X, qui, dans la réalité, effectuent ce lien. Par conséquent, un modèle fonctionnel est toujours un SYSTÈME DE CORRESPONDANCES (*grosso modo*, une fonction au sens mathématique du terme).

 Un autre terme courant pour *modèle fonctionnel* est *modèle cybernétique*.

De par sa nature, un MST complet doit être dynamique : il assure le passage entre un sens donné et tous les textes qui expriment ce sens (ou bien entre un texte donné et tous les sens que ce texte exprime). Cependant, il est logique de distinguer, dans un MST, deux sous-modèles :

1) un système de règles purement linguistiques₁ qui spécifient la correspondance $\{RSém_i\} \Longleftrightarrow \{RPhon_j\}$ pour une langue donnée **L** comme telle de façon STATIQUE;

2) un système de règles procédurales DYNAMIQUES qui spécifient le processus de passage entre les sens et les textes, c'est-à-dire qui effectuent la correspondance $\{RSém_i\} \Longleftrightarrow \{RPhon_j\}$.

Soulignons que les règles procédurales manipulent les données présentées par les règles linguistiques₁; ou, en d'autres termes, le deuxième système ne fonctionne qu'en se fondant sur le premier. Donc le deuxième système de règles dépend de **L** moins que le premier : les règles procédurales dépendent plutôt de la FORME des règles linguistiques₁ et, en ce sens, elles sont moins spécifiques à la linguistique. (Nous croyons que le même type général de règles procédurales est nécessaire partout où des règles emmagasinées représentant des connaissances statiques doivent être appliquées à la solution d'une tâche.)

Pour cette raison, dans le CMG, nous faisons abstraction des règles procédurales et présentons le MST comme un système entièrement statique de correspondances entre les sens et les textes (si bien que, par exemple, le problème de l'ordonnancement des règles de correspondance ne se pose même pas).

Le MST n'est pas un système génératif ou transformationnel. Sa vocation n'est pas d'engendrer (= d'énumérer) l'ensemble de toutes les phrases correctes d'une langue et seulement de telles phrases, ni de transformer certaines entités linguistiques$_1$ en d'autres entités. Un MST est un SYSTÈME PUREMENT ÉQUATIF, ou transductif : il doit associer des RPhon à des RSém (et vice versa) conformément à l'intuition des locuteurs.

Nous avons déjà indiqué que la correspondance entre les RSém$_i$ et les RPhon$_j$ est multimultivoque.

En effet, d'une part, pour un sens suffisamment complexe, on peut souvent construire des (centaines de) milliers ou même des millions de paraphrases plus ou moins synonymes. Ainsi, considérons la phrase française (3) :

(3) *Au lieu d'assister à une baisse du nombre de détenus d'opinion, on est témoin, tout au contraire, d'une augmentation sensible de ce nombre, ce qui ne peut manquer de troubler l'opinion mondiale.*

Pour exprimer (à peu près) le même sens qu'en (3), on peut dire, par exemple, (3'a-c) :

(3') **a.** *Le nombre de personnes incarcérées uniquement pour leurs idées religieuses ou politiques, au lieu d'être à la baisse, monte toujours, tout en semant l'inquiétude dans le monde entier.*

b. *Loin de devenir moindre, la détention de prisonniers politiques s'accroît de façon alarmante.*

c. *L'emprisonnement de gens pour délit d'opinion ne devient aucunement moins fréquent, mais, au contraire, gagne du terrain constamment de façon à alarmer tout le monde.*

Et ce n'est pas tout : la phrase (3) a plus de 50 000 000 de paraphrases!

Puisque la richesse synonymique des langues naturelles a une importance particulière pour la TST, nous allons démontrer dans la note 2 (p. 76) comment s'obtient ce nombre astronomique de paraphrases. [2]

D'autre part, un même texte peut correspondre à plusieurs sens; ainsi, la phrase française (4) :

(4) *Voici un buste superbe en marbre blanc de Carrare du duc d'Aumale quatrième fils de Louis-Philippe exécuté par Paul Dubois* (citée dans Gentilhomme 1980 : 85-93)

admet, si l'on n'a pas recours à des moyens prosodiques et à des connaissances encyclopédiques, 9072 interprétations (*buste* $\longrightarrow$ *blanc* ou *marbre* $\longrightarrow$ *blanc; marbre* $\longrightarrow$ *de Carrare* ou *blanc* $\longrightarrow$ *de Carrare; buste* $\longrightarrow$ *exécuté, fils* $\longrightarrow$ *exécuté* ou *L.-Ph.* $\longrightarrow$ *exécuté;* etc.). L'ambiguïté (= homonymie et polysémie) est donc également une caractéristique des langues naturelles.

La complexité extraordinaire de la correspondance :

$$\{RSém_i\} \Longleftrightarrow \{RPhon_j\}$$

nous amène à postuler des niveaux de représentation linguistiques₁ INTERMÉ-DIAIRES, qui permettraient de diviser cette correspondance en composantes plus simples.

Postulat 3

Pour décrire la correspondance $\{RSém_i\} \Longleftrightarrow \{RPhon_j\}$, deux niveaux intermédiaires de représentation sont nécessaires : la R(eprésentation) Synt(axique) et la R(eprésentation) Morph(ologique).

Par conséquent, nous pouvons réécrire (2) sous une forme plus développée, voir (5) :

$$\begin{array}{cccc} & & & \textbf{morphologie} \\ & & & \textbf{+} \\ \textbf{sémantique} & \textbf{syntaxe} & \textbf{phonologie} \\ (5)\ \{RSém_i\} \Longleftrightarrow \{RSynt_k\} \Longleftrightarrow \{RMorph_l\} \Longleftrightarrow \{RPhon_j\} \end{array}$$

Nous ne pouvons pas justifier ici les deux niveaux additionnels; remarquons seulement qu'ils apparaissent dans toutes les traditions grammaticales, parce que toutes les langues possèdent des lois d'organisation dans deux domaines plus ou moins indépendants : la phrase et le mot, couverts respectivement par la syntaxe et la morphologie.

De plus, tous les niveaux de représentation, sauf le niveau sémantique, doivent être scindés en deux sous-niveaux : profond (-P), orienté vers le sens et relevant plutôt de celui-ci, et de surface (-S), orienté vers la forme et relevant plutôt de celle-ci. Par conséquent, le système entier des représentations linguistiques₁ aura la forme (6) :

$$\begin{array}{cccc} & \textbf{syntaxe} & \textbf{syntaxe} \\ \textbf{sémantique} & \textbf{profonde} & \textbf{de surface} \\ (6)\ \{RSém_i\} \Longleftrightarrow \{RSyntP_{k_1}\} \Longleftrightarrow \{RSyntS_{k_2}\} \Longleftrightarrow \{RMorphP_{l_1}\} \Longleftarrow \end{array}$$

$$\begin{array}{ccc} \textbf{morphologie} & \textbf{morphologie} \\ \textbf{profonde} & \textbf{de surface} & \textbf{phonologie} \\ \Longrightarrow \{RMorphS_{l_2}\} \Longleftrightarrow \{RPhonP_{j_1}\} \Longleftrightarrow \{RPhonS_{j_2}\} \end{array}$$

Dans (6), la R(eprésentation) Phon(étique) de S(urface) est identique à la représentation phonétique de (2), et la RPhonP n'est pas autre chose que la représentation phonologique. Les flèches doubles bidirectionnelles entre les ensembles de représentations linguistiques₁ correspondent, à leur tour, aux COMPOSANTES du MST, c'est-à-dire aux ensembles de règles. Ainsi, la *sémantique* est, d'après (6), l'ensemble des règles qui associent à une RSém donnée toutes les RSyntP qui expriment le même sens (et vice versa : elles associent à une RSyntP donnée toutes les RSém qui peuvent être exprimées par cette dernière).

Dans les deux sections suivantes, nous examinerons les représentations linguistiques$_1$ des énoncés et les composantes du modèle. Mais avant d'aborder cette discussion, nous devons formuler une thèse fort importante pour notre exposé.

De façon formelle, la correspondance {SENS$_i$} $\Longleftrightarrow$ {TEXTE$_j$} est symétrique, si bien que d'un point de vue logique, on pourrait décrire le MST dans n'importe quelle direction : soit à partir du sens vers le texte (= *synthèse*), soit à partir du texte vers le sens (= *analyse*). Dans la plupart des théories linguistiques$_2$ qui nous sont connues, la description se fait à partir du texte vers le sens, c'est-à-dire dans la direction de l'analyse. Cependant, du point de vue linguistique$_1$, la direction Sens $\Longrightarrow$ Texte, c'est-à-dire la direction de la SYNTHÈSE, semble beaucoup plus profitable. Il serait trop long d'étayer cette affirmation ici, aussi nous limiterons-nous aux quatre considérations suivantes :

• Le locuteur est absolument nécessaire pour l'acte langagier, mais non un destinataire différent du locuteur (on peut parler à soi-même ou à Dieu, écrire sans publier ses écrits, etc.). Le locuteur est toujours unique; le nombre de destinataires n'est pas limité.

• Beaucoup de signes linguistiques$_1$ font référence au locuteur (ce qu'on appelle des *shifters*, par exemple : *moi, ici, aujourd'hui*) ou aux attitudes du locuteur, etc.; les signes faisant référence au destinataire indépendamment du locuteur ou aux attitudes du destinataire sont inconnus. (Voir surtout la Deuxième partie, chapitre II, §2, **1**.)

• Dans un cas idéal, le locuteur a une information complète sur ce qu'il dit; il n'a que des obstacles purement linguistiques$_1$ à surmonter, c'est-à-dire qu'il doit trouver les meilleurs moyens d'expression pour un contenu DONNÉ. (Bien entendu, cette description simplifie beaucoup la réalité.) Le destinataire, lui, ne connaît pas au préalable le contenu exact des paroles qui lui parviennent; il doit l'extraire en mettant en œuvre non seulement ses connaissances linguistiques$_1$ mais aussi (et souvent, surtout) ses capacités logiques et ses connaissances extra-linguistiques, puisqu'il est obligé de faire face aux ambiguïtés multiples du texte à décoder. Les activités du locuteur sont plus linguistiques$_1$ que celles du destinataire.

• Un grand nombre de phénomènes linguistiques$_1$ ne sont observables que dans la direction Sens $\Longrightarrow$ Texte. Ainsi, le syntagme *très fatigué* ne présente aucun problème (et aucun intérêt) du point de vue de l'analyse, alors que pour la synthèse, ce syntagme est extrêmement intéressant : on peut dire *très fatigué*, mais non pas, par exemple, **très armé*, bien que sémantiquement, cette expression agrammaticale soit correcte; comparez de même *très malade* vs **très blessé*, etc. Ces exemples illustrent le phénomène des *fonctions lexicales* (dont il sera question plus loin), qu'on ne peut découvrir que si l'on adopte le point de vue de la synthèse.

Remarquons que la langue même accentue le rôle du locuteur par rapport à celui du destinataire : toutes les langues possèdent un verbe signifiant 'parler' [$\approx$ 'produire la PAROLE'] mais aucune ne possède, à notre connaissance, de verbe spécial signifiant 'écouter/comprendre la PAROLE' : les verbes comme *écouter* ou *comprendre* ne sont pas restreints à la parole. On dit également *un locuteur natif*, alors que *un *destinataire natif* est inusité. Pour désigner la maîtrise d'une langue, on dit *Je parle français*, angl. *I speak English*, russe *Ja govorju po-russki* 'Je parle russe', ... plutôt que **Je comprends français*, etc. (Le cas du wolof, qui dit *Dégg naa tubaab*, litt. 'J'entends/comprends français' dans le sens 'Je parle français', est rare.)

Nous pouvons résumer ces considérations par la hiérarchie suivante :

---

locuteur > destinataire

L'objectif de la théorie Sens-Texte est d'assurer le système de référence et les formalismes nécessaires à l'écriture des modèles Sens-Texte des langues particulières. Dans le présent livre, nous nous occupons exclusivement d'une seule composante du MST, à savoir la COMPOSANTE MORPHOLOGIQUE. Cependant, pour mieux situer cette composante, nous esquisserons brièvement la structure du MST entier. Conformément à ce que nous avons établi dans cette section, nous allons caractériser le MST de façon strictement statique et dans la direction de la synthèse.

2. Les représentations linguistiques₁ dans la théorie Sens-Texte

Dans un premier temps, nous parlerons des représentations des énoncés que la TST suppose, c'est-à-dire des REPRÉSENTATIONS LINGUISTIQUES₁. Étant donné les contraintes imposées par le caractère du présent livre, nous introduirons les niveaux et même les représentations sans descriptions abstraites, mais en nous fondant sur des exemples accompagnés de quelques commentaires. Nous travaillerons à partir de la phrase (7), tirée d'une revue française :

(7) *Plusieurs fois, M. Gemayel a échappé de peu à des attentats dont le caractère obstiné rappelle irrésistiblement celui de la vendetta corse.*

Pour cette phrase, nous présentons d'abord la RSém et puis la RSyntP et la RSyntS, ainsi que la RMorphP, la RMorphS et la RPhonP. Les représentations sont accompagnées d'explications succinctes; nous prions le lecteur de garder à l'esprit que ces représentations sont extrêmement simplifiées et que beaucoup de choses importantes ne sont pas explicitées.

Puisque même un survol du MST et des représentations linguistiques₁ qu'il utilise implique l'emploi systématique d'une vingtaine de concepts et de termes correspondants, nous sommes obligé de recourir à des notations abrégées. Pour faciliter la tâche du lecteur, nous en donnons tout de suite une liste alphabétique :

-Anaph	: anaphorique	R-	: représentation
-Comm	: communicatif	Rel-	: relation
DEC	: dictionnaire explicatif et combinatoire	S-	: structure
FL	: fonction lexicale	-S	: de surface
-Morph-	: morphologique	-Sém-	: sémantique
MST	: modèle Sens-Texte	SG	: sujet grammatical
-P	: profond	-Synt-	: syntaxique
-Phon-	: phonétique	$\ulcorner X + Y + \ldots + Z \urcorner$	: expression phraséologique composée de lexèmes X, Y, ..., Z
PND	: prosodie neutre déclarative	$\ulcorner X \urcorner$	: sens de l'expression X
-Pros-	: prosodique		

Représentation sémantique

La RSém (8) de la phrase (7) est donnée dans la figure Intro-1, p. 49.

Elle peut être interprétée en français à peu près comme suit :

(8′) $\ulcorner$Des gens X [A2] essaient4 plusieurs fois [= $\ulcorner$le nombre d'essais est plus d'un$\urcorner$: A1] de tuerI.1 M. Gemayel en ayant un but politiqueI.2 [B-C1];

comme résultat1 de ces essais, X l'ont presque tuéI.1 [B2];

la façonII obstinée de ces essais cause intensément [C2] que tout le monde penseIII.3 que cette façonII ressemble [C2] à la façonII dont les Corses font la vendetta contre leurs adversaires [C3];

l'intervalle2 qui inclut les essais d'assassinat de M. Gemayel précédant le tempsB.1 de ce discours [A2; $\ulcorner$les tentatives d'assassinat sont au passé$\urcorner$];

le tempsB.1 de causer que tout le monde penseIII.3 à la ressemblance ... étant le tempsB.1 de ce discours [A-B3 : le présent]$\urcorner$.

Avant d'aborder la description de la nature et de l'organisation de la RSém dans le cadre de la TST, nous présenterons quelques éclaircissements techniques qu'appelle le diagramme de la figure Intro-1.

1. Les lettres A, B et C (en haut du diagramme (8)) ainsi que les chiffres 1, 2 et 3 (à gauche) ne font pas partie de la RSém mais servent à identifier les zones du diagramme pour fins de référence.

2. Le soulignement d'un élément sémantique (par exemple, $\ulcorner$essayer4$\urcorner$ dans B2) indique son rôle *sémantiquement dominant* dans le sous-réseau donné : cet élément est ici générique, alors que les autres éléments sémantiques du sous-réseau sont spécifiques et le «modifient». Les trois éléments soulignés

(8)

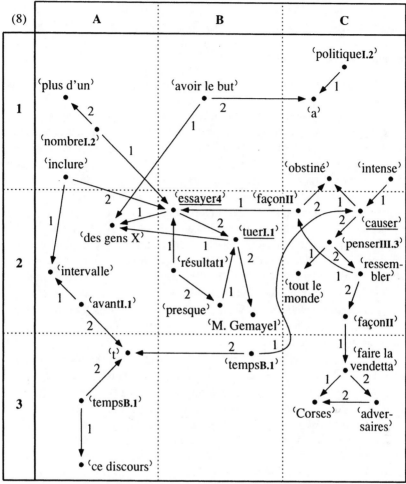

Représentation sémantique de la phrase (7)
Figure Intro-1

en (8) correspondent aux trois «messages» que cette RSém exprime. [Ce sont les trois premiers fragments de (8′).]

3. En lisant la RSém (8), il faut tenir compte du fait que chaque nœud d'où partent des flèches représente un élément **prédicatif** (au sens logico-sémantique); si un tel nœud est étiqueté avec un élément sémantique désigné par un nom ou un adjectif français, il faut y ajouter mentalement le verbe 'être' pour faciliter la compréhension. Ainsi, 'nombreI.2' [dans A1] doit se lire comme '... est le nombre de...', 'façonII' [C2] — comme '... est la façon dont...', etc.

4. Les chiffres romains et arabes (et les lettres) qui suivent certains mots français dans le diagramme sont des **numéros lexicaux distinctifs**; ils identifient les acceptions correspondantes des mots polysémiques. Ces numéros ont été empruntés au *Petit Robert*.

Du point de vue formel, la RSém proposée est l'ensemble de trois objets appelés *structures* :

• La **structure sémantique** (SSém) représente la partie «objective» du sens en question : elle correspond au sens **situationnel** (ou **propositionnel**) et spécifie les objets qui composent la situation (décrite par les paraphrases en question) ainsi que toutes les relations entre eux. C'est le réseau sémantique qu'on voit en (8). La SSém est la **structure de base** de la RSém.

• La **structure sémantico-communicative** (SSém-Comm) représente l'itinéraire que le locuteur emprunte à travers la situation décrite pour organiser son message : ce qu'il veut prendre comme point de départ (**thème**) *vs* ce qu'il prendra comme point d'arrivée (**rhème**), ce qu'il affirme (= pose) *vs* ce qu'il présuppose, ce qu'il veut mettre en relief *vs* ce qu'il veut renvoyer à l'arrière-plan, etc. La SSém-Comm comprend aussi la spécification des nœuds dominants, exprimée par le soulignement dans notre diagramme (tuer₁.₁ dans B2, etc.).

• La **structure rhétorique** (SRhét) représente les buts ou les effets artistiques visés par le locuteur : veut-il que son texte soit pathétique, ironique ou neutre, qu'il fasse rire ou pleurer, etc.

La SSém-Comm et la SRhét ne sont pas marquées en (8) et ne seront pas décrites ici malgré leur importance; nous ne nous occuperons que de la SSém.

La structure sémantique spécifie le sens de l'énoncé (= de tous les énoncés synonymes, donc paraphrasables les uns par les autres) indépendamment de sa forme linguistique₁. La distribution du sens en mots, syntagmes et propositions, ainsi que son expression par des flexions, par des prosodies ou par des constructions syntaxiques particulières, etc., ne sont pas prises en considération dans la SSém. Entre autres, les différences entre affirmation et question, entre communication neutre, moquerie, menace ou pitié, entre ordre, requête ou imploration — qui très souvent sont exprimées par des phénomènes prosodiques — doivent être reflétées dans la SSém de la même façon technique que les différences entre ʿaiderʾ et ʿassisterʾ ou entre ʿtasseʾ, ʿgobeletʾ et ʿverreʾ.

Du point de vue formel, une SSém est un graphe connexe orienté étiqueté, c'est-à-dire un réseau : un ensemble de points (= sommets, ou **nœuds**) reliés par des flèches (= **arcs**); les nœuds et les arcs sont porteurs d'étiquettes, voir *infra*.

Un NŒUD d'une SSém est étiqueté par une unité sémantique de la langue **L**, ou un sémantème. Un sémantème correspond (*grosso modo*) au sens d'une unité lexicale de **L**, c'est-à-dire à une acception bien déterminée identifiée par un numéro lexical distinctif, qui accompagne l'étiquette lexicale et qui provient d'un dictionnaire. En principe, cela doit être le **Dictionnaire explicatif et combinatoire** (DEC), que nous mentionnerons dans ce livre à plusieurs reprises;

mais avant que le DEC soit élaboré au complet, ces numéros peuvent être pris dans un bon dictionnaire de la langue, par exemple, pour le français, dans *Le Petit Robert*. (Ainsi, ⟨façon$_{\text{II}}$⟩ est ⟨forme d'être ou d'agir particulière⟩, opposé à ⟨façon$_{\text{I}}$⟩ = ⟨action de donner une forme particulière à ...⟩ et à ⟨façon$_{\text{III}}$⟩ = ⟨manière d'être extérieure d'une personne⟩; ⟨habiter$_{\text{I}}$⟩ est ⟨avoir sa demeure⟩ opposé à ⟨habiter$_{\text{II}}$⟩ = ⟨occuper un logis de façon durable⟩; etc.)

Un sémantème peut être élémentaire (= un *sème*) ou complexe, c'est-à-dire constitué de sèmes ou de sémantèmes plus simples. Dans ce cas, le sémantème doit être représenté (dans le dictionnaire) par un réseau sémantique qui en spécifie la DÉCOMPOSITION. Ainsi, le sémantème ⟨avant$_{\text{I}}$.1⟩ [figure Intro-1, A2] se décompose de la façon signalée en (9). Remarquons que (9) n'est pas autre chose qu'une règle lexico-sémantique (voir **3**, p. 65), car AVANT$_{\text{I}}$.1 est bel et bien un lexème français. De cette façon, la décomposition d'un sémantème est donnée par le dictionnaire.

(9)

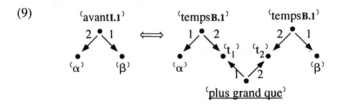

[⟨β est avant$_{\text{I}}$.1 α⟩ = ⟨t$_1$, qui est le temps$_{\text{B}}$.1 de α, est plus grand que t$_2$, qui est le temps$_{\text{B}}$.1 de β⟩].

Remarques

1. En (9), nous essayons de réduire le sens de ⟨avant$_{\text{I}}$.1⟩ à la comparaison de deux grandeurs numériques — ⟨t$_1$⟩ et ⟨t$_2$⟩, qui caractérisent les temps$_{\text{B}}$.1 correspondants. Nous n'insistons pas sur la validité sémantique de cette démarche : il est possible que le procédé inverse (la réduction du concept de comparaison arithmétique au concept de précédence temporelle) s'avère plus juste. Cependant, cela n'a pas d'importance pour nos objectifs dans le CMG.

2. Pour éviter tout malentendu, soulignons que la substitution d'une décomposition sémantique au lieu du nœud décomposé dans un réseau de départ se fait suivant des règles assez complexes que nous ne pouvons (et ne devons) pas discuter ici. Ainsi, si on veut remplacer le nœud étiqueté ⟨avant$_{\text{I}}$.1⟩ dans le réseau de la figure Intro-1 [3A] par sa décomposition proposée en (9), il faut associer ⟨t⟩ du réseau à ⟨t$_1$⟩ de la décomposition et ⟨ce discours⟩, à ⟨α⟩; ⟨intervalle2⟩ du réseau [2A] est associé à ⟨β⟩ de la décomposition; de plus, une règle sémantique de redondance doit introduire dans le réseau le nœud ⟨commencement⟩ «au-dessus» de ⟨intervalle2⟩ pour réécrire ⟨le temps$_{\text{B}}$.1 de l'intervalle2⟩ comme ⟨le temps$_{\text{B}}$.1 du COMMENCEMENT de l'intervalle2⟩.

La décomposition sémantique peut se poursuivre jusqu'au niveau nécessaire ou voulu, mais pas plus loin que les sèmes, qui, eux, sont indécomposables (= non représentables en termes d'autres sémantèmes de la même langue). Pour le moment, nous n'avons pas de liste définitive de sèmes — *éléments sémantiques primitifs*; ils doivent apparaître comme résultat de notre recherche lexicographique, qui vise la décomposition sémantique successive de tous les lexèmes du français. Nous pouvons, cependant, supposer que les éléments suivants sont de bons candidats au statut de sèmes : ⟨quelque chose⟩, ⟨plus grand que⟩, ⟨ne … pas⟩ (= ⟨non⟩), ⟨et⟩, ⟨ou⟩, ⟨ensemble⟩ (au sens mathématique), ⟨espace⟩, ⟨temps⟩, ⟨dire⟩, ⟨cet acte de parole⟩.[3]

Puisqu'une décomposition complète en sèmes rendrait illisible la SSém, nous cherchons à y utiliser des *sémantèmes complexes*. Autrement dit, de façon générale, la SSém d'un énoncé donné doit être la MOINS PROFONDE POSSIBLE. La profondeur minimale nécessaire est fonction du nombre de paraphrases dans la famille de paraphrases dont nous voulons représenter le sens : plus nombreuses sont les paraphrases dans la famille de départ, plus profonde devra être sa SSém. Bien entendu, chaque SSém peut toujours subir des décompositions ultérieures (= les nœuds de la SSém sont remplacés par leurs réseaux correspondants) : jusqu'au niveau des sèmes. Une conséquence importante de ce principe est que la SSém n'est pas canonique : deux phrases synonymes d'une même langue peuvent obtenir deux SSém non identiques, bien qu'équivalentes (= elles peuvent être réduites à une même SSém si nous poussons la décomposition suffisamment loin). Il n'est pas *a priori* exclu que la RSém ne soit pas non plus universelle dans le sens suivant : nous admettons que deux phrases synonymes de deux langues différentes aient deux SSém non équivalentes (même si elles sont très proches). Cela peut se produire parce que nos unités sémantiques, y compris les sèmes, sont déterminées par le stock lexical (ou, de façon plus générale, par le stock de signes) disponibles dans **L**; les langues peuvent différer à cet égard. Mais nous ignorons si c'est vraiment le cas.

Nous distinguons deux grandes classes de sémantèmes :

1. Les FONCTEURS qui se subdivisent en trois sous-classes inégales :
   - PRÉDICATS (= événements, actions, états, propriétés, relations, …), dont le nombre est de quelques centaines de milliers (à propos du nombre de sémantèmes, c'est-à-dire de significations lexicales d'une langue donnée, voir p. 67);
   - QUANTIFICATEURS (⟨pour tout X⟩, ⟨il existe X tel que⟩, tous les numéraux);
   - CONNECTEURS LOGIQUES (⟨et⟩, ⟨ou⟩, ⟨si⟩, ⟨non⟩, …).

2. Les NOMS (DE CLASSES) D'OBJETS, y compris les noms propres; ceux-ci sont aussi très nombreux.

Un ARC d'une SSém est étiqueté par un numéro qui n'a aucune signification en soi mais qui sert à identifier l'argument du foncteur en cause. Quand
nous écrivons :

le numéro 1 sur la flèche signifie seulement que 'police' est le premier argument de 'persécuter1', et le numéro 2, que 'gens de lettres' en est le deuxième
argument. L'écriture

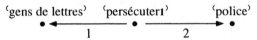

signifierait 'Les gens de lettres persécutent la police'.

Le rôle exact de chaque argument par rapport à son foncteur doit être fixé
dans l'article de dictionnaire de ce dernier; il est spécifié par la décomposition
sémantique (= définition lexicographique) du foncteur. Prenons, par exemple, (10) :

(10)

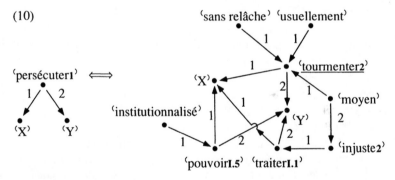

Cette équivalence précise que le premier argument de 'persécuter1' [= X] tour-
mente usuellement le deuxième [= Y] au moyen de l'injustice du traitement que
X réserve à Y, X ayant le pouvoir institutionnalisé sur Y. En décomposant
'tourmenter2', on verra que X 'cause' que Y subisse des souffrances physiques
ou morales; en décomposant 'souffrance', on montrera que Y 'éprouve' des sen-
sations physiques particulières; et ainsi de suite, jusqu'à ce qu'on aboutisse aux
sèmes (= éléments sémantiques primitifs). Le rôle exact des arguments d'un
sème est établi par une définition. [4]

Les arguments d'un foncteur s'appellent ses ACTANTS SÉMANTIQUES : X et
Y dans (10) sont les actants sémantiques de 'persécuter1'. Les expressions françaises, en l'occurrence les syntagmes₁ nominaux, qui expriment les actants sémantiques dans la phrase auprès du lexème signifiant le foncteur en cause, sont
ses ACTANTS SYNTAXIQUES : dans *La police persécute les gens de lettres*, les

syntagmes₁ *la police* et *les gens de lettres* sont les actants syntaxiques du verbe *persécuter*; dans *les persécutions policières* ⟨= *par la police*⟩ *des gens de lettres*, les mêmes syntagmes₁ (et l'adjectif *policier*) sont les actants syntaxiques du nom *persécution*.

Représentation syntaxique profonde

La RSyntP de la phrase (7) est donnée dans la figure Intro-2, p. 55 (= (11)).

Du point de vue formel, la RSyntP proposée est l'ensemble des quatre objets (= *structures*) suivants :

• Une **structure syntaxique profonde** (SSyntP), qui est un arbre de dépendance (et qui indique les dépendances syntaxiques entre les éléments terminaux de la phrase — entre les occurrences des unités lexicales; remarquons que cette structure ne comporte pas de symboles de syntagmes₁, c'est-à-dire de non-terminaux). La SSyntP est la **structure de base** de la RSyntP (de façon similaire à la SSém).

• Une **structure syntaxique communicative profonde** (SSynt-CommP), qui consiste, *grosso modo*, en une spécification du thème et du rhème (tout comme dans la RSém). En (11), la SSynt-CommP n'est pas indiquée.

• Une **structure syntaxique anaphorique profonde** (SSynt-AnaphP) : en (11), la flèche bi-directionnelle en pointillé spécifie la coréférence des deux unités lexicales ATTENTAT dans la partie de gauche de l'arbre.

• Une **structure syntaxique prosodique profonde** (SSynt-ProsP) : en (11), elle est marquée, de façon extrêmement approximative, par le sigle **PND** (= prosodie neutre déclarative).

NB : Pour ne pas encombrer notre exposé, nous ne traiterons, dans ce qui suit, que de la STRUCTURE SYNTAXIQUE PROFONDE (SSyntP), les autres structures de la RSyntP étant plutôt marginales du point de vue du CMG.

La SSyntP possède trois propriétés majeures :

1. L'arbre de la SSyntP n'est pas ordonné linéairement, c'est-à-dire que l'ordre linéaire de ses nœuds n'est pas spécifié : donc, la distribution spatiale de ses noeuds dans un diagramme n'a aucune pertinence. L'ordre linéaire des mots-formes de la phrase réelle est déterminé par les règles de la composante syntaxique de surface du MST (voir plus loin, p. 69 ssq., *linéarisation*).

2. Les branches de la SSyntP sont étiquetées par des noms de **relations syntaxiques profondes** (RelSyntP), qui sont des relations syntaxiques universelles, au nombre de neuf : six RelSyntP actantielles (I, II, ..., VI), une RelSyntP modificative (ATTR), une RelSyntP coordinative (COORD) et une RelSyntP «appenditive» (APPEND). Chaque RelSyntP représente, de façon générale et abstraite, toute une famille de constructions syntaxiques des langues naturelles. Ainsi, la RelSyntP I correspond à la construction prédicative :

$$V(erbe)_{fini} \xrightarrow{I} S(ujet)\ G(rammatical)$$

et à tous ses «transformés» (par exemple, PERSÉCUTION $\xrightarrow{I}$ POLICIÈRE, puisque 'La police persécute', etc.); la RelSyntP II correspond aux

(11)

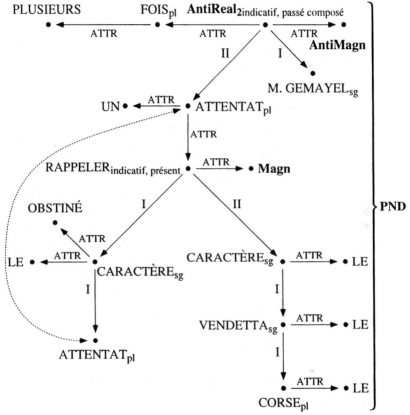

Représentation syntaxique profonde de la phrase (7)
Figure Intro-2

constructions avec le C(omplément d') O(bjet) direct CO^dir, la RelSyntP III —
aux constructions avec le CO^indir, les RelSyntP IV-VI, aux constructions avec le
CO^oblique; ATTR représente toutes les constructions modificatrices (épithètes,
compléments de nom, ...); COORD, toutes sortes de coordinations; et APPEND,
toutes les constructions «extrastructurales» (parenthétiques, d'adresse, ...).

   3. Les nœuds de la SSyntP sont étiquetés par des noms d'unités lexicales,
ou lexies, de la langue naturelle en question, avec la restriction suivante : ces
lexies doivent être ce que nous appelons des *lexies profondes*. Ainsi, on trouve
quatre différences principales entre le lexique de la phrase représentée et le
lexique de sa SSyntP (= lexique profond) :

   (i) Les lexèmes «vides» (verbes auxiliaires; prépositions et conjonctions
régies, qui sont censées être des moyens d'expression syntaxiques) n'apparaissent jamais dans la SSyntP. Ainsi, le À de la phrase (7), celui reliant ÉCHAP-

PER à ATTENTAT, est absent de la figure Intro-2; en est aussi absent l'auxiliaire : une forme verbale composée n'est représentée dans la SSyntP que par un seul nœud (*a échappé* apparaît dans la figure Intro-2 comme

$$\text{AntiReal}_2 \text{ indicatif, passé composé (ATTENTAT)}$$

(ii) Un idiotisme, ou *phrasème* (= expression multilexémique ayant des propriétés imprévisibles à partir des propriétés de ses constituants) est représenté par un seul nœud : ⌐GENS DE LETTRES⌐, ⌐CHOSE CERTAINE⌐, ⌐IL Y A⌐, ⌐PERDRE LA TÊTE⌐, ⌐EN BOUCHER UN COIN⌐, ..., etc. (Les phrasèmes sont signalés par des coins surélevés.)

(iii) La SSyntP n'admet pas de pronoms ni de mots pronominaux : ici, seules leurs «sources» apparaissent, telle la deuxième occurrence du lexème ATTENTAT, figure Intro-2, en bas, qui doit être remplacée à la surface syntaxique par DONT.

(iv) La SSyntP n'admet pas non plus certains lexèmes qui sont choisis, pour un sens donné, en fonction d'autres lexèmes avec lesquels les premiers sont syntaxiquement liés; les lexèmes ainsi exclus sont représentés dans la SSyntP par des symboles spéciaux. Par exemple, on dit *POSER une question* (= ʿdemanderʾ), *MENER une lutte* (= ʿlutterʾ), *PORTER plainte* (= ʿse plaindreʾ), *FAIRE un voyage* (= ʿvoyagerʾ), *DONNER un ordre* (= ʿordonnerʾ), etc. : tous les verbes en majuscules sont phraséologiquement contraints par le nom correspondant et représentent la valeur de ce que nous appelons la *fonction lexicale* **Oper₁**, cf. :

FONCTION ARGUMENT		VALEUR
$\text{Oper}_1(question)$	=	*poser,*
$\text{Oper}_1(lutte)$	=	*mener,*
$\text{Oper}_1(plainte)$	=	*porter,*

et ainsi de suite. Les fonctions lexicales (FL), phénomène de la syntaxe profonde, sont universelles (en ce sens qu'on les trouve dans toutes les langues); leur nombre est d'une cinquantaine. Dans la SSyntP, la valeur d'une FL est systématiquement représentée par le symbole de la FL elle-même. Ainsi, au lieu du SUBIR $\xrightarrow{\text{II}}$ CHANGEMENTS, nous écrivons $\text{Oper}_1 \xrightarrow{\text{II}} S_0(changer)_{pl}$ [S_0 étant un nom d'action], et au lieu de CHANGEMENTS $\xrightarrow{\text{ATTR}}$ SÉRIEUX, $S_0(changer)_{pl} \xrightarrow{\text{ATTR}}$ **Magn** [**Magn** étant un intensificateur consacré par l'usage].

Avant de passer à la discussion de la représentation syntaxique de surface, signalons encore que les nœuds de la SSyntP sont munis de *caractéristiques* (=*variables*) *morphologiques* sémantiquement pleines : en français, ce sont le mode et le temps pour les verbes, le nombre pour les noms. Les autres caractéristiques flexionnelles (le nombre et le genre des déterminatifs et des adjectifs; la personne et le nombre des verbes) sont des moyens d'expression syntaxiques et doivent être calculées — à partir de la SSyntP — par les règles de la syntaxe de surface (voir p. 69, la *morphologisation*).

Représentation syntaxique de surface

Nous présenterons ci-dessous — en (12) — la RSyntS de la phrase (7), c'est-à-dire la RSyntS qui correspond à la RSyntP (11) : la figure Intro-3, p. 58. La RSyntS a la même organisation générale que la représentation syntaxique profonde : elle comporte, au niveau de surface, les quatre mêmes structures (la SSyntS, qui est la *structure de base* de cette représentation, ainsi que la SSynt-CommS, la SSynt-AnaphS et la SSynt-ProsS), qui remplissent les mêmes rôles que leurs partenaires profondes. De même que dans la section précédente, nous nous concentrerons sur la STRUCTURE SYNTAXIQUE DE SURFACE en ignorant les autres structures de la RSyntS.

La structure syntaxique de surface (SSyntS) possède les mêmes propriétés formelles que la SSyntP : c'est aussi un arbre de dépendance non ordonné linéairement et dont les nœuds lexicaux ne comportent que les caractéristiques morphologiques sémantiquement pleines. Par conséquent, ce que nous avons dit au sujet de la linéarisation et de la morphologisation à propos de la SSyntP vaut également pour la SSyntS. Cependant, la composition et l'étiquetage de la SSyntS sont, de façon générale, différents de ce que nous trouvons dans la SSyntP.

Pour ce qui est des BRANCHES de la SSyntS, elles sont étiquetées par des noms de *relations syntaxiques de surface*, qui représentent les constructions syntaxiques particulières de la langue en cause (en l'occurrence, du français), dont elles portent les noms. (Dans le cadre de ce livre, il nous est impossible de jeter plus de lumière sur le concept de construction syntaxique de surface ou de justifier, pour nos illustrations, le choix des constructions, des relations syntaxiques de surface ou de leurs noms. Le lecteur intéressé peut consulter Mel'čuk 1988a : 105 ssq. et Mel'čuk and Pertsov 1987.)

Pour ce qui est des NŒUDS de la SSyntS, à ce niveau-là, chaque nœud correspond à un mot-forme de la phrase représentée et est étiqueté par le lexème correspondant muni de toutes les caractéristiques morphologiques sémantiquement pleines. Cela veut dire, entre autres, qu'au niveau SyntS, les mots-outils (qui sont des servitudes grammaticales) sont introduits, les phrasèmes sont représentés par des sous-arbres spécifiant leur structure interne en termes de lexèmes constituants, les pronominalisations sont effectuées et les FL sont remplacées par leur valeur calculée à partir de l'argument correspondant (à l'aide du *Dictionnaire explicatif et combinatoire*, voir plus loin, p. 65 ssq.).

Représentation morphologique profonde

Nous présenterons maintenant la RMorphP de la phrase (7), c'est-à-dire la RMorphP qui correspond à la RSyntS (12) : voir figure Intro-4, p. 59.

La RMorphP d'une phrase est composée de deux structures :

- la *structure morphologique profonde* (SMorphP) de la phrase
- et la *structure morphologique prosodique profonde* (SMorph-ProsP) de la phrase.

(12)

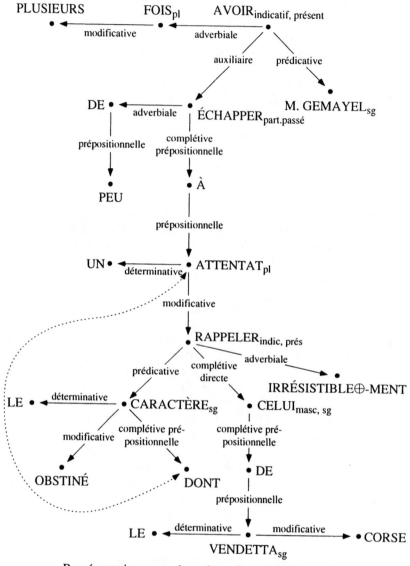

Représentation syntaxique de surface de la phrase (7)
Figure Intro-3

La première est la chaîne des RMorphP des mots-formes qui composent la phrase. La deuxième comporte les indications des pauses (I, II et III, signalant les pauses de plus en plus importantes), des intonations (⟶ , ⌢⟶ , etc.), et des groupes rythmiques (X͡ Y signifie que X et Y forment un groupe rythmique, ou

(13)   PLUSIEURS FOIS$_{pl}$ ‖

M. GEMAYEL$_{sg}$ |

AVOIR$_{indic,prés,3, sg}$ ÉCHAPPER$_{part.passé,masc,sg}$ DE PEU |

À UN$_{masc,pl}$ ATTENTAT$_{pl}$ ‖

DONT LE$_{masc,sg}$ CARACTÈRE$_{sg}$ OBSTINÉ$_{masc,sg}$ |

RAPPELER$_{indic,prés,3, sg}$ IRRÉSISTIBLE + -MENT |

CELUI$_{masc,sg}$ |

DE LE$_{fém,sg}$ VENDETTA$_{sg}$ CORSE$_{fém,sg}$ ‖‖

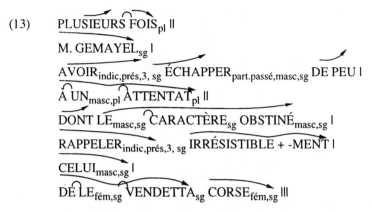

Représentation morphologique profonde de la phrase (7)
Figure Intro-4

une unité prosodique, et ne peuvent pas être séparés par une pause). C'est à ce niveau que les constituants (ou les syntagmes₁) sont indiqués; pour nous, ils relèvent de la représentation MORPHOLOGIQUE, et non syntaxique, de la phrase. Dans le présent livre, seule la STRUCTURE MORPHOLOGIQUE PROFONDE (SMorphP) de la phrase est considérée, à l'exclusion de la SMorph-ProsP. Au sein de la SMorphP, nous n'examinerons en détail que la REPRÉSENTATION MOR-PHOLOGIQUE PROFONDE D'UN MOT-FORME; c'est cette unité qui constitue l'objet de la section correspondante dans le chapitre II de la Sixième partie du CMG.

La RMorphP d'un mot-forme est le *nom du lexème* correspondant muni de la *caractéristique morphologique* — une chaîne des valeurs de toutes les variables morphologiques nécessaires pour spécifier ce mot-forme de façon univoque. Les valeurs morphologiques, ou grammèmes, SÉMANTIQUES pren-nent leur origine directement dans la structure sémantique de départ; les gram-mèmes qui servent comme MARQUEURS DE RELATIONS SYNTAXIQUES DE SURFACE, c'est-à-dire les grammèmes déterminés par l'accord et le régime, sont ajoutés par les règles de syntaxe de surface.

Un nom de lexème, à son tour, peut être d'un des trois types suivants :

– Un nom de lexème simple (= non composé et non dérivé). Un tel nom correspond, de façon univoque, à un article de dictionnaire. Tous les lexèmes, sauf IRRÉSISTIBLEMENT, dans notre exemple (13) sont de ce type.

– Un nom de lexème composé, constitué d'un ensemble de noms de lexè-mes, ces noms étant liés par des relations de dépendance. Les lexèmes qui sont composés de façon parfaitement régulière (= composés₁, voir Première partie, chapitre V, §3, **7.5**, p. 317) ne peuvent pas être consignés dans le dictionnaire; par conséquent, un lexème composé₁ est identifié par l'ensemble des lexèmes le constituant et des relations de dépendance entre eux. Les règles de composi-tion faisant partie de la composante morphologique du MST utilisent ces don-nées pour construire le radical composé₁. Par exemple, les adjectifs composés₁ russes du type *tamil'sko-bolgarskij* 'tamoul-bulgare' [un dictionnaire] ou *žëlto-*

zelënoe ⸢jaune-vert⸣ [un drapeau] sont représentés au niveau MorphP comme suit :

(14) russe

$$[\text{TAMIL'SKIJ} \xleftarrow{\text{coordinative}} \text{BOLGARSKIJ}]_{\text{masc,sg,nom}}$$
$$[= \textit{tamil'sko-bolgarskij}]$$

$$[\check{Z}\text{ËLTYJ} \xleftarrow{\text{coordinative}} \text{ZELËNYJ}]_{\text{neut,sg,nom}} [= \textit{žëlto-zelënoe}]$$

L'interfixe **-o-**, qui, dans ce cas, marque la composition à la surface, est introduit — au niveau morphologique de surface — par la règle de composition correspondante du russe.

– Un nom de lexème dérivé, constitué d'un nom de lexème, qui est le lexème de départ, et d'un ensemble de noms de moyens dérivationnels appliqués dans ce cas. Les lexèmes qui sont dérivés de façon parfaitement régulière (= dérivés$_1$, voir Première partie, chapitre V, §3, **7.3**, 3, p. 311) ne peuvent pas être consignés dans le dictionnaire, tout à fait comme des composés$_1$. Par conséquent, dans la même veine, un lexème dérivé$_1$ est identifié par le nom du lexème de départ plus les noms d'unités dérivationnelles; ces données sont utilisées par les règles de dérivation$_1$ de la composante morphologique du MST pour construire le radical dérivé$_1$. Par exemple, les noms et les adjectifs diminutifs espagnols du type *ciel* + *it* +*o* ⸢petit ciel⸣, *corazon* + *cit* + *os* ⸢petits cœurs⸣ ou *cansad* + *it* + *a* ⸢fatiguée + diminutif⸣ [litt. ⸢petitement fatiguée⸣] sont représentés au niveau de la RMorphP comme suit :

(15) espagnol

$$[\text{CIELO} \qquad \oplus \text{DIM}]_{\text{sg}} \qquad [= \textit{cielito}]$$

$$[\text{CORAZÓN} \oplus \text{DIM}]_{\text{pl}} \qquad [= \textit{corazoncitos}]$$

$$[\text{CANSADO} \oplus \text{DIM}]_{\text{fém, sg}} \qquad [= \textit{cansadita}]$$

[Le symbole $\oplus$ représente la méta-opération d'union linguistique$_1$, qui sera introduite et expliquée au §1 du chapitre III de la Première partie, p. 138.]

Nous donnerons plus de détails concernant la RMorphP des mots-formes dans la Sixième partie, chapitre I, §2, **2**.

Représentation morphologique de surface

La RMorphS d'une phrase a la même composition que sa RMorphP (de façon similaire à la RSyntS par rapport à la RSyntP de la même phrase). La RMorphS comprend donc, elle aussi, deux structures :

• la **structure SMorphS**, une chaîne de RMorphS des mots-formes, qui est la **structure de base** de cette représentation;

• et la **structure prosodique SMorph-ProsS**, comportant les pauses, les intonations, les groupes rythmiques (avec des indications de liaisons en français), etc.

Ainsi, la RMorphS d'une phrase est différente de la RMorphP de la même phrase seulement en ce que les RMorphP des mots-formes qui apparaissent dans la SMorphP de la phrase sont remplacées, dans sa SMorphS, par les RMorphS des mêmes mots-formes. Tout à fait comme pour la RMorphP de la phrase, nous nous en tiendrons, dans ce livre, surtout à la REPRÉSENTATION MORPHOLOGIQUE DE SURFACE D'UN MOT-FORME.

La RMorphS d'un mot-forme **w** représente celui-ci par un ensemble de *morphèmes*, de *supramorphèmes* et de familles d'*opérations morphologiques significatives* (voir Troisième partie, chapitre I, *passim*; Cinquième partie, chapitre I, §2, **2.4**). Elle reflète ainsi la structure FORMELLE «émique» de **w**, ce que la RMorphP d'un mot-forme ne fait pas. (Pour le concept de *-ème*, voir surtout Cinquième partie, chapitre II, § 4, **6**.)

La RMorphS de la phrase (7), c'est-à-dire une RMorphS qui correspond à la RMorphS (13), est donnée ci-dessous, figure Intro-5. Les RMorphS des mots-formes en (14) et (15) suivent :

(14′) russe

[{TAMIL′SK-}, {O}] ◀──coordinative── [{BOLGARSK-}, {MASC.SG.NOM}]

[= *tamil′sko-bolgarskij*]

[{ŽËLT-}, {O}] ◀──coordinative── [{ZELËN-}, {NEU.SG.NOM}]

[= *žëlto-zelënoe*]

(15′) espagnol

{CIEL-},		{IT},	{MASC},	{SG}	[= *cielito*]
{CORAZÓN-},		{IT},	{MASC},	{PL}	[= *corazoncitos*]
{CANS},	{Él.Th.}, {D},	{IT},	{FÉM},	{SG}	[= *cansadita*]

(16)

{PLUSIEURS},{PL} {FOIS},{PL} ‖

{M. GEMAYEL},{SG} |

{AV(-oir)}, {IND.PRÉS},{3SG}   {ÉCHAPP(-er)},{PART.PASSÉ}

{DE} {PEU} |

À {UN},{PL} {ATTENTAT},{PL} ‖

{DONT}

{LE},{MASC},{SG} {CARACTÈRE},{SG} {OBSTINÉ},{MASC},{SG} |

{RAPPEL(-er)}, {IND.PRÉS},{3SG} {IRRÉSISTIBLE},{FÉM},{MENT} |

{CEL(-ui)}, {MASC}, {SG}

{DE} {LE},{FÉM},{SG} {VENDETTA},{SG} {CORSE},{FÉM},{SG} ‖‖.

Représentation morphologique de surface de la phrase (7)
Figure Intro-5

Représentation phonologique profonde

La RPhonP d'une phrase possède les deux mêmes structures que la RMorph (*mutatis mutandis*) : la **SPhonP**, ou la chaîne de phonèmes qui correspond à la phrase (= la **structure de base** de la RPhonP), et la **SPhon-ProsP**, qui spécifie tous les phénomènes prosodémiques. La RPhonP de la phrase (7) suit :

(17)   / plüzjœr fwa l məsjö žəmajɛl l a ešape dəpö l adezatãta ll
dõ ləkaraktɛr ɔpstine l rapɛl irezistibləmã l
səlɥi dəlavãdeta kors lll /

Représentation phonologique profonde de la phrase (7)
Figure Intro-6

Comme on le voit, la RPhonP d'une phrase n'est pas autre chose qu'une transcription phonémique et prosodémique de cette phrase. Dans la littérature linguistique[1], ce que nous appelons la RPhonP est d'habitude désignée sous le nom de TRANSCRIPTION PHONOLOGIQUE.

La RPhonP est le «plafond» de la composante morphologique du MST, cette composante fonctionnant, comme on le verra dans la section suivante, entre deux représentations linguistiques[1] d'un mot-forme : RMorphP $\Longleftrightarrow$ RPhonP, en passant par la RMorphS.

Pour cette raison, la **représentation phonologique de surface**, ou la **représentation phonétique**, ne nous concerne pas dans ce livre. C'est une TRANSCRIPTION PHONÉTIQUE de la phrase, aussi détaillée qu'on le souhaite, mais sans pertinence pour la morphologie ou les composantes plus profondes de la langue. Nous pouvons donc conclure la section 2 en offrant au lecteur encore une fois (cf. (6), p. 45) une liste des niveaux de représentation adoptés dans notre modèle, avec l'indication des composantes du modèle responsables de la correspondance entre les différents niveaux : figure Intro-7, p. 63. (Dans cette figure, nous avons encadré, dans la partie de droite, les composantes du modèle Sens-Texte qui sont l'objectif spécifique du présent livre.)

3. Les composantes du modèle Sens-Texte

Comme nous l'avons déjà dit, selon la théorie Sens-Texte, un modèle linguistique[1] — un modèle Sens-Texte — a pour but d'établir les correspondances entre les sens et les textes, c'est-à-dire de décrire la correspondance

$$\{RSém_i\} \Longleftrightarrow \{RPhonS_j\}.$$

NIVEAUX DE REPRÉSENTATION LINGUISTIQUE₁		COMPOSANTES DU MODÈLE LINGUISTIQUE₁
1. RSém [= SENS]	⟂	
	⇕	sémantique
2. RSyntP	⟂	
	⇕	syntaxe profonde
3. RSyntS	⟂	
	⇕	syntaxe de surface
4. RMorphP	⟂	
	⇕	morphologie profonde
5. RMorphS	⟂	
	⇕	morphologie de surface
6. RPhonP	⟂	
	⇕	phonologie
7. RPhonS [= TEXTE]	⟂	

Niveaux de représentation linguistique₁
et composantes correspondantes du MST
Figure Intro-7

Cette description procède par cinq niveaux de représentation intermédiaires : voir figure Intro-7. La correspondance entre deux représentations de niveaux adjacents est établie par une composante spéciale du modèle Sens-Texte. Le MST peut être compris, sous cet angle, comme une chaîne de production, dont chaque machine-outil (= une composante) traite la pièce en cause (= la phrase à produire) d'une façon spécifique. Le MST possède six composantes principales, présentées dans la figure Intro-7 : la sémantique, la syntaxe profonde, la syntaxe de surface, la morphologie profonde, la morphologie de surface et la phonologie. Nous les caractériserons ici — très brièvement, d'ailleurs — à l'exception de la phonologie, qui ne présente pas d'intérêt pour le CMG.

Avant d'aller plus loin, nous tenons à formuler la thèse suivante de caractère purement terminologique, qui s'avère, malgré cela, assez importante pour nos futurs raisonnements.

Une composante du MST, ainsi que toute règle qui en fait partie, tire son nom du niveau de représentation le plus profond des deux niveaux entre lesquels elle établit une correspondance.

La composante sémantique établit la correspondance entre la représentation SÉMANTIQUE et la représentation syntaxique profonde; la composante syntaxique profonde établit la correspondance entre la représentation SYNTAXIQUE PROFONDE et la représentation syntaxique de surface; et ainsi de suite. Cette convention d'appeler les composantes du MST selon leur niveau de représentation inférieur interviendra plus tard (dans la Sixième partie, chapitre I) quand nous nous occuperons de la composition et de la structure interne de la composante morphologique du MST.

Signalons encore que :

1) Seules les STRUCTURES DE BASE des représentations linguistiques₁ adoptées sont mentionnées ci-dessous, dans notre survol des composantes du MST. Plus précisément, cela signifie que les règles données en illustration ne concernent que la SSém, la SSyntP, la SSyntS, etc. (à l'exclusion de la SSém-Comm, de la SSém-Rhét, de la SSynt-CommP, de la SSynt-AnaphP, etc.). La raison en est évidente : nous sommes obligé de nous limiter à des éléments et à des sujets directement pertinents pour la morphologie.

2) Toutes les règles citées dans cette section en tant qu'illustrations sont des RÈGLES DU FRANÇAIS.

Sémantique

Cette composante établit la correspondance

$$\{\text{RSém}_i\} \Longleftrightarrow \{\text{RSyntP}_k\}$$

au moyen de huit opérations, que nous ne décrirons pas (par exemple, sectionnement de la RSém de départ en «morceaux» dont la taille correspond à la taille sémantique d'une phrase; réunion des unités sémantiques en faisceaux correspondant aux sens des lexèmes; etc.). Ces opérations sont effectuées par des règles sémantiques, dont nous n'illustrerons ici que trois types (il y en a beaucoup plus).

Règles lexico-sémantiques

(18)

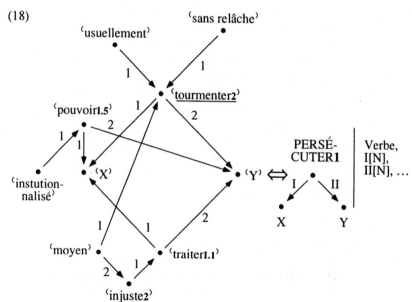

Une telle règle, en gros, n'est pas autre chose que l'article de dictionnaire pour le lexème français PERSÉCUTER1, mais présenté de façon spéciale : la partie de gauche de la règle (= réseau sémantique) correspond à la définition et l'arbre dans la partie de droite représente la ***diathèse*** du lexème, c'est-à-dire la correspondance entre ses actants sémantiques et ses actants syntaxiques profonds. La partie «Conditions (de la règle)» inclut toutes les données sur les conditions d'usage du lexème PERSÉCUTER1; autrement dit, ce sont les données sur sa combinatoire à tous les niveaux : partie du discours, régime, fonctions lexicales, propriétés de conjugaison, etc. (Dans le diagramme (18) et plus loin, les expressions du type I[N] signalent les moyens de surface utilisés pour exprimer l'actant en question; ainsi, I[N] veut dire que l'actant I est exprimé par un nom sans préposition, etc.) [5]

En anticipant (voir Première partie, chapitre II, §2, p. 123 ssq.), nous pouvons signaler qu'une telle règle se laisse aisément représenter sous la forme standard d'un signe linguistique₁, ou d'un triplet ordonné :

$$\langle \text{'signifié'}; \text{/signifiant/}; \Sigma = \text{syntactique} \rangle.$$

La partie de gauche de la règle est le signifié du signe, la partie de droite devrait être remplacée par le signifiant /perseküt/, et la partie «Conditions» (où il faudrait insérer la diathèse) est le syntactique; PERSÉCUTER1 est le nom de ce signe, qui est, en fait, le radical de tous les mots-formes du lexème PERSÉCUTER1.

Comme on peut le voir, la même information concernant la correspondance entre un réseau sémantique et le lexème qui en est la manifestation dans la langue s'exprime de trois façons différentes :

• comme une règle lexico-sémantique de la composante sémantique du MST;

• comme un article de dictionnaire desservant le MST (voir immédiatement ci-dessous);

• comme un signe linguistique₁.

Nous n'élaborerons pas davantage la question des corrélations entre ces trois façons de présenter l'information lexico-sémantique; elle est en effet marginale par rapport à nos buts dans le CMG.

 Le dictionnaire mentionné ci-dessus n'est pas autre chose que le ***Dictionnaire explicatif et combinatoire*** (DEC), dont nous avons déjà parlé (p. 50). C'est un dictionnaire de langue de type particulier, prévu par la TST et faisant partie du MST, plus précisément de sa composante sémantique. Un DEC est sous-tendu par des considérations sémantiques; en partant d'une définition rigoureuse des lexies vedettes, il vise une description formelle de tous les moyens lexicaux de la langue **L** servant à exprimer en **L** un sens donné. Cependant, malgré l'importance du DEC pour le MST, nous ne pouvons pas le caractériser ici. Le lecteur intéressé peut consulter Mel'čuk *et al.* 1984, 1988, 1992.

Citons encore deux règles lexico-sémantiques (applicables à la RSém (8), p. 49).

(19)

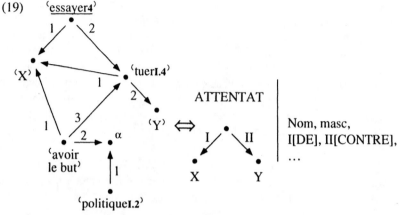

['L'essai par X de tuer Y, X poursuivant, dans ce meurtre, un but α politique' s'appelle en français *attentat de X contre Y*.]

Cette règle correspond, évidemment, à l'article de dictionnaire (= du DEC) du lexème ATTENTAT.

(20)

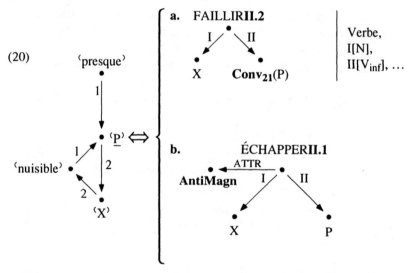

['Qqn a presque P-é X, P étant nuisible pour X' s'exprime en français, entre autres, soit comme *X faillit être P-é*, soit comme *X échappe de peu à P*; cf. *On l'a presque arrêté* ≈ 1) *Il a failli être arrêté*; 2) *Il a échappé de peu à une arrestation*.]

La règle (20a) est aussi une règle lexico-sémantique; elle correspond à l'article de dictionnaire du lexème FAILLIRII.2 et illustre une des façons d'exprimer le sens ⟨presque⟩ en français. Par contre, la règle (20b), citée ici de façon un peu illégitime, est en fait une règle lexico-sémantique spéciale, à savoir, lexico-fonctionnelle-sémantique; elle spécifie l'expression du sens ⟨presque⟩ par la fonction lexicale **AntiMagn** dans le contexte du lexème ÉCHAPPERII.1. Nous ne citons pas, dans le CMG, de règles de ce type, mais nous avons fait exception pour (20b), étant donné son intérêt pour notre exemple.

Le nombre de règles lexico-sémantiques dans une langue **L** est égal au nombre de significations lexicales existant en **L**, c'est-à-dire que ce nombre est de l'ordre de $10^5 \sim 10^6$ (environ un million). [6]

Une règle phraséologico-sémantique

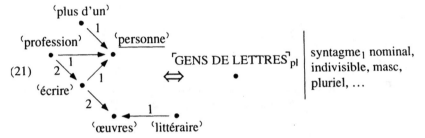

Une règle phraséologico-sémantique est aussi un article de dictionnaire, cette fois-ci, pour le phrasème en question. Le nombre de telles règles dans une langue est de l'ordre de $10^3 \sim 10^4$ (quelques milliers environ).

Une règle morphologico-sémantique

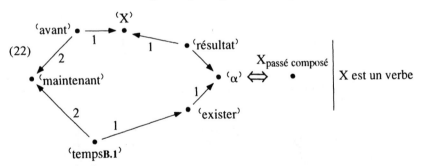

Cette règle représente, quoique de façon très grossière, une des significations d'un grammème du français, à savoir celui du passé composé (=⟨une action passée dont le résultat α existe à présent⟩). Le nombre de règles semblables, c'est-à-dire grammémiques, dans une langue est en moyenne de l'ordre de $10^1 \sim 10^2$ (quelques dizaines).

Syntaxe profonde

La composante syntaxique profonde (SyntP) établit la correspondance
$$\{RSyntP_{k_1}\} \Longleftrightarrow \{RSyntS_{k_2}\}$$

au moyen de cinq opérations effectuées par les règles syntaxiques profondes, dont cinq (appartenant à trois types différents) seront citées en tant qu'illustration.

Une règle syntaxique profonde de structuration

(23)

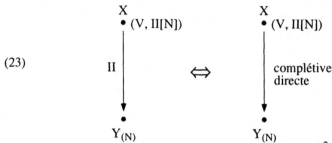

Le nombre de règles de structuration est de l'ordre de $10^2 \sim 10^3$ (quelques centaines).

Une règle syntaxique profonde phraséologique
(impliquant un phrasème)

(24)

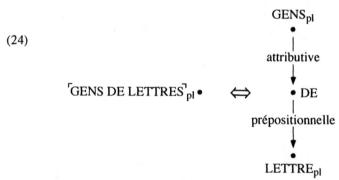

Le nombre de règles phraséologiques est égal au nombre des phrasèmes de $\mathcal{L}$: quelques milliers.

Règles syntaxiques profondes lexico-fonctionnelles
(impliquant une fonction lexicale)

(25)

(26)

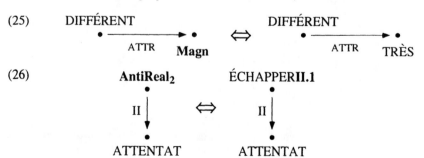

(27)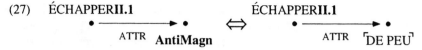

Le nombre de règles lexico-fonctionnelles est très élevé : de l'ordre de $(10^5 \sim 10^6) \times 50$, c'est-à-dire le nombre des lexèmes de **L** multiplié par le nombre de fonctions lexicales. Étant donné que les valeurs de fonctions lexicales sont consignées dans le DEC, les règles de ce type peuvent être généralisées de façon banale : on peut les réduire à des schémas. Notons qu'à part le «calcul» de la valeur de la FL en cause, une règle lexico-fonctionnelle ne change pas le fragment de SSyntP concerné : son résultat doit subir l'action de règles de structuration et de règles phraséologiques.

Syntaxe de surface

La composante SyntS établit la correspondance

$$\{RSyntS_{k_2}\} \Longleftarrow \{RMorphPl_{l_1}\},$$

ce qui revient, *grosso modo*, à la **morphologisation** et à la **linéarisation** de la SSyntS. (Nous ne mentionnerons pas ici les autres opérations effectuées par cette composante, telles la prosodisation ou la formation des constituants.) Les nœuds de la SSyntS reçoivent les marqueurs morphologiques et sont linéairement ordonnés à l'aide de règles SyntS, qui sont l'outil de base de cette composante. Nous en citerons deux.

Construction prédicative

(28)

$$X_{(V)} \quad \text{prédicative} \Longleftrightarrow \left\{ \begin{array}{l} (1)\ Y_{\textbf{non obj}} + \ldots + X \\ \\ (2)\ X + \ldots + Y_{\textbf{non obj}} \end{array} \right.$$

ACCORD$_{V(N)}$ (X, Y); PLACE-CLIT (X, Y)

non
INVERS$_{\text{Subj-V}}^{\text{oblig}}$(Y, X)

INVERS$_{\text{Subj-V}}$(Y, X)

$Y_{\triangle SN}$

Cette règle stipule que, pour réaliser en français une construction prédicative avec un *syntagme₁ nominal* SN (= ΔSN) comme sujet, on doit mettre le sujet soit avant le verbe (la sous-règle (1) : seulement si la *fonction standard* [7] «inversion obligatoire du sujet et du verbe» ne s'applique pas), soit après le verbe (la sous-règle (2) : seulement si la fonction standard «inversion du sujet et du verbe» s'applique); le sujet ne doit pas être à la forme objective (cette exigence n'est pertinente que pour le pronom : *me* vs *je*, *le /lui* vs *il*, *que* vs *qui*);

9428

le verbe doit s'accorder avec le sujet (la fonction standard $ACCORD_{V(N)}$); et le sujet exprimé par un pronom clitique ne doit pas être séparé du verbe si ce n'est par d'autres clitiques (la fonction standard PLACE-CLIT). Les syntagmes₁ standard, dont ΔSN, et les fonctions standard sont spécifiés dans la syntaxe de la langue **L**; il n'en sera pas question ici.

Construction modificative adjectivale

La règle (29) réalise la construction modificative française «nom + adjectif» : l'adjectif suit le nom s'il n'est pas marqué comme «seulement (=!) prépos(itif)»; autrement, il précède le nom; s'il est marqué «prépos(itif)» (mais sans «!»), alors il peut soit suivre, soit précéder, et le choix se fait selon d'autres règles. De plus, l'adjectif s'accorde avec le nom selon le genre (= **g**) et le nombre (= **n**) de ce nom, ce qui est assuré par la fonction standard $ACCORD_{Adj(N)}$.

(29)

$$X_{(N,\,g)n} \bullet$$

$$\text{modificative} \Longleftrightarrow$$

$$Y_{(Adj)} \bullet$$

$$(1)\ X_{(N,\,g)n} + \ldots +$$
$$Y_{(Adj,\,\textbf{non}\ \text{prépos!})g',\,n'}$$

$$(2)\ Y_{(Adj,\,\text{prépos/prépos!})g',\,n'}$$
$$+ \ldots + X_{(N,\,g)n}$$

$$ACCORD_{Adj(N)}(Y, X)$$

Le nombre de règles SyntS du type ci-dessus est de quelques centaines.

Nous ne toucherons pas aux autres types de règles SyntS (par exemple, règles globales d'ordonnancement des mots au sein des syntagmes₁,[8] règles globales d'ordonnancement des mots et des syntagmes₁ au sein des propositions, etc.).

Morphologie profonde

La composante MorphP du MST établit, pour une phrase donnée, la correspondance

$$\{RMorphP_{l_1}\} \Longleftrightarrow \{RMorphS_{l_2}\}.$$

Autrement dit, cette composante détermine, pour chaque élément de la RMorphP d'une phrase, l'élément correspondant de la RMorphS de la même phrase (et vice versa, bien sûr). Théoriquement, cette opération peut être séparée en deux étapes :

– traitement de la structure MorphP de la phrase, c'est-à-dire de la suite des RMorphP de mots-formes;

– traitement de la structure Morph-ProsP de la phrase, c'est-à-dire des groupes rythmiques, des pauses, des intonations, etc.

Seule la première étape fait l'objet de notre discussion dans le présent livre, qui ne vise que la MORPHOLOGIE DU MOT. Par conséquent, dans le cadre du CMG, nous considérerons seulement la partie centrale de la composante MorphP, à savoir celle qui prend en charge la correspondance entre l'ensemble de toutes les RMorphP des mots-formes de **L** et l'ensemble de toutes les RMorphS de ces mots-formes, les mots-formes étant examinés en dehors de la phrase comme telle. (La MORPHOLOGIE DE LA PHRASE — voir plus loin, **4**, p. 74 ssq. — est de ce fait exclue de notre champ d'études.)

La correspondance mentionnée ci-dessus s'établit à l'aide de règles morphologiques profondes, dont nous illustrerons ici deux types majeurs : les règles de bonne formation (pour les RMorphP de mots-formes) et les règles morphémiques. Bien que dans la Sixième partie nous étudiions les règles MorphP en détails, nous croyons utile d'en citer des exemples tout de suite, ne serait-ce que pour donner au lecteur une idée approximative de ce dont il s'agit et pour lui faciliter, par la même occasion, la lecture des Parties I-V.

NB : Le lecteur comprendra qu'il nous est impossible d'expliquer ici le formalisme et les notations utilisées, de même que de justifier nos choix; il doit se contenter d'une compréhension approximative, qui sera suffisante pour le moment.

Une règle MorphP de bonne formation
(une règle filtre)

(30) Pour un lexème $L_{(V)}$ [= pour un verbe] :

si $f = inf$,

alors $m, t, n, p = \Lambda$

L'infinitif français (**f** désigne la catégorie de finitude, voir Deuxième partie, chapitre III, §2, **1**, définition II.48) n'exprime ni le mode (**m**), ni le temps (**t**), ni le nombre (**n**), ni la personne (**p**).

Une règle MorphP (grammémo-)morphémique

(31) $m, t \Longleftrightarrow \{MODE.TEMPS\}$

En fait, plutôt qu'une règle au sens strict du terme, ceci est un schéma de plusieurs règles spécifiques, qui constatent qu'en français, les grammèmes de mode et de temps sont toujours exprimés *cumulativement* — par un seul morphe. Ces règles spécifiques peuvent s'écrire comme :

ind, prés $\Longleftrightarrow$ $\{IND(icatif).PRÉS(ent)\}$

ind, impf $\Longleftrightarrow$ $\{IND.IMPF(= imparfait)\}$

....

En gros, nous pouvons dire que la morphologie profonde s'occupe de la correspondance entre la RMorphP d'un mot-forme, c'est-à-dire sa STRUCTURE GRAMMATICALE, et sa RMorphS, c'est-à-dire sa STRUCTURE ÉMIQUE (constituée de tous les «-èmes» pertinents : de morphèmes, d'apophonièmes, de conversèmes, etc.; pour le concept de *-ème*, voir Cinquième partie, chapitre II,

§4, **5**). Par exemple, la composante MorphP (limitée de façon indiquée ci-dessus) assure les correspondances concrètes comme celle-ci :

(32) $FINIR_{ind,\ impf,\ 1,\ pl} \iff$ {FINI}, {IND.IMPF}, {1PL}

Morphologie de surface

La composante MorphS du MST établit, pour une phrase donnée, la correspondance

$$\{RMorphS_{l_2}\} \iff \{RPhonP_{j_1}\};$$

cf. le schéma (6) à la p. 45. Elle fonctionne de façon identique à la composante MorphP; notamment, elle suppose, comme cette dernière, deux étapes de traitement. Pour les mêmes raisons qu'avant, le CMG ne considère qu'une partie de la composante MorphS : celle qui effectue la correspondance entre l'ensemble de toutes les RMorphS des mots-formes de L et l'ensemble de leurs RPhonP. Comme le lecteur le verra dans la Sixième partie, cela se fait par l'intermédiaire de deux niveaux de représentation additionnels : le niveau MORPHIQUE (ou, de façon plus générale, «*étique*»), dont le statut fera l'objet de la discussion dans le chapitre I de la Sixième partie, §2, **4.1**, et le niveau MORPHONOLOGIQUE (*ibidem*).

Les règles MorphS sont très variées; nous choisissons, pour notre illustration, les trois types majeurs :
– règles morphiques,
– règles morphonologiques profondes,
– règles morphonologiques de surface.

NB : Les dernières règles sont souvent appelées, dans la littérature, *phonologiques*, pratique que nous bannissons : voir Sixième partie, chapitre I, §3, où l'on trouvera également une discussion plus détaillée des types de règles morphologiques.

Règles (morphémo-)morphiques

(33) **a.**   {FINI} $\iff$ $/fini/_{(0,\ A^{inser})}$

    b.   {ÉTUDI} $\iff$ $/etüdi/_{(0)}$

    c.   {SUPPLI} $\iff$ $/süpli/_{(0)}$

    d.   {IND.IMPF} $\iff$ $/\epsilon/_{(3)}$ | **non** _____ /V/

                      $\iff$ $/j/_{(3)}$ | _____ /V/

    e.   {1 PL} $\iff$ $/õ/_{(4)}$

[Les chiffres entre parenthèses en indice spécifient l'*ordre* du morphe correspondant : voir Quatrième partie, chapitre II, §1, **3**, 7, définition IV.8; Cinquième partie, chapitre II, §3, **3.4**.]

Ces règles choisissent les morphes pour les morphèmes déjà sélectionnés. Leur application à la RMorphS, c'est-à-dire à la représentation morphémique apparaissant dans la partie de droite en (32), peut s'écrire de la façon suivante :

(34) {FINI}, {IND.IMPF}, {1PL} $\Longleftrightarrow$ /fini/$_{(0, \text{A}^{\text{inser}})}$ + /j̃/$_{(3)}$ + /õ/$_{(4)}$

Pour *étudier* et *supplier*, les règles (33) donnent, respectivement :

(35) **a.** /etüdi/$_{(0)}$ + /j̃/$_{(3)}$ + /õ/$_{(4)}$

     b. /süpli/$_{(0)}$ + /j̃/$_{(3)}$ + /õ/$_{(4)}$

Grâce aux règles morphiques, le mot-forme apparaît, *grosso modo*, comme une CHAÎNE DE MORPHES DE BASE, qui devra subir l'action des règles morphonologiques profondes et morphonologiques de surface.

Règle morphonologique profonde : une insertion

(36)

$\Lambda + \Longrightarrow$ /s/+

1) $\text{R}_{(\text{A}^{\text{inser}})}$____;

2) **soit**____+ $\left\{ \begin{array}{c} /V/ \\ /j̃/ \end{array} \right\}$;

  soit (**m** = subj,

    ou

    m = ind, **t** = prés, **n** = pl, **p** = 3)

(Pour la discussion de cette règle d'insertion, voir Cinquième partie, chapitre II, §3, **8.3**, l'exemple (44).)

Par action de cette règle, la chaîne morphique de (34) [la partie de droite] devient (37) :

(37) [/fini/ + /j̃/ + /õ/ $\Longrightarrow$] /finis/ + /j̃/ + /õ/;

c'est la forme correcte du mot-forme en cause.

Les chaînes /etüdi/+/j̃/+/õ/ et /süpli/+/j̃/+/õ/ ne sont pas affectées par la règle (36) puisque le syntactique des radicaux correspondants ne contient pas le trait «A^{inser}» (= ʿexige l'insertionʾ).

Règle morphonologique de surface : une troncation

(38)

/i/+ $\Longrightarrow \Lambda$ +

1) ____ /j̃/+;

2) **non** /$C_{[+\text{obstr}]}$ $C_{[+\text{liquide}]}$/____;

3) /i/ n'est pas la seule /V/ de son morphe

La règle (38) transforme /etüdi+j̃+õ/ en /etüd+j̃+õ/, mais laisse sans changement /süpli+j̃+õ/ (à cause de la suite phonémique /pl/ précédant le /i/ : la condition 2) et /fi+j̃+õ/ (puisque /i/ est la seule voyelle du radical : la condition 3; /mefi+j̃+õ/, par exemple, devient /mef+j̃+õ/); ce sont les formes correctes.

4. La morphologie du mot *vs* la morphologie de la phrase

En nous fondant sur la caractérisation de la composante morphologique du MST dans la section précédente, nous pouvons préciser ce qu'est, dans notre optique, la morphologie linguistique$_1$, et éclairer, par le fait même, l'objet de ce livre.

Conformément à l'approche développée dans le cadre de la théorie Sens-Texte, la morphologie comme partie de la linguistique doit être subdivisée en deux disciplines : MORPHOLOGIE DU MOT et MORPHOLOGIE DE LA PHRASE.

La morphologie du mot étudie le mot comme tel, pris isolément. Elle en décrit la structure et élabore une théorie générale de cette dernière. La morphologie du mot fournit les règles qui, dans la perspective de synthèse de texte, sont nécessaires à la construction des mots-formes réels d'après leurs RMorphP, et dans la perspective d'analyse, à l'interprétation grammaticale des mots-formes donnés (= à l'obtention de leurs RMorphP). Elle s'occupe surtout du système de concepts indispensables pour l'écriture des règles de ce type, ainsi que de la méthodologie de la recherche morphologique.

La morphologie de la phrase, elle, étudie la cohésion et l'interaction formelle (= phonologique) des mots-formes à l'intérieur d'une phrase, donc pris au sein du syntagme$_1$ phonétique. Elle décrit les constituants syntaxiques, leurs jointures, les pauses et les intonations, ainsi que ce qu'on appelle les sandhis externes (les phénomènes comme liaison française). La morphologie de la phrase présente les règles qui synthétisent les syntagmes$_1$ phonétiques ($\approx$ les groupes rythmiques du français) à partir des mots-formes syntaxiquement connectés ou bien les analysent en mots-formes séparés syntaxiquement connectés.

La morphologie du mot étudie donc un mot-forme comme tel, sans rapport avec d'autres mots-formes simultanément présents dans le texte; la morphologie de la phrase, par contre, étudie un complexe de mots-formes dans leur interaction. Il en découle que, logiquement parlant, la morphologie du mot précède la morphologie de la phrase : il faut disposer de la première pour aboutir à l'élaboration de la seconde.

Étant donné le volume gigantesque de la tâche que nous devons affronter, nous avons décidé de ne traiter systématiquement dans ce livre que de la morphologie du mot. Par conséquent,

---

le CMG est consacré au mot et au mot seulement

Bien entendu, nous n'avons pas pu faire complètement abstraction des phénomènes morphologiques concernant la phrase, parce qu'il n'y a pas de cloison étanche entre ce qui se passe à l'intérieur d'un mot-forme et ce qu'on trouve au-delà de ses frontières. De temps à autre nous faisons des incursions dans le fief de la morphologie de la phrase; pourtant, notre effort central ne vise que le mot et son «intérieur».

5. Ambiguïté des noms des composantes du MST

Avant de terminer le chapitre II de l'Introduction, nous devons attirer l'attention du lecteur sur le fait suivant. Le modèle Sens-Texte, qui représente la langue naturelle, est l'objet de la linguistique; les composantes du modèle sont l'objet des parties correspondantes de la linguistique. Cependant, les composantes du MST et les parties de la linguistique (= les disciplines) qui les étudient ont traditionnellement les mêmes noms! Ainsi, on appelle «[la] sémantique» deux choses bien différentes : d'une part, une composante de la langue, ou de son modèle Sens-Texte (plus précisément, la composante chargée d'établir la correspondance entre $RSém_i$ et $RSyntP_k$) et, d'autre part, la discipline linguistique₂ qui s'occupe de cette composante. La même chose est vraie de toutes les composantes de la langue, c'est-à-dire du MST, et de toutes les divisions de la linguistique.

Une telle ambiguïté ne peut pas être tolérée dans un livre consacré à la terminologie linguistique₂, et nous proposons de distinguer les deux sens des termes en question à l'aide des indices : «1» pour les concepts ayant trait à la langue, «2» pour les concepts ayant trait à la linguistique. Nous écrirons alors (*la*) *sémantique₁* pour la composante sémantique de la langue (ou du MST) et (*la*) *sémantique₂* pour la discipline linguistique₂ qui étudie la sémantique₁; et ainsi de suite. (Notons que ce procédé est cohérent avec la distinction *linguistique₁/₂*, que nous avons opérée au §1 du chapitre I de l'Introduction, p. 10.) De cette façon, nous obtenons la proportion suivante :

$$\frac{\text{linguistique}}{\text{langue}} = \frac{\text{sémantique}_2}{\text{sémantique}_1} = \frac{\text{syntaxe}_2}{\text{syntaxe}_1} = \frac{\text{morphologie}_2}{\text{morphologie}_1} \dots$$

Ce livre traite presque exclusivement de la morphologie₂, c'est-à-dire de la théorie morphologique, qui fait partie de la linguistique. Là où il s'agit de la morphologie₁ nous utilisons l'expression *composante morphologique*. Cette convention nous permet, dans des contextes où la confusion n'est pas à craindre, d'omettre l'indice «2» et d'écrire *morphologie /morphologique* tout court.

*
* *

Espérons que cet exposé a été suffisant pour donner une idée générale du modèle Sens-Texte et des représentations linguistiques₁ qu'il utilise. Nous pouvons alors passer à l'examen des concepts morphologiques «AUXILIAIRES», que nous tiendrons pour acquis et qui constituent l'ensemble des concepts de base indéfinissables dans notre système conceptuel et terminologique.

NOTES

[1] (p. 41). Pour les détails de la TST, voir Mel'čuk 1974b, 1981a, 1988a : 43-96, 1988b, Mel'čuk and Pertsov 1987 : 12-45. Quant aux écritures *Žolkovskij* vs *Zholkovsky*, voir la note 8, chapitre I de l'Introduction, §1, p. 23.

[2] (**1**, après l'exemple (3), p. 44). On peut obtenir une estimation du nombre de paraphrases possibles pour la phrase (3) en ayant recours au procédé suivant : divisons la phrase en «morceaux» sémantiques; pour chaque «morceau», posons toutes les expressions qui peuvent avoir le sens correspondant; calculons — en multipliant les nombres de variantes pour chaque «morceau» sémantique — le nombre de variantes pour la phrase entière. Voici comment on peut présenter les calculs : voir le tableau ci-dessous. (**NB** : Le chiffre encerclé indique le nombre total de variantes dans sa case. Les lexèmes *nombre* et *quantité*

loin de au lieu de au contraire ne … nullement ne … aucunement pas du tout	diminuer baisser être à la baisse tomber perdre de l'importance perdre du terrain devenir moindre devenir moins important	détention emprisonnement incarcération nombre quantité
⑥	⑧	⑤

prisonniers { politiques / d'opinion / de conscience }				3
personne individu gens 3	incarcéré emprisonné détenu 3	seulement uniquement exclusivement ne … que 4	pour délit d'opinion pour leurs opinions pour leurs idées pour leurs convictions pour leurs avis	} politiques ou religieux 5
3 × 3 = 9		9 × 4 × 5 = 180		
180 + 3 = 183				⑱⑧⑬ (183)

s'accroît croît grimpe monte gagne du terrain augmente est en hausse	toujours sans cesse constamment	de façon { troublante / alarmante / inquiétante } tout en …ant ce qui …	alarmer troubler inquiéter semer l'inquiétude tracasser	le monde entier tout le monde opinion (publique) opinion mondiale beaucoup de gens
⑦	③	2 × 5 + 3 = 13 (13)		⑤

se sont trouvés dans la même case que *détention*, etc., à cause des équivalences approximatives du type suivant : *Le nombre de prisonniers politique monte …* ~ *La détention de prisonniers politiques est à la hausse …*) Une simple multiplication des nombres de variantes suggérées dans le tableau nous donne :

$$6 \times 8 \times 5 \times 183 \times 7 \times 3 \times 13 \times 5 = 59\ 950\ 800,$$

ou environ 60 millions de paraphrases!

Il est vrai que certaines combinaisons de variantes entre elles se révèlent inacceptables : par exemple, **la détention de personnes détenues …* ou **l'emprisonnement est à la baisse …*, etc.; cela diminue notre chiffre approximatif. Mais, d'autre part, nous n'avons pas tenu compte de plusieurs autres variantes, telles que :

(i)   *ne manque pas d'inquiéter…*

(ii)   *ne* $\left\{ \begin{array}{l} laisse \\ cesse \end{array} \right\}$ *pas d'inquiéter…*

(iii)   *le nombre de … s'accroît de façon que* $\left\{ \begin{array}{l} on \\ (tout)\ le\ monde \end{array} \right\}$ *est* $\left\{ \begin{array}{l} troublé \\ inquiété \\ alarmé \\ tracassé \end{array} \right\}$

(iv) $\left\{ \begin{array}{l} on \\ (tout)\ le\ monde \end{array} \right\}$ $\left\{ \begin{array}{l} s'alarme \\ s'inquiète \\ ressent\ de\ l'inquiétude \end{array} \right\}$

devant $\left\{ \begin{array}{l} une\ augmentation \\ une\ hausse \end{array} \right\}$

Somme toute, on peut être certain que l'ordre de grandeur est correct : une phrase française suffisamment complexe admet des (dizaines de) millions de paraphrases. Les mêmes estimations sont vraies pour l'anglais et pour le russe.

[3] (**2**, après l'exemple (9), p. 52). Le lecteur qui connaît l'œuvre sémantique de A. Wierzbicka (1972, 1980, 1985, 1987a, b) notera la différence suivante entre son approche du problème des éléments sémantiques primitifs et la nôtre. Wierzbicka commence par établir la liste de ces éléments, qui étaient au nombre de quinze en 1987 (Wierzbicka 1987a : 31) : 'want', 'don't want', 'think of', 'imagine', 'know', 'say', 'become', 'be somewhere', 'be part of', 'something', 'someone', 'I', 'you', 'world', 'this' (cet inventaire a été révisé ultérieurement et le nombre de primitifs sémantiques a atteint une trentaine : Wierzbicka 1989). Équipée de ces éléments primitifs, elle les utilise lors de l'analyse sémantique de centaines de lexèmes, de morphèmes et de constructions syntaxiques de plusieurs langues naturelles. Nous, par contre, nous commençons par l'analyse sémantique des lexèmes et d'autres unités linguistiques₁ en termes d'unités toujours plus simples mais pas nécessairement primitives, en espérant ainsi aboutir aux éléments sémantiques primitifs (= nos sèmes) en tant que résultat final de notre recherche.

4 (**2**, après l'exemple (10), p. 53). L'élément sémantique ʿusuellementʾ, qui figure dans la décomposition (10), ne correspond au sens d'aucun lexème français. C'est une expression artificielle appelée à exprimer le sens contraire à ʿactuellementʾ; elle est nécessaire dans la description du sens du verbe PERSÉ-CUTER1 puisque ce verbe (à la différence, par exemple, de TORTURER) ne peut pas être appliqué à un événement actuel : *J'entrais dans la pièce au moment où les policiers *persécutaient le capitaine Trucci.*

5 (**3**, après l'exemple (18), p. 65). On remarquera que la règle (18) est, dans un certain sens, identique à (10), p. 53, où nous avons présenté la décomposition sémantique de la signification ʿpersécuter1ʾ. Plus précisément, l'écriture du type (18) est une ABRÉVIATION PRATIQUE pour une entité fort complexe : l'***entrée lexicale***. Une entrée lexicale, ou un article de dictionnaire, correspondant à l'unité lexicale L est divisée en trois zones :

• ZONE SÉMANTIQUE, qui comprend la définition (= le signifié) de L et ses connotations. La définition est une équation sémantique du type (10), qui met en rapport le sens (= le ***sémantème***) de L et sa décomposition sémantique la moins profonde.
• ZONE PHONOLOGIQUE, qui comprend le signifiant du radical de L. Cette zone nous intéressera très peu dans le CMG.
• ZONE DE COMBINATOIRE, avec trois sous-zones :
  – COMBINATOIRE MORPHOLOGIQUE, qui comprend les données sur la cooccurrence du radical de L avec les affixes;
  – COMBINATOIRE SYNTAXIQUE, qui comprend le régime et les traits syntaxiques de L;
  – COMBINATOIRE LEXICALE, qui comprend les fonctions lexicales de L.
Chaque entrée lexicale est identifiable par le nom de l'unité lexicale L qu'elle décrit.

Conformément à cette caractérisation, une règle lexico-sémantique du type (18) doit être interprétée comme comportant en fait deux sous-règles :
  1) une équation sémantique :
      ʿdécomposition du sémantème de Lʾ = ʿsémantème de Lʾ,
permettant les réductions et les expansions des réseaux sémantiques;
  2) une correspondance triviale :
      ʿsémantème de Lʾ ⇔ L
(où L est l'entrée lexicale correspondante au complet), permettant la transition entre la RSém et la RSyntP.

Cependant, une discussion à fond des règles lexico-sémantiques et des problèmes apparentés dépasse de loin le cadre du CMG. (Je remercie A. Polguère qui, par ses critiques ainsi que par ses propositions constructives, m'a beaucoup aidé à préciser le concept de règle lexico-sémantique.)

6 (**3**, après l'exemple (20), p. 67). Cette estimation se fonde sur la considération suivante : le nombre de mots-vedettes dans un gros dictionnaire de langue est, en règle générale, de l'ordre de 10^5 (de 20 000 à 100 000 mots); le nombre moyen d'acceptions (= de significations) par mot-vedette est 5; le produit se situe donc entre cent mille et un million.

[7] (**3**, après l'exemple (28), p. 69). Une *fonction standard* (en syntaxe) est un système de conditions qui doivent être satisfaites pour qu'une construction syntaxique spécifique puisse apparaître. Ce système de conditions caractérise un phénomène assez général de **L** et est pertinent pour plusieurs règles syntaxiques de cette langue.

[8] (**3**, après l'exemple (29), p. 70). Les règles SyntS citées spécifient l'ordonnancement des mots-formes de façon locale : c'est-à-dire deux à deux (Y est ordonné par rapport à son gouverneur X). Les règles globales d'ordonnancement tiennent compte de plusieurs éléments à la fois; voir Mel'čuk 1965.

RÉSUMÉ DU CHAPITRE II

La théorie Sens-Texte, qui sous-tend le CMG, est fondée sur trois postulats :

– une langue naturelle est (considérée comme) une correspondance entre les sens et les textes;

– cette correspondance est représentable par un modèle fonctionnel (modèle Sens-Texte, ou MST);

– le MST a besoin de deux niveaux de représentation intermédiaires entre le sens et le texte (le niveau syntaxique et le niveau morphologique).

De plus, la distinction «(sous-niveau) profond *vs* de surface» est généralisée à tous les niveaux de représentation, sauf le niveau sémantique.

Dans cette théorie, le locuteur joue un rôle prédominant, et la description d'une langue est effectuée à partir du sens vers le texte.

Les représentations linguistiques₁ de tous les niveaux pour une phrase française (la RSém, les RSynt profonde et de surface, etc.) sont citées, accompagnées des commentaires minimaux.

Les composantes Sém, SyntP et SyntS du MST sont décrites rapidement, et des exemples des règles correspondantes sont donnés.

L'ambiguïté fâcheuse des termes comme *sémantique, syntaxe, morphologie* est signalée : chacun de ces termes désigne soit une composante linguistique₁, soit une discipline linguistique₂ qui étudie cette composante; cette ambiguïté est résolue à l'aide des indices : *sémantique₁* = 'composante [de la langue] qui…', *sémantique₂* = 'partie de la linguistique qui étudie la sémantique₁', et ainsi de suite.

CHAPITRE III

CONCEPTS AUXILIAIRES

Pour construire le système proposé de concepts morphologiques, c'est-à-dire pour définir tous les termes correspondants, nous aurons besoin de concepts qu'on pourrait appeler *auxiliaires*. Ce sont des concepts qui, sans être élémentaires, ne peuvent quand même pas être définis dans le cadre de ce livre, puisqu'ils ne relèvent pas de la morphologie comme telle. Cependant, nous devons les présenter au lecteur, ne serait-ce que brièvement et superficiellement : ils figurent dans nos définitions, et leur compréhension est nécessaire, si on veut maîtriser ces dernières.

Nous distinguons, tout naturellement, deux classes de concepts auxiliaires pertinents :

1. Concepts scientifiques de caractère général : notions mathématiques (très élémentaires), logiques et quasi-logiques, qui ne sont pas spécifiques à la linguistique.

2. Concepts linguistiques₂ appartenant à d'autres domaines que la morphologie.

Nous allons donner ci-dessous la liste de ces concepts, en les présentant par ordre logique.

1. Concepts scientifiques de caractère général

Il est impossible de munir les concepts qui suivent de définitions ou même d'explications informelles suffisantes. Quiconque en a besoin devrait consulter quelques ouvrages de logique symbolique ou de mathématique discrète.

1.1. Concepts mathématiques. Nous citons les concepts pertinents accompagnés d'expressions incluant les termes correspondants et parfois de mini-commentaires.

1. *Objet*;

2. *Ensemble* vs *élément* [Un ensemble *inclut* (= *comprend*) un élément = Un élément *appartient à* un ensemble];

3. *Ordonné* [un ensemble ordonné/non ordonné];

4. *Couple* [= un ensemble ordonné de deux éléments], *triplet* [= un ensemble ordonné de trois éléments], ...;

5. *Sous-ensemble*; *partie*; *fragment*; *composante*;

6. *Classe*;

7. *Type*;

8. *Chaîne* [= *séquence* ou *suite*];

9. *Précéder* vs *suivre*; *contigu*;

10. *Diviser* une chaîne [= suivre la partie de gauche de cette chaîne, en en précédant le reste];

11. *Vide* : un ensemble vide [= ne comprenant pas d'élément];

12. *Opération* [Une opération *s'applique à* un objet (ou à une autre opération)];

13. Types d'opérations : *substitution*; *itération* = *répétition* [itération simple, double, triple, …]; *permutation*; *concaténation*;

14. *Résultat d'*(application d')*une opération* [Un objet *s'obtient* par une opération];

15. *Relation*;

16. Propriétés de relations : *symétrie*; *transitivité*; *réflexivité*;

17. Relations ensemblistes : *inclusion*; *intersection*; *commun*; *contenir*;

18. *Configuration* [= un ensemble avec une hiérarchie de relations établies entre ses éléments, c'est-à-dire un ensemble ayant une organisation interne];

19. *Être combiné avec* [= entrer dans une configuration avec];

20. *Combinaison* (de X avec Y);

21. *Correspondance*; *correspondre*;

22. *Symbole*;

23. *Expression*.

1.2. Concepts logiques. Nous citons ici en vrac et sans commentaire non seulement de véritables éléments logiques mais aussi des mots français utilisés pour exprimer les sens correspondants :

connecteurs	égalité	quantificateurs
et; mais	le même, identique;	tout; chacun
ou	coïncider	toujours
soit…, soit…	différent, autre;	quelconque, n'importe
ni…, ni…	différer [par qqch]	quel, quel que soit
si…, alors…	différence	aucun; nul
si et seulement si	changer	jamais
condition; satisfaire	être (*X est un Y*)	exister
une condition, une		(un) seul
condition vérifiée		plusieurs
seulement, ne … que		au moins [*n*]
s'exclure (mutuellement)		exactement [*n*]
autrement		nombre de
simultanément		beaucoup de
non = ne … pas		maximum
aussi, également		presque

À cela, il faut ajouter les **expressions modales** suivantes :

pouvoir, possible; devoir, obligatoire; peut-être.

Et enfin, nous devons insister sur la distinction fort importante entre LANGUE et MÉTALANGUE, que nous tenons pour acquise :

|| Tout discours qui porte sur une langue quelconque et qui en décrit ou ca-
|| ractérise des éléments est *métalinguistique.*

En analysant des données linguistiques$_1$, le chercheur doit à tout prix éviter d'y inclure des expressions à caractère métalinguistique : ces dernières possèdent souvent des propriétés absentes de la langue au sens strict du terme et peuvent brouiller le tableau réel.

1.3. Notions quasi logiques. Les neuf notions ci-dessous, bien qu'elles soient d'une importance primordiale pour la linguistique, sont vagues et, pour cette raison, ne peuvent être classées parmi les concepts logiques au sens propre. Cependant, de par leur nature, elles font partie de concepts scientifiques à caractère général, et c'est pourquoi nous en parlerons ici.

1. *Similaire* en X [Les objets α et β sont similaires en X = X de α et X de β sont similaires];

2. *Simple*;

3. *Suffisamment* [suffisamment similaire, suffisamment simple, suffisamment standard, ...];

4. *Règle*; *être décrit par règle*;

5. *Régulier* [= ʿqui peut être décrit par règleʾ];

6. *La plupart*;

7. *Du même type*;

8. *Important*;

9. *Standard.*

Chacune de ces notions, si l'on veut l'analyser sérieusement, mérite peut-être tout un chapitre, ce que nous ne pouvons aucunement nous permettre, étant contraint par le cadre du CMG. Indiquons seulement que l'importance de la notion ʿsimilaireʾ dans le raisonnement linguistique$_2$ a été démontrée, de façon convaincante, dans Kuipers 1975. (On pourrait probablement essayer de réduire ʿsimilaireʾ à ʿla différence n'est pas suffisamment importanteʾ.)

Nous espérons cependant que les neuf notions en cause sont suffisamment simples à comprendre, en se fondant sur le sémantisme des mots français correspondants.

1.4. Mots et expressions «syntaxiques» et descriptifs. À part les concepts signalés, nous sommes obligé d'utiliser dans les définitions beaucoup d'expressions soit à caractère syntaxique (= expressions qui assurent les liens entre les éléments d'une définition), soit à caractère descriptif (= des mots du langage ordinaire, dans leurs acceptions les plus courantes), que nous ne pouvons pas et ne devons probablement pas définir. Nous croyons cependant utile d'en indiquer certaines ici :

tel que...	direct/indirect	utiliser
on dira que; être appelé	pour une raison	affecter (la grammaticalité, le sens)

suivant   strictement   muni/dépourvu
correspondant   spécifique [à qqch]   en question = donné
critère   cohérent   le reste
                         comportement

Cette liste est loin d'être exhaustive; on trouve dans nos définitions plus de deux cents autres expressions du même type non recensées ici. En principe, toutes ces expressions méritent une étude approfondie : elles sont des candidats évidents au statut de termes logiques propres de la science en général. Cependant, elles ne sont pas spécifiques à la linguistique, sans parler de la morphologie.

2. Concepts linguistiques$_2$

Ce sont des concepts qui appartiennent à des domaines de la linguistique différents de la morphologie, c'est-à-dire à la sémantique, à la syntaxe ou à la phonologie, plus quelques concepts à caractère très général, comme *langue*, *contexte*, etc. Nous tenons tous ces concepts pour définis. Néanmoins, là où cela semble opportun, nous les munissons d'explications, parfois tout à fait rudimentaires, mais s'approchant parfois du statut d'une définition.

1. *Langue* (*naturelle*) **L** : une correspondance particulière entre un ensemble infini de sens et un ensemble infini de textes. (Voir le postulat 1 au chapitre II de l'Introduction, p. 41.) L'adjectif dénominal de *langue* est, comme on le sait, *linguistique*$_1$.

> Une langue **L** quelconque est considérée comme empiriquement donnée par l'intuition langagière de ses locuteurs.

Il faut remarquer que tout ce qui est défini plus loin dans ce livre est défini STRICTEMENT PAR RAPPORT À UNE LANGUE DONNÉE. Cela veut dire, par exemple, qu'en définissant ʻphonème', nous avons en tête ʻun phonème de **L**'; quand nous définissons ʻmot-forme', nous voulons dire ʻun mot-forme de **L**'; et ainsi de suite.

Le fait que tous les concepts linguistiques$_2$ soient définis relativement à une langue particulière nous permet d'omettre le syntagme *de la langue* **L** ou *dans la langue* **L** de toutes les définitions, ce que nous avons fait. Mais ce syntagme reste partout sous-entendu, de façon que chaque définition doive être interprétée comme si elle le contenait.

Rappelons encore que les notions de *texte* et de *sens* ont été caractérisées, sinon expliquées, au chapitre II de l'Introduction, p. 42.

2. *Énoncé complet* (de **L**) : manifestation linguistique$_1$ pouvant être comprise entre deux pauses majeures ou absolues. Autrement dit, un énoncé est tout fragment de la parole capable d'apparaître, dans des circonstances normales, entre deux silences du locuteur. Cela peut être une phrase entière, un syntagme$_1$

(*Belle journée!*; *L'actualité internationale*; *Grammaire de l'italien*) ou un mot-forme (*Félicitations!*; *Métro*; *Merci*).

3. **Objet linguistique₁** (de **L**) : tout élément d'une langue (**L**). Cela peut être un élément sémantique (plan du sens : **sème**, **sémantème**, …), un élément phonique (plan du texte : **phonème**, **prosodème**, …) ou un élément linguistique₁ au sens propre (c'est-à-dire un élément servant à établir la correspondance entre le plan du sens et celui du texte : **signe**, **opération linguistique₁**, …).

Pour des raisons stylistiques, nous dirons parfois une **unité linguistique₁**.

4. **Monoplane / biplane** : appartenant exclusivement au plan du sens ou au plan du texte / ayant trait aux deux plans à la fois.

5. **Exister dans une langue L en tant qu'objet linguistique₁** ⟨= **être un objet linguistique₁ de L**⟩ (*X existe en* **L** = *X est un élément de* **L** = **L** *a un X* = *on trouve X en* **L**) : X apparaît en **L** dans au moins deux **contextes** différents ou bien X est **apparenté** à d'autres objets de **L**. (Pour le concept de contexte voir ci-dessous, nº 10; le concept ⟨être apparenté⟩ est présenté dans la Cinquième partie, chapitre II, §5, **2**, définition V.35.)

6. **Signifié**   ⎫ Ces trois concepts de départ sont discutés,
7. **Signifiant**   ⎬ de façon assez détaillée, dans la Première partie,
8. **Syntactique**   ⎭ chapitre II, §1, p. 112 ssq.

9. **Moyen formel** ⟨= **expressif**⟩ **linguistique₁** (de **L**) : un objet linguistique₁ de **L** utilisé pour la construction des signifiants de **L**.

10. **Contexte** *de X* : l'environnement spécifique d'une occurrence de X, c'est-à-dire l'ensemble d'objets linguistiques₁ du même type que X avec lesquels l'occurrence donnée de X est combinée à l'intérieur d'un énoncé donné de **L**. Par exemple, un contexte de la lettre *m* dans la chaîne *amour* est la lettre *a—*; les autres contextes sont *—o*, ou *—our*, ou *a—o*, ou bien *a—our*.

11. **Distribution** *de X* : l'ensemble de tous les contextes possibles de X.

12. **Classe distributionnelle** *de X* : l'ensemble de tous les objets linguistiques₁ qui ont la même distribution que X.

13. **Représentation linguistique₁** : voir chapitre II de l'Introduction, pp. 42, 47 ssq.

Concepts sémantiques

14. **Représentation sémantique** ⎫
15. **Prédicat sémantique**   ⎪ Voir chapitre II de
16. **Sémantème**   ⎬ l'Introduction, pp. 48-53.
17. **Sème**   ⎪
18. **Actant sémantique**   ⎭

19. **Relation sémantique entre deux éléments de la phrase** : une relation de sens entre deux éléments de la phrase, exprimable par un prédicat sémantique. Ainsi, dans *le chien de Jocelyn*, la relation sémantique entre *chien* et *Jocelyn* est ⟨appartenir⟩ :

⟨appartenir⟩ (⟨chien⟩; ⟨Jocelyn⟩).

NB : Dans le CMG, les relations sémantiques entre les éléments d'un texte sont tenues pour acquises.

20. *Pronominal* : Une unité pronominale réfère à d'autres unités linguistiques$_1$.

21. [Nom] *propre/commun.*

22. *Signification* : Une signification *vient se joindre à* ou *porte sur* une autre signification.

Bien que ce soit une des notions les plus importantes de la linguistique (sinon la plus importante), nous ne pouvons pas l'expliquer. Comme on le sait, elle a défié, jusqu'à présent, les analyses et les définitions proposées. Limitons-nous alors à constater que c'est le contenu de nos propos, l'objectif de la communication langagière, l'information que les locuteurs cherchent à transmettre et à recevoir — bref, ce que l'on comprend (R. Jakobson).

23. *Exprimer* : Un objet linguistique$_1$ *exprime* une signification.

En plus de ces concepts sémantiques assez généraux, nous aurons besoin, pour les définitions des significations morphologiques, de quelque 75 unités sémantiques, ou sens particuliers, que nous énumérerons dans la section **3**, pour ne pas briser la ligne logique de notre présentation.

Concepts syntaxiques

24. *Phrase* [énoncé complet caractérisé par une prosodie particulière].

25. *Proposition* (au sens syntaxique) [constituante immédiate d'une phrase, ayant la structure d'une phrase; *proposition principale/subordonnée*].

26. *Syntagme$_1$* : groupe de mots-formes syntaxiquement liés.

27. *Élément de la phrase.*

28. *Construction* (*syntaxique*); *construction active/passive, nominative/ergative, coordinative/subordinative.*

29. *Relation syntaxique* ⟨= relation de dépendance syntaxique⟩ : relation de forme existant entre deux éléments minimaux de la phrase et identifiable par le nom de la construction correspondante. Ainsi, dans *Jean aime Colette*, nous observons deux relations syntaxiques (de surface) :

$$Jean \xleftarrow{\text{prédicative}} aime \text{ et } aime \xrightarrow{\text{complétive directe}} Colette.$$

Nous distinguons les relations syntaxiques *profondes* et les relations syntaxiques *de surface*, voir le chapitre II, p. 55.

NB : Dans le CMG, les relations syntaxiques entre les éléments d'une phrase sont tenues pour acquises (comme les relations sémantiques).

30. *Structure syntaxique.*

31. *Gouverneur syntaxique* de X : l'élément Y (de la phrase) dont l'élément X dépend syntaxiquement, ce que l'on note Y $\longrightarrow$ X.

32. *Sommet syntaxique* de X : l'élément de l'expression X dont dépendent syntaxiquement tous les autres éléments de X; par exemple, si

$$X = a \quad b \quad c \quad d,$$

alors *b* est le sommet syntaxique de X. (Si on a

alors Y est le gouverneur du sommet *b* de X.)

33. ***Actant syntaxique*** de X : l'élément de la phrase qui dépend syntaxiquement de X et en exprime un actant sémantique; *rôle actantiel*.

34-37. Rôles syntaxiques (de surface) particuliers :
- *sujet grammatical* (SG);
- *complément d'objet direct* (CO^{dir});
- *complément d'objet indirect* (CO^{indir});
- *modificateur*.

38. ***Transitivité*** : un faisceau de propriétés sémantiques et syntaxiques des verbes.

Pour une discussion des concepts syntaxiques pertinents, voir le chapitre II, p. 41, ainsi que Mel'čuk and Pertsov 1987 et Mel'čuk 1988a.

Concepts phonologiques

39. ***Phonème*** : un ensemble de ***phones***, ou de sons de la parole, de **L** tel que : soit qu'il n'y a pas de différence distinctive entre ces phones;[1] soit qu'il y a une différence distinctive mais qu'elle est conditionnée par le contexte phonique (c'est-à-dire que, dans ce dernier cas, les phones sont distribués selon le contexte phonique).

Exemple. Les phones [č] et [ǯ] en russe sont différenciés par le trait distinctif [sonore]; cependant, le [ǯ] sonore n'apparaît en russe que devant une consonne sonore comme une variante automatique de [č]; cf. : /nóč/ ʿnuit' [formes casuelles étant /nóčju/, /nóči/, /nočí/, /nočám/, ...], mais dans *Odnu noč by!* ʿSi [j'avais] une seule nuit!', on prononce [nóǯ] : [adnú nóǯbi]. Par conséquent, [č] et [ǯ] sont des allophones du phonème /č/ en russe.

On notera que nous définissons le phonème sans référence à la morphologie, c'est-à-dire sans mentionner la structure des mots-formes, les frontières morphologiques, etc. Cette démarche peut, cependant, entraîner ce qui pour certains constitue des résultats non orthodoxes. Ainsi, les phones [x] et [ç] de l'allemand représentent, selon notre définition, deux phonèmes différents : *Aachen* /áxen/ [ville en Allemagne] ~ *Mamachen* /mamáçen/ ʿpetite maman' ou *rauchen* /ráʷxen/ ʿfumer' ~ *Frauchen* /fráʷçen/ ʿpetite femme'. Pourtant, la charge fonctionnelle de ces phonèmes — /x/ *vs* /ç/ — est minimale, puisqu'ils sont distribués de façon presque complémentaire : [ç] apparaît après les voyelles antérieures (comme dans *Echo* /éço/ ʿécho', *echt* /éçt/ ʿvéritable', etc.) et dans le suffixe diminutif **-chen** /çen/, [x] figurant partout ailleurs. C'est la présence de la condition morphologique — «dans le suffixe **-chen**» — qui nous empêche de réunir [x] et [ç] dans un même phonème.

40. ***Prosodème*** : un ensemble de *prosodies*, ou de contours intonationnels, tones, accents, pauses, etc., de **L**, tel que : soit qu'il n'y a pas de différence

distinctive entre ces prosodies; soit qu'il y a une différence distinctive mais qu'elle est conditionnée par le contexte prosodique (c'est-à-dire que, dans ce dernier cas, les prosodies sont distribuées selon le contexte prosodique, qui, à son tour, peut être conditionné par le contexte syntaxique).

41. *Syntagme₁ phonétique* : le segment maximum de la parole en £ tel que dans ses limites opèrent les règles phoniques de £. Autrement dit, c'est la plus longue chaîne de phones à l'intérieur de laquelle s'appliquent les règles établissant les jointures phoniques (telles les liaisons) et effectuant les modifications des phonèmes voisins (connues comme *sandhis*, Troisième partie, chapitre II, §3). L'expression russe *v sinem nebe* ⸢dans le ciel bleu⸥ contient deux syntagmes₁ phonétiques : [fs'ín'im] et [n'éb'i], parce que la préposition *v* ⸢dans⸥ ne peut pas être séparée de l'adjectif qui la suit par une pause et qu'elle doit être assimilée à la consonne initiale de ce dernier. En français, un clitique forme un syntagme₁ phonétique avec son mot support; etc. Voir, entre autres, Nespor and Vogel 1982.

42. *Unité prosodique* : le segment maximum de la parole en £ caractérisé par un seul système de prosodèmes (typique de £), par exemple, par un seul contour tonal ou par un seul accent. Autrement dit, dans les limites d'une unité prosodique opèrent les règles prosodiques de £ : règles établissant les pauses, les accents et les prosodies appropriées, ainsi que les règles effectuant les modifications des prosodies voisines (connues comme *sandhis tonals*). Le groupe rythmique en français est un bon exemple d'unité prosodique. Remarquons qu'entre les unités prosodiques d'une langue et ses syntagmes₁ phonétiques existent des relations assez compliquées, que nous n'allons pas analyser ici.

Concept lexicographique

43. *Article de dictionnaire* : description exhaustive de toutes les propriétés d'un mot pris dans une seule acception, nécessaire et suffisante pour assurer une manipulation correcte de ce mot dans tous les contextes imaginables. Dans le CMG, nous entendons par là un article de dictionnaire satisfaisant les principes du *Dictionnaire explicatif et combinatoire* (DEC), présenté au chapitre II de l'Introduction, 3, p. 66 ssq. Un terme alternatif admis : *entrée lexicale*.

Certains autres concepts ayant trait au dictionnaire sont introduits au fur et à mesure dans le courant du livre, par exemple, *fonction lexicale* ou *régime* (p. 117).

Le fait même que l'appareil conceptuel de la morphologie nécessite, pour ses fondements, autant de concepts sémantiques, syntaxiques et phonologiques reflète la place de la composante morphologique parmi les autres composantes de la langue. En gros, la fonction de la morphologie est d'exprimer des sens et des constructions syntaxiques par des moyens phonologiques; de là découle la multiplicité de concepts des domaines correspondants qui sous-tendent le système de concepts morphologiques.

3. Unités sémantiques utilisées pour la description
des significations morphologiques

Les unités sémantiques (USém) nécessaires aux définitions des significations morphologiques (dans la Deuxième partie) peuvent être réunies dans les dix groupes suivants :

1. Individus
'objet'
'fait'
'événement'
'état'
'propriété'
'situation'

2. Coordonnées
'espace'
'temps'
'spatial'
'temporel'
'étendue'
'localisation'
'configuration'
'direction'
'endroit'
'précéder' = 'antérieur'
'suivre' = 'postérieur'
'au préalable'

3. Actants et circonstants
'celui qui...'
'celui qu'on...'
'lieu de...'
'résultat de...'
'façon de...'
'instrument de...'

4. Caractéristiques ensemblistes
'nombre de'
'un tout'
'[un] quantum'
'[un] collectif de'
'concentré'
'distribué'
'une partie de'

5. Caractéristiques socio-biologiques
'sexe'
'intimité sociale'
'considération'
'appartenir'/'posséder'
'approuver'
'désapprouver'
'réaction mentale'
'prendre connaissance'
'pour' = 'destiné à'
'aliénable'

6. Notions locutionnaires et logiques
'discours'
'but pragmatique'
'rôle énonciatif'
'affirmatif'
'négatif'
'déclaratif'
'interrogatif'

7. Prédicats fondamentaux

(a) Existence
'exister'
'se dérouler'
[un événement]
'devenir'
'avoir lieu'
'se trouver'

(b) Causation
'causer'
'atteindre'
'transformer'
'permettre'
'admettre'

(c) Activité
'participer' ≈ 'coopérer'
'impliquer [qqn ou qqch]'
'réussir'
'utiliser'

8. Modalités	9. Opérations logiques	10. Divers
ʿpouvoirʾ	ʿspécifierʾ	ʿlimiteʾ = ʿborneʾ
ʿdevoirʾ	ʿmentionnerʾ	ʿinhérentʾ
ʿvouloirʾ	ʿreprésenterʾ	ʿdegréʾ
ʿprobableʾ	ʿsélectionnerʾ	ʿintensitéʾ
		ʿmarginalitéʾ

Il est évident que notre classement n'a aucune valeur scientifique et qu'il n'a été entrepris que pour faciliter l'examen de la liste. Remarquons, cependant, que cette liste n'est pas (et ne peut pas être) exhaustive : nous avons omis beaucoup d'unités sémantiques nécessaires à la description de la dérivation. Ces quelque 75 unités sémantiques que nous avons présentées couvrent — plus ou moins — la flexion et seulement les types les plus répandus de dérivation. Les significations dérivationnelles comme telles sont trop variées et trop imprévisibles pour qu'on puisse en dresser ici la liste, même approximative.

Avant de clore cette section, nous nous permettrons la remarque suivante. Les USém précitées constituent le NOYAU UNIVERSEL de l'ensemble des sens des langues naturelles en général. Il ne s'agit pas, évidemment, des primitives sémantiques; pourtant ce sont des sens «privilégiés» par la langue, car ils ont été choisis pour être grammaticalisés et pour former, de cette façon, le squelette sémantique du système linguistique₁. Leur étude sémantique ultérieure peut jeter la lumière sur plusieurs problèmes de caractère général.

4. Relativité du caractère formel du système conceptuel proposé

En guise de conclusion, précisons notre attitude quant au degré de rigueur que nous visons dans le CMG. Nous avons affirmé dans le chapitre I de cette Introduction que le but du livre est de présenter un système RIGOUREUX de concepts sous-jacents à la théorie morphologique; et c'est bien ce que nous faisons dans les sept parties qui suivent. Cependant, nous nous rendons parfaitement compte que le système conceptuel proposé n'est pas un système mathématique, c'est-à-dire qu'il n'a pas la rigueur des constructions vraiment mathématiques ou logiques. Notre système n'est que suffisamment rigoureux, l'adverbe *suffisamment* introduisant un vague voulu. Nous ne savons même pas s'il faut (ou s'il est possible de) développer aujourd'hui un système complètement rigoureux de concepts linguistiques₂. En tout cas, nous ne sommes pas en mesure de le faire et telle n'est pas notre intention. Nous nous satisfaisons d'une tâche plus modeste :

construire pour la morphologie un système conceptuel relativement rigoureux.

Le lecteur doit être prévenu de ce caractère particulier de notre exposé, pour ne pas s'attendre à des choses qu'il ne trouvera pas dans le CMG.

Il serait peut-être utile d'indiquer ici au moins trois aspects par lesquels nous dévions souvent de l'idéal inaccessible de la rigueur logique absolue.

Primo, nous n'avons pas extrait des définitions toutes les expressions qui y apparaissent sans être elles-mêmes définies. Le faire serait trop pédant, à notre avis. Nous espérons, cependant, que de telles expressions sont toujours intuitivement claires et ne provoquent pas de malentendus.

Secundo, parmi nos concepts de base (c'est-à-dire indéfinissables), certains sont vagues à souhait : tels que ʿsimilaireʾ, ʿsuffisammentʾ, ʿimportantʾ, ʿstandardʾ (voir ce chapitre, **1.3**, p. 83). Pourtant, ils sont cruciaux en ce sens que certaines définitions s'y appuient de la façon la plus essentielle. Avant que ces concepts ne soient suffisamment (!) clarifiés et précisés, il ne peut être question de formalisation complète de notre système.

Tertio, dans les cas de conflit entre la rigueur et la simplicité (de présentation), nous avons souvent opté pour la simplicité en sacrifiant forcément la ri- gueur. En règle générale, nous indiquons les abus de langage et les emplois abusifs de certaines notations là où c'est pertinent. Signalons ici seulement que, par exemple, nous nous permettons d'utiliser le signe d'égalité aussi dans un sens différent de son acception rigoureuse. Ainsi, pour dire ʿun radical **R** dont le signifiant se termine par une consonne fricativeʾ nous écrivons

$$\mathbf{R} = /\ldots\mathrm{C}_{[+\mathrm{fricatif}]}/;$$

ou encore, pour dire ʿun radical **R** dont le syntactique inclut la marque $\mathbf{A^{a \Rightarrow \epsilon}}$ [= ʿqui subit l'alternance /a/ $\Rightarrow$ /ɛ/ʾ]ʾ, nous écrivons $\mathbf{R} = (\mathbf{A^{a \Rightarrow \epsilon}})$; etc. Ces écritures n'ont pas de sens si on les prend au pied de la lettre; il faut les comprendre comme des abréviations abusives ayant le sens formulé.

Nous croyons qu'après ces dernières mises en garde, le lecteur est bien préparé pour entamer la lecture du CMG. Le livre n'est pas d'une lecture facile, ce qui reflète la complexité de la chose décrite. Mais si le lecteur ferme le volume un peu plus renseigné qu'il ne l'était avant ce miracle sans fin qu'est la morphologie des langues naturelles, nous pourrons penser que le «Cours de morphologie générale» a rempli sa tâche.

Bonne chance, ami lecteur!

NOTES

[1] (**2**, nᵒ 39, p. 87). Un phénomène phonique φ est ***distinctif*** en **L** si et seulement si **L** a deux signes **X** et **Y** tels que leurs signifiés ne sont pas identiques (ʿXʾ $\neq$ ʿYʾ) et leurs signifiants ne diffèrent que par φ (pour ainsi dire, $X - Y = \varphi$). Par exemple, le phénomène phonique [+sonore] (= [+voisé]) est distinctif en français et en anglais, puisque nous avons en français *cache* vs *cage* (/š/ ∼ /ž/), *car* vs *gare* (/k/ ∼ /g/), *ton* vs *don* (/t/ ∼ /d/), etc., et en anglais *tip* ʿboutʾ vs *dip* ʿplongerʾ, *core* ʿnoyauʾ vs *gore* ʿencornerʾ, *path* ʿsentierʾ vs *bath* ʿbainʾ, etc. Notons que si φ, par exemple, [+sonore], est distinctif en **L**, nous le tenons pour

distinctif dans tous les phonèmes; ainsi, pour nous, [+sonore] est distinctif même entre /š/ et /ž/ en anglais — malgré le fait qu'il n'oppose que trois ou quatre paires extravagantes du type *Aleutian* /əlū̃šn/ ʿaléouteʾ vs *allusion* /əlū̃žn/ ʿallusionʾ ou *dilution* /dilū̃šn/ ʿdilutionʾ vs *delusion* /dilū̃žn/ ʿillusionʾ, ʿphantasmeʾ.

De façon similaire, le phénomène phonique [+long] est distinctif en allemand, qui a des paires comme *kam* /kā̃m/ ʿ[il] vintʾ vs *Kamm* /kám/ ʿpeigneʾ ou *Stiel* /štī̃l/ ʿstyleʾ vs *still* /štíl/ ʿtranquilleʾ, mais pas en français.

RÉSUMÉ DU CHAPITRE III

On présente d'abord les concepts auxiliaires à caractère scientifique (au sens large), en les subdivisant en quatre rubriques : concepts mathématiques (*ensemble* vs *élément, opération, relation*, …); concepts logiques (*et, ou, si*, …, *identique*, …, *tout, aucun*, …); notions quasi logiques (vagues à souhait, telles que *similaire, simple, suffisamment*); et expressions syntaxiques et «descriptives» (*tel que, correspondant, utiliser, spécifique*, …).

Viennent ensuite 43 concepts auxiliaires à caractère linguistique$_2$ subdivisés en cinq rubriques : concepts généraux (*langue* **L**, *énoncé, objet linguistique$_1$*, …); concepts sémantiques (*prédicat, sémantème, signification$_1$*, …); concepts syntaxiques (*phrase, syntagme$_1$, gouverneur*, …); concepts phonologiques (*phonème, prosodème, syntagme$_1$ phonétique*, …); un concept lexicographique (*article de dictionnaire*).

En conclusion, on offre une liste de quelque 75 unités sémantiques nécessaires pour définir les significations morphologiques (flexionnelles, ainsi que dérivationnelles) : ʿobjetʾ, ʿfaitʾ, ʿétatʾ, …, ʿspatialʾ, ʿtemporelʾ, …, ʿnombre deʾ, ʿconcentréʾ, ʿdistribuéʾ, ʿune partie deʾ, …, etc.

On insiste sur la relativité du caractère formel du système de concepts morphologiques proposé, tout en signalant les trois possibilités de déviations d'une rigueur mathématique : des expressions non recensées apparaissant dans des définitions, quelques concepts de base vagues et des abus de langage admis pour des raisons de simplicité.

RÉSUMÉ DE L'INTRODUCTION

On précise la nature et la structure du «Cours de morphologie générale» en insistant sur les trois points suivants :
 – le but principal du livre est de fournir un système rigoureux de concepts morphologiques;
 – ce système est soumis à des exigences d'ordre logique et pratique;
 – ce système est déductif et se fonde sur des calculs de possibilités logiques.

On discute le type de définition adopté pour les concepts en cause (ce sont les définitions par genre prochain et différences spécifiques).

Enfin, on caractérise le genre de l'ouvrage (combinaison d'une monographie de recherche, d'un livre de référence et d'un manuel) et on spécifie les conventions typographiques et autres aspects présentationnels.

La théorie linguistique$_2$ Sens-Texte, sous-jacente au CMG, est basée sur trois postulats, qui sont présentés et commentés. On introduit la notion de modèle linguistique$_1$ Sens-Texte; puis on illustre la théorie et le modèle en citant les représentations linguistiques$_1$ d'une phrase française à tous les niveaux pertinents. On fournit aussi des exemples de règles utilisées par le modèle.

On termine en donnant tous les concepts auxiliaires, qui ne sont pas définis dans le cadre du CMG et qui doivent donc être tenus pour acquis : des concepts scientifiques généraux et des concepts linguistiques$_2$ venant de domaines de la science du langage autres que la morphologie.

PREMIÈRE PARTIE

LE MOT

La présente partie est centrée sur la notion de base de la morphologie : celle de mot. Ce n'est pas pour rien que cette notion a défié les linguistes depuis des siècles : comme toutes les notions de base, le mot est un objet fort complexe, qui nécessite obligatoirement une discussion approfondie, un grand nombre de concepts intermédiaires et des digressions dans des domaines qui ne sont pas moins complexes. Ainsi, puisque le mot est un signe linguistique$_1$, il nous faut étudier d'abord ce dernier, ce qui en soi est déjà toute une tâche! Cela détermine l'organisation de la Première partie du CMG, qui s'articule en sept chapitres :

- Chapitre I.   Mot-forme et lexème : étude préliminaire.
- Chapitre II. Le signe linguistique$_1$.
- Chapitre III. Représentabilité des énoncés en termes de signes.
- Chapitre IV. Mot-forme : formulation définitive.
- Chapitre V.   Significations grammaticales et significations linguistiques$_1$.
- Chapitre VI. Lexème : formulation définitive.
- Chapitre VII. Structuration de la morphologie$_2$.

CHAPITRE I

MOT-FORME ET LEXÈME : ÉTUDE PRÉLIMINAIRE

1. Qu'est-ce que le mot?

L'objet presque unique de la *morphologie*$_2$ linguistique$_2$ est, par définition (Introduction, chapitre I, § 2, **1**, p. 25), le mot pris isolément.

?
1

Pourquoi l'adverbe *presque* est-il nécessaire dans la formulation ci-dessus?

Puisque la structure et le contenu d'une science (ou d'une discipline scientifique) sont déterminés par la structure de son objet, nous devons commencer notre discussion de la morphologie$_2$ en répondant à une question clé :

Qu'est-ce qu'un mot?

Le présent chapitre est en fait une réponse préliminaire à cette question et, de ce fait, une réponse approximative. Après avoir introduit et étudié tous les concepts pertinents, nous arriverons, dans les chapitres IV et VI, à une réponse — ou plutôt à des réponses — définitive(s). Cela nous permettra d'ébaucher, dans le chapitre VII, la structure de la morphologie$_2$ — en fonction de la structure de son objet central, c'est-à-dire du mot. Par la suite, nous pourrons élaborer la structure exacte de ce livre — en fonction de la structure de la morphologie$_2$.

2. L'ambigu et le vague dans les termes

Dès qu'on essaie de cerner le concept de mot de plus près, on se rend immédiatement compte du fait que le terme *mot* lui-même est ambigu et vague en même temps.

On dit qu'un terme est *ambigu* si et seulement si ce terme correspond à plus d'un concept, c'est-à-dire, s'il possède plusieurs acceptions différentes (qui peuvent elles-mêmes être bien définies); *grosso modo*, l'ambiguïté correspond à l'*homonymie* (voir Cinquième partie, chapitre IV, **3**, 14).

On dit qu'un terme est *vague* dans une acception donnée si et seulement si ce terme n'est pas bien défini dans cette acception, c'est-à-dire si le concept lui-même n'est pas suffisamment précis.

Un terme peut être ambigu sans être vague, et vice versa. Par exemple, le mot français *verre* est ambigu au moins entre ⟨substance transparente et dure, fabriquée ...⟩ et ⟨récipient à boire...⟩, mais ce mot n'est vague dans ni l'une ni l'autre de ces acceptions; le mot *bonté*, par contre, pris dans l'acception ⟨qualité morale qui porte à faire le bien⟩, n'est pas ambigu, mais il est assez vague. (Le caractère vague d'une acception présuppose trop de liberté et d'hésitation dans l'interprétation du terme pour cette acception.)

La distinction entre ⟨ambigu⟩ et ⟨vague⟩ est fort importante et devra être poursuivie par rapport à tous les termes qu'on verra dans le cours de notre exposé. Comme nous l'avons indiqué dans l'Introduction, aucun des concepts morphologiques que nous formulons ne doit être vague, et aucun des termes que nous proposons pour ces concepts ne doit être ambigu. C'est une contrainte que nous respectons tout au long de ce livre. [1]

3. L'analyse du terme *mot*

Logiquement, l'ambigu précède le vague ($\begin{array}{|c|}\hline ? \\ 2 \\ \hline\end{array}$ pourquoi?), et pour cette raison, nous distinguerons d'abord les deux acceptions courantes du terme *mot*, pour les préciser ensuite.

3.1. Les deux acceptions principales de *mot*. Soit la phrase française (1) :

(1) *Quand je me suis levé, les deux hommes se sont aussi levés du siège et se sont approchés de moi.*

Combien de mots trouve-t-on en (1)?

À cela, on peut répondre de deux façons :

• La phrase (1) contient les 18 mots suivants (dans leur ordre d'apparition) : **quand, je, me, suis, levé, les, deux, hommes, se, sont, aussi, levés, du, siège, et, approchés, de, moi.**

• La phrase (1) contient les 13 mots suivants (dans le même ordre) : QUAND, JE (manifesté dans cette phrase par deux formes différentes : *je* et *moi*), SE (manifesté par deux formes également : *me* et *se*), ÊTRE (*suis, sont*), LEVER (*levé, levés*), LE (*les* et *le*, le dernier présent implicitement dans la forme *du* = *de* + *le*), DEUX, HOMME, AUSSI, DE (*du* = *de* + *le* et *de*), SIÈGE, ET, APPROCHER.

Ces deux réponses correspondent à deux acceptions du terme *mot* qu'on trouve dans les phrases du type suivant : «Les mots₁ **suis, es, est**, etc., sont des formes du même mot₂ ÊTRE». Nous prenons comme point de départ ces deux acceptions.

Il y a d'autres réponses possibles à notre question ci-dessus; par exemple, **se** et **sont** peuvent être comptés deux fois chacun, etc. Mais toutes les autres réponses ne sont que des variantes des deux réponses formulées et ne changent pas en principe la distinction que nous essayons d'établir. D'ailleurs, nous analyserons plus loin ces autres possibilités (voir **3.5**, p. 100).

3.2. Mot$_1$ = mot-forme. La première réponse traite le mot comme une entité CONCRÈTE :[2] on dit que **suis, sont** ou **sommes** sont des mots différents; les articles **le, la** et **les** sont également trois mots différents, tout comme **me, te, se, nous** et **vous** auprès d'un verbe réfléchi, c'est-à-dire quand ils sont des pronoms réfléchis. Dans cette acception du terme *mot*, le mot est un ÉLÉMENT SPÉCIFIQUE, une unité textuelle, que nous appellerons *mot-forme* (voir définition I.23, §2, chapitre IV de cette partie, p. 188). Les mots-formes seront imprimés dans ce livre en **caractères gras**.

Notons qu'en conformité avec les conventions typographiques adoptées dans le CMG (Introduction, chapitre I, §3, **3**, p. 38), les caractères gras sont réservés aux signes linguistiques$_1$. Comme un mot-forme est un signe linguistique$_1$, il est tout à fait naturel qu'il soit aussi imprimé en caractères gras.

3.3. Mot$_2$ = lexème. La deuxième réponse envisage le mot comme une entité ABSTRAITE. Ainsi, on dit que **suis, sont** (et **était, sera**, ..., **étant, été, être**) ne représentent qu'un seul mot : ÊTRE. De la même façon, **le, les** et **la** forment un seul mot : LE, l'article défini; également, **me, te, se, nous** et **vous** sont des formes du pronom réfléchi SE (cf., d'ailleurs, plus loin, en **3.5**); etc. Dans cette autre acception, le mot est un ENSEMBLE d'éléments spécifiques ayant un «noyau» commun sur le plan sémantique. C'est une unité lexicographique, qu'on appellera *lexème* (voir définition I.42, chapitre VI, p. 346). Les lexèmes seront imprimés en MAJUSCULES.

3.4. Le terme *mot* (tout court) banni. Ainsi avons-nous levé l'ambiguïté du terme *mot* : nous distinguerons dorénavant *mot$_1$* = ʿmot-formeʾ et *mot$_2$* = ʿlexèmeʾ. *Grosso modo*, un lexème est un ensemble de mots-formes. (Ce *grosso modo* s'explique par le fait que, d'une part, un lexème n'inclut pas des mots-formes quelconques, mais seulement des mots-formes vérifiant certaines conditions; d'autre part, un lexème peut inclure, à part des mots-formes, des *syntagmes$_1$* — *formes analytiques* (voir définition I.44, chapitre VI de cette partie, p. 352), constituées de mots-formes. On comprendra mieux tout cela après avoir vu la définition du lexème.

Pour éviter toute confusion, nous renonçons à employer le mot *mot* comme terme technique; seuls les termes *mot-forme* et *lexème* seront admis dans nos raisonnements à caractère logique.

3.5. Le terme *mot* n'a pas d'autres acceptions pertinentes. Revenons, pour un petit moment, à l'exemple (1). Quelles sont les autres réponses possibles à la question posée en **3.1** (réponses dont nous avons d'ailleurs mentionné la non-pertinence)? Nous en voyons trois types :

– On peut distribuer des mots-formes en lexèmes de façon différente. Par exemple, on peut avoir des objections à l'affectation de **je** et de **moi** au même lexème. On peut également contester notre décision de considérer *me, te, se, ...* auprès d'un verbe réfléchi (*je me lave, tu te laves, il se lave, ...*) comme formes d'un même lexème, pronom réfléchi SE. (Dans l'analyse proposée en **3.1**, *me* dans *Il me lave* et *me* dans *Je me lave* sont des formes de deux lexèmes différents, JE et SE.) Ou encore, on peut considérer chacun des verbes *se lever* et *s'approcher* comme un seul lexème (SE LEVER et S'APPROCHER, respectivement), plutôt que comme une combinaison de deux lexèmes (SE + LEVER et SE + APPROCHER; nous favorisons la description monolexémique). Une autre lexémisation changerait, évidemment, le nombre de lexèmes observés en (1) sans néanmoins toucher à la distinction visée entre mot-forme et lexème.[3]

– On peut aussi délimiter des mots-formes de façon différente. Par exemple, *du* : est-ce un (= **du**) ou deux (= **de** + **le**) mots-formes? Encore une fois, la réponse touche le nombre de mots-formes en (1) mais ne change rien pour la distinction générale entre mot-forme et lexème.[4]

– On peut enfin compter de façon différente. Par exemple, on peut compter chaque OCCURRENCE d'un mot-forme ou d'un lexème séparément ou ne compter les occurrences du même mot$_{1/2}$ qu'une seule fois. Par exemple, dans le cadre de la première réponse, on peut compter **sont** une ou deux fois; de même, dans le cadre de la deuxième réponse, LEVER (ou SE LEVER) peut être compté une ou deux fois. Cela n'affecte pas non plus la distinction «mot-forme ~ lexème».

Nous croyons avoir montré que la distinction «mot-forme ~ lexème» est la seule valable dans notre cadre spécifique et que ces deux termes sont suffisants pour servir de base à notre exposé ultérieur.

 On trouve encore un troisième emploi du mot *mot*, que nous pouvons illustrer par la phrase suivante : «Le mot **danserions** /dã-sərjõ/ a 10 lettres / 7 sons»; ici, *mot* veut dire ⸂le signifiant d'un mot-forme⸃. Dans le présent ouvrage, nous ignorerons cet emploi, en nous limitant à cette mise en garde.

4. Mot-forme et lexème

Une fois levée l'ambiguïté du terme *mot*, il est temps de combattre le vague, c'est-à-dire de préciser les notions de mot-forme et de lexème. Logiquement, ⸂mot-forme⸃ précède ⸂lexème⸃ ($\begin{bmatrix} ? \\ 3 \end{bmatrix}$ pourquoi?), et nous observerons cet ordre dans notre analyse.

4.1. Mot-forme : formulation préliminaire. Soit le mot-forme français **personne** ʿêtre humainʾ. Qu'entend-on par *mot-forme* quand on dit que **personne** est un mot-forme?

• On pourrait d'abord penser qu'il s'agit d'une signification spécifique: ʿun être humainʾ. Mais on ne peut pas dire qu'un mot-forme est tout simplement une signification donnée. En fait, la même signification peut être exprimée différemment, par exemple, par **individu**; mais **individu** est un AUTRE mot-forme du français, bien que sa signification soit la même (ou presque la même). Dans la même veine, **peux** et **puis** sont deux mots-formes différents malgré l'identité absolue de leur signification; en allemand **Hauptwort** ʿnom [partie du discours]ʾ et **Substantiv** ʿnom [partie du discours]ʾ ou en russe les synonymes absolus **ogromnyj** ʿénormeʾ et **gromadnyj** ʿénormeʾ, **gljadet′** ʿregarderʾ et **smotret′** ʿregarderʾ sont, de la même façon, des mots-formes différents.

• Mais peut-on penser que **personne** est une chaîne phonique spécifique : [pɛʁsɔ́n]? Non. On ne peut absolument pas dire qu'un mot-forme soit tout simplement une suite de sons donnée. La même chaîne phonique [pɛʁsɔ́n] peut avoir une autre signification : ʿpersonnalité; le moiʾ (comme dans *Il s'occupe trop de sa personne*); et **personne** ʿpersonnalitéʾ est un autre mot-forme (par rapport à **personne** ʿêtre humainʾ). C'est encore plus évident pour [sã] : [sã] **sang**, [sã] **cent** et [sã] **sans** sont, sans le moindre doute, trois mots-formes différents malgré l'identité de leur phonation.

On connaît bien le rôle primordial joué dans la langue par la SYNONYMIE (= identité sémantique des unités linguistiques$_1$, en particulier, des mots-formes : *un vélo ~ une bicyclette*) et par l'AMBIGUÏTÉ, c'est-à-dire l'homonymie ou la polysémie [5] (= identité phonique des unités linguistiques$_1$, en particulier, des mots-formes différents : *court ~ cour* ou *voler* [un avion] *~ voler* [un voleur]). Si nous voulons respecter ces deux relations fondamentales, il devrait être parfaitement évident que **personne** introduit au moins une signification spécifique ET une phonation spécifique PRISES ENSEMBLE (⌐?/4⌐ pourquoi est-ce évident? Complétez le raisonnement).

Mais ces deux composantes nécessaires ne suffisent pas pour déterminer un mot-forme complètement. Si un étranger sait exactement ce que **personne** signifie (ʿêtre humainʾ) et comment on prononce cela en français ([pɛʁsɔ́n]), il sera quand même incapable d'utiliser ce mot-forme correctement s'il en ignore, par exemple, la classe grammaticale (= sa partie du discours) ou le genre grammatical : les expressions **un personne* ou **des personnes importants* sont impossibles en français. Cependant, le genre féminin de **personne** ne découle ni de sa signification (puisque, par exemple, **individu**, qui a à peu près la même signification, est masculin), ni de sa phonation (par exemple, **téléphone**, prononcé [telefɔ́n], est masculin). Le genre d'un nom doit être spécifié et appris séparément en tant que propriété grammaticale non susceptible d'être réduite au sens ou au son : il faut donc penser à une troisième composante de **personne**. Par conséquent :

• **personne** inclut aussi un ensemble particulier de propriétés grammaticales : nom, féminin, ...; comme nous le verrons plus loin, ces propriétés font référence à la COMBINATOIRE du mot-forme.

Cette brève analyse nous permet de dire que **personne** — ou plus généralement, un mot-forme quelconque — est un TRIPLET, c'est-à-dire un ensemble ordonné de trois composantes :
- une signification, que nous appellerons *signifié*;
- une phonation, que nous appellerons *signifiant*;
- une combinatoire, que nous appellerons *syntactique*.

Les termes *signifié*, *signifiant* et *syntactique* seront discutés en détail dans le chapitre II; une définition rigoureuse du mot-forme sera donnée dans le chapitre IV : définition I.23, p. 188. Ici, il suffira de remarquer que notre caractérisation du mot-forme coïncide avec la formulation succincte et claire d'Antoine Meillet :

> «Un **mot** [= mot-forme — I.M.] résulte de l'association d'un sens donné à un ensemble de sons donnés susceptible d'un emploi grammatical donné» (Meillet 1921 : 30).

Nous citons Meillet pour mettre en évidence le fait que notre approche morphologique se fonde sur l'acception la plus traditionnelle et tout à fait naturelle du mot-forme.

Pourtant, avant de procéder à une définition formelle, il convient de remarquer que l'ensemble formé d'un signifié, d'un signifiant et d'un syntactique n'est rien d'autre qu'un *signe linguistique₁*. Il s'ensuit que pour définir le mot-forme, il faut d'abord définir le signe linguistique₁ et déterminer ensuite les *differentiæ specificæ* du mot-forme. Par conséquent, nous sommes obligé d'abandonner le mot-forme pour le moment et de passer à l'étude des signes linguistiques₁ en général et de quelques autres concepts importants nécessaires pour la définition du mot-forme. (Nous reviendrons à ce dernier dans le chapitre IV.)

4.2. Lexème : formulation préliminaire. Un lexème, comme il a été dit, réunit tous les mots-formes dont les différences (sémantiques et autres) sont de nature grammaticale ou, plus précisément, *flexionnelle* (voir chapitre V, §2, 2.1 et 2.2, p. 262 ssq.); en plus, il peut inclure des syntagmes₁ qui expriment des significations flexionnelles par rapport au lexème donné. Par exemple, le lexème français ALLER 'se déplacer' inclut les éléments suivants :
ALLER 'se déplacer' = {**vais, vas, va, allons, allez, vont; allais, ..., allaient; allai, ..., allèrent; irai, ..., iront; suis allé(e), es allé(e),..., sont allé(e)s; aille, ..., aillent; sois allé(e), ..., soient allé(e)s; irais,..., iraient, ...; va!, allez!; allé(e), allant, ...**}.
Remarquez que ALLER 'être dans un ... état (de santé)' [*Elle allait très mal*] est un autre lexème, qui ne contient pas **allai, ..., allèrent, suis allé(e), ..., sont**

allé(e)s, etc. (dans cette acception, le verbe ALLER n'a pas de passé simple ni de temps composés).

Des lexèmes différents ayant le même signifiant seront distingués, dans ce livre, par des numéros distinctifs (comme cela se fait dans les dictionnaires) : ALLER1 ʿse déplacerʾ *vs* ALLER2 ʿêtre dans un … état (de santé)ʾ; PERSONNE1 ʿêtre humainʾ *vs* PERSONNE2 ʿpersonnalitéʾ; etc.

Il nous faut formuler ici une mise en garde fort importante. Bien que cela puisse paraître bizarre, la grammaire descriptive traditionnelle n'a pas établi de façon définitive la composition des lexèmes français. Autrement dit, il n'est pas clair, par exemple, si le lexème verbal français inclut le(s) causatif(s) ([*je*] *fais aller*; [*je*] *laisse aller*), les formes du passé et du futur immédiats ([*je*] *viens d'aller*; [*je*] *vais aller*), etc. (Si l'on décidait de ne pas inclure toutes ces expressions dans le lexème verbal, il faudrait dire qu'elles sont des syntagmes₁ bilexémiques phraséologisés.) Des questions similaires se posent également à propos des lexèmes nominaux et adjectivaux. (Les expressions avec article appartiennent-elles au lexème nominal? C'est-à-dire le lexème PAIN inclut-il les expressions *un pain*, *le pain*, *du pain*? Les expressions avec MOINS et AUSSI — *moins grand que*, *le moins grand*, *aussi grand que* — sont-elles des éléments du lexème adjectival?) C'est un problème très sérieux; néanmoins, nous ne sommes pas en mesure de nous y attaquer dans le cadre d'un traité général de morphologie. Pour cette raison, nous ne citons dans nos exemples que les formes universellement reconnues comme faisant partie des lexèmes.

Nous ne pouvons pas proposer ici une définition formelle du lexème : celle-ci exige la définition du mot-forme et la définition de la signification flexionnelle, qui ne pourront être données que plus tard (chapitres V et VI). Pour cette raison, nous devons également reporter la définition du lexème aussi à plus tard (voir chapitre VI, **2.1**, définition I.42, p. 346) et nous satisfaire pour le moment de la caractérisation approximative ci-dessus.

5. Réponse à la question clé de ce chapitre

Résumons : à la question ʿQu'est-ce qu'un mot?ʾ (chapitre I, **1**), nous répondons — par une première approximation — comme suit :

Un «mot» est soit un ***mot-forme***, soit un *lexème*.
Un ***mot-forme*** est un cas particulier du signe linguistique₁ (l'ensemble d'un signifié, d'un signifiant et d'un syntactique).
Un *lexème* est un ensemble de mots-formes et de syntagmes₁ ne différant que par leurs significations flexionnelles.

Le terme *lexème* est souvent utilisé par les linguistes dans des acceptions assez différentes de la nôtre. C'est surtout vrai pour la linguistique française, où, suivant B. Pottier (1974 : 68) et A. Martinet (1980 : 16), on emploie *lexème* dans le sens de ⸢morphème lexical radical⸣; ainsi, on décrit la structure d'un mot comme *dégonflage* de la façon suivante : «préfixe [= **dé**-] + lexème [= **gonfl**] + suffixe [= **-age**] + nombre [= **-Ø**]» (voir, par exemple, Pergnier 1986). Ou bien on entend par *lexème* une unité de contenu, plus précisément, la signification d'un morphème radical; etc. Ce n'est pas notre but de passer ici en revue les usages, mêmes les plus répandus, de ce terme. Cependant, étant donné l'importance cruciale du concept de lexème pour notre exposé, nous voulons, une fois de plus, attirer l'attention du lecteur sur le fait que partout dans ce livre le terme *lexème* n'est utilisé que dans le sens ébauché ci-dessus et défini rigoureusement plus loin.

 Qu'il nous soit permis de signaler que nous n'avons pas inventé l'usage du terme *lexème* que nous proposons. C'est l'usage accepté dans nombre d'ouvrages linguistiques₂ reconnus; voir, par exemple, Zaliznjak 1967 : 20, Lyons 1968 : 197 ou Matthews 1974 : 22.

NOTES

[1] (**2**, p. 98). L'opposition «ambigu ~ vague» ainsi que divers types d'ambiguïtés linguistiques₁ sont richement illustrés dans Stageberg 1978. La notion de ⸢vague⸣ y est explicitée à l'aide de l'exemple suivant : «Quelle est la différence entre *a bachelor girl* ⸢une femme célibataire⸣ et *an old maid* ⸢une vieille fille⸣? *A bachelor girl* est ⸢une femme qui n'a jamais été mariée⸣; *an old maid* est ⸢une femme qui n'a jamais été mariée ou quelque chose comme ça⸣ [= *or anything*], où ⸢quelque chose comme ça⸣ est extrêmement vague sans être ambigu. Pour l'ambiguïté, nous citerons trois exemples de Stageberg 1978 :

– *Ambiguïté lexicale* (due à un mot ambigu) :

*Officers wishing to **take advantage** of secretaries in the **pool** must go to Building 506 to **show evidence** of their need* [annonce officielle]. ⸢Les fonctionnaires désirant {profiter des / abuser les} secrétaires {dans le pool / dans la piscine} doivent se présenter à l'immeuble n° 506 pour {justifier / faire preuve de} leur besoin⸣.

– *Ambiguïté syntaxique* (due à une construction ambiguë) :
Josephine likes exciting males.

⸢Joséphine aime les hommes excitants⸣ [*exciting* ◄—modif *males*]

ou

⸢Joséphine aime exciter les hommes⸣ [*exciting* —compl► *males*].

– *Ambiguïté référentielle* (due à la coréférence multiple d'un pronom) :
*The ladies of the Walnut Street Mission have discarded clothes; you are welcome to come and inspect **them*** [annonce officielle].
ʿLes dames de la mission de Walnut Street

$\left\{ \begin{array}{l} \text{ont enlevé leurs vêtements} \\ \text{possèdent de vieux vêtements} \end{array} \right\}$; vous êtes invités à venir pour les [= soit

ʿdamesʾ, soit ʿvêtementsʾ] inspecterʾ.
Cette dernière phrase présente aussi des ambiguïtés lexicales (deux sens du verbe **discard** et du verbe **have**) et syntaxiques (*have discarded* ʿont jeté/ont enlevéʾ comme passé composé de *discard* ou *discarded clothes* ʿvieux vêtementsʾ).

^{2} (**3.2**, p. 99). Soulignons que le caractère concret du mot$_1$ n'est, en fin de compte, que relatif. Les éléments cités en **3.2** sont des abstractions, eux aussi, mais d'un niveau beaucoup moins profond que ceux en **3.3**, c'est-à-dire que des mots$_2$. Cela nous permet, en ayant recours à des formulations approximatives, d'opposer ʿmoins abstraitʾ à ʿplus abstraitʾ comme ʿconcretʾ à ʿabstraitʾ.

^{3} (**3.5**, p. 100). Nous ne pouvons pas discuter ici de façon substantielle des cas compliqués de lexémisation en français. Le problème du pronom réfléchi, par exemple, exigerait toute une recherche spéciale, ce qui serait inapproprié ici.

^{4} (**3.5**, p. 100). Nous considérons l'expression française **du** comme un *mégamorphe* (voir Cinquième partie, chapitre VI) manifestant la succession de deux mots-formes : **de** + **le**. Sinon, à quel lexème appartiendrait le mot-forme **du**? (Plus précisément, **du** constitue un mot-forme *secondaire*, qui n'est pas un *lexe*; voir chapitre IV, §5, **1**, et chapitre VI.)

^{5} (**4.1**, p. 101). La différence entre l'homonymie et la polysémie (l'absence ou la présence d'une composante sémantique commune non triviale dans deux unités ayant la même forme phonique sera traitée dans la Cinquième partie, chapitre IX, **3**, 14, 2). Cependant, puisque la notion de composante sémantique NON TRIVIALE commune à deux unités linguistiques$_1$ est pertinente pour les raisonnements et les définitions dans les parties suivantes, nous en dirons quelques mots ici. Prenons deux unités lexicales (de la langue **L**), L_1 et L_2, qui sont intuitivement perçues comme sémantiquement apparentées.

|| Nous appelons *non triviale* la composante sémantique commune à L_1 et L_2 qui exprime la parenté sémantique perçue.

En effet, certaines composantes très abstraites peuvent être partagées par L_1 et L_2 quelconques, sans entraîner leur parenté sémantique. Ainsi, les composantes ʿobjetʾ, ʿ[un] être [vivant]ʾ, ʿpropriétéʾ, ʿexisterʾ, ʿcauserʾ, etc. ne sont pas suffisantes en elles-mêmes pour assurer la parenté sémantique des unités lexicales qu'elles caractérisent. Cf. : *officier* et *mouche* [la composante sémantique commune est ʿ[un] êtreʾ], *résistant* et *puant* [ʿpropriétéʾ], *enlever* et *cuisiner* [ʿcauserʾ], et ainsi de suite. Pourtant, une composante comme ʿétendue d'eau⟩ ou ⟨partie du corps⟩ entraîne la parenté sémantique perçue; cf. : *mer* ~ *océan* ~ *lac* ~ *étang* ~ *mare* ~ ... ou *tête* ~ *jambes* ~ *ventre* ~ *poitrine* ~ *bras* ~ ... De telles composantes sémantiques sont non triviales.

Malheureusement, nous sommes incapable en ce moment de donner une définition rigoureuse de ce que nous entendons par le caractère non trivial des composantes sémantiques, et nous nous limiterons, à part les exemples banals ci-dessus, aux trois remarques suivantes :

• Il est possible que les composantes sémantiques triviales soient des *sèmes*, c'est-à-dire des unités sémantiques indécomposables, donc les plus générales et abstraites. En toute probabilité, tôt ou tard, nous aurons les listes complètes de sèmes, au moins pour certaines langues, de sorte que le problème des composantes sémantiques non triviales sera résolu : on appellera non triviale toute composante sémantique qui n'est pas un sème. (La dernière formulation est susceptible de nécessiter certaines précisions et/ou restrictions.)

• Il est aussi possible que le caractère non trivial d'une composante sémantique dépende de la place qu'elle occupe dans la représentation du sens correspondant. Ainsi, la composante ⟨causer⟩ est triviale par rapport à ⟨enlever⟩ *vs* ⟨cuisiner⟩, alors qu'elle ne semble pas triviale par rapport à ⟨entraîner⟩ *vs* ⟨provoquer⟩.

• Enfin, il est possible qu'une composante sémantique non triviale soit liée au concept de ***champ sémantique***. Ce dernier concept n'est pas tout à fait clair lui-même; cependant, la démarcation des champs sémantiques est intuitivement accessible aux locuteurs et peut être utilisée pour aider à l'identification des composantes sémantiques non triviales communes à tous les lexèmes d'un champ sémantique donné.

REMARQUES BIBLIOGRAPHIQUES

Pour une revue générale des problèmes liés à la notion de mot, voir Krámský 1969; on y trouve une bonne bibliographie. Comme synthèses plus récentes, nous pouvons signaler Pergnier 1986 et Di Sciullo and Williams 1987. Juilland and Roceric 1972 offre une bibliographie quasi exhaustive et bien annotée de la question; elle est munie d'un index détaillé.

La distinction «mot-forme ~ lexème» a été introduite, de façon explicite et rigoureuse, dans l'œuvre classique Zaliznjak 1967 : 19-22.

Une analyse logique du concept de mot du point de vue de la philosophie est présentée dans Masterman 1954.

RÉSUMÉ DU CHAPITRE I

On distingue deux acceptions principales du mot : ***mot-forme*** [unité de texte] *vs* ***lexème*** [unité de dictionnaire]. On formule, de façon préliminaire, les deux concepts correspondants.

Le mot-forme est caractérisé comme un cas particulier du signe linguisti-que$_1$, c'est-à-dire du triplet :

⟨signifié, signifiant, syntactique⟩;

cette caractérisation formera la base de la discussion ultérieure.

CHAPITRE II

LE SIGNE LINGUISTIQUE$_1$

Dans ce chapitre nous allons procéder en trois étapes :
§1. Concepts de base.
§2. Signe linguistique$_1$.
§3. Signes dans la communication langagière.
Bien que nous essayions de considérer le concept de signe linguistique$_1$ de façon générale, nous donnons priorité à des signes du niveau morphologique, surtout dans les exemples.

§1

CONCEPTS DE BASE

1. Caractère relationnel des concepts de base

Le système de concepts formels pour la morphologie que nous développerons repose sur TROIS concepts indéfinissables (cf. Introduction, chapitre III, **2**, p. 85) :

- ⸢être un signifié de…⸣   : X est un signifié de Y;
- ⸢être un signifiant de…⸣   : Y est un signifiant de X;
- ⸢être un syntactique de…⸣   : Z est un syntactique de la paire ⟨X, Y⟩.

Il est important de souligner qu'il s'agit ici de RELATIONS, et non pas d'objets. Il n'existe pas de classe d'éléments linguistiques$_1$ qui possèdent certaines propriétés distinctives et qui puissent être appelés, par exemple, «signifiés». En parlant de signifiés, nous avons toujours en vue la relation binaire ⸢X est un signifié de Y⸣, qui peut relier deux objets de nature très diversifiée (voir ci-dessous). Sous cet angle, les notions et les termes *signifié, signifiant* et *syntactique* sont tout à fait analogues à des notions et termes linguistiques$_2$ comme *synonyme, homonyme* ou *antonyme*, qui, eux aussi, expriment les relations binaires ⸢être un synonyme ⟨homonyme, antonyme⟩ de…⸣ : il n'y a pas d'unité linguistique$_1$ à propriétés particulières qu'on puisse appeler «synonyme»; mais la relation de synonymie peut exister entre deux unités appropriées. On pourrait encore comparer les notions de signifié, de signifiant et de syntactique à des termes relationnels du langage courant, du type *fils / fille, frère / sœur, époux / épouse*, etc. : on ne peut pas être frère ou époux tout court (comme on peut être médecin ou général), on doit être un frère ou un époux de quelqu'un.

Pour abréger, nous nous permettons quand même de parler des signifiés, etc., comme étant des objets : si nous appelons un objet linguistique$_1$ X un *signifié* tout court, cela veut dire que X est un signifié d'un signifiant quelconque et que pour le moment ce n'est pas la relation qui nous intéresse mais X lui-même en tant que terme de cette relation. Cet usage est parallèle à ce qu'on observe à chaque instant dans les langues naturelles : *Les parents* [= ⸢les personnes qui sont les parents de quelqu'un⸣] *ne doivent pas*

agir de la sorte; *Une épouse affectueuse* [= ʿune femme qui est l'épouse affectueuse de quelqu'unʾ] *aurait compris*; etc.

2. Signifié

2.1. Caractérisation du signifié. Par signifié [lat. *signatum*] nous entendons tout contenu susceptible d'être communiqué (= exprimé, transmis, manifesté) au moyen d'un phénomène physique utilisé justement à cette fin. En d'autres termes, est *signifié* toute information particulière ʿXʾ qui possède son moyen d'expression particulier, c'est-à-dire, son signifiant X (voir plus bas).

Par exemple, le désir (même très fort) d'une dame de recevoir son amoureux chez elle un certain soir n'est pas en soi un signifié; mais s'il s'exprime par un geste, un billet-doux ou un pot de fleurs mis sur le rebord de la fenêtre en tant que signe convenu, ce désir devient un signifié : celui des actes signifiants ci-dessus.

Dans le CMG, nous ne considérons que les signifiés linguistiques₁, c'est-à-dire les signifiés dont les moyens d'expression font partie d'une langue naturelle. (Nous allons passer sous silence la question de l'existence d'informations qui ne peuvent être exprimées dans aucune langue naturelle et qui, par conséquent, ne peuvent pas être des signifiés linguistiques₁.)

Donc, dorénavant, *signifié* = «signifié linguistique₁».

2.2. Les trois propriétés importantes du signifié. La formulation de **2.1** n'est pas, bien sûr, une définition. Ce n'est qu'une description approximative que nous essayerons de clarifier au moyen des trois remarques suivantes :

1. LE SIGNIFIÉ ET LE SENS NE SONT PAS DU TOUT LA MÊME CHOSE. Le signifié d'une unité linguistique₁ peut être, entre autres, une dépendance syntaxique, ou toute une classe de dépendances syntaxiques, ou bien un changement de la combinatoire d'une autre unité. Par exemple, le signifié du suffixe de l'infinitif français (-**er**, -**ir**, -**oir**, -**re**) est la classe des constructions syntaxiques où l'infinitif est censé apparaître;[1] le signifié de tout mot-outil vide est une (classe de) dépendance(s) syntaxique(s); et le signifié du suffixe d'un nom déverbatif (tel que -**ing** en anglais[2]) est une instruction : remplacer (dans le syntactique du radical) la marque «verbe» par la marque «nom», ces marques (= parties du discours) spécifiant les classes de constructions syntaxiques qui acceptent un verbe ou un nom. Il n'en est pas moins vrai que la plupart des signifiés d'une langue sont des sens.

2. UN SENS N'EST PAS FORCÉMENT UN SIGNIFIÉ : il peut n'être qu'une partie d'un signifié. Pour être un signifié autonome, un sens (ou une autre information en cause) doit posséder son propre moyen d'expression, c'est-à-dire son propre signifiant ou marqueur autonome, comme il a été indiqué plus haut. Le sens 'lʳᵉ personne' n'est pas un signifié du français puisque la personne n'est jamais exprimée dans le verbe français séparément du nombre :

$$\textbf{-ons} = \text{'1, pl'}, \textbf{-ez} = \text{'2, pl'}, \text{etc.};$$

ce sens est une partie du signifié 'l, pl'.

3. CE QUI EST UN SIGNIFIÉ DANS UNE LANGUE NE L'EST PAS NÉCESSAIREMENT DANS UNE AUTRE (pour la raison qui vient d'être indiquée ci-dessus : l'existence d'un marqueur autonome dépend de la langue). Ainsi, le nombre nominal est un signifié en turc, où il est exprimé indépendamment du cas, mais pas en russe, où le nombre et le cas n'ont qu'une expression fusionnée; comparez la déclinaison du nom ŞEHIR 'ville' en turc et GOROD 'ville' en russe :

(1)

Cas	turc		russe	
	Nombre		Nombre	
	singulier	pluriel	singulier	pluriel
nominatif	*şehir +Ø +Ø*	*şehir +ler +Ø*	*górod +Ø*	*gorod +á*
génitif	*şehr +Ø +in*	*şehir +ler +in*	*górod +a*	*gorod +óv*
datif	*şehr +Ø +e*	*şehir +ler +e*	*górod +u*	*gorod +ám*

?
5

Dans les deux premières colonnes, vous pouvez constater la différence *şehir-* ~ *şehr-*; expliquez-la.

Rappelons (Introduction, chapitre III, **2**, p. 84) que tous les concepts introduits dans ce livre s'interprètent de façon relative par rapport à une langue donnée. La relativité linguistique₁ du signifié (nous visons toujours les signifiés d'une langue donnée **L**) n'est qu'un cas particulier de cette propriété générale.

3. Signifiant

3.1. Caractérisation du signifiant. Par signifiant [lat. *signans*], nous entendons tout moyen d'expression susceptible d'être utilisé pour communiquer (= exprimer, transmettre, manifester) un contenu quelconque. C'est-à-dire pour que *X* soit un signifiant, il doit posséder son signifié particulier 'X'.

Par exemple, un pot de fleurs sur le rebord d'une fenêtre n'est pas en soi un signifiant; mais s'il est mis là-bas par une dame pour indiquer à son amoureux qu'elle veut le recevoir chez elle ce soir, ce pot de fleurs devient un signifiant : celui du désir de la dame.

Comme R. Jakobson l'a laconiquement formulé, le signifiant doit être perceptible, le signifié intelligible et traduisible (Jakobson 1971 : 267) : si en percevant *X* nous obtenons l'information ⟨X⟩, alors *X* est un signifiant de ⟨X⟩ et ⟨X⟩ est un signifié de *X*. De cette façon, le signifiant et le signifié sont définis l'un par l'autre (tout comme *parent / enfant* ou *époux / épouse*, etc., dans une langue naturelle).

⟨Être un signifié de⟩ et ⟨être un signifiant de⟩ sont des relations CONVERSES : «⟨X⟩ est un signifié de *X*» entraîne «*X* est un signifiant de ⟨X⟩» et vice versa. [3]

Comme pour le cas du signifié, nous ne traiterons dans le CMG que du signifiant LINGUISTIQUE₁. Donc, dorénavant, *signifiant* = «signifiant linguistique₁».

3.2. Types de signifiants. Dans les langues naturelles, les signifiants peuvent être très variés. Comme signifiant, on trouve au sein de la morphologie :

– soit des ENTITÉS, telles que des chaînes de phones ou de phonèmes et des complexes de prosodies ou de prosodèmes (voir SUPRAMORPHE, Cinquième partie, chapitre I, §1, définition V.1);

– soit des OPÉRATIONS, telles que des opérations linguistiques₁ de types différents (voir MODIFICATION₁, ALTERNANCE et CONVERSION₁, Troisième partie, chapitre II, §1, définition III.3, et §2, définition III.5; chapitre III, définition III.29).

Conformément à cela, nous parlerons, d'une part, de *signifiants entités* et de l'autre, de *signifiants opérations*.

En dehors de la morphologie, un signifiant peut être, par exemple, une paire ordonnée d'ensembles de traits syntaxiques et de valeurs de variables morphologiques — c'est-à-dire une construction syntaxique de surface. Ainsi, la construction :

$$N_{(genre)nombre} + Adj_{genre, nombre}$$

est le signifiant de la relation syntaxique «modificative» (= «épithète») en français (*journal intéressant, revue intéressante, homme idéal, hommes idéaux,* etc.). Ce qu'on voit ici est une combinaison particulière de deux classes de mots (en l'occurrence, de deux parties du discours : un nom avec un adjectif), ces classes étant disposées dans un ordre particulier (l'adjectif suit le nom) et manifestant des accords particuliers (en genre et en nombre). C'est cette combinaison de ces classes de mots dans cet ordre et avec ces accords qui constitue un signifiant. Cependant, dans le CMG, nous ne considérons pas ce type de signifiant. (Pour une écriture plus formelle de la même construction syntaxique du français, voir plus loin, §2 de ce chapitre, la note 3, p. 128.)

3.3. Relativité de l'opposition «signifié ~ signifiant». L'opposition «signifié ~ signifiant» possède deux propriétés importantes ayant trait à son caractère relatif : 1) dépendance de chaque terme par rapport au niveau de représentation linguistique₁ et 2) interdépendance logique des deux termes.

1. Dépendance par rapport au niveau de représentation

De façon générale, est signifié linguistique₁ tout élément linguistique₁ qui correspond à un autre élément linguistique₁ plus près de la surface phonétique. Symétriquement, est signifiant linguistique₁ tout élément linguistique₁ qui correspond à un autre élément linguistique₁ plus près du sens. Alors, ce qui est un signifiant du niveau n (de la représentation de l'énoncé) pour un signifié du niveau n-1, peut être, à son tour, un signifié pour un signifiant du niveau n+1. Par exemple, une relation syntaxique de surface est un signifié de la construction qui l'exprime et, en même temps, un signifiant pour une ou plusieurs relations syntaxiques profondes.

La description de signifiés et de signifiants morphologiques dans ce livre dépend donc essentiellement de notre choix de niveaux de représentation linguistique₁ et de la distribution que nous faisons d'éléments linguistiques₁ entre les niveaux postulés.

---

2. Interdépendance logique des termes

Comme nous l'avons déjà dit en 1 (p. 111), un signifié est toujours un signifié de quelque chose, c'est-à-dire d'un signifiant; et un signifiant est nécessairement un signifiant de quelque chose, donc, celui d'un signifié. On a souvent comparé le signifié et le signifiant aux deux côtés d'une feuille de papier : on ne peut pas séparer ces deux côtés, l'un n'existe qu'avec et pour l'autre.

Pour être un signifié, il faut posséder un signifiant; pour être un signifiant, il faut posséder un signifié.

Il découle de cela qu'un phone ou un phonème, une prosodie ou une prosodème, ainsi qu'une opération linguistique₁, ne sont pas en eux-mêmes des signifiants : ils ne sont que des parties potentielles des signifiants, des «blocs de construction» pour ces derniers. Un phonème comme tel ou une alternance comme telle ne signifie rien; mais un phonème fait toujours partie d'un signifiant, alors qu'une alternance peut faire partie d'un signifiant (si elle est significative), ou être utilisée par la langue pour la construction des signifiants (si elle n'est pas significative; pour les détails, voir Troisième partie, chapitre I). Qui plus est, un signifiant peut être constitué d'un seul phonème. Voici quelques mots-formes français ayant un signifiant monophonémique : **a**, **à**, **au** /o/, **ou** /u/, **et** /e/, **est** /ɛ/, **y** /i/. Dans l'énoncé latin *I!* 'Va!' (chapitre II de cette partie, §3, **1**, l'exemple (1), p. 131), le phonème /i/ constitue le signifiant d'un mot-forme et même d'une phrase entière. En russe, un signifiant monophonémique peut être une consonne : les prépositions **k** 'à, chez', **s** 'avec', **v** 'dans'. Cependant, un signifiant ne contenant qu'un phonème et ce phonème lui-même sont des entités très différentes — tout à fait comme un ensemble ne contenant qu'un seul élément est très différent de cet élément.

3.4. Représentation du signifiant phonique. Pour nos descriptions morphologiques, nous adoptons la convention suivante :

> Les signifiants phoniques ne seront considérés qu'au niveau phonologique profond (ce qu'on appelle traditionnellement «phonologique» tout court), c'est-à-dire au niveau des phonèmes et des prosodèmes.

En d'autres termes, tous les signifiants phoniques qui figureront dans notre exposé seront écrits en transcription phonologique (et non pas en transcription phonétique, plus proche des faits sonores observables).[4] Ceci pose, bien sûr, certains problèmes : la phonémisation n'est pas toujours évidente, et beaucoup d'analyses phonologiques sont contestables (et contestées). Néanmoins, nous préférons nous aventurer sur ce terrain difficile et prendre le risque d'accepter des solutions phonologiques proposées par d'autres chercheurs, puisque du point de vue de la morphologie, seul le niveau phonologique est pertinent. Travailler avec des allophones et des alloprosodies serait encombrer la description morphologique de détails phonétiques qui n'ont rien à voir avec la morphologie à proprement parler. L'exemple suivant montrera ce que nous voulons dire.

(2)   En japonais, le phonème /t/ inclut deux allophones : [c] devant /u/, et [t] ailleurs. Un des deux marqueurs de l'infinitif est /u/, qui suit les radicaux à finale consonantique. Prenons des verbes comme *tat-* 'être debout', *mat-* 'attendre', etc. Ils ont pour infinitif /tát+u/, /mát+u/, phonétiquement [tácu], [mácu], alors que les autres formes de ces verbes sont /mát+te/ [mátte], /tát+te/ [tátte] (le gérondif), /tát+ta/, /mát+ta/ (le passé), /tat+áse/ [tatáse], /mat+áse/ [matáse] (le causatif), etc. En transcription phonologique, nous avons toujours le même radical /tat-/, /mat-/, auquel des suffixes s'ajoutent tout simplement; mais si nous passons à la transcription phonétique, il nous faudra formuler l'alternance [t]⇒[c] devant le suffixe -*u*, ce qui, en japonais,

n'est pas spécifique à la conjugaison (puisque dans cette langue, n'importe quel [t] devient [c] devant n'importe quel [u]). [5]

4. Syntactique

4.1. Caractérisation du syntactique. Par syntactique nous entendons l'ensemble de toutes les informations qui décrivent complètement la combinatoire d'une paire donnée ⟨signifié, signifiant⟩. Parmi ces informations, il convient de distinguer deux types principaux d'éléments de syntactique :
• Type (I), les informations spécifiant les paires :

⟨signifié, signifiant⟩

avec lesquelles la paire donnée peut être combinée pour former des unités d'ordre supérieur;
• Type (II), les informations spécifiant le comportement du signifiant donné dans de telles combinaisons (par exemple, les alternances auxquelles le signifiant doit être soumis ou qu'il impose à d'autres signifiants).

Le syntactique ne décrit que les propriétés combinatoires d'une paire ⟨signifié, signifiant⟩ qui ne peuvent être déduites ni du signifié ni du signifiant (cf. **4.4** plus loin).

4.2. Éléments du syntactique. En tant qu'exemple, nous citerons les sept éléments typiques suivants du syntactique (pour plus de détails, voir Quatrième partie, chapitre I).
Type (I)
1. Partie du discours.
2. Genre grammatical du nom (en français, espagnol, ..., allemand, langues slaves et sémitiques); il détermine la forme des adjectifs s'accordant avec le nom qu'ils modifient ainsi que — dans certaines langues — la forme du prédicat verbal qui s'accorde avec le sujet grammatical. [6]
3. Régime (surtout du verbe, mais aussi du nom et de l'adjectif); il détermine les cas grammaticaux, les prépositions et les conjonctions qui doivent marquer le syntagme₁ dépendant remplissant une valence active du lexème en question.
4. Fonctions lexicales : relations sémantico-syntaxiques dont l'expression lexicale pour un lexème donné est phraséologiquement contrainte par ce dernier. Par exemple, prenons la fonction lexicale **Magn** (du latin *magnus* 'grand'), qui représente le sens 'très', 'à un degré élevé'; voici les valeurs de cette fonction en français pour quelques arguments :

Magn(*applaudissements*) = *nourris*
Magn(*intention*)   = *ferme, arrêtée*

Magn(*laid*)   = *fort*
Magn(*feu* 'tir')   = *d'enfer, nourri*
Magn(*apprécier*)   = *grandement*
Magn(*remercier*)   = *vivement, chaleureusement*

Dans le syntactique d'un lexème, les valeurs de toutes les fonctions lexicales doivent être spécifiées pour assurer la cooccurrence lexicale correcte.

5. Type de conjugaison ou type de déclinaison, c'est-à-dire la donnée de la classe d'affixes flexionnels qui peuvent s'ajouter au radical donné.

Type (II)

6. Spécification des alternances auxquelles le signifiant donné est soumis. Par exemple :

(3) Pour le verbe espagnol, il faut indiquer si le /ó/ du radical est soumis à l'alternance de diphtongaison /ó/ ⟹ /wé/; ainsi, le /ó/ dans le verbe ROGAR 'prier' est toujours remplacé par /wé/ : /r̃wégo/ 'je prie', et non pas */r̃ógo/, etc., alors que le /ó/ dans le verbe BOGAR 'ramer' n'admet pas cette alternance (/bógo/ 'je rame', et non pas */bwégo/).

(4) Dans la même veine, pour les radicaux des noms russes, il faut indiquer les /o/ et /e/ caducs : pour le nom /rót/ 'bouche', le syntactique doit spécifier le caractère caduc de /o/, cf. /rt+á/ [sg, gen], …, /rt+óm/ [sg, instr], /rt+í/ [pl, nom], …, et non pas */rot+á/, */rot+óm/, */rot+í/, …, alors que dans /kót/ 'chat' le phonème /o/ n'est pas caduc : /kot+á/ [sg, gen], …, /kot+óm/ [sg, instr], etc., et non pas */kt+á/, */kt+óm/, etc.[7]

7. Spécification des alternances que le signifiant donné déclenche dans le signifiant adjacent. Par exemple :

(5) En russe, le suffixe verbal du présent /ot/ '3sg' exige une palatalisation obligatoire de la consonne finale du radical : /v'id+ót/ '[il] conduit' ⟹ /v'id'ót/, et non pas */v'idót/ (cf. /v'id+ú/ '[je] conduis' ou /v'id+út/ '[ils] conduisent', où la consonne finale du radical, c'est-à-dire /d/, est non palatalisée); ou bien /n'is+ót/ '[il] porte' ⟹ /n'is'ót/, et non pas */n'isót/ (cf. /n'is+ú/ '[je] porte', /n'is+út/ '[ils] portent', /n'ós/ '[je-masc/tu-masc/il] portais/portait', avec /s/ non palatalisé).

4.3. Corrélations entre le syntactique et les deux autres composantes du signe. Il existe des corrélations évidentes entre le syntactique d'un signe linguistique₁, d'une part, et le signifié et le signifiant du même signe, d'autre part. Prenons, par exemple, le genre grammatical. Dans beaucoup de langues, le genre d'un nom peut dépendre de son sens; ainsi la dénotation d'un être femelle est très souvent un nom grammaticalement féminin, le syntactique étant déterminé par le signifié. Dans d'autres langues, le genre peut dépendre de la composition phonémique du radical; en particulier en français, la plupart des noms dont le radical se termine par une consonne non liquide sont féminins, et la plupart des noms dont le radical se termine par une voyelle sont masculins, le syntactique étant ainsi conditionné par le signifiant. [8]

Cependant, de telles corrélations sont, en règle générale, statistiques plutôt qu'absolues. Il suffit de rappeler des exemples comme l'allemand *das Weib* 'la femme', *das Mädchen* 'la jeune fille', *das Mensch* 'la fille, la putain' ou *das Fräulein* 'la demoiselle', qui sont grammaticalement neutres; ou le français *la sentinelle*, *la recrue* et l'italien *la guida* 'le guide', *la sentinella* 'la sentinelle', *la SS* 'l'S.S. [masc]', *la spia* 'l'espion', *la guardia* 'le gardien', qui sont féminins malgré leur signifié «mâle», etc. (cf. aussi le nom italien masculin *donnino* 'un joli petit bout de femme'). Les exemples de radicaux masculins en consonne non liquide abondent en français également : *le crêpe* [*crêpe satin*], *le dividende*, *le panache, le parasite, le sexe, le chèque*, etc. Par conséquent, nous ne pouvons pas utiliser ces corrélations pour éviter l'emploi des syntactiques. Il est important d'indiquer, dans notre description d'une langue, tous les liens observables entre, d'un côté, le sens et la forme d'une unité, et de l'autre, sa combinatoire. Néanmoins, à cause du caractère capricieux et peu systématique de ces liens, nous avons besoin du syntactique comme composante autonome du signe, un ensemble de renseignements spécifiques sur la cooccurrence des unités linguistiques₁.

4.4. Nature linguistique₁ des syntactiques. Soulignons la propriété suivante des syntactiques, qui est leur trait définitoire :

Les syntactiques ne décrivent que la partie de la combinatoire des unités linguistiques₁ qui est complètement déterminée par la langue donnée et qui ne dépend pas de facteurs extralinguistiques.

Si certains lexèmes ne se combinent pas (c'est-à-dire que leur combinaison donne des expressions contradictoires ou absurdes), cela s'explique par l'impossibilité de combiner leurs signifiés, et cette impossibilité respecte les lois sémantiques universelles. La fameuse phrase chomskyenne *Colorless green ideas sleep furiously* est, linguistiquement₁ parlant, parfaite : ce n'est pas la combinatoire lexicale qui est violée ici, mais la combinatoire des signifiés; et cette dernière n'intéresse pas la linguistique. Ce type de combinatoire ne doit pas (et, en fait, ne peut pas) être reflété dans les syntactiques des signes linguistiques₁.

Il en est tout autrement du cas de *pousser un cri* : nous ne pouvons pas dire — dans ce sens! — **donner un cri, *lâcher un cri, *appeler un cri* ou **faire un cri*, tandis que l'espagnol dit exactement *dar un grito*, litt. 'donner un cri', le russe *ispustit´ krik*, litt. 'lâcher un cri', et le vietnamien *kêu một tiếng*, litt. 'appeler un cri'. Ici, ce n'est pas le monde extérieur qui détermine la collocation — c'est la langue; et, par conséquent, le verbe qui «va» avec un nom d'action doit être spécifié dans le syntactique de ce dernier. C'est la fonction lexicale **Oper₁** (cf. la fonction lexicale **Magn**, mentionnée plus haut, p. 117) : *faire un pas*, **donner un cours**, **prendre des mesures**, **porter un coup** [à qqn], **dispenser des leçons**, **perpétrer un crime**, etc.; cf. aussi p. 56.

Un autre exemple pourrait être l'expression agrammaticale russe **dlja uvidet'* ʿpour voirʾ : en russe, une préposition ne peut pas régir un infinitif. Cette impossibilité ne découle pas du sens ou de la réalité extralinguistique; ce n'est qu'une propriété spécifique du russe — une propriété absente, par exemple, du français (où on trouve *à dire*, *sans parler*, *pour voir*, *de proposer*) et de l'espagnol. Elle doit être inscrite dans une description du russe, et le seul endroit qui puisse contenir l'information correspondante est le syntactique des prépositions. [9]

Un cas semblable peut être aussi bien signalé en français : *sans chantant [cf. anglais *without singing*], **pour écrivant une lettre* [cf. anglais *for writing a letter*], etc., car en français — à la différence de l'anglais — les prépositions ne se combinent pas avec les participes présents fonctionnant comme des gérondifs.

4.5. Le syntactique, élément typique des langues naturelles. La présence des syntactiques constitue une propriété spécifique des langues naturelles (y compris les langues artificielles du type espéranto, interlingua, ou volapük — c'est-à-dire des langues construites consciemment selon le modèle des langues naturelles en vue d'une communication orale entre humains). Cette propriété les oppose à tous les autres systèmes de communication, codes, langages formels, etc. En effet, les langages formels — du code de la route jusqu'aux langages de logique formelle, de programmation, etc. — n'ont pas de syntactiques. Bien sûr, ils possèdent une syntaxe, c'est-à-dire des règles spécifiant les expressions correctes (= bien formées), mais ces règles ne doivent mentionner que le sens ou la forme des symboles intéressés. Dans un langage formel, on n'a jamais affaire à des traits capricieux et «illogiques» de symboles individuels qui ne seraient pas conditionnés par le sens ou la forme de ces symboles et qui seraient exclusivement maintenus grâce à la tradition de l'usage. La cooccurrence des symboles dans un langage formel est toujours standard, dépendant soit du sens, soit de la forme. Par contre, dans une langue naturelle, une partie importante de la cooccurrence des unités n'est pas standard, en ce sens qu'elle ne dépend ni du sens ni de la forme. Ce sont les données sur cette cooccurrence non standard qui constituent le syntactique des signes linguistiques₁. (Cf. plus loin, §2 de ce chapitre, **2**, commentaire 1, p. 125.)

NOTES

[1] (**2.2**, 1, p. 112). Bien entendu, on n'a pas besoin de spécifier par liste la classe des constructions typiques de l'infinitif dans le signifié même du suffixe de l'infinitif. Il suffit de donner, dans ce signifié, le nom d'une telle liste, et ce nom

n'est pas autre chose que «infinitif». Par conséquent, ce qu'on doit inscrire dans le signifié des suffixes infinitivaux français -**er**, -**ir**, etc., est tout simplement «infinitif». Dans le processus de synthèse ou d'analyse du texte, cette information est utilisée par les règles syntaxiques de la langue en question, règles qui, pour ainsi dire, décodent la marque «infinitif» comme abréviation et établissent la correspondance entre cette marque et les constructions syntaxiques pertinentes.

 Remarquez que, si pour le suffixe -**er** (ou -**ir**, -**oir**, -**re**) l'information «infinitif» est le signifié, pour le mot-forme entier d'un infinitif — comme **parl+er**, **march+er**, etc. — cette même information fait partie du syntactique de ce mot-forme.

² (**2.2**, 1, p. 112). Il s'agit ici d'un seul -**ing** parmi au moins trois -**ing** différents (nom déverbatif, *gerund*, participe présent). Le -**ing** que nous visons ici apparaît dans des contextes comme *their rapid serv+ing of the meal*, litt. ʿleur service rapide du repasʾ.

³ (**3.1**, p. 114). Une relation **S** est appelée *converse de la relation* **R** si et seulement si *a***R***b* entraîne *b***S***a* et vice versa; c'est-à-dire que **R**(*a*, *b*) = **S**(*b*, *a*). Ainsi, ʿplus grand queʾ et ʿplus petit queʾ sont des relations converses : si *a* est plus grand que *b*, alors *b* est nécessairement plus petit que *a*, et vice versa. De façon analogique, ʿêtre le parent deʾ et ʿêtre l'enfant deʾ ou ʿtuerʾ et ʿêtre tué parʾ sont converses. Une relation converse de **R** est souvent notée **R⁻¹**.

?	Est-ce que les relations dans les trois paires suivantes sont converses?
	(i) ʿêtre la sœur deʾ et ʿêtre le frère deʾ;
	(ii) ʿacheter deʾ et ʿvendre àʾ;
6	(iii) ʿsuivreʾ et ʿprécéderʾ.

⁴ (**3.4**, p. 116). La restriction *phonique* est nécessaire quand on parle des signifiants, parce que, en plus des signifiants phoniques, nous considérons aussi un type particulier de signifiant non phonique, à savoir le signifiant d'une ***conversion₂***, ce signifiant étant l'opération de remplacement d'un élément de syntactique par un autre élément de syntactique, donc une conversion₁.

⁵ (**3.4**, exemple (2), p. 117). Devant /i/, le son [t] n'est jamais possible en japonais : il est automatiquement remplacé par [č]. Cependant, ce [č] apparaît également devant les autres voyelles: /ča/ ʿthéʾ, /čakurikuʾ ʿatterrissageʾ, /če/ ʿzut; zestʾ, /čōmen/ ʿcahierʾ, /čoka/ ʿexcèsʾ, /čošo/ ʿouvrageʾ, /čūčo/ ʿhésitationʾ, etc., et pour cette raison, nous considérons l'alternance [t] ⟹ [č] devant /i/ comme une alternance de deux phonèmes différents : /t/ ∼ /č/. En d'autres termes, nous refusons de traiter [č] comme un allophone de /t/ devant /i/, puisqu'il y a des [č] qui appartiennent à un phonème à part : à /č/. Le son [c], au contraire, n'est possible que devant /u/, se trouvant avec [t] dans une distribution complémentaire idéale.

[6] (**4.2**, 2, p. 117). En russe, par exemple, on dit *Mal'čik čital* ʿLe garçon lisait', mais *Devočka čital* + *a* ʿLa fille lisait'.

[7] (**4.2**, 6, exemple (4), p. 118). Remarquez que le groupe consonantique initial *kt-* existe en russe — par exemple, dans le pronom *kto* ʿqui'.

[8] (**4.3**, p. 119). Trois précisions sont nécessaires ici :

– Il faut compter les noms français dans des textes et non pas dans un dictionnaire, où le nombre élevé de mots savants rarement utilisés obscurcit cette régularité.

– Il faut prendre chaque nom avec un coefficient proportionnel à sa fréquence dans les textes.

– Il faut faire abstraction des noms dérivés (puisque des suffixes tels que *-té*, *-sion/-tion*, *-aison*, *-age* ou *-iste* déterminent le genre) et d'une trentaine d'exceptions de très haute fréquence (*main, nuit, rue, ...* sont féminins malgré leur terminaison vocalique).

Pour plus de détail, voir, entre autres, Mel'čuk 1974b.

[9] (**4.4**, p. 120). Il n'est pas nécessaire, bien sûr, de répéter la même interdiction («ne se combine pas avec un infinitif») dans le syntactique de chaque préposition russe. Il suffit de marquer toutes les prépositions comme telles — dans leur syntactique — et de formuler les règles syntaxiques générales spécifiant leur combinatoire. Plus que cela, l'interdiction en question ne doit pas être formulée de façon explicite : tout simplement, parmi les règles syntaxiques pour les prépositions russes, il n'y aura pas de règle permettant la combinaison *Prep + V_{inf}.

Cependant, toutes les règles de la combinatoire syntaxique ou lexicale se basent sur les données inscrites dans le syntactique de chaque unité lexicale (= de chaque lexie).

§2

SIGNE LINGUISTIQUE$_1$

Nous aborderons maintenant le concept central de la morphologie$_2$ (et peut-être de la linguistique en général) : celle du signe linguistique$_1$. Ce concept a été explicitement introduit par Ferdinand de Saussure (1962 : 97 ssq.); nous le reprenons ici sous une forme différente, en ajoutant au signe saussurien une troisième composante : le syntactique (de Saussure ne mentionnant que le signifié et le signifiant).

1. Définition I.1 : signe linguistique$_1$

Un *signe linguistique* $_1$ X est un triplet
$$X = \langle Y; Z; W \rangle, \text{ où :}$$
Y est un signifié de Z,
Z est un signifiant de Y,
et W est un syntactique de la paire $\langle Y; Z \rangle$.

Notations
Dans ce livre, les noms de signes linguistiques$_1$ sont imprimés en **caractères gras**. Les symboles de signifiés sont mis entre guillemets simples spéciaux : $^\backprime ... ^\prime$ [«guillemets sémantiques»]. Les symboles de signifiants sont en *italique*, ainsi que les signifiants représentés en orthographe conventionnelle; les chaînes de phonèmes ou les complexes de prosodèmes s'écrivent, comme d'habitude, entre barres obliques : /... /. Le syntactique abstrait est noté par Σ. En règle générale, dans l'écriture d'un signe concret, c'est principalement l'ordre qui distingue les composantes :

$$\langle \text{signifié; signifiant; syntactique} \rangle.$$

Ainsi nous écrirons :

$$X = \langle {}^\backprime X^\prime; X; \Sigma_X \rangle,$$

pour dire :

«le signe **X**, dont le signifié est $^\backprime X^\prime$, le signifiant X, et le syntactique Σ_X».

Quand cela nous semble approprié, nous citons les signes linguistiques$_1$ en indiquant leur syntactique (ou quelques traits de ce dernier) en indice entre parenthèses. Par exemple,

maison$_{(\text{Nom, fém, ...})}$,

s'approchent$_{(Verbe, intransitif, II[DE], ...)}$
[verbe intransitif dont le deuxième actant syntaxique profond est introduit dans la phrase par la préposition DE, ...], etc.

Les valeurs morphologiques flexionnelles s'écriront aussi en indice, s'il y a lieu, mais en dehors des parenthèses, pour les distinguer ainsi des traits de syntactique :

maison$_{(N, fém,...)sg}$;
s'approchent$_{(V, intr, II[DE], ...)indic, prés, 3, pl}$;
etc.

Exemples

(1) Soit le signe français **lettreI.1** = X_1; alors nous avons :

le signifié $^{\mathsf{c}}X_1{}^{\mathsf{,}}$ = ^{c}symbole graphique qui représente un phonème
ou une suite de phonèmes$^{\mathsf{,}}$;

le signifiant X_1 = /lɛtr(ə)/;

le syntactique Σ_{X_1} = racine, nom, féminin, ...;
  ou bien :

lettreI.1 = ⟨^{c}symbole graphique qui...$^{\mathsf{,}}$; /lɛtr(ə)/; racine, nom,
féminin, ...⟩

> **? 7** Expliquez l'index numérique qui suit l'écriture **lettre**; consultez le chapitre I, **4.2**, p. 103.

Remarque. Il existe d'autres signes français ayant le même signifiant que **lettreI.1**, mais un signifié différent :

lettreII.1 = ⟨^{c}écrit que l'on adresse à qqn...$^{\mathsf{,}}$; /lɛtr(ə)/; racine, nom,
fém,...⟩

lettreII.2 = ⟨^{c}écrit officiel d'un type particulier...$^{\mathsf{,}}$; /lɛtr(ə)/; racine, nom,
fém,...⟩

etc.[1]

Ce sont des lexèmes du même *vocable* (chapitre VI, **5.2**, p. 363) LETTRE. Ils présentent un type particulier de relation entre les signes linguistiques$_1$: l'identité de signifiant avec des signifiés différents mais ayant une composante commune non triviale (= *polysémie*). Toutes les relations possibles entre les signes linguistiques$_1$ sont étudiées dans la Cinquième partie du livre : chapitre IX.

(2) Un autre signe français :

$A_{PL}^{al \Rightarrow o}$ = ⟨^{c}pluriel$^{\mathsf{,}}$; /al/⟹/o/; s'applique aux noms marqués $A^{al \Rightarrow o}$, ...⟩.

C'est l'*apophonie* (voir Cinquième partie, chapitre IV, §2), qu'on trouve dans des paires comme *cheval* ~ *chevaux*, *canal* ~ *canaux*, *idéal* ~ *idéaux*, *maréchal* ~ *maréchaux*, etc.

(3) Deux signes hébreux (= hébreu moderne d'Israël) :

  a. -o-é- = ⟨^{c}tel qu'il...$^{\mathsf{,}}$; /-o-é-/; transfixe de verbe,...⟩
  b. -a-ú- = ⟨^{c}tel qu'on le...$^{\mathsf{,}}$; /-a-ú-/; transfixe de verbe transitif,...⟩

Ce sont les *transfixes* (voir Cinquième partie, chapitre II, §3, **6**) du participe actif et du participe passif qui s'ajoutent à des racines verbales. Soit les quatre racines suivantes :

š-m-r ʿgarder'; k-t-v ʿécrire'; ʔ-h-v ʿaimer'; c-v-ʕʿpeindre';

à partir d'elles, on en obtient les formes suivantes des participes :

part, act   *šomér* ʿgardant'   *kotév* ʿécrivant'   *ʔohév* ʿaimant'   *covéʕ* ʿpeignant'
part, pass   *šamúr* ʿgardé'   *katúv* ʿécrit'   *ʔahúv* ʿaimé'   *cavúʕ* ʿpeint'

2. Commentaires sur la définition I.1

Depuis de Saussure, des fleuves d'encre ont coulé à propos du concept de signe linguistique₁. La littérature sur le problème est tellement vaste qu'il est difficile de donner ne serait-ce que des références d'orientation (voir, par exemple, Koerner 1972). Cependant, ce fait s'explique de façon très simple : il n'y a pas de problème du signe linguistique₁. C'est une notion assez concrète et transparente, et un linguiste qui n'a pas encore été empoisonné par des germes philosophiques n'y trouvera aucune matière à discussion prolongée.

Malgré cela, deux particularités de la définition I.1 méritent des clarifications supplémentaires.

1. Nous incluons dans le signe linguistique₁ le syntactique, qui est, selon nous, une composante très importante. La présence du syntactique, et cette présence seule, distingue les signes linguistiques₁ NATURELS de tous les autres signes. Par exemple, les signes utilisés dans le code routier — feu rouge ou vert, 🚫 ou 🅿️ — n'ont qu'un signifié et un signifiant; ces signes manquent de syntactique : on peut les combiner selon leur sens, et rien d'autre n'a de pertinence. La même chose vaut pour les signes employés en chimie : C, H ou Si ont un signifié et un signifiant mais pas de syntactique. [2] Pourtant il s'agit ici de vrais langages mais qui ne sont pas des langues naturelles. (Nous en avons déjà parlé au §1 de ce chapitre, en **4.5.**)

On pourrait même définir une langue naturelle comme une langue dont les signes incluent NÉCESSAIREMENT un syntactique.

Les langues artificielles formelles — celles de la logique, de la chimie, de la génétique, etc., les langages de programmation, … — possèdent, bien entendu, une syntaxe : règles syntaxiques spécifiant la correction formelle des expressions. Cependant, ces règles décrivent la combinatoire des symboles en termes de leur signifié, sans avoir recours à des traits de combinatoire tout à fait arbitraires, comme c'est le cas dans les langues naturelles. (En principe, rien n'empêche l'usage des syntactiques dans les langues formelles, et de tels usages existent. Ce que nous voulons souligner ici, c'est le caractère marginal des syntactiques dans une langue formelle, alors qu'ils sont tout à fait systématiques et essentiels dans une langue naturelle.)

 Puisque dans ce livre nous ne considérons que les signes des langues naturelles, nous nous permettrons d'omettre l'épithète *linguistique$_1$* et de parler des *signes* tout court. Donc, dorénavant, *signe* = ʿsigne linguistique$_1$ naturelʾ (sauf mention expresse du contraire).

2. L'usage courant veut qu'on parle, dans la pratique linguistique$_2$, du signifiant et du signifié, dans cet ordre. Pourtant, comme on l'a dit dans l'Introduction (chapitre II, **1**, pp. 46-47), nous croyons que l'étude et la description des langues naturelles doivent se faire À PARTIR DU SENS VERS LE TEXTE, c'est-à-dire dans la direction de la SYNTHÈSE, et non pas dans la direction opposée. Conformément à ce principe, nous allons décrire les signes que nous étudions en fixant d'abord leur signifié et ensuite leur signifiant. Dans le domaine spécifique de la morphologie, cela ne change pas grand-chose, mais un tel procédé correspond mieux à notre approche générale et va jouer un rôle dans les modèles morphologiques présentés dans la Sixième partie du livre.

3. Signes et non-signes dans la langue

Le concept de signe proposé est très général; il recouvre plusieurs entités observées dans la langue naturelle.

Spécifiquement, au niveau MORPHOLOGIQUE, c'est-à-dire dans les limites d'un mot-forme, il existe 7 classes majeures de signes :

1) morphes;	4) répliques$_2$;
2) suprafixes;	5) conversions$_2$;
3) apophonies;	6) mégamorphes;
	7) mots-formes.

Dans la Cinquième partie, nous offrons au lecteur un calcul des classes majeures de signes et montrons qu'il n'y a pas d'autres classes de signes morphologiques. Pour le moment, l'existence de ces sept classes doit être acceptée comme postulat.

Il existe, en plus, d'autres types de signes appartenant à d'autres niveaux. Indiquons, par exemple, les *phrasèmes* [= les groupes de mots phraséologisés qui figurent comme unités] et les *syntagmes$_2$* [= les signes du niveau syntaxique de surface].[3]

Pour faire mieux ressortir le concept de signe, il semble utile de citer quelques entités linguistiques$_1$ qui ne sont pas des signes.

• Un sème [= un élément sémantique indécomposable] n'est pas un signe puisque, de façon générale, un sème est considéré détaché de tout signifiant linguistique₁. Ainsi, le sème ʿcauser que...ʾ (= ʿfaire en sorte que...ʾ) ne peut même pas être exprimé par un «vrai» lexème français. [4]

Toutefois, rien n'empêche qu'un sème constitue, à lui seul, le signifié d'un signe. Par exemple, le sème ʿvouloirʾ est le signifié de la racine du mot-forme français **voul(-oir)** (au moins dans le système de description sémantique adopté par le présent auteur). Mais un signifié constitué d'un seul sème reste tout de même différent du sème comme tel. (Le lecteur se souviendra de la différence entre un ensemble qui contient un seul élément et cet élément : cf. §1 de ce chapitre, **3.3**, p. 116.)

• Les phones [= les sons linguistiques₁], les phonèmes ou les opérations linguistiques₁ ne sont pas des signes puisque, de façon générale, ils n'ont pas de signifié. Ainsi, les consonnes /p/, /t/, /r/, etc., en français ou les alternances /a̅/⟹/e̅/ et /a/⟹/ɛ/ en allemand (/fa̅re/ *fahre* ʿ[je] vais [dans un véhicule]ʾ ~ /fe̅rst/ *fährst* ʿ[tu] vasʾ, /háŋe/ *hange* ʿ[je] pendsʾ ~ /héŋst/ *hängst* ʿ[tu] pendsʾ) ne veulent rien dire.

Il se peut qu'un seul phonème ou une alternance comme celle mentionnée ci-dessus constitue le signifiant d'un signe. Par exemple, en français, on a : /a/ *a, à*, /e/ *et*, /ɛ/ *ai*, /i/ *y*, /o/ *au*, /ü/ *eut*, /u/ *ou, où*. L'alternance allemande /a̅/ ⟹ /e̅/ peut signifier le pluriel de certains noms : /fa̅ter/ *Vater* ʿpèreʾ ~ /fe̅ter/ *Väter* ʿpèresʾ, etc. Mais un signifiant constitué d'un seul phonème ou d'une seule alternance reste différent du phonème ou de l'alternance comme tels. (Encore une fois, cf. §1 de ce chapitre, **3.3**, p. 116.)

Remarques

1. Les sèmes d'une part, et les phonèmes, les prosodèmes et les opérations linguistiques₁ d'autre part, sont des unités «monoplanes», à une seule face. Elles servent de briques pour la construction des unités linguistiques₁ — signifiés et signifiants — qui sont aussi monoplanes, mais qui entrent directement dans la structure des signes, unités «biplanes» (abstraction faite de syntactique) : les signifiés sont bâtis à partir des sèmes, et les signifiants, à partir des phonèmes, des prosodèmes et des opérations linguistiques₁. (Nous ne mentionnons ici ni les phones ni les prosodies suivant la convention énoncée au §1 de ce chapitre, en **3.4**, p. 116.)

2. Les sèmes d'une part, et les phonèmes, les prosodèmes et les opérations linguistiques₁ d'autre part, sont respectivement les unités MINIMALES du plan du contenu et du plan de l'expression. Un sème ne peut pas être décomposé en d'autres sèmes, ni un phonème en d'autres phonèmes, etc. Les sèmes et les phonèmes (ainsi que les prosodèmes et les opérations linguistiques[1]) sont des *figurae* au sens de L. Hjelmslev (1968-1971, la section 12).

• Les phrases, bien qu'entités biplanes, ne sont pas des signes puisqu'une phrase n'a pas de syntactique. Les phrases se combinent, bien sûr, selon certaines règles mais ces règles n'intéressent que le signifié de la phrase (= son contenu sémantique) ou — plus rarement — le syntactique de quelques-uns de ses éléments lexicaux; c'est, par exemple, le cas de la référence pronominale, où le choix d'un pronom dans la phrase donnée dépend du genre et du nombre grammatical de son antécédent dans la phrase précédente.

• Les *morphèmes* (voir Cinquième partie, chapitre II, §4) et les *lexèmes* ne sont pas des signes puisqu'ils sont des ensembles de signes.

NOTES

[1] **(1, Remarque, p. 124). LettreI.1, lettreII.1 et lettreII.2** diffèrent aussi dans leur syntactique, ce qui n'apparaît pas dans nos descriptions incomplètes.

[2] **(2, 1, p. 125).** Remarquons que la valence d'un élément chimique découle complètement de sa structure atomique — pour ainsi dire, du «sens» du symbole chimique correspondant. Par conséquent, la valence chimique ne constitue pas le syntactique d'un symbole chimique : elle n'est pas arbitraire.

[3] **(3, p. 126).** Nous distinguons deux acceptions du terme *syntagme* :

• Par *syntagme₁* (= angl. *phrase*) nous entendons une suite linéaire d'au moins deux mots-formes (dans un texte) qui sont syntaxiquement liés. Par exemple, dans la phrase (i) :

   (i) *Le ciel était trop bleu, trop tendre* [P. Verlaine]
il y a 8 syntagmes₁, à savoir :

1) *le ciel*;	5) *le ciel était*;
2) *trop bleu*;	6) *était trop bleu*;
3) *trop tendre*;	7) *était trop bleu, trop tendre*;
4) *trop bleu, trop tendre*;	8) la phrase entière.

• Par *syntagme₂* nous entendons une règle de la syntaxe de surface qui représente tous les syntagmes₁ ayant la même structure. Voilà un syntagme₂ du français représentant tous les syntagmes₁ de la forme

   N + Adj (*ciel bleu; roses rouges; journal savant; aile lourde*) :

$$ \text{(ii)} \quad \begin{matrix} X_{(N,\ \mathbf{g})\mathbf{n}} \\ \bullet \\ \Big\downarrow \ \text{modificative} \\ \bullet \\ Y_{(Adj,\ \mathbf{non}\ \text{prép})} \end{matrix} \iff X_{(\mathbf{g})\mathbf{n}} + \ldots + Y_{\mathbf{g'n'}} \quad \Big| \quad \text{ACCORD}_{\text{Adj(N)}}(Y, X) $$

[«Si un adjectif qui n'est pas marqué «prép(ositif)» modifie un nom, il le suit — pas nécessairement immédiatement — et ses variables flexionnelles de **g**(enre) et de **n**(ombre) doivent être conformes au trait de syntactique correspondant et à la variable correspondante du nom (l'accord est assuré par un système spécial de règles appelé ACCORD$_{\text{Adj}(N)}$)».]

Le syntagme₁ est un signe complexe constitué de mots-formes et de marqueurs de liens syntaxiques, tels que l'ordre linéaire et la prosodie. Le syntagme₂ est un signe élémentaire (d'un niveau plus profond) dont le signifié est la relation syntaxique exprimée, le signifiant est constitué de la combinaison de deux classes des mots, de l'ordre, des valeurs morphologiques et des prosodies correspondantes qui expriment cette relation, et le syntactique est l'ensemble des conditions contextuelles qui doivent être satisfaites pour que ladite correspondance s'établisse.

[4] (**3**, p. 127). Les expressions utilisées dans la métalangue sémantique (= en «français sémantique») peuvent violer les normes de la stylistique française. Ainsi, pour des raisons de logique et de cohérence formelle, nous admettons pour le sème ʿcauserʾ le régime *que*, que le verbe français CAUSER ne peut avoir. (Par conséquent, *Jean cause que Marie vienne* est agrammatical en français «ordinaire», mais ʿJean cause que Marie vienneʾ est considéré correct en français sémantique.)

§3

SIGNES DANS LA COMMUNICATION LANGAGIÈRE

1. L'énoncé et le caractère infini de la langue

Quand on parle, on échange des énoncés complets ou autonomes (voir l'Introduction, chapitre III, **2**, n° 2, p. 84). Un énoncé autonome peut être très court mais même l'énoncé le plus court possible a une organisation interne et une structuration profonde. Illustrons cette thèse par un exemple repris à A. A. Reformatskij (1967 : 28-29). Il y a deux mille ans, dans une venelle de la Rome ancienne, deux Romains parlaient de leurs affaires. Lors de cet entretien, ils échangèrent les propos suivants :

(1) **a.** – *Eo rus* ⟨Je vais à la campagne⟩.

      b. – *I!* ⟨Va!⟩.

La réponse (1b) est le plus petit énoncé possible en latin (et même dans n'importe quelle langue naturelle). Néanmoins, c'est un énoncé autonome constitué d'une phrase complète; cette phrase, à son tour, est constituée d'une proposition principale, qui, elle, est constituée d'un syntagme$_1$ verbal; celui-ci est constitué d'un mot-forme **i** (l'impératif 2sg du verbe IRE ⟨aller⟩) et d'un *supramorphe* (définition V.1) de prosodie impérative; enfin, le mot-forme **i** est constitué de deux *morphes* (définition V.6), dont l'un est zéro (**i** — la racine du verbe ⟨aller⟩, et -**Ø** — marqueur de l'impératif 2sg); le signifiant du morphe **i** est constitué d'un seul phonème /i/. En latin, le son [i] prononcé avec la prosodie spécifique d'acquiescement représente donc toute la hiérarchie des entités linguistiques$_1$. [1]

> | ? |
> |---|
> | 8 |
>
> Faites une analyse similaire de l'énoncé français **Où?**

Pourtant les énoncés du type (1b) sont rares. Normalement, on utilise des énoncés plus complexes et plus longs. Le fait suivant est très important : dans une langue naturelle, il n'existe pas de limite grammaticale à la complexité (ou la longueur) des énoncés possibles.

 Des contraintes d'ordre psychologique ou physiologique sont évidemment présentes. Personne ne peut, par exemple, produire un énoncé constitué de 10^{10} mots-formes. Mais du point de vue de la linguistique, c'est-à-dire de la structure interne de la langue telle que nous la définissons, la complexité des énoncés admissibles n'est pas limitée.

Il en découle une thèse capitale pour la linguistique :

Le nombre d'énoncés d'une langue donnée est potentiellement infini.

Cette thèse (établie de façon explicite par N. Chomsky) veut dire que, pour une langue quelconque, quel que soit le nombre n d'énoncés qu'on se donne, il est toujours possible de construire le $(n+1)^e$ énoncé parfaitement grammatical dans cette langue. En d'autres termes, on ne peut pas, même en principe, dresser une liste de tous les énoncés d'une langue.

2. L'antinomie centrale : l'infini traité par un mécanisme fini

Tout de même, les humains, qui n'ont qu'un cerveau à capacité finie, peuvent apprendre et utiliser, étudier et décrire les langues naturelles qui manipulent un nombre infini d'énoncés, grâce à un autre fait important :

Tout énoncé est construit à partir d'un nombre FINI de *signes élémentaires* (définition I.14, §4 du chapitre III de cette partie, p. 164), selon un nombre FINI de règles de construction.

Ce sont ces signes élémentaires et ces règles de construction spécifiques pour chaque langue qui sont l'objet de la linguistique.

Il ressort de tout cela que notre tâche consiste à savoir REPRÉSENTER un énoncé quelconque — c'est-à-dire un complexe de signes — en termes de signes élémentaires et de règles de construction servant à réunir ces derniers.

Nous préférons le terme *représenter* en tant que terme technique à des termes comme *construire*, *produire*, etc., car ce premier est le plus abstrait, recouvre la construction aussi bien que la décomposition des énoncés et fait référence explicitement à la notion de *représentation linguistique₁* (Introduction, chapitre II, **1**, p. 42) qui joue un rôle primordial dans notre théorie.

Dans le cadre de cet ouvrage, consacré à la morphologie, nous ne représentons que des mots-formes, des parties de mots-formes ou des ensembles de mots-formes; il nous faut, néanmoins, pour appuyer logiquement nos raisonnements, introduire la ʿreprésentabilité en termes de...ʾ comme un concept plus général. C'est ce que nous faisons dans le chapitre qui suit.

NOTE

[1] (**1**, p. 131). Le problème de l'énoncé le plus court possible a une histoire assez intéressante; voir Plank 1986. L'énoncé latin *I!* a été considéré pour la première fois par A.-F. Pott in 1833 (*Jahrbücher für wissenschaftliche Kritik*, 1833, Art. CXXVI, 743-749, 753-757, 761-765) et plus tard par A. Schleicher (*Beiträge zur vergleichenden Sprachforschung auf dem Gebiet der arischen, celtischen und slawischen Sprachen*, 1861, Band 2, 391-393).

RÉSUMÉ DU CHAPITRE II

On discute des trois concepts de base : *signifié*, *signifiant* et *syntactique*, de leur nature relationnelle et de leur caractère purement linguistique₁.

On définit le concept central du livre — le *signe linguistique₁*, pour ensuite établir les types majeurs des signes linguistiques₁ et les comparer à des non-signes.

On caractérise l'emploi des signes dans la communication langagière.

CHAPITRE III

REPRÉSENTABILITÉ
DES ÉNONCÉS EN TERMES DE SIGNES

Le problème de représentabilité des énoncés sera traité en quatre étapes :
§1. La méta-opération $\oplus$: union linguistique$_1$.
§2. Représentabilité et quasi-représentabilité des objets linguistiques$_1$.
§3. La divisibilité linéaire des objets linguistiques$_1$.
§4. Élémentarité des objets linguistiques$_1$.

Le concept de *signe morphologique élémentaire* est le pivot
de la description morphologique dans notre approche.

§1

LA MÉTA-OPÉRATION ⊕ : UNION LINGUISTIQUE₁

1. Métaphore préalable

Pour se faire une idée plus concrète de la représentabilité des énoncés linguistiques₁, on peut penser, par analogie, à la fabrication d'un artefact, par exemple, d'un appareil, selon le schéma suivant.

Tout d'abord, les choses nécessaires pour une telle fabrication sont de deux types :

I. Un ensemble d'ÉLÉMENTS SPÉCIFIQUES de départ constitué de deux sous-ensembles :

a) des PIÈCES (telles que roues, tiges, fils, vis,...);

b) des OPÉRATIONS à exécuter sur les pièces pertinentes (telles que souder, passer à l'émeri, perforer un trou, visser,...).

Chaque pièce et chaque opération doit être munie d'indications de traitement et d'application : quelle opération s'applique à quelle pièce et dans quel ordre (s'il y a lieu). De telles indications, surtout si elles se répètent, peuvent être réunies : ce sont les instructions spécifiques de montage concernant l'appareil en question.

Les pièces et les opérations correspondent aux signes élémentaires mentionnés ci-dessus au chapitre II, §3, **2**, p. 132, et les instructions spécifiques, aux règles linguistiques₁ de construction. Les signes élémentaires et les règles de construction sont spécifiques de la langue considérée.

II. Des INSTRUCTIONS GÉNÉRALES de montage qui ne sont pas du tout spécifiques pour l'appareil en train d'être fabriqué. Ces instructions nous disent comment réunir les pièces spécifiques en y appliquant les opérations spécifiques suivant les indications spécifiques; cependant, elles sont elles-mêmes presque vides de contenu. *Grosso modo*, elles ne fournissent qu'une indication banale : «Réunissez les deux pièces données moyennant l'opération donnée suivant toutes les indications spécifiques données associées aux pièces et/ou à l'opération». Il est manifeste que de telles instructions générales seront les mêmes pour la fabrication de n'importe quel artefact.

Les instructions générales constituent donc une MÉTA-OPÉRATION complexe : elle contrôle l'application des opérations spécifiques à des pièces spécifiques suivant des indications spécifiques; c'est un analogue parfait de la méta-opération d'union linguistique₁ ⊕.

Les langues naturelles «fabriquent» des énoncés. Pour ce faire, elles utilisent :

I. Des objets linguistiques$_1$ SPÉCIFIQUES — ou, plus précisément :

a)   des «pièces», c'est-à-dire, des *signes élémentaires*;

b)   des opérations monoplanes de deux types : des *modifications$_1$* (définition III.3, Troisième partie, chapitre II, §1), qui intéressent les signifiants, et des *conversions$_1$* (définition III.29, Troisième partie, chapitre III), qui intéressent les syntactiques; ces opérations s'appliquent aux signes, mais elles-mêmes ne sont pas des signes.

Les signes, à leur tour, peuvent posséder des signifiants ENTITÉS ou des signifiants OPÉRATIONS (cf. chapitre II, §1, **3.2**, p. 114); les signes entités sont soit *segmentaux* (morphes), soit *suprasegmentaux* (suprafixes), les signes opérations, soit des *modifications$_2$* (subdivisés en *répliques$_2$* et *apophonies*), soit des *conversions$_2$*. Ces quatre types de signes et deux types d'opérations linguistiques$_1$ monoplanes peuvent être les opérandes de la méta-opération d'union linguistique$_1$ ⊕, voir ci-dessous.

II. La méta-opération GÉNÉRALE d'union linguistique$_1$, qui correspond, dans notre métaphore, aux instructions générales de montage.

En mentionnant tous ces signes et opérations linguistiques$_1$, nous avons fait appel à certains concepts cruciaux qui n'étaient pas introduits, de telle sorte que le lecteur n'est pas encore en mesure de comprendre à fond le début de cette section. Cependant, cela ne doit pas le décourager puisque ces nouveaux concepts ne figureront pas dans les définitions ci-dessous. Ce ne sont que des illustrations dont une compréhension même très approximative suffit pour le moment.

2. Définition I.2 : union linguistique$_1$ ⊕

Nous appelons *méta-opération d'union linguistique$_1$* une opération d'union que l'on peut appliquer à des paires d'objets linguistiques$_1$ quelconques [= signes, composantes de signes, opérations, etc.], tout en observant les indications contenues dans leurs syntactiques et/ou dans les règles correspondantes de la langue donnée.

Notations

La méta-opération d'union linguistique$_1$ sera notée ⊕. Ce symbole doit rappeler l'addition arithmétique, tout en insistant sur le fait que l'opération ⊕ a une portée beaucoup plus générale que l'addition arithmétique +, cette dernière n'en étant, en quelque sorte, qu'un cas particulier.

Pour exprimer l'union de deux objets linguistiques₁ X et Y, nous écrirons indifféremment :

$$X \oplus Y$$

ou

$$\oplus \{X, Y\}.$$

Il est à souligner que dans ces deux écritures, l'ordre linéaire des objets linguistiques₁ à réunir n'est pas pertinent :

$$X \oplus Y = Y \oplus X;$$
$$\oplus \{X, Y\} = \oplus \{Y, X\}.$$

L'ordre réel des éléments linguistiques₁ observables, qui bien évidemment est très pertinent, est établi PAR LES RÈGLES GÉNÉRALES DE LA LANGUE à partir des indications contenues dans les syntactiques des éléments réunis et/ou (s'il y a lieu) des relations sémantiques et syntaxiques entre ces éléments; les relations doivent être explicitement spécifiées dans les représentations correspondantes de l'énoncé. (Ce qui vient d'être dit deviendra plus clair après l'examen des exemples cités ci-dessous, en **3.**)

L'ordre que nous choisissons en écrivant les unions des objets linguistiques₁ est dicté par des considérations pédagogiques et la facilité de lecture.

3. Commentaires sur la définition I.2

La nature exacte de la méta-opération $\oplus$ dans un emploi particulier dépend complètement de la nature des opérandes et de leur syntactique. Par conséquent, pour des objets linguistiques₁ de nature différente, l'union $\oplus$ a un contenu tout différent. Nous distinguerons au moins cinq types «primitifs» d'interprétation pour $\oplus$:

1. L'union de deux signifiés, en particulier de deux sens, implique l'AMALGAME de deux réseaux sémantiques selon les règles propres à de tels réseaux : les expressions remplissant la fonction des arguments d'un prédicat sont insérées à leur place dans les expressions prédicatives correspondantes, des composantes sémantiques répétées sont éliminées, etc. [1]

2. L'union de deux *signifiants segmentaux* (définition I.6, §3 de ce chapitre, p. 157) implique leur CONCATÉNATION (ou la concaténation de leurs parties si ce sont des signifiants discontinus, cf. l'exemple hébreu (3) en **1**, §2, chapitre II, p. 124).

(1) français

    a. /marš/ $\oplus$ /ɔ̃/   = /maršɔ̃/ *marchons*;

    b. /rə/ $\oplus$ /definir/ = /rədefinir/ *redéfinir*.

Rappelons que, suivant la convention présentée en **2**, ci-dessus, nous pouvons également écrire pour (1a-b) :

    a′. /ɔ̃/ $\oplus$ /marš/, $\oplus$ {/ɔ̃/, /marš/},   ou bien $\oplus$ {/marš/, /ɔ̃/};

    b′. /definir/ $\oplus$ /rə/, $\oplus$ {/rə/, /definir/}, ou bien $\oplus$ {/definir/, /rə/}.

Quelle que soit l'écriture, dans le résultat final, l'élément /ɔ̃/ suit invariablement le radical et l'élément /rə/ le précède : cela est assuré par le syntactique des morphes correspondants, où il est indiqué que /5/ est un suffixe et /rə/, un préfixe. Comme nous le disions tout à l'heure, l'union ⊕ observe strictement les indications fournies par les syntactiques des opérandes, ce qui garantit un résultat correct (si les syntactiques sont corrects).

(2) arabe

/k-l-b/ ʿchienʾ ⊕ /-i-ā-/ ʿplurielʾ = /kilāb/ ʿchiensʾ.

Dans le syntactique du signe **-i-ā-** (marqueur du pluriel), il est spécifié que c'est un *transfixe* nominal tel que les phonèmes de son signifiant s'intercalent entre les phonèmes du signifiant de la racine d'une façon donnée (la première voyelle est placée entre la première et la deuxième consonne de la racine, la deuxième voyelle entre la deuxième et la troisième consonne).

(3) russe

/nos/ ʿnezʾ ⊕ /í/ ʿpluriel, nominatifʾ = /nasí/ *nosy* ʿles nezʾ,

en vertu d'une règle *morphonologique de surface* (définition VI.9, Sixième partie, chapitre I, § 3) du russe :

$$/\breve{o}/ \Rightarrow /\breve{a}/$$

[«Tout /o/ nonaccentué est remplacé par /a/».]

Comme l'indique la définition I.2, l'union linguistique₁ ⊕ respecte, dans la langue donnée, toutes les règles spécifiques intéressant la combinatoire des unités linguistiques₁ et opère tous les changements qui doivent avoir lieu quand ces unités sont mises ensemble.

(4) Un autre cas russe :

/rugá/ ʿréprimander qqn sévèrementʾ [transitif] ⊕ /t′/ ʿinfinitifʾ ⊕ /s′a/ ʿréfléchiʾ = /rugáca/ ʿréprimander qqn sévèrementʾ [intransitif, c'est-à-dire sans possibilité d'exprimer l'objet sous-entendu], selon une règle *morphonologique profonde* (définition VI.8) du russe :

$$/t′s′/ \Rightarrow /c / \,|\, /t′/ \notin \mathbf{R}_{(\text{Verbe})}$$

[«Toute suite phonémique /t′s′/ devient /c/ — à la condition, pourtant, que /t′/ n'appartienne pas au radical d'un verbe». [2]]

La forme des règles morphonologiques que nous employons est rigoureusement définie dans la Sixième partie, là où commence la discussion des modèles morphologiques. Mais pour faciliter la lecture des nombreux exemples qui apparaissent avant, nous fournissons ci-dessous quelques clarifications concernant les notations adoptées :

| [barre verticale] sépare les conditions contextuelles (à droite) et la règle à proprement parler (à gauche);

non, et, ou, si sont des connecteurs logiques booléens qui relient des conditions particulières;

∈, ∉ signifient ʿest un élément deʾ, ʿn'est pas un élément deʾ;

R est une racine (ou un radical);

Λ est l'ensemble vide (= ʿrienʾ).

D'autres explications seront données au fur et à mesure.

(5) allemand

/vald/ *Wald* 'forêt' $\oplus$ /er/ *er* 'pluriel' = /vélder/ *Wälder* 'forêts',

puisque le syntactique du suffixe pluriel -**er** prescrit l'alternance obligatoire /a/ $\Rightarrow$ /ɛ/ dans le radical nominal dont le signifiant contient /a/ et auquel -**er** vient se joindre.

Nous voyons que même dans le cas de deux signifiants segmentaux, l'union $\oplus$ est loin d'être une simple concaténation.

3. L'union d'un signifiant segmental avec un *signifiant* **suprasegmental** (définition I.8, §3, p. 157) implique la SUPERPOSITION du dernier sur le premier. Ci-dessous un exemple fictif :

(6) /abare/ 'couper' $\oplus$ /⁻ ⁻ ⁻/ 'perfectif'= /ábàrè/ 'avoir coupé'

[ici ´ dénote le ton haut et `, le ton bas].

On verra quelques exemples réels de l'union des signifiants suprasegmentaux avec des signifiants segmentaux dans le chapitre III de la Cinquième partie.

4. L'union d'un signifiant entité ou d'un syntactique avec une opération (alternance, réplique₁ ou conversion₁) implique l'APPLICATION de la dernière au premier.

(7) anglais

/fut/ *foot* 'pied' $\oplus$ /u/ $\Rightarrow$ /ī/ 'pluriel' = /fīt/ 'pieds';

cet exemple montre l'application d'une alternance à un signifiant segmental.

(8) Encore en anglais, l'expression

[Σ = nom,...] $\oplus$ [Nom $\Rightarrow$ Verbe] = [Σ = verbe,...]

illustre l'application d'une conversion₁ à un syntactique. C'est le phénomène que nous pouvons observer dans les paires comme (*a*) *bomb* 'bombe' $\sim$ (*to*) *bomb* 'bombarder', (*a*) *whip* 'fouet' $\sim$ (*to*) *whip* 'fouetter', (*a*) *hammer* 'marteau' $\sim$ (*to*) *hammer* 'frapper avec un marteau', etc., où le remplacement du trait de syntactique [= de la partie du discours] «nom» par le trait «verbe» signifie 'soumettre à l'action de...'.

5. L'union de deux syntactiques implique l'UNION ENSEMBLISTE qui forme le syntactique de l'objet linguistique₁ produit par l'union de deux objets de départ (dont les syntactiques sont unis).

En nous appuyant sur ces types de base d'union linguistique₁, nous pouvons maintenant caractériser l'union des signes linguistiques₁.

L'union $\oplus$ de deux signes $\mathbf{s_1}$ et $\mathbf{s_2}$ se fait *grosso modo* «par étage» : on fait l'union de leurs signifiés 's₁' et 's₂', puis l'union de leurs signifiants *s₁* et *s₂* et, enfin, l'union de leurs syntactiques Σ_{s_1} et Σ_{s_2} (s'il y a lieu).

De façon formelle :

(9) $\mathbf{s_1} \oplus \mathbf{s_2} = \langle \text{'s}_1\text{'} \oplus \text{'s}_2\text{'}; s_1 \oplus s_2; \Sigma_{s_1} \oplus \Sigma_{s_2} \rangle$.

Reprenons ici l'exemple (5) précédent :

(5′) allemand

Wald $\oplus$ **er** =

= $\langle$'forêt' $\oplus$ 'pluriel'; /vald/ $\oplus$ /er/; Σ_{Wald} = nom, masc,…$\rangle$ =

= $\langle$'forêts'; /vélder/; nom, masc,…$\rangle$.

Ici, le syntactique du suffixe **-er**, bien qu'il ne soit pas vide$_1$, n'ajoute rien au syntactique de la racine, ce dernier constituant à lui seul le syntactique du mot-forme entier. Dans ce cas-là, l'union des deux syntactiques ne doit pas se faire.

Remarquons que l'expression *grosso modo* est nécessaire dans la caractérisation de l'union des signes linguistiques$_1$ formulée ci-dessus pour la raison suivante : dans certaines circonstances, l'union «par étage» est violée. Voici trois cas de figures possibles de ce type de violation dans la situation

$$s_1 \oplus s_2.$$

1. Une conversion$_1$ peut être le SIGNIFIÉ du signe s_2 (par exemple, d'un suffixe du passif); ce signifié est alors une commande de changer, d'une certaine façon, le syntactique de s_1 (s_1 étant un radical verbal), plus précisément, sa *diathèse* : voir Deuxième partie, chapitre II, §4, définition II.35). Cependant, une telle conversion$_1$ ne «s'unit» évidemment pas au signifié du signe s_1, mais à son SYNTACTIQUE.

2. Une conversion$_1$ peut être aussi le SIGNIFIANT du signe s_2 (= d'une conversion$_2$). Bien entendu, elle ne «s'unit» pas non plus au signifiant du signe s_1, mais, encore une fois, à son SYNTACTIQUE.

3. Une alternance que le signe s_2 provoque dans les signifiants de ses voisins peut être spécifiée dans le SYNTACTIQUE de s_2; cependant, elle ne «s'unit» pas au syntactique de s_1, mais à son SIGNIFIANT.

Il est aisé de voir que toutes les déviations observées de l'union des signes linguistiques$_1$ par composante sont liées, d'une façon ou d'une autre, aux syntactiques.

Nous nous sommes permis de faire abstraction de ces complications pour obtenir une formulation simple et transparente.

? 9 1. Dans la caractérisation ci-dessus de l'union de deux signes, il est dit «on fait…, puis…, enfin…». Croyez-vous que cela présuppose une séquence temporelle ('avant' ~ 'après')?

2. Toujours dans cette même caractérisation, la description de l'union des signes exige des précisions, comme nous venons de l'indiquer. Formulez la règle exacte pour l'union des signes linguistiques$_1$.

Avant de continuer, soulignons un fait qui s'avère fort important pour l'exposé ultérieur. La façon dont nous avons introduit et défini la méta-opération $\oplus$ suppose que tous les objets linguistiques$_1$ qui sont censés la subir ne sont qu'ADDITIFS. Autrement dit, dans notre approche, la langue naturelle connaît, en tant que MÉTA-opération, seulement l'ADDITION : nous n'admettons pas la soustraction. Il s'ensuit, entre autres, que tous les affixes sont nécessairement additifs; dans les cas où l'on parle d'«affixes soustractifs» il s'agit d'un malentendu ou d'une maladresse logique. La même chose est vraie pour les opérations linguistiques$_1$: même l'opération de troncation est additive, puisqu'on l'AJOUTE (= on l'applique) à un signifiant. (C'est son «contenu», c'est-à-dire l'élimination effectuée, qui est soustractif.) Nous retournerons au problème de l'additivité inhérente aux objets linguistiques$_1$ dans la Cinquième partie, chapitre II, §1, **2.5**. N'oublions cependant pas que le signifié d'un signe additif peut très bien être négatif : ajouté à un signifié $'\sigma'$, le signifié négatif $'-\sigma_1'$ «biffe» certains éléments à l'intérieur du $'\sigma'$. Par exemple, en ajoutant le sens de *faux* au sens de *diamant*, nous modifions le sens de ce dernier lexème en lui enlevant des éléments comme $'$précieux$'$, etc. Pour une illustration de signifié négatif morphologique (dérivatème du décausatif), voir Deuxième partie, chapitre IV, §2, **2.5**.

Dorénavant nous parlerons beaucoup de l'union linguistique$_1$ $\oplus$, surtout telle qu'elle est appliquée aux signes entiers. (L'application de $\oplus$ aux composantes individuelles de signes nous intéressera moins.) Ayant ainsi caractérisé cette opération maîtresse, tout est en place pour attaquer deux autres concepts centraux de la morphologie : la représentabilité et la quasi-représentabilité des objets linguistiques$_1$.

NOTES

[1] (3, 1, p. 139). La technique de l'amalgame des réseaux sémantiques n'intéresse pas spécialement la morphologie, ce qui nous permet de nous limiter ici à un exemple très approximatif. Soit la phrase (i) :

(i) *Marie est l'épouse de Guy.*

Il s'agit de la «comprendre» ou, techniquement parlant, d'obtenir son réseau sémantique global. On a d'abord trois réseaux sémantiques partiels qui correspondent aux trois lexèmes MARIE, ÉPOUSE et GUY :

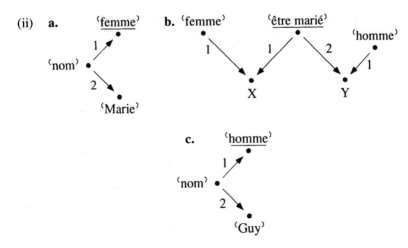

L'amalgame sera effectué par des règles syntaxiques et sémantiques; la résultante en sera (iii) :

(iii)

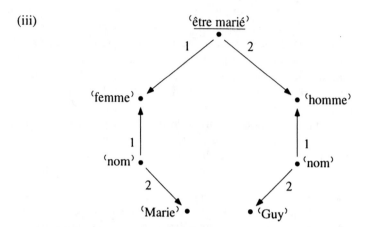

(le soulignement distingue le prédicat central, ou le nœud dominant).

Un lecteur avisé reconnaîtra immédiatement la parenté théorique entre l'amalgame des réseaux sémantiques et les règles de projection de la grammaire générative (introduites d'abord par J.J. Katz et élaborées intensément depuis; voir, par exemple, Fodor 1980 : 64, 66-69 ssq.).

[2] (**3**, exemple (4), p. 140). La condition de cette règle peut être violée (et la règle, par conséquent, ne s'applique pas) quand un verbe réfléchi dont le radical se termine par /t´/ est à l'impératif, 2sg :

/trát´/ ʿdépense!ʾ ⊕ /s´a/ ʿréfléchiʾ =
/trát´s´a/ ʿdépense ton (propre) argent!ʾ, et non pas */tráca/;
comparez, pourtant :
/trát´it´/ ʿdépenserʾ [infinitif] ⊕ /s´a/ =
= /trát´ica/ ʿdépenser son (propre) argentʾ
(la prononciation /trát´it´s´a/ est aussi possible dans un style très soutenu, mais elle est considérée comme pédante).

REPRÉSENTABILITÉ ET
QUASI-REPRÉSENTABILITÉ
DES OBJETS LINGUISTIQUES₁

1. Représentabilité, concept de départ

Nous commençons par la définition du concept qui sous-tend toutes les discussions ultérieures dans le CMG.

Définition I.3 : représentabilité

Un objet linguistique₁ X est appelé *représentable en termes des objets linguistiques₁ $X_1, X_2, \ldots, X_n$ et de la méta-opération* $\oplus$ si et seulement si X peut être représenté comme le résultat de l'application de l'opération $\oplus$ à $X_1, X_2, \ldots, X_n$, c'est-à-dire si X peut être écrit comme :
$$X = \oplus \{X_1, X_2, \ldots, X_n\},$$
ou sous une forme équivalente :
$$X = X_1 \oplus X_2 \oplus \ldots \oplus X_n.$$

Le concept de représentabilité est applicable à tout objet linguistique₁, signe aussi bien que non-signe. On peut parler des phrases représentables en termes de lexèmes et de constructions syntaxiques (et, bien sûr, de l'union $\oplus$); des mots-formes représentables en termes de morphes, d'alternances et de $\oplus$; des signifiés complexes représentables en termes de signifiés plus simples et de $\oplus$; des signifiants représentables en termes d'autres signifiants, d'alternances et de $\oplus$; etc.

Exemples

(1) En cingalais, le signifiant de la forme verbale :

/karamvā/ 'que je fasse' [1sg du subjonctif]

est représentable en termes :
– des trois signifiants segmentaux suivants :
    1) /kara/ 'faire' [radical],
    2) /mi/ '1sg',
    3) /vā/ 'subjonctif';

– de l'alternance de troncation :

$$/i/ \Rightarrow \Lambda \ \Big| \ \textbf{non} \ (\text{———} \ \# \ \textbf{ou} \ \left\{ \begin{matrix} /h/ \\ /j/ \end{matrix} \right\} \text{———});$$

– et de l'union $\oplus$.

[Pour la forme de la règle de troncation, voir §1 de ce chapitre, **3**, après l'exemple (4), p. 140; conventions supplémentaires : # dénote la pause à la fin du mot-forme, ____ indique la position dans laquelle la transformation décrite a lieu, et les accolades, selon la pratique courante, symbolisent la disjonction stricte.]

(2) Le mot-forme français **canaux** est représentable en termes du morphe **canal**, de l'apophonie $A_{PL}^{al \Rightarrow o}$ et de la méta-opération $\oplus$:

    a. canaux = canal $\oplus A_{PL}^{al \Rightarrow o}$ = $\oplus$\{canal, $A_{PL}^{al \Rightarrow o}$\}.

Nous pouvons en donner une écriture équivalente mais plus développée :

    b. $\langle$'canal', pluriel'; /kano/; nom, masc, $A^{al \Rightarrow o}$,...$\rangle$ =

    = $\langle$'canal'; /kanal/; Σ_1 = nom, masc, $A^{al \Rightarrow o}$,...$\rangle \oplus$

$\oplus \langle$'pluriel'; /al/ $\Rightarrow$ /o/; Σ_2 = s'applique aux noms marqués $A^{al \Rightarrow o}$,...$\rangle$ =

    = $\langle$'canal' $\oplus$ 'pluriel'; /kanal/ $\oplus$ /al/ $\Rightarrow$ /o/; $\Sigma_1 \rangle$.

(3) Le mot-forme hongrois

    a. borral 'avec du $\langle$par le$\rangle$ vin' [SG.INSTR]

    est représentable en termes

    – de quatre morphes suivants :

        1) **bor** 'vin',

        2) **-Ø** 'nonpossédé',

        3) **-Ø** 'singulier',

        4) **-vel** 'instrumental';

    – de deux alternances [1]

1) /e/ $\Rightarrow$ /a/	1) /e/ $\in$ **Suf**(fixe);
	2) le radical contient des voyelles postérieures
et	
2) /v/ $\Rightarrow$ /C/	1) /v/ $\in$ **vel**;
	2) /C/ ____

    – et de $\oplus$.

Le résultat se présente comme suit :

    b. borral = bor $\oplus$ vel $\boxed{\oplus /e/ \Rightarrow /a/ \oplus /v/ \Rightarrow /C/}$

Notons que les deux alternances encadrées en (3b) peuvent être omises (dans une écriture abrégée), parce que ce sont des *règles morphonologiques profondes* du hongrois et, comme telles, elles doivent être respectées (= effectuées) par la méta-opération $\oplus$. Si on les omet, la représentation simplifiée qui en résulte :

    c. borral = bor $\oplus$ vel

s'appelle *canonique* (voir ci-dessous).

2. Commentaires sur la définition I.3

Deux points importants semblent appeler des éclaircissements supplémentaires :

– le contenu du concept de représentabilité appliqué aux signes linguistiques₁;

– la forme canonique de représentation des signes.

2.1. Qu'est-ce que signifie la représentabilité pour les signes linguistiques₁?

Si un signe linguistique₁ X est représentable en termes d'au moins deux signes X_1 et X_2 et de l'union $\oplus$, avec possibilité d'alternances A_i, cela veut dire que :

• Le signifié de X est représentable en termes du signifié de X_1, du signifié de X_2 et de $\oplus$ ou bien il coïncide avec le signifié de X_1 [si le signifié de X_2 est une indication de changement du syntactique de X_1, donc une *conversion₁*; tel est le cas des affixes de voix ou de dérivation purement syntaxique].

• Le signifiant de X est représentable en termes du signifiant de X_1, du signifiant de X_2 et de $\oplus$, avec possibilité d'alternances A_i', ou bien il est soit représentable en termes du signifiant de X_1, des alternances A_i et de $\oplus$, soit identique au signifiant de X_1 [si le signifiant de X_2 est une indication de changement du syntactique de X_1, donc une conversion₁, comme dans le cas des *conversions₂*].

• Le syntactique de X est représentable en termes du syntactique de X_1,

du $\begin{Bmatrix} \text{syntactique} \\ \text{signifié} \\ \text{signifiant} \end{Bmatrix}$ de X_2 et de $\oplus$; la disjonction mise entre deux accolades est

due au fait que l'opération de changement du syntactique peut être le signifié d'un signe (par exemple, dans un affixe de voix) ou le signifiant d'un signe (par exemple, dans une conversion₂).

Exprimée symboliquement, l'union de deux signes prend une des trois formes suivantes :

(I) $\quad s_1 \oplus s_2 = \langle \text{`}s_1\text{'} \oplus \text{`}s_2\text{'}; \, s_1 \oplus s_2; \, \Sigma_{s_1} \oplus \Sigma_{s_2} \rangle.$

Sous sa forme complète, avec l'union de deux syntactiques «pleins», cette variante semble rare en morphologie; elle est par contre assez typique au niveau de la syntaxe de surface, où les syntagmes₁ (= les groupes de mots) sont formés et le syntactique du syntagme₁ est dérivé à partir des syntactiques de ses composantes. [2] Toutefois, sous une forme «dégénérée», la variante (I) est le type le plus courant d'union des signes en morphologie : Σ_{s_2} ne change pas Σ_{s_1}, et le syntactique du résultat n'inclut que le syntactique d'une de ses composantes : $\Sigma_{[s_1 \oplus s_2]} = \Sigma_{s_1}$. Ainsi le syntactique d'un affixe, qui détermine sa propre combinabilité, n'affecte normalement pas le syntactique du radical auquel cet affixe s'attache.

(II) $\quad s_1 \oplus s_2 = \langle \text{`}s_1\text{'}; \, s_1 \oplus s_2; \, \Sigma_{s_1} \oplus \text{`}s_2\text{'} \rangle.$

La variante (II) décrit l'union de deux signes dont l'un — dans cet exemple, s_2 — a comme signifié une conversion$_1$, c'est-à-dire une transformation du syntactique de l'autre signe. Cela peut être le cas d'un suffixe de voix (tel que le suffixe passif en latin) : son signifié 's_2' est une instruction de changer la correspondance entre les actants sémantiques du lexème en cause et ses actants syntaxiques. (Pour plus de détail, voir Deuxième partie, chapitre II, §4, définition II.36.)

$$(III) \quad s_1 \oplus s_2 = \langle {}^\prime s_1{}^\prime \oplus {}^\prime s_2{}^\prime; \, s_1; \, \Sigma_{s_1} \oplus s_2 \rangle.$$

La variante (III) décrit l'union de deux signes dont l'un ($= s_2$) est une conversion$_2$; son signifiant s_2 est une conversion$_1$, c'est-à-dire une instruction de changer le syntactique du premier signe.

Le lecteur comprendra mieux le contenu des formules (I) - (III) après avoir étudié la Cinquième partie. Nous lui conseillons de se satisfaire pour le moment d'une compréhension approximative de la sous-section **2.1** pour y retourner encore une fois, muni de connaissances plus riches et plus approfondies.

2.2. Forme canonique de la représentation morphologique. En construisant des exemples de représentations de signes linguistiques$_1$, nous nous proposons d'observer le principe méthodologique suivant :

Sauf mention expresse du contraire, dans nos exemples, la représentation d'un signe est la plus profonde possible (bien entendu, au niveau considéré).

Une telle représentation est appelée *canonique* et, dans la plupart des cas, nous aurons affaire à des représentations canoniques. Soit, par exemple, un signe **X** représentable en termes de deux signes **Y** et **Z** :

$$X = Y \oplus Z;$$

en même temps, **Y** est représentable en terme du signe **Y′** et de l'alternance **A′** :

$$Y = Y' \oplus A',$$

Z étant non représentable.

Alors la *représentation canonique* de **X** est

$$X = Y' \oplus Z,$$

l'alternance **A′** étant «comprise» dans $\oplus$. (La représentation $X = Y \oplus Z$ est tout à fait correcte mais non canonique.)

En d'autres mots, la représentation canonique n'utilise que les signes *élémentaires* et, parmi les morphes, elle ne recourt qu'à des *morphes de base* (voir Cinquième partie, chapitre II, §4, définition V.30). Dans l'exemple (3) ci-dessus, une représentation non canonique du mot-forme **borral** serait

$$borral = bor \oplus ral.$$

Pourtant le morphe **-ral** est «fabriqué» à partir du morphe de base **-vel** à l'aide des alternances indiquées (/e/ $\Rightarrow$ /a/ et /v/ $\Rightarrow$ /C/); si nous réduisons **-ral** à son morphe de base, nous obtenons la représentation canonique (3c) :

$$\text{borral} = \text{bor} \oplus \text{vel}.$$

3. Quasi-représentabilité

Le concept de représentabilité ne suffit cependant pas pour décrire la réalité fort complexe des langues naturelles. Le problème est qu'on y trouve un certain nombre de signes qui, sans être intuitivement élémentaires, ne sont pas représentables en termes d'autres signes : ils ne sont que PARTIELLEMENT représentables. Plus précisément, il y a des signes dont le signifié est représentable en termes des signifiés d'autres signes, alors que leur signifiant n'est pas représentable en termes des signifiants de ces autres signes; et vice versa : on trouve des signes dont le signifiant est représentable alors que leur signifié ne l'est pas. Cela nous amène au concept de quasi-représentabilité, qui se présente sous la forme de deux variantes :

– quasi-représentabilité dans le signifié;

– quasi-représentabilité dans le signifiant.

3.1. Quasi-représentabilité dans le signifié. Nous commençons par une définition, que nous allons illustrer et commenter par la suite.

Définition I.4 : quasi-représentabilité dans le signifié

Un signe **X** est appelé *quasi représentable dans son signifié en termes des signes* **X$_1$**, **X$_2$**, ..., **X$_n$** *et de la méta-opération* $\oplus$ si et seulement si les deux conditions suivantes sont simultanément vérifiées :

1. Le signifié '**X**' est représentable en termes des signifiés '**X$_1$**', '**X$_2$**', ..., '**X$_n$**' et de $\oplus$, mais le signifiant X n'est pas représentable en termes des signifiants X_1, X_2, ..., X_n et de $\oplus$.

2. Les signifiés ('**X$_1$**',) '**X$_2$**', ..., '**X$_n$**' [c'est-à-dire tous les '**X$_i$**' sauf peut-être un] sont grammaticaux [3] dans la langue en question.

Notations

Utilisant le symbole $\cong$ pour 'quasi représentable', nous pouvons écrire :

$$\mathbf{X} \underset{\text{signifié}}{\cong} \oplus \{\mathbf{X_1}, \mathbf{X_2}, ..., \mathbf{X_n}\} =$$

$$= \quad 1. \ '\mathbf{X}' = \oplus\{'\mathbf{X_1}', '\mathbf{X_2}', ..., '\mathbf{X_n}'\},$$
$$X \neq \oplus\{X_1, X_2, ..., X_n\};$$
$$2. \ ('\mathbf{X_1}',) '\mathbf{X_2}', ..., '\mathbf{X_n}' \text{ sont des signifiés grammaticaux}$$
[= parmi les '**X$_i$**', il n'y a pas plus d'un qui n'est pas grammatical].

Un signe quasi représentable dans son signifié de la façon définie ci-dessus est une *forme supplétive d'un lexème* (Cinquième partie, chapitre VI, **2.2**, définition V.61).

Exemples
(4) Le signe français
ont = ⟨'avoir, ind, prés, 3, pl'; /ɔ̃/; verbe, auxiliaire, ...⟩

est quasi représentable dans son signifié en termes des trois signes suivants :
1) **av(-oir)**   = ⟨'avoir'; /av/; racine, verbe, auxiliaire, ...⟩;
2) -$Ø_{\text{IND.PRÉS}}$ = ⟨'ind, prés'; /Λ/; suffixe verbal, ...⟩;
3) **-ent**   = ⟨'3, pl'; /Λ/; suffixe verbal, ...⟩.

Remarque. Il est intéressant de noter, dans la représentation du dernier signe, l'écart entre l'orthographe et la prononciation. Si nous voulions travailler avec le français écrit, nous pourrions écrire autrement :
-ent = ⟨'3, pl'; *ent*; suffixe verbal, ...⟩.

En effet, le signifié du mot-forme **ont** peut être construit à partir des autres signifiés selon les règles standard du français :
'avoir, ind, prés, 3, pl' = ⊕{'avoir', 'ind, prés', '3, pl'};
les signifiés 'ind, prés', et '3, pl' sont grammaticaux en français.
Mais le signifiant de **ont** ne peut aucunement être construit selon des règles standard du français à partir des signifiants desdits signes :
/ɔ̃/ ≠ ⊕{/av/, /Λ/, /Λ/}.
La forme **ont** n'est donc ni un signe intuitivement élémentaire (puisque son signifié est décomposable), ni un complexe de signes «libre» (puisque son signifiant n'est pas décomposable). C'est un *mégamorphe fort* (Cinquième partie, chapitre VI, **3**, définition V.60). [4]

Les signes de ce type ne sont pas très répandus mais on les rencontre quand même dans beaucoup de langues. En voici des exemples anglais bien connus : **am, are, is, was, were.**

$\boxed{\begin{array}{l}? \\ 10\end{array}}$ Le cas de l'anglais (*I*) *go* ~ (*I*) *wen+t* est différent des exemples ci-dessus; pourquoi?

La notion de quasi-représentabilité dans le signifié est donc nécessaire pour décrire des cas particuliers de supplétion, à savoir des mégamorphes.

Commentaire sur la définition I.4

La condition 2 de la définition permet de distinguer entre des cas comme (*nous*) **sommes** et **neveu**. Les signifiés des deux signes sont représentables (en termes d'autres signifiés français) :
'sommes' = 'être' ⊕ 'ind, prés' ⊕ '1, pl',

ᶜneveu⌐ = ᶜfils⌐ ⊕ ᶜde la sœur ou du frère⌐;
leurs signifiants ne le sont pas. Cependant, on perçoit immédiatement la différence profonde qui sépare ces deux cas : **sommes** est une forme grammaticale de ÊTRE, alors que **neveu** n'est pas une forme grammaticale de FILS, ou de SŒUR, ou de FRÈRE. La condition 2 rend compte de cette intuition. Le signifié de **sommes** contient ᶜêtre⌐ plus deux signifiés grammaticaux : ᶜprés, ind⌐ et ᶜ1, pl⌐; les signes correspondants sont : -Ø$_{IND.PRÉS}$ (suffixe zéro du présent de l'indicatif, que nous trouvons dans /parl+Ø+ɔ̃/ *parlons*, /šãt+Ø+ɔ̃/ *chantons*, etc., opposés à /parl+j+ɔ̃/ *parlions* [imparfait] ou /parl+ər+ɔ̃/ *parlerons*) et **-ons**. Par conséquent, **sommes** est considéré comme un mégamorphe fort (exprimant l'ensemble de trois **morphèmes** : {ÊTRE}, {PRÉS.IND}, {1PL}). Par contre, le signifié de **neveu** ne contient pas de signifié grammatical et n'est pas considéré comme quasi représentable dans son signifié; ce n'est donc pas un mégamorphe mais un simple morphe (= un signe élémentaire).

Sans la condition 2, presque tout signe linguistique₁ se trouverait quasi-représentable dans son signifié, puisque l'analyse des signifiés comme tels n'est presque pas limitée. La condition 2 empêche donc que tout signe devienne un mégamorphe.

Le cas du suffixe verbal français **-ons** est différent. Son signifié est complexe : ᶜ1^{re} personne⌐ et ᶜpluriel⌐. Cependant, ces deux composantes du signifié de **-ons** ne sont pas elles-mêmes des signifiés : elles ne sont que des fragments de signifié. La personne et le nombre ne sont jamais exprimés dans le verbe français de façon indépendante : le français n'a pas de signes séparés voulant dire ᶜ1^{re} personne⌐ ou ᶜpluriel (verbal)⌐; les deux **grammèmes** ne s'expriment que de façon fusionnée, par un **morphe cumulatif**. À cause de cela, **-ons** ne satisfait pas la première condition de la définition I.4. (Voir chapitre II de cette partie, §1, **2.2**, 2, p. 113.)

3.2. Quasi-représentabilité dans le signifiant. Considérons maintenant le deuxième type de quasi-représentabilité.

Définition I.5 : quasi-représentabilité dans le signifiant

> Un signe **X** est appelé *quasi représentable dans son signifiant en termes des signes* **X₁, X₂, …, Xₙ** *et de la méta-opération* ⊕ si et seulement si les deux conditions suivantes sont simultanément vérifiées :
> 1. Le signifiant X est représentable en termes des signifiants X_1, X_2, …, X_n et de ⊕, mais le signifié ᶜX⌐ n'est pas représentable en termes des signifiés ᶜX₁⌐, ᶜX₂⌐, …, ᶜXₙ⌐ et de ⊕.
> 2. Si le signifié ᶜX⌐ est une signification lexicale [voir chapitre V, §4, définition I.37, p. 323], alors ᶜX⌐ a au moins une composante commune non triviale avec au moins l'un des signifiés ᶜX₁⌐, ᶜX₂⌐, …, ᶜXₙ⌐.

(Pour composante sémantique commune non triviale, voir chapitre I de cette partie, note 5, p. 105.)

Notations

$$X \underset{\text{signifiant}}{\cong} \oplus\{X_1, X_2, ..., X_n\} =$$

$$= \quad 1. \quad X = \oplus\{X_1, X_2, ..., X_n\},$$
$$\text{'X'} \neq \oplus\{\text{'X}_1\text{', 'X}_2\text{', ..., 'X}_n\text{'}\};$$

2. **si** 'X' est une signification lexicale,
   alors 'X'∩('X$_1$'∪'X$_2$'∪ ... ∪'X$_n$') ≠ Λ, et la composante sémantique commune est non triviale.

Un signe quasi représentable dans son signifiant de façon définie ci-dessus est un ***complexe phraséologisé de signes***, ou un ***phrasème*** (Cinquième partie, chapitre VIII, définition V.62).

Exemples

(5) Des expressions françaises comme *tomber dans les pommes* 's'évanouir', *avoir un poil dans la main* 'être paresseux', *cordon bleu* 'une bonne cuisinière', *à la tête de* 'en position de diriger' sont des phrasèmes ou des signes quasi représentables dans leur signifiant. Ce signifiant est construit, de façon toute régulière, à partir des signifiants des lexèmes français, suivant toutes les règles de la syntaxe française. Par contre, leur signifié ne peut pas être composé des signifiés de leurs lexèmes constitutifs.

(6) Le signe russe
   a.
   ručk(-a)^2 = ⟨'stylo'; /ručk/; radical, nom, fém, Ire décl(inaison),...⟩ [5]

   est quasi représentable dans son signifiant en termes de deux signes élémentaires suivants :
   b.
   ruk = ⟨'main/bras'; /ruk/; radical, nom, fém, Ire décl, ...⟩
   et
   -ok = ⟨'petit et/ou plaisant'; /ok/; suffixe dériv. du nom, palatalise le radical précédent selon le schéma /k/ $\Rightarrow$ /č/, /g/ $\Rightarrow$ /ž/, ...⟩,
   et les deux alternances :

$$/k/ \Rightarrow /č/$$

   et

$$/o/ \Rightarrow Λ.$$

Cela veut dire que le signifiant du radical du nom **ručk(-a)^2** 'stylo' peut être construit selon les règles standard du russe : il suffit de concaténer les signifiants du signe **ruk** (un ***allomorphe*** du morphème {RUK(+a) 'main/ bras'}) et du signe **-ok** (un allomorphe du morphème {-K/-OK 'diminutif'}) et d'y appliquer les alternances indiquées, de façon que toutes les exigences des syntactiques des deux signes soient respectées :

    c. /ručk/ = $\oplus$ {/ruk/, /ok/}.

NB : La représentation (6c) est une représentation CANONIQUE (voir plus haut, p. 148), c'est-à-dire une représentation en termes de signifiants de (***allo-***) ***morphes de base*** (ce dernier concept est introduit dans la Cinquième partie, chapitre II, §4, **4.1**, définition V.30). Une représentation non canonique, plus proche de la surface morphologique, serait comme suit :

    d. /ručk/ = $\oplus$ {/ruč/, /k/}.

Par contre, le signifié de **ručka**^{2}, c'est-à-dire, ʿstyloʾ, ne peut pas être construit selon les règles standard du russe à partir des signifiés des signes **ruk** et **-ok** :

    ʿstyloʾ $\neq$ $\oplus$ {ʿmain/brasʾ, ʿpetit et/ou plaisantʾ},

c'est-à-dire :

    ʿstyloʾ $\neq$ ʿune petite mainʾ.

Cependant, on remarque que :

    ʿstyloʾ = ʿinstrument pour écrire conçu pour être tenu à la mainʾ,

de telle sorte que ʿstyloʾ inclut ʿmainʾ (voir la réserve formulée à propos des mots-formes dans la définition I.5). *Eo ipso*, **ručka**^{2} n'est ni un signe élémentaire (puisque son signifiant est bien décomposable), ni un complexe de signes «libre» (puisque son signifié n'est pas décomposable). C'est un ***phrasème morphologique***, ou un complexe phraséologisé des «ex-morphes», qui, au sein d'un tel complexe, deviennent des ***morphoïdes*** (Cinquième partie, chapitre II, § 5, **6.2**, définition V.44).

Les signes lexicaux de ce type sont monnaie courante dans les langues naturelles. Voici quelques exemples français :

    (7) **fixation** [de ski], **papillonner** [dans les deux sens : ʿs'agiter comme des ailes d'un papillonʾ ~ ʿpasser d'une chose ou d'une personne à l'autre sans nécessité — comme un papillon passe d'une fleur à l'autreʾ], **embrayage** ou **allumage** [en auto], **croche-pied, croisade** [aux Lieux saints], **bain-marie, arrière-train, porte-avion**, …

    1. Analysez les signes en (7); expliquez pourquoi ils sont tous quasi représentables dans leurs signifiants.

    2. Trouvez vous-mêmes une dizaine de lexèmes français du même type.

Le concept de quasi-représentabilité dans le signifiant est donc nécessaire pour décrire les cas de phraséologisation, qui se produisent partout dans la langue.

Commentaire sur la définition I.5

La réserve faite à propos des radicaux de mots-formes pour la quasi-représentabilité dans le signifiant empêche des décompositions arbitraires et fantaisistes qui peuvent rendre quasi représentable dans son signifiant presque n'importe quel mot-forme. Par exemple, on pourrait dire que le signifiant d'**adhérent** est représentable comme ceci :

$$/\text{aderã}/ = /a/\,à \oplus /de/\,dé \oplus /\text{rã}/\,rang.$$

Il est vrai que cette décomposition peut être rejetée en faisant appel aux syntactiques des signes respectifs, mais il y a des cas où les syntactiques n'aident pas; par exemple :

$$/\text{fokɔ̃}/\,faucon = /\text{fo}/\,faux \oplus /\text{kɔ̃}/\,con.$$

Pour éviter de telles décompositions style charade, [6] nous demandons que chaque représentation semblable soit étayée par une «parenté» sémantique : le radical phraséologisé décomposable doit avoir une composante sémantique non triviale en commun avec l'ensemble des **morphoïdes** (voir ci-dessus) qui, selon l'analyste, le composent. Si ce n'est pas le cas, le radical ne sera pas considéré comme quasi représentable dans son signifiant.

À la différence de la représentabilité (voir la remarque qui suit la définition I.3), la quasi-représentabilité n'est applicable qu'à des SIGNES. Cela se comprend puisque la quasi-représentabilité fait jouer simultanément deux composantes du signe — le signifié et le signifiant.

*
*   *

Nous allons maintenant nous occuper d'un cas particulier de représentabilité, la divisibilité linéaire, à cause de l'importance primordiale de ce phénomène dans les langues.

NOTES

[1] (**1**, exemple (3), p. 146). Notations utilisées : /e/ ∈ **Suf** signifie 'Le phonème /e/ fait partie du signifiant d'un suffixe'; /C/ dénote une consonne quelconque.

[2] (**2.1**, (I), p. 147). Cela n'est vrai que pour la syntaxe syntagmatique, c'est-à-dire si l'on utilise le formalisme des constituants (angl. *phrase structure*). Dans la syntaxe de dépendances, l'union des syntactiques ne joue pas de rôle spécial.

[3] (**3**, déf. I.4, p. 149). Le concept «signifié grammatical» [≈ signification grammaticale] est introduit plus loin, dans le chapitre V, §2, **2.2**, p. 264 ssq. Pour le moment, indiquons seulement qu'un signifié grammatical peut être soit flexionnel (ou quasi flexionnel), soit dérivationnel.

[4] (**3**, exemple (4), p. 150). La forme **ont** peut aussi être analysée d'une autre façon. Dans les trois formes verbales semblables qui existent en français — **s+ont, f+ont** et **v+ont** — on peut voir la combinaison d'un morphe radical avec la terminaison de 3pl (présent de l'indicatif) -**ont**. Alors, par analogie, on peut dire que dans le mot-forme **ont** nous avons le morphe radical zéro $\varnothing^{\textbf{avoir}}$, le

suffixe zéro -$Ø_{IND.PRÉS}$ et le suffixe –ont ʿ3, plʾ :

$$ont = Ø^{avoir} \oplus \text{-}Ø_{IND.PRÉS} \oplus \text{-ont.}$$

(Au sujet des radicaux zéro, voir Cinquième partie, chapitre I, §2.) Nous ne pouvons pas discuter ici le choix entre les deux solutions suivantes : 1) ont est un mégamorphe fort (indécomposable dans son signifiant), comme nous l'avons dit dans le texte; ou bien 2) ont est un mot-forme trimorphique régulier, comme nous l'avons proposé dans cette note.

[5] (3.2, exemple (6), p. 152). L'exposant «^{2}» affecté à ručk(-a) indique l'homonymie [ou la polysémie?] entre ručk(-a)^1 ʿpetite mainʾ et ručk(-a)^2 ʿstyloʾ.

[6] (Commentaire sur la déf. I.5, p. 154). Les décompositions du type mentionné sont habituelles dans ce qu'on appelle les *étymologies populaires* (all. *Volksetymologie*). Le phénomène d'étymologie populaire peut être caractérisé comme suit : un mot étranger emprunté dans la langue L change de forme, dans la langue d'emprunt, sous l'influence des mots natifs qui sont phonétiquement semblables; la similitude sémantique la plus vague peut être suffisante. Comparez, par exemple, fr. *choucroute* issu de l'alsacien *sûrkrût* ʿherbe aigreʾ (all. *Sauerkraut*), par attraction de *chou* et de *croûte*. Voici encore quelques exemples d'étymologies populaires en anglais :

carry-all ʿfourre-toutʾ, litt. ʿporte-toutʾ ⇐ fr. *carriole* ʿpetite charretteʾ;

almond furnace ʿtype de fourneau industrielʾ, litt. ʿfourneau d'amandeʾ, où *almond* ⇐ fr. *allemand*;

woodchuck ʿmarmotte d'Amériqueʾ, litt. ʿlance-boisʾ ⇐ algonquin *otček* ʿmarmotteʾ;

penthouse ʿappartement de luxe construit sur le toit d'un immeubleʾ, litt. ʿmaison emprisonnée/refouléeʾ ⇐ ancien fr. *appentis* ⇐ lat. *appendix*.

§3

LA DIVISIBILITÉ LINÉAIRE
DES OBJETS LINGUISTIQUES₁

1. Segmentaux et suprasegmentaux

Nous commencerons par préciser le concept suivant intéressant un type important de signifiants (et de signes) : le signifiant *segmental*. En même temps, nous introduirons un concept apparenté : le signifiant *suprasegmental*. En discutant les signifiants (chapitre II de cette partie, §1, **3.2**, p. 114 ssq.), nous disions que, même dans le cadre plutôt étroit de la morphologie, un signifiant peut être de nature très variée : pas seulement une chaîne de phonèmes, mais aussi un complexe de prosodèmes ou une opération linguistique₁. Toutefois, les signifiants réalisés par des chaînes phonémiques sont les plus répandus; dans n'importe quelle langue, ils constituent une majorité écrasante : presque 100% du stock entier de signifiants ($\boxed{\substack{? \\ 12}}$ pourquoi?). Plus important encore, les mots-formes, qui nous concernent spécialement, sont tous des signes à signifiant phonémique. Ce fait justifie amplement l'introduction du concept et du terme *segmental*.

Définition I.6 : signifiant segmental

‖ Nous appelons *signifiant segmental* un signifiant constitué d'une chaîne de phonèmes et peut-être d'un complexe de prosodèmes.

Définition I.7 : signe segmental

‖ Nous appelons *signe segmental* un signe dont le signifiant est segmental.

Exemples de signes segmentaux : *morphe, mégamorphe, mot-forme.*

Exemples de signes non segmentaux : *suprafixe, réplique₂, apophonie, conversion₂.*

Les signes non segmentaux sont divisés en signes *suprasegmentaux* et signes *opérationnels*.

Définition I.8 : signifiant suprasegmental

‖ Nous appelons *signifiant suprasegmental* un signifiant constitué d'un complexe de prosodèmes.

Définition I.9 : signe suprasegmental

Nous appelons *signe suprasegmental* un signe dont le signifiant est supra-segmental.

Un signe suprasegmental élémentaire est un **supramorphe** (Cinquième partie, chapitre I, §1, **2**, définition V.1); dans le cadre de la morphologie, nous ne considérons qu'un cas particulier de supramorphe, à savoir le **suprafixe** (*idem*, chapitre III, définition V.45).

Les signes opérationnels sont considérés plus loin, dans la Troisième partie, chapitre I, **2**.

2. Divisibilité linéaire

Un signifiant segmental, qui est, par définition, une suite LINÉAIRE (= chaîne) de phonèmes, est susceptible d'être linéairement divisible. Soulignons que la divisibilité linéaire d'un signifiant exige que le signe correspondant soit représentable ou quasi représentable (dans son signifiant) en termes d'autres signes.

Définition I.10 : signifiant linéairement divisible

Soit un signe segmental X qui est représentable ou quasi représentable dans son signifiant en termes des signes X_1, X_2, ..., X_n. Alors :

Un signifiant segmental /X/ est appelé *linéairement divisible en signifiants segmentaux* /X_1/, /X_2/, ..., /X_n/ si et seulement si /X/ est représentable en termes de /X_1/, /X_2/, ..., /X_n/ et de la méta-opération $\oplus$, qui, dans ce cas, est une concaténation de signifiants ou de parties bien spécifiés de signifiants.

L'exigence de (quasi-)représentabilité du signe X est nécessaire pour exclure les décompositions style charade (par exemple, *confort = con$\oplus$fort*, etc.) où les conditions purement syntaxiques de cooccurrence sont respectées; la (quasi-)représentabilité, elle, ajoute la condition de parenté sémantique : voir la définition I.5, §2 de ce chapitre, p. 151.

Définition I.11 : signe linéairement divisible

Un signe segmental X est appelé *linéairement divisible en signes segmentaux* X_1, X_2, ..., X_n si et seulement si X est représentable en termes de X_1, X_2, ..., X_n et de la méta-opération $\oplus$ et que son signifiant /X/ est linéairement divisible en signifiants /X_1/, /X_2/, ..., /X_n/.

Exemples

(1) Le mot-forme anglais **antidisestablishmentarianism** est linéairement divisible comme suit :

      anti $\oplus$ **dis** $\oplus$ **establishment** $\oplus$ **arian** $\oplus$ **ism**.

(2) Le mot-forme français **au** n'est pas linéairement divisible; cependant, il est quasi représentable dans son signifié :

$$\textbf{au} \underset{\text{signifié}}{\cong} \oplus\{\text{à}, \textbf{le}\},\ ^1$$

c'est-à-dire ⟨au⟩ = $\oplus\{$⟨à⟩, ⟨le⟩$\}$, mais /o/ $\neq \oplus\{$/a/, /lə/$\}$.

(3) Le mot-forme arabe **rusūm** ⟨dessins⟩ est linéairement divisible en **r-s-m** ⟨dessin⟩ et **-u-ū-** ⟨pluriel [nominal]⟩.

(4) Le mot-forme roumain /kr′énʒ′/ **crengi** ⟨branches⟩ n'est pas linéairement divisible; pourtant il est représentable en termes de la racine /kr′áng/ **creang-** ⟨branche⟩ et de l'apophonie du pluriel $A_{\textbf{PL}}^{C \Rightarrow C'}$ (qui n'est pas un signe segmental) :

$$/\text{kr}′\text{énʒ}′/ = /\text{kr}′\text{áng}/ \oplus A_{\textbf{PL}}^{C \Rightarrow C'}.$$

Le pluriel est exprimé ici par une palatalisation spéciale de la dernière consonne de la racine : /g/ $\Rightarrow$ /ʒ′/ [ce qui est représenté, au niveau de l'orthographe, par un *i* muet; l'alternance /a/ $\Rightarrow$ /e/ est automatiquement entraînée par l'apophonie de palatalisation].

On trouve, dans les langues, des signes segmentaux qui ne sont pas linéairement divisibles, mais qui sont quand même représentables en termes d'autres signes segmentaux et de l'opération $\oplus$ (qui se manifeste, dans ce cas, comme concaténation dans le sens ci-dessus). Une telle situation s'obtient grâce aux alternances de fusion, qui peuvent «effacer» une suture (= une frontière) morphologique. On le voit bien dans les signes russes du type suivant :

/flót/ ⟨marine⟩ + /sk/ [suffixe adjectivalisateur]($+ij$) ⟨de (la) marine⟩
$\Longrightarrow$/flóck/($+ij$),

où l'alternance /t+s/ $\Longrightarrow$ /c/ rend le radical /flóck/ linéairement indivisible (il reste, bien entendu, représentable!).

Les signes du type de /flóck/ sont des ***mégamorphes faibles*** : voir Cinquième partie, chapitre II, **2.1**, définition V.62; voir aussi le paragraphe suivant de ce chapitre, après l'exemple (11), le point 2, p. 165.

3. Divisibilité linéaire et concaténation

Comme nous l'avons déjà dit (cf. §1 de ce chapitre, **3**, 2, p. 139), par rapport aux signifiants segmentaux, la méta-opération d'union $\oplus$ apparaît comme une concaténation soit de chaînes signifiantes (l'exemple (1)), soit de leurs souschaînes (l'exemple (3)). Nous voyons donc qu'un signifiant (et le signe correspondant) est linéairement divisible même si les parties de l'un des signifiants constituants sont linéairement séparées par des parties de l'autre signifiant constituant, de telle sorte que ces parties s'interpénètrent, comme le font les consonnes et les voyelles dans le mot-forme arabe /r-u-s-ū-m/ 'dessins'.

On peut dire que la divisibilité linéaire d'un signe complexe est la possibilité de représenter son signifiant par la concaténation des signifiants des signes qui le constituent.

L'étude de ce cas particulier de la représentabilité termine les préparatifs à l'analyse du concept de signe linguistique$_1$ élémentaire. La place centrale des signes élémentaires en morphologie$_2$ (aussi bien qu'en linguistique en général) a été signalée à la section **2**, §3 du chapitre II; cela nous permet de passer sans plus de détours au concept d'élémentarité.

NOTE

[1] (Exemple (2), p. 159). Nous considérons **au** comme un *mégamorphe faible* (définition V.59, Cinquième partie, chapitre VI, **2**) constituant un mot-forme *secondaire* (chapitre IV de cette partie, §5, **1**, p. 247); comparez le cas de **du**, chapitre I, note 4, p. 105. Parfois on utilise pour les unités du type **au**, **du**, etc., le terme *amalgame* (Martinet 1980 : §4-2).

§4

ÉLÉMENTARITÉ DES OBJETS LINGUISTIQUES₁

Il faut tout d'abord apporter au problème de l'élémentarité les deux précisions suivantes. D'une part, ce ne sont pas uniquement les signes dont l'élémentarité sera l'objet de discussion. Il est indispensable de considérer sous cet angle aussi des unités linguistiques₁ MONOPLANES : des moyens d'expression (tels que phonèmes, prosodèmes et opérations linguistiques₁) ainsi que des signifiants et des signifiés.

D'autre part, ce n'est pas uniquement l'élémentarité/la non-élémentarité des signes qui sera l'objet de discussions. Il est aussi indispensable de considérer des signes linguistiques₁ QUASI ÉLÉMENTAIRES. Comme il est facile de le voir, il existe une corrélation directe entre la représentabilité et l'élémentarité des signes :

- si un signe est représentable, il est non élémentaire (= complexe);
- si un signe n'est pas représentable mais qu'il est quasi représentable, il est quasi élémentaire;
- si un signe n'est ni représentable ni quasi représentable, il est élémentaire.

Cette corrélation est exprimée formellement dans les trois définitions qui suivent.

Définition I.12 : unité monoplane élémentaire

Une unité linguistique₁ monoplane X est appelée *élémentaire* si et seulement si elle n'est pas représentable en termes des unités monoplanes (du même type) $X_1, X_2, ..., X_n$ et de la méta-opération $\oplus$.

En d'autres mots, X est élémentaire dans le cas où la langue ne possède pas d'unités monoplanes $X_1, X_2, ..., X_n$ telles que:

$$X = \oplus\{X_1, X_2, ..., X_n\}.$$

Exemples

Opérations linguistiques₁
(1) En russe, le changement

$$/g/ \Rightarrow /\check{z}/$$

[observé dans des paires comme *nog*(+*a*) ʿpiedʾ~*nož*(+*ka*) ʿpetit piedʾ, *dorog*(+*a*) ʿcheminʾ ~ *dorož* (+*ka*) ʿpetit cheminʾ, *sapog* ʿbotteʾ ~ *sapož* (+*ok*) ʿpetite botteʾ, etc.]

est élémentaire : c'est une alternance du russe.

(2) Par contre, le changement russe:

$$/go/ \Rightarrow /ž/$$

[observé dans /nog/⊕/ok/⊕/a/, c'est-à-dire /nóžka/ ʿpetit piedʾ, ou dans /sapog/⊕/ok/⊕/i/, c'est-à-dire, /sapóžkʹi/ ʿpetites bottesʾ]

n'est pas élémentaire : il est représentable en termes de deux autres changements, à savoir de l'alternance /g/ ⇒ /ž/, mentionnée ci-dessus, et de l'alternance /o/ ⇒ Λ, très souvent observée en russe, par exemple, dans des paires du type /pólok/ ʿdes rayonsʾ [pl, génitif] ~ /pólk(+a)/ ʿun rayonʾ ou /lób/ ʿfront [partie du visage]ʾ ~ /lb(+í)/ ʿfrontsʾ. En effet, nous avons :

$$/go/ \Rightarrow /ž/ = \oplus \{/g/ \Rightarrow /ž/, /o/ \Rightarrow Λ \}.$$

(Ici, ⊕ dénote la composition de deux opérations.)

(3) Le changement roumain:

$$/sk/ \Rightarrow /štʹ/$$

[comme dans /brwásk(+ə)/ *broască* ʿgrenouilleʾ ~ /bróštʹ/ *broşti* ʿgrenouillesʾ]

est élémentaire; les alternances */s/ ⇒ /š/ et */k/ ⇒ /tʹ/ n'existant pas en roumain, /sk/ ⇒ /štʹ/ est donc une alternance du roumain (elle ne peut pas être représentée en termes d'autres alternances du roumain).

(4) Mais le changement roumain

$$/wask/ \Rightarrow /oštʹ/,$$

observé dans la même paire /brwásk(+ə)/ ~ /bróštʹ/, n'est pas élémentaire : à côté de /sk/ ⇒ /štʹ/, mentionnée en (3), la langue possède l'alternance /wa/ ⇒ /o/ [/wáj(+ə)/ *oaiă* ʿ[une] brebisʾ ~ /ój/ *oi* ʿ[des] brebisʾ]. Par conséquent, on a :

$$/wask/ \Rightarrow /oštʹ/ = \oplus \{/sk/ \Rightarrow /štʹ/, /wa/ \Rightarrow /o/\}.$$

Dans ce livre nous ne parlons que des alternances élémentaires; cela nous permet d'omettre l'attribut *élémentaire*. Donc, sauf mention explicite du contraire, dorénavant *alternance* = ʿalternance élémentaireʾ.

Signifiés

(5) Les signifiés ʿneʾ [ʿne … pasʾ, ʿnonʾ], ʿsuščestvovatʾʾ [ʿexisterʾ], ʿmnožestvoʾ [ʿensembleʾ], ʿiʾ [ʿetʾ], ʿxotetʾʾ [ʿvouloirʾ], ʿvremjaʾ [ʿtempsʾ], etc., sont élémentaires en russe.

Remarques

1. Bien entendu, l'exemple (5) n'est valide que dans un système particulier de description sémantique. Dans un autre système, on peut avoir d'autres signifiés élémentaires.

2. Tous les éléments sémantiques cités en (5) sont des signifiés en russe, puisqu'ils sont exprimés par des mots-formes correspondants : **ne, suščestvovat'**, etc.

3. Tous les signifiés de (5) sont des *sèmes* (voir l'Introduction, chapitre III, **2**, nº 17, p. 85).

(6) Le signifié russe ⌜umeret'⌝ = ⌜mourir⌝ n'est pas élémentaire, puisque ⌜umeret'⌝ = ⌜perestat'⌝ [⌜cesser⌝] ⊕ ⌜žit'⌝ [⌜vivre⌝; c'est-à-dire, ⌜mourir⌝ = ⌜cesser de vivre⌝]. ⌜Perestat'⌝ n'est pas élémentaire non plus : ⌜perestat' P⌝ = ⌜načat'⌝ [⌜commencer⌝] ⊕ ⌜ne [⌜non⌝] P⌝ [*Il cessa de chanter* = ⌜Il commença à ne pas chanter⌝].

Signifiants (segmentaux)

(7) anglais

a. Les signifiants /búk/ *book* ⌜livre⌝, /féri/ *ferry* ⌜ferry⌝, /né^{i}kid/ *naked* ⌜nu⌝, /bá^i/ *buy* ⌜acheter⌝ sont élémentaires.

b. Les signifiants /tá^{i}gris/ *tigress* ⌜tigresse⌝ et /lá^{i}ənis/ *lioness* ⌜lionne⌝ ne sont pas élémentaires : /tá^{i}gris/ = /tá^{i}gər/ ⊕ /is/, /lá^{i}ənis/ = /lá^{i}ən/ ⊕ /is/.

c. Un signifiant comme /rik͞ɔl/ *recall* ⌜se rappeler⌝ n'est pas élémentaire : /rik͞ɔl/ = /ri/ ⊕ /k͞ɔl/, cf. *re+write* ⌜réécrire⌝, *re+build* ⌜reconstruire⌝, *re+wind* ⌜remonter⌝, etc. d'une part, et *call* ⌜appeler⌝ d'autre part.

Il existe pourtant une différence très sensible entre les signifiants du type /tá^{i}gris/ et du type /rik͞ɔl/ : les premiers sont des composantes des signes non élémentaires, tandis que les derniers correspondent à des signes quasi élémentaires (voir ci-dessus); ainsi :

$$\text{tigress} = \text{tiger} \oplus \text{ess,}$$

mais

$$\text{recall} \neq \text{re} \oplus \text{call,}$$

puisque ⌜recall⌝ [= ⌜commencer à avoir présent à l'esprit⌝] ≠ ⌜re⌝ [= ⌜de nouveau⌝] ⊕ ⌜call⌝ [= ⌜appeler⌝]; **recall** est un complexe phraséologisé de *morphoïdes* (voir Cinquième partie, chapitre II, § 5, **6.1**, définition V.4), ou un *phrasème morphologique*.

Définition I.13 : signe quasi élémentaire

Un signe **X** est appelé *quasi élémentaire* si et seulement si **X** est quasi représentable, mais non représentable en termes des signes $X_1, X_2, ..., X_n$ et de la méta-opération ⊕.

Il y a deux types de signes quasi élémentaires :

– les signes quasi représentables dans leur signifié (voir §2, **3.1**, p. 149), ou *mégamorphes forts* (définition V.58);

– les signes quasi représentables dans leur signifiant (voir §2, **3.2**, p. 151), ou *complexes phraséologisés de signes,* appelés *phrasèmes* (définition V.62).

Définition I.14 : signe élémentaire

Un signe **X** est appelé *élémentaire* si et seulement si **X** n'est pas représentable ni quasi représentable en termes d'autres signes et de la méta-opération ⊕.

Exemples

(10) Les signes **march**(+*er*), **dans, maison, rouge,** etc., sont élémentaires en français. (Plus précisément, ce sont des *morphes* : Cinquième partie, définition V.6.)

(11) Le signe :

⟨'pluriel'; /al/ ⇒ /o/; Σ = s'applique aux noms marqués $A^{al ⇒ o}$⟩

[*bocal ~ bocaux, idéal ~ idéaux,* etc.]

est aussi élémentaire en français. (C'est une *apophonie* : Cinquième partie, définition V.50.)

En morphologie, il y a exactement quatre classes majeures de signes élémentaires :

– signes élémentaires segmentaux, ou MORPHES (définition V.6);

– signes élémentaires suprasegmentaux, ou SUPRAFIXES (définition V.42);

– signes élémentaires dont le signifiant est une modification$_1$, ou MODIFICATIONS$_2$ (définition III.3), subdivisées en RÉPLIQUES$_2$ (définition V.48) et APOPHONIES (définition V.53);

– signes élémentaires dont le signifiant est une conversion$_1$, ou CONVERSIONS$_2$ (définition V.58).

Rappelons que *modification$_1$* et *conversion$_1$* sont des opérations linguistiques$_1$, donc unités monoplanes; par contre, *modification$_2$* et *conversion$_2$* sont des signes, donc unités biplanes ayant une modification$_1$ ou une conversion$_1$ comme signifiant.

Quant aux signes non élémentaires du niveau morphologique, ils appartiennent, en gros, à une seule classe : à la classe de mots-formes et de parties complexes de mots-formes. (Les parties de mots-formes qu'il est nécessaire de considérer le plus souvent sont surtout les *radicaux,* voir Cinquième partie, chapitre II, §2, **8,** définition V.8, et les *terminaisons.*)

Ces signes non élémentaires se subdivisent en trois types majeurs logiquement possibles :

1) Les mots-formes, les radicaux et les terminaisons peuvent être constitués exclusivement de morphes, et alors ils sont représentables et linéairement divisibles : **march+er+i+ons,** angl. **un+forgett+able** 'in-oubli-able', it. **bell+issim+e** 'les plus belles'.

2) Sinon, ils peuvent être représentables sans être linéairement divisibles; dans ce cas-là, ils sont des ***mégamorphes faibles*** (définition V.62). Les mots-formes et les radicaux de ce type peuvent être constitués :

- de morphes et d'un suprafixe;
- de morphes et de modifications$_2$, par exemple :
  all. **las** ⸢[il] lisait⸣ = **les** ⸢lire⸣ $\oplus$ $A_{IMPF}^{/e/\Rightarrow/a/}$ $\oplus$ $\emptyset_{1/3SG}$;
  chilluk **wàt** ⸢maisons⸣ = **wat** ⸢maison⸣ $\oplus$ $A_{PL}^{-\Rightarrow-}$;
- de morphes et de conversions$_2$, par exemple :
  angl. [*a*] **gossip** ⸢commère⸣= [*to*] **gossip** ⸢faire des commérages, cancaner⸣ $\oplus$ $K_{AGENT}^{V\Rightarrow N}$.

3) Enfin, ils peuvent être quasi représentables (la question de divisibilité linéaire ne se pose alors même pas). Les mots-formes et les radicaux de ce type peuvent être :

- des ***mégamorphes forts*** (définition V.63; par exemple, angl. **am** ⸢[je] suis⸣ or **more** ⸢plus⸣);
- des ***phrasèmes morphologiques*** (définition V.65; par exemple, **information, établissement, survivre,** etc.).

RÉSUMÉ DU CHAPITRE III

On commence par la définition de la ***méta-opération d'union linguistique$_1$***, opération $\oplus$, qui joue le rôle central dans la construction des énoncés à partir des signes.

On introduit ensuite les concepts de ***représentabilité*** et de ***quasi-représentabilité*** des objets linguistiques$_1$ en termes d'autres objets linguistiques$_1$ plus simples; on analyse quelques cas concrets.

La définition du concept ⸢segmental⸣ (*signifiant/signe segmental*) permet de définir un cas particulier de représentabilité : ***divisibilité linéaire***.

Le chapitre se termine par la définition du concept d'***élémentaire*** et surtout du ***signe élémentaire***; ce dernier concept est à la base du système conceptuel proposé.

CHAPITRE IV

MOT-FORME : FORMULATIONS DÉFINITIVES

Le présent chapitre, pierre angulaire de notre exposé, est ardu; vu sa complexité, nous l'avons divisé en cinq paragraphes :

§1. Autonomie des signes linguistiques$_1$.

[Le mot-forme est défini *grosso modo* comme signe autonome, ce qui présuppose une discussion du concept d'autonomie.]

§2. Définition du mot-forme.

§3. Clitiques.

[Contient l'analyse d'un concept important — celui de mot-forme «dégénéré» — nécessaire pour une meilleure compréhension du mot-forme.]

§4. Analyse de quelques cas problématiques.

§5. Conclusions.

AUTONOMIE DES SIGNES LINGUISTIQUES₁

1. Caractérisation du mot-forme

Grosso modo, un mot-forme est une unité du plan syntagmatique, plus précisément un ÉNONCÉ MINIMAL. Cette formule n'a pas de sens précis et ne couvre pas quelques cas particuliers, mais elle souligne deux caractéristiques essentielles du mot-forme :

• D'une part, un mot-forme tend à une certaine AUTONOMIE, en ce sens qu'il possède une existence indépendante pour les locuteurs, qu'il est perçu comme quelque chose de séparé et qu'à la limite il peut être utilisé comme un ÉNONCÉ complet. Cette propriété oppose le mot-forme à des PARTIES de mot-forme, ces dernières n'ayant normalement aucune autonomie. En règle générale, un mot-forme est un signe complexe composé de plusieurs signes élémentaires (*morphes*, *suprafixes*, *réduplications₂*, *apophonies*, etc. : Cinquième partie, chapitre I, §1).

• D'autre part, un mot-forme qui peut être un énoncé est nécessairement un énoncé ÉLÉMENTAIRE, en ce sens qu'il n'est pas lui-même constitué d'autres mots-formes énoncés.[1] Cette propriété l'oppose nettement à des GROUPES DE MOTS, c'est-à-dire à des syntagmes₁ (chapitre II, §2, note 3, p. 128), à des propositions et à des phrases, qui, eux, tout en étant des énoncés, s'articulent en énoncés plus petits. En règle générale, un mot-forme est utilisé comme partie d'un énoncé plus complexe.

T. Winograd (1983) a bien décrit la particularité du mot-forme en disant qu'un mot-forme est caractérisé, avant tout, par une MOBILITÉ EXTERNE (≈ notre autonomie) et une STABILITÉ INTERNE (≈ notre élémentarité).

Ces deux caractéristiques — autonomie et élémentarité — doivent être reflétées dans la définition du mot-forme, ce qui exige de clarifier d'abord la notion d'autonomie des signes linguistiques₁ (puisque le mot-forme est un signe linguistique₁ relativement autonome).

2. Types d'autonomie des signes linguistiques₁

Rappelons (Introduction, chapitre III, **2**, 2, p. 84) que la propriété délimitative d'un énoncé complet est la suivante :

> Un énoncé (complet) peut être réalisé entre deux pauses absolues, c'est-à-dire entre deux silences du locuteur.

Cette propriété servira de base aux définitions qui suivent.

2.1. Autonomie forte (des signes). Tout d'abord, nous formulerons le concept d'autonomie forte, ou autonomie par excellence. La définition correspondante nous permettra de developper l'idée générale d'autonomie des signes linguistiques₁.

Définition I.15 : autonomie forte (des signes)

> Un signe segmental **X** est appelé *autonome au sens fort* dans une langue **L** si et seulement si il existe en **L** un énoncé complet qui contient **X** et qui ne contient aucun autre signe segmental.

L'énoncé en question doit forcément contenir, à côté de **X**, un signe suprasegmental, à savoir un ***supramorphe***, c'est-à-dire une prosodie appropriée (tout énoncé est muni d'une prosodie quelconque). Cela explique pourquoi nous précisons, dans la définition I.15, que les signes dont l'absence est requise doivent être segmentaux.

Exemples
(1) Les expressions suivantes sont des signes autonomes au sens fort (en français) :
   a. Les amours de vacances [titre d'un article]; **Corps graciles et dorés**; **Midi**; **Belle ivresse** [extraits du même article].
   b. [— *Qu'est-ce que tu veux?*] — **Rien!**
   c. [— *André est très paresseux.*] — **Paresseux?**
   d. [— *Quel est le métier de ton père?*] — **Professeur.**
(2) Les expressions suivantes ne sont pas des signes autonomes au sens fort (en français) : **le, je, que, -ez** [dans **parlez**], -**ateur** [dans **réalisateur**].

 En vérifiant le statut autonome au sens fort d'un signe, il faut éviter les énoncés métalinguistiques.[2] Ces derniers risquent en effet de brouiller complètement l'analyse. Exemples :

(3) **a.** [— *Quel est le suffixe de cette forme?*] — -**Ez.**
   b. [— *As-tu dit «prévenir» ou «revenir»?*] — **Re-.**

Définition I.16 : autonomie forte généralisée

> Un signe segmental **X** est appelé *autonome au sens fort généralisé* si et seulement si **X** appartient à la même classe distributionnelle syntaxique qu'un signe **X′** autonome au sens fort.

Ainsi, puisqu'en vertu de (ld) **professeur** est autonome au sens fort, tout nom commun français est autonome au sens fort généralisé. Le concept d'autonomie forte généralisée est très puissant; il permet d'établir l'ensemble des signes autonomes au sens fort en L sans nous obliger à chercher pour chaque signe individuel des contextes du type (1).

Le verbe personnel à l'indicatif n'est pas autonome au sens fort en français : des énoncés complets ne comportant qu'un verbe fini à l'indicatif ne sont pas possibles. Ainsi :

(4) [— *Qu'est-ce que vous faites?*]

— *Lisons** [forme correcte : **Nous lisons**].

La situation est toute différente, par exemple, en espagnol ou en italien :

(5) **a.** esp. **Leímos** ⟨Nous lisons⟩.

    b. it. **Leggiamo** ⟨Nous lisons⟩.

Dans ces langues, des phrases complètes et indépendantes, ne contenant qu'une seule forme personnelle verbale à l'indicatif, sont tout à fait normales.

2.2. Autonomie faible (des signes). Soit X un signe de L qui n'est pas autonome au sens fort, et Ψ, une chaîne de signes segmentaux qui est elle-même un signe autonome et telle que, comme cas limite, Ψ peut comprendre un seul signe, Ψ_1 et Ψ_2 étant des parties propres de Ψ.

Définition I.17 : autonomie faible

Un signe segmental X est appelé *autonome au sens faible* dans une langue L si et seulement si les deux conditions suivantes sont vérifiées simultanément :

1. L possède un signe ou un complexe de signes autonome au sens fort de la forme $X\Psi$, ΨX ou $\Psi_1 X \Psi_2$ [$\Psi_1 + \Psi_2 = \Psi$].

2. X satisfait au moins à quelques-uns des critères d'autonomie spécifiques pour L.

L'autonomie faible est l'autonomie par défaut : *Le professeur lit un journal* est un énoncé complet, donc un complexe de signes autonome au sens fort; *le professeur* et *un journal* sont autonomes au sens fort; par conséquent, *lit* est reconnu autonome au sens faible : comme résidu d'un énoncé complet après la soustraction de tous les signes autonomes au sens fort. Étant donné le caractère secondaire de l'autonomie faible, nous exigeons qu'un signe qui n'est autonome que par défaut possède des propriétés supplémentaires, spécifiques pour chaque langue donnée. Tandis que la capacité de constituer un énoncé complet est une propriété universelle valable pour des langues très différentes, les caractéristiques d'une autonomie faible dépendent de la structure de la langue donnée, comme nous le verrons plus loin, en **3**.

Définition I.18 : autonomie faible généralisée

Un signe segmental **X** est appelé *autonome au sens faible généralisé* si et seulement si **X** appartient à la même classe distributionnelle syntaxique qu'un signe **X′** autonome au sens faible.

Entièrement parallèle à la définition I.16, la définition ci-dessus nous permet d'opérer avec des classes de signes plutôt qu'avec des signes individuels, ce qui facilite grandement la description.

Dans les pages qui suivent, nous parlerons tout simplement des signes autonomes, sans observer les distinctions entre les types d'autonomie ébauchées ici.

 L'expression *un X autonome* sera donc interprétée dorénavant comme «X autonome au sens fort ou au sens faible, au sens étroit ou au sens généralisé».

 Avant d'aller plus loin, nous tenons à apporter une précision terminologique importante. En mathématiques, les modificateurs *au sens fort* vs *au sens faible* sont toujours utilisés de telle façon que tout X qui est un Y au sens fort soit aussi nécessairement un Y au sens faible (l'inverse n'étant pas vrai). Autrement dit, pour un mathématicien, ʿêtre un Y au sens fortʾ n'est qu'un cas particulier de ʿêtre un Y au sens faibleʾ. Cependant, dans ce livre, nous utilisons les adjectifs *fort* et *faible* de façon différente, à savoir d'une façon qui correspond mieux à leur sens dans le langage parlé, c'est-à-dire comme des antonymes. Pour nous, un Y au sens fort n'est pas un Y au sens faible; bien entendu, un Y au sens faible n'est pas un Y au sens fort. Cet usage s'applique non seulement au concept d'autonomie de signes, qui vient d'être étudié, mais aussi à certains concepts qui ne seront introduits que plus tard : *dérivé* ⟨*composé*⟩ *au sens fort / faible* et *mégamorphe fort / faible*.

Nous espérons que la présente mise en garde à propos de l'opposition «fort *vs* faible» telle qu'utilisée dans ce livre permettra à notre lecteur d'éviter tout malentendu.

3. Critères spécifiques d'autonomie faible des signes

Nous connaissons trois critères spécifiques d'autonomie faible des signes linguistiques[1]. Tous les trois sont universels en ce sens que leur formulation n'a pas besoin de se référer à une langue ou à des langues particulières; leur applicabilité, par contre, dépend de la langue donnée et de la construction analysée, de sorte que, vus sous cet angle, ils sont spécifiques à une langue donnée.

Ces trois critères sont :
- la séparabilité du signe;
- la variabilité distributionnelle du signe;
- la transmutabilité du signe.

Dans notre optique, ces trois critères ne sont pas de même niveau et s'ordonnent selon une certaine hiérarchie : [3]

---

séparabilité > variabilité distributionnelle > transmutabilité

Nous en reparlerons après avoir décrit chaque critère séparément.

3.1. Séparabilité du signe. Soit $X\Psi$ ou ΨX — une expression de $\mathcal{L}$ où Ψ est un signe segmental autonome (ou une chaîne de tels signes) et où X est un signe segmental.

Définition I.19 : séparabilité du signe

Un signe segmental X est appelé *séparable dans un contexte* $X\Psi$ *ou* ΨX si et seulement si, dans la chaîne parlée, il est possible d'insérer entre X et Ψ, sans changer leur position réciproque, une expression constituée de signes autonomes (au sens fort ou au sens faible) sans que cela affecte la relation sémantique entre X et Ψ ou leur contenu sémantique.

Commentaires sur la définition I.19

Dans cette définition, les trois points suivants appellent des commentaires particuliers :
- Emploi de signes autonomes comme séparateurs;
- Préservation des relations sémantiques;
- Caractère gradué de la séparabilité.

1. Pour l'identification des signes à autonomie faible, nous utilisons des signes dont l'autonomie est déjà établie : soit des signes autonomes au sens fort, soit des signes autonomes au sens faible PRÉALABLEMENT IDENTIFIÉS. De cette façon, on évite un cercle vicieux. Les expressions qu'on insère entre X et Ψ ne sont en effet rien d'autre que des éléments lexicaux, c'est-à-dire des mots-formes (puisque, comme nous allons le voir, un mot-forme est *grosso modo* un signe autonome).

Évitons un malentendu assez courant : on parle parfois de la séparabilité des signes dans les cas comme français *chantons* ~ *chanterons* ou russe *karandašom* ʿpar le crayonʾ ~ *karandašikom* ʿpar le petit crayonʾ, où les séparateurs présumés sont imprimés en gras. Mais cela n'a rien à voir avec la séparabilité dans le sens où nous l'entendons. *Primo*, la définition I.19 exige que Ψ soit un signe AUTONOME alors que **chant-** ou **karandaš-** ne le sont

point : ce sont des racines qui elles-mêmes n'ont pas d'autonomie. *Secundo*, la définition I.19 exige que l'expression insérée
soit constituée de signes autonomes alors que pour -**er**- français
(le suffixe du futur) et -**ik**- russe (un suffixe diminutif) ce n'est
pas le cas. Répétons encore une fois : pour nous, il s'agit toujours
de la séparabilité par un MOT-FORME ÉVIDENT (c'est-à-dire préalablement établi). Cf. plus loin, §2 de ce chapitre, **2.7**, l'exemple
(12c), p. 204).

2. Comme nous l'avons dit dans l'Introduction (chapitre III, 2, nº 19,
p. 85), nous supposons, pour la théorie morphologique, que les relations
sémantiques entre tous les signes composant un texte sont connues. Il faut donc
insister sur le fait que, lors du test de séparabilité, l'insertion du matériel lexical
entre X et Ψ ne doit changer ni la relation sémantique liant ces deux signes ni
leur contenu sémantique. Sinon, des insertions fantaisistes n'ayant aucune
valeur diagnostique deviennent possibles. Sans cette restriction, on pourrait
dire, par exemple, que dans la phrase française *Il chante*, le signe *il* est séparable du verbe par une classe ouverte d'expressions lexicales, comme dans *Il est
la personne qui ⟨a vu la personne qui⟩ chante*. (On devrait peut-être demander
que l'expression intercalée entre X et Ψ soit un syntagme₁ au sens strict du terme, c'est-à-dire une structure syntaxique connexe complète. Ce n'est pas le cas
pour *est la personne qui*.) Voici quelques exemples d'insertions légitimes :

(6) **a.** *une impression ∼ une **forte** impression*;
     *un enfant ∼ un **bien charmant** enfant*;
     *le poète ∼ le **fameux** poète*;

     b. *a chanté ∼ a **déjà** ⟨**ensuite, immédiatement**⟩ chanté*;
     *qui ont assisté ∼ qui ont, **c'est certain**, assisté [à la naissance de
     l'œuvre]*;

     c. *Un professeur chante bien ∼ Un professeur **qui a appris le chant
     en Italie** chante bien.*

3. La séparabilité des signes est un paramètre GRADUÉ : un signe peut être
plus ou moins séparable. Le degré de séparabilité est déterminé par deux facteurs indépendants :
  – le «poids» des séparateurs dans un contexte donné;
  – la proportion de contextes qui admettent la séparation.

1. Le «poids» d'un séparateur

Dans un contexte donné, la séparabilité dépend de l'importance et de la
quantité des séparateurs possibles. À un pôle, nous avons une séparabilité de
valeur zéro : aucun mot-forme évident du français ne peut être inséré entre
chant- et -*ons* dans *chantons* (et toutes les autres formes semblables). Au pôle
opposé, nous trouvons une séparabilité illimitée, par des expressions lexicales
qui ne sont restreintes ni syntagmatiquement ni paradigmatiquement; par
exemple, dans *L'ordre peut varier*, on peut insérer entre *ordre* et *peut* des pro-

positions relatives dont le nombre et la longueur ne sont pas limités (*L'ordre que nous avons défini préalablement peut varier*, etc.). Entre ces deux pôles nous pouvons distinguer :

– Séparabilité minimale : un seul mot-forme évident peut être inséré entre **X** et **Ψ**;

– Séparabilité quasi minimale : l'expression insérable est constituée d'un mot-forme évident (limitation syntagmatique maximale) choisi dans une petite classe de mots-formes (limitation paradigmatique quasi maximale);

– Séparabilité assez importante : l'expression insérable peut être un des syntagmes₁ spécifiés et le choix paradigmatique est moins restreint;

– Séparabilité plus importante : encore moins de restrictions paradigmatiques et syntagmatiques sur les expressions insérables; et ainsi de suite.

Ajoutons à ceci que la nature des séparateurs a aussi un rôle à jouer. Si les séparateurs ne sont que des servitudes grammaticales (= des mots-outils), la séparabilité est plus faible que dans le cas des séparateurs pleins.

2. Contextes qui admettent la séparation

Il arrive souvent que **X** soit séparable dans un contexte mais non dans un autre. Plus grand est le nombre de contextes admettant la séparation et moins restreint le type de ces derniers, plus forte est la séparabilité. Toutes choses égales par ailleurs, un signe est plus séparable s'il est séparable dans tous les contextes ou au moins dans des contextes très typiques; sa séparabilité décroît s'il n'est séparable que dans des contextes très spécifiques.

Exemple

(7) La particule négative française **ne** est séparable du verbe nié puisqu'on a :

    a. *Ne **rien** jeter* [*dans les toilettes qui puisse les obstruer*].

    *Ne **jamais** trahir* [*la vérité*; le motto de Beethoven].

Comparez aussi :

    b. *ne **jamais rien** jeter*;

    *ne **presque rien** manger*.

Ici, **rien** et **jamais** (ainsi que **presque**) sont des mots-formes évidents du français (possibles entre deux pauses absolues) — des signes autonomes au sens fort. Mais la séparabilité de **ne** est néanmoins très faible :

• **Rien, jamais** et **presque** appartiennent à une classe extrêmement restreinte de mots-formes (ne contenant probablement pas d'autres mots-formes évidents; par exemple, elle ne contient ni **pas** ni **point**).

• Les autres séparateurs possibles, tels **me, le, lui**, ..., ne sont pas des mots-formes évidents. [4]

• Cette séparabilité n'a lieu que dans le contexte d'un infinitif : devant un verbe fini ou un participe **ne** ne peut pas être séparé du verbe par **rien** ou **jamais**; cf. :

    c. **Il ne **rien** jette* ~ *Il ne jette rien*.

    ne **jamais trahissant* ~ *ne trahissant jamais*.

On pourrait encore citer ici la construction suivante du langage parlé (qu'on ne trouve pas d'ailleurs dans l'usage soutenu) :

    d. *pour ne **pas que** ce garçon vienne* [= 'pour que ce garçon ne vienne pas'];

    *pour ne **pas que** ma tante écrive cette lettre.*

Ici, **ne** est séparé du verbe par une conjonction et tout un syntagme₁ nominal arbitraire. Bien que marginale, cette construction ajoute du poids à la séparabilité de **ne**.

 La séparabilité est le critère le plus important d'autonomie des signes. [5] Pourtant il est relatif, ce qui entraîne la relativité de l'autonomie faible : étant PLUS OU MOINS séparable, le signe est PLUS OU MOINS autonome, et cela, en fonction de plusieurs facteurs. Nous verrons que les autres critères sont relatifs aussi, ce qui augmente la relativité de l'autonomie des signes.

3.2. Variabilité distributionnelle du signe. Définissons maintenant la variabilité distributionnelle, concept important pour l'autonomie des signes. Rappelons que nous considérons une expression **XΨ** ou **ΨX** où **Ψ** est un signe autonome (ou une chaîne de tels signes) et **X**, un signe segmental.

Définition I.20 : variabilité distributionnelle du signe

Un signe segmental **X** est appelé *distributionnellement variable* si et seulement si **Ψ** peut appartenir à plus d'une classe distributionnelle syntaxique et que ni la relation sémantique entre **X** et **Ψ** ni leur contenu sémantique ne dépend de la classe de **Ψ**.

Il s'ensuit immédiatement que la variabilité distributionnelle est un paramètre gradué, tout comme la séparabilité et la transmutabilité (pour cette dernière, voir plus loin) : elle va de la variabilité zéro (**Ψ** appartient nécessairement à une seule classe) à la variabilité illimitée (**Ψ** peut appartenir à n'importe quelle classe), avec, entre les deux extrêmes, des cas intermédiaires. De cette façon, un signe peut être plus ou moins distributionnellement variable; donc, par rapport à ce paramètre, l'autonomie faible est aussi relative.

Exemples

(8) Les signes français **n'importe…**, **Dieu sait…** et **…que ce soit** ne sont pas distributionnellement variables, car ils ne se combinent qu'avec des éléments interrogatifs :

    n'importe qui ⟨*quoi, où, quel, …*⟩;

    Dieu sait qui ⟨*quoi, où, quel, …*⟩;

    qui ⟨*quoi, où, quel, …*⟩ *que ce soit.*

(9) En quechua (le dialecte chanca), on trouve des séries comme :

    wataña 'déjà [un] an'   *toqyaroqočkanña* 'déjà il a été fait sauter

                                                      [par ex., par dessus une barrière]'

kayña ‘déjà cela’   *tukuruspanña* ‘déjà son achèvement de…’
miskiña ‘déjà doux’   *manaña* ‘déjà non’

Le signe **ña** ‘déjà’ a une variabilité distributionnelle illimitée : il peut être attaché aux signes de toutes les classes syntaxiques possibles (noms, pronoms, adjectifs, verbes, …).

 Remarquons que dans les exemples (8) et (9), le signe **X — n'importe, Dieu sait, que ce soit** ou **ña** — n'est absolument pas séparable de son Ψ. [6]

3.3. Transmutabilité du signe. Considérons les expressions de la forme **X**Ψ ou Ψ**X**, où, comme avant, Ψ est un signe autonome (ou une chaîne de tels signes) et **X**, un signe segmental.

Définition I.21 : transmutabilité du signe

Un signe segmental **X** est appelé *transmutable* dans un contexte **X**Ψ ou Ψ**X** si et seulement si, dans la chaîne parlée, il est possible ou — sous certaines conditions additionnelles — nécessaire, et sans que cela affecte la relation sémantique entre **X** et Ψ ni leur contenu sémantique :

soit 1) de permuter **X** par rapport à Ψ [c'est-à-dire de mettre **X** dans la position linéaire inverse par rapport à Ψ];

soit 2) de positionner **X** par rapport à Ψ′ différent de Ψ, c'est-à-dire de transférer **X** de Ψ à Ψ′.

Comme il est facile de le voir, le concept de transmutabilité du signe, tel que nous l'avons formulé, couvre deux concepts fondamentalement différents : permutabilité (du signe) au sens strict et transférabilité (du signe) d'un élément de la proposition à un autre élément. Il serait probablement plus logique d'éviter cette réunion forcée et d'utiliser la permutabilité et la transférabilité comme deux critères d'autonomie séparés. Cependant, ils sont liés, et nous ne savons pas trop comment; qui plus est, leur séparation aurait beaucoup alourdi l'exposé. Nous avons préféré sacrifier l'aspect logique au bénéfice de la lisibilité.

Commentaires sur la définition I.21

Nous allons apporter des clarifications concernant les deux points suivants :

– le rapport entre transmutabilité et séparabilité;

– le caractère gradué de la transmutabilité.

1. Si **X** est transmutable par rapport à Ψ dans tous les cas, sauf la permutation en contact du type **X**Ψ $\Rightarrow$ Ψ**X** (ou vice versa), la transmutation implique l'apparition, entre **X** et Ψ, d'éléments lexicaux. C'est-à-dire que, de façon générale, la transmutabilité entraîne la séparabilité. Par exemple, si dans la chaîne :

abc **X**Ψ*de*

nous transmutons **X** en position devant *a* :

$$\mathbf{X}abc\ \Psi de,$$

X et **Ψ** deviennent séparés par *a*, *b* et *c*. La séparabilité, par contre, n'entraîne point la transmutabilité.

2. La transmutabilité des signes, tout comme la séparabilité, est un paramètre gradué, dont le degré dépend de deux facteurs indépendants :
- le caractère obligatoire de la transmutation dans un contexte donné;
- la proportion de contextes qui admettent la transmutation.

1. Transmutation obligatoire

Plus la transmutation est obligatoire, moins le signe est transmutable; imposée par la grammaire, la transmutation contribue très peu à l'autonomie. C'est seulement la transmutation plus ou moins facultative (du point de vue grammatical) qui rend le signe plus autonome de façon importante.

2. Contextes qui admettent la transmutation

Plus le nombre des contextes qui admettent la transmutation est élevé et plus la variété de ces contextes est grande, plus le signe est transmutable.

Avant de passer aux exemples de l'application du critère de transmutabilité, nous devons noter une particularité importante de celui-ci : nous l'interprétons de façon très élastique, même si cela peut violer la vraie rigueur logique. À savoir, le signe en cause **X** et son contexte **Ψ** sont considérés À LA VARIANCE GRAMMATICALE PRÈS. Autrement dit, dans une même «équation», les deux occurrences de **X** peuvent correspondre à deux signes qui sont, strictement parlant, différents, mais qui ne diffèrent que grammaticalement. Ainsi, dans l'exemple ci-dessous nous confondons exprès les signes **me** et **moi**, forme faible et forme forte du même clitique pronominal objet MOI. De manière analogique, dans une même «équation», le contexte **Ψ** peut bien être une fois une forme finie et l'autre fois, l'infinitif du même verbe, que nous ne distinguons pas. (Cette remarque aurait dû, sans nul doute, être formulée de façon générale pour tous les critères d'autonomie du signe. Nous ne l'avons pas fait pour ne pas surcharger notre exposé, qui est déjà assez complexe.)

Exemples

(10) En français, les pronoms objets clitiques **me, te, le, lui**, ... sont transmutables puisqu'ils sont permutables par rapport au verbe :

    a. *Ne m'aime pas!* ~ *Aime-moi!*

    [**me/m'** et **moi** sont des formes du même lexème]

    Ne le lui donnez pas! ~ *Donnez-le-lui!*

Mais cette permutabilité est très faible :

• La permutation est obligatoire grammaticalement : le clitique objet suit toujours une forme de l'impératif positif et précède toute autre forme verbale, y inclus l'impératif négatif.

• Elle n'est possible que dans un seul contexte : auprès de l'impératif.

Elle est cependant renforcée par la transférabilité des clitiques objets (= **X**) qui dépendent du verbe Ψ devant un autre verbe, gouverneur syntaxique de Ψ :

    b. *Cette histoire, il l'entend raconter* [= Ψ] *pour la troisième fois.*

    Jean lui a fait porter [= Ψ] *ces livres par son domestique.*

[Les flèches signalent les relations sémantiques : **X** $\xrightarrow{\text{sém}}$ Ψ veut dire ici «**X** dépend sémantiquement de Ψ», c'est-à-dire «**X** est un argument du prédicat Ψ». Le phénomène illustré en (10b) est appelé, dans le langage technique, ***montée du clitique*** (= angl. *Clitic Raising*); on dit aussi que le clitique monte vers le prédicat principal (= angl. *raises to a higher predicate*).]

Cette autre transférabilité n'est pas très forte non plus : elle est obligatoire et les contextes en sont plutôt restreints, puisque très peu de verbes principaux admettent la montée des clitiques en français moderne. (La situation en ancien français était différente : comparez plus loin, §2, la note 7, p. 219.) Néanmoins, la permutabilité et la transférabilité des clitiques objets français leur confèrent une certaine autonomie faible.

(11)   Les pronoms objets clitiques espagnols sont beaucoup plus transmutables que leurs homologues français :

    a. Ils sont permutables auprès de l'impératif au même titre qu'en français :

        Me quiere ʿ[Il] m'aimeʾ ~ *¡Quiéreme!* ʿAime-moi!ʾ; *Se lo dad*, litt. ʿ[Vous] lui le donnezʾ ~ *¡Dádselo!*, litt. ʿDonnez-lui-le!ʾ

    b. Ils sont facultativement permutables auprès de toute forme verbale à l'indicatif quand cette dernière est en tête de proposition : *Le encontré en Granada* ~ *Encontrele en Granada* ʿ[Je] le rencontrai à Grenadeʾ.

        Se marchó de casa muy joven ~ *Marchose de casa muy joven* ʿ[Il] quitta [litt. ʿs'alla deʾ] la maison très jeuneʾ.

    c. La montée est possible avec beaucoup de verbes gouverneurs du verbe Ψ (avec tous les modaux, etc.); en plus, elle est facultative et peut être itérée :

        Debo decirte que... ~ *Te debo decir que...* ʿ[Je] dois te dire que...ʾ

        Quiero poder hacerlo ~ *Quiero poderlo hacer* ~ *Lo quiero poder hacer* ʿ[Je] veux pouvoir le faireʾ.

(12)   En païute, nous observons des énoncés complets comme :

    a. *toñávāniāŋani* ʿJe le/la frapperaiʾ,

        où *toña* = ʿfrapperʾ, *vānia* = ʿfuturʾ, *aŋa* = ʿle/laʾ [objet visible animé 3sg] et *ni* = ʿjeʾ [agent 1sg].

Le signe complexe (= une terminaison) **aŋani** ʿle/la — jeʾ est pris pour **X** dans cet exemple, le reste de la forme (12a) étant Ψ. Le signe **aŋani** n'est pas séparable : s'il suit le radical *toñávāni*, aucun mot-forme ne peut apparaître entre **aŋani** et **toñávāni**. Mais il est transmutable puisque, si une proposition païute commence par un mot-forme autre que la forme verbale en **-aŋani**, ce dernier peut être transmuté de telle façon qu'il vient se joindre à ce mot-forme initial :

> **b.** *qañívaŋwi +aŋani* ... *toñávāñia* 'Dans la maison ... je le/la frapperai'.
>
> Ici, *qañi* = 'maison', *vaŋwi* = 'dans'; une glose morphe par morphe serait 'maison-dans-le/la-je ... frapper-futur'; les trois points indiquent la possibilité d'une insertion arbitraire.

$\boxed{?}$
$\boxed{13}$ En (12a), on observe un /ā/ long dans *-āŋani*, pourtant en (12b), *-aŋani* a un /a/ court; pouvez-vous expliquer pourquoi?

En plus, la transmutation illustrée est facultative; on peut très bien dire :

> **c.** *qañívaŋwi* ... *toñávāñiāŋani*.

Ceci augmente davantage la transmutabilité de **aŋani**.

En résumé, nous pouvons dire que la transmutabilité de **X** caractérise la LIBERTÉ DE L'ORDRE LINÉAIRE (des unités de la langue **L**) en ce qui concerne **X** et les autres signes de la même classe. Si **X** sémantiquement relié à Ψ peut occuper plusieurs positions linéaires dans l'énoncé étudié sans que cela affecte sa relation sémantique avec Ψ (ni le contenu sémantique des deux signes), alors **X** est transmutable et de ce fait plus autonome (au sens faible). En anticipant, nous pouvons dire que des mots-formes ont en principe une liberté d'ordonnancement linéaire qui dépasse de loin la liberté d'ordonnancement caractéristique des parties de mot-forme (c'est-à-dire des *radicaux* et des *affixes*).

Exemples

(13) Dans la phrase russe :

> **a.** *Solženicyn davno razoblačil kommunizm* 'Soljénitsyne a dénoncé le communisme il y a longtemps'.
>
> Chaque mot-forme peut occuper toutes les positions, ce qui donne : $4 \times 3 \times 2 \times 1 \; (= 4!) = 24$ permutations possibles :[7]
>
> **b.** *Solženicyn razoblačil kommunizm davno.*
>
> **c.** *Solženicyn kommunizm davno razoblačil.*
>
> .
> .
> .
>
> **y.** *Kommunizm razoblačil davno Solženicyn.*

Une telle souplesse dans l'ordre des mots ne se trouve pas dans toutes les langues (les permutations du type (13) ne sont pas toutes grammaticales en français ou en anglais), ni pour toute classe de mots (même en russe, par exemple, une préposition ne peut pas être déplacée par rapport au nom régi[8]). En (13), nous illustrons la limite du possible pour un mot-forme. Les permutations similaires des affixes sont extrêmement rares (voir, cependant, Cinquième partie, chapitre II, §3, **7**).

Un cas particulier de transmutation est la simple permutation en contact de **X** avec Ψ : soit **XΨ** ⇒ **ΨX**, soit **ΨX** ⇒ **XΨ**. C'est le cas de transmutabilité non zéro minimale, qu'on observe, par exemple, en français :

(14) a. *Il peut?* ~ *Peut-il?*

   b. *On me dira d'y aller* ~ *Pourquoi, me dira-t-on, énumérer ces dix titres?*

   c. *Donnez-le-moi!* ~ *Ne me le donnez pas!*

Ce trait de permutabilité même minimale contribue à l'autonomie (faible) des *clitiques* français (voir plus loin, §3).

3.4. Hiérarchie des critères d'autonomie faible. La hiérarchie de ces critères (voir **3** plus haut, p. 173) s'explique de la façon suivante.

Si un signe est suffisamment séparable, alors nous pensons que la richesse ou la variabilité de ses cooccurrents, d'une part, et sa transmutabilité, d'autre part, ne sont pas trop pertinentes; dans ce cas-là, le signe est censé posséder une autonomie relative (au sens faible).

Au cas où un signe n'est pas séparable (ou trop peu séparable), on doit considérer sa variabilité distributionnelle. S'il se combine avec des signes de toute classe syntaxique ou au moins de beaucoup de classes syntaxiques différentes, cela suffit à assurer son autonomie relative sans aucun égard pour sa transmutabilité.

C'est seulement si le signe qui nous intéresse n'est ni (assez) séparable, ni (assez) distributionnellement variable, que sa transmutabilité entre en jeu.

En postulant la hiérarchie

---

séparabilité > variabilité distributionnelle > transmutabilité

---

nous voulons refléter les intuitions linguistiques$_1$ des locuteurs à propos du caractère plus ou moins autonome des signes. Nous croyons que la séparabilité est le critère le plus fort puisque le plus abstrait et le plus universel : il ne dépend (ou ne dépend que peu) de la langue **L** et de la classe de signes étudiée. La variabilité distributionnelle est liée au caractère sémantique du signe **X**, donc elle est limitée à des classes syntaxiques particulières de **L** (particules, adverbes, ...). Enfin, la transmutabilité est d'habitude liée aux propriétés grammaticales spécifiques de la langue, ce qui en fait le critère le moins universel et le moins fiable.

3.5. Un facteur important de la relativité d'autonomie faible : attraction paradigmatique. Nous avons vu que la relativité quantitative du premier et du troisième critère dépend du facteur contextuel : plus les contextes dans lesquels le critère considéré a la valeur donnée sont restreints, moins cette valeur a de poids comme indice du degré d'autonomie du signe en cause. Un signe séparable/transmutable au degré α dans tous les contextes possibles est plus séparable/transmutable qu'un autre signe qui est également séparable/ transmutable au degré α, mais seulement dans un contexte spécifique. Ce facteur a été pris en considération en introduisant les critères d'autonomie.

Il existe, par ailleurs, un autre facteur important dont il sera question maintenant. Le signe qui nous intéresse peut entrer dans un ***paradigme**$_1$* (voir chapitre VI, **4.1**, p. 356), c'est-à-dire appartenir à un ensemble de signes qui lui sont sémantiquement, syntaxiquement et morphologiquement apparentés et qui s'opposent et s'excluent mutuellement dans une position donnée. Nous postulons que l'autonomie de notre signe dépend de celle de ses confrères paradigmatiques : l'attraction paradigmatique est le facteur additionnel mentionné ci-dessus. Ainsi, si un signe **X** est séparable, (distributionnellement) variable ou transmutable au degré α alors que les autres signes du paradigme$_1$ de **X** ne le sont pas, ce fait diminue le degré α.

Exemple

(15)   En polonais, les suffixes personnels de la 1re et de la 2e personne des deux nombres des verbes au passé sont transmutables (*grosso modo*, ils peuvent et parfois doivent être mis auprès du premier mot-forme de la proposition) :

pisał +*em*	ʿj'écrivaisʾ	~*Kiedy* +*m*	*pisał*ʿQuand-je écrivais …ʾ
pisali +*śmy*	ʿnous-écrivionsʾ	~*Kiedy* +*śmy*	*pisali* ʿQuand-nous écrivions …ʾ
czytał +*eś*	ʿtu-lisaisʾ	~*Kiedy* +*ś*	*czytał*ʿQuand-tu lisais …ʾ
czytali +*ście*	ʿvous-lisiezʾ	~*Kiedy* +*ście*	*czytali* ʿQuand-vous lisiez …ʾ

Cependant, tous les suffixes personnels du présent ne sont pas transmutables. Cela diminue l'impact de la transmutabilité de -**m**, -**śmy** /š′mi/, -**eś** et -**ście** /š′č′e/ sur leur autonomie. (Voir plus loin, suffixes ***migrateurs***, Cinquième partie, chapitre II, §3, **7.3**.)

3.6. Imprécision inhérente aux critères d'autonomie des signes. L'intervention de l'attraction paradigmatique rend nos critères d'autonomie faible encore moins précis. La zone de démarcation entre les signes autonomes et les signes non autonomes est donc tout à fait estompée. Logiquement, il est possible de développer des mesures quantitatives plus rigoureuses afin de calculer des valeurs d'autonomie faible de façon plus exacte. Mais linguistiquement$_1$, cela ne servirait à rien : cette absence de frontière bien tranchée entre les signes autonomes et les signes non autonomes (sauf dans les cas d'autonomie forte) est une propriété importante des langues naturelles. Une langue a des signes incontestablement autonomes et des signes incontestablement non autonomes; mais au milieu on peut avoir une large étendue de *no man's land* : des signes qui sont plutôt autonomes sans atteindre, quand même, une autonomie convaincante; des signes qui sont «légèrement» autonomes; et ainsi de suite. Le caractère autonome/non autonome d'un signe est d'autant plus évasif qu'il dépend, comme nous venons de le voir, de plusieurs facteurs qui s'entremêlent et qui peuvent être spécifiques à une langue et à une construction données. Nous insistons donc sur la thèse suivante :

L'autonomie faible des signes linguistiques$_1$ est une propriété vague de par sa nature même. En règle générale, elle n'admet pas de réponse strictement binaire («oui»/»non») mais implique toute une gamme de réponses intermédiaires.

Puisque le concept d'autonomie (y compris l'autonomie faible) est sous-jacent au concept de mot-forme, nous pouvons en déduire que ce dernier est vague lui aussi.

NOTES

[1] (**1**, p. 169). Le concept d'*élémentaire* est très important dans notre raisonnement. Soit une unité X appartenant à la classe **K**; nous disons que X est élémentaire si et seulement si X n'est pas constituée d'unités X', X'', ... appartenant toutes à **K**. Autrement dit, une X élémentaire n'est pas représentable en termes d'autres X. Ainsi, une proposition élémentaire ne comprend pas d'autres propositions; un syntagme$_1$ élémentaire ne comprend pas d'autres syntagmes$_1$; etc.

[2] (**2.1**, après l'exemple (2), p. 170). Rappelons (Introduction, chapitre III, **1.2**, p. 83) qu'un énoncé est appelé *métalinguistique* si et seulement si cet énoncé se réfère à une langue quelconque. Quand nous discutons du français, par exemple, nous ne parlons pas français : nous parlons métafrançais.

La distinction entre une langue **L** et une métalangue **L̃'** utilisée pour décrire **L** a une importance primordiale en logique et aussi, évidemment, en linguistique. Les énoncés métalinguistiques peuvent manifester beaucoup de propriétés particulières par rapport aux énoncés linguistiques$_1$. Pour cette raison, les premiers ne font pas partie des données linguistiques$_1$ qu'un chercheur soumet à l'analyse.

On remarquera, de plus, qu'un énoncé linguistique$_2$ est toujours métalinguistique par rapport à une langue naturelle quelconque.

[3] (**3**, p. 173). La notion de hiérarchie joue un rôle important en linguistique, puisque les hiérarchies de toute sorte jouent un rôle important dans la langue. À part la hiérarchie des critères d'autonomie de signes linguistiques$_1$, nous verrons plus loin, par exemple, la hiérarchie des personnes grammaticales (Deuxième partie, chapitre II, §4, **4.4**, A, 2.4), la hiérarchie des moyens formels morphologiques (Troisième partie, chapitre I), etc.; nous avons déjà vu la hiérarchie «locuteur > destinataire», qui est sous-jacente à la théorie Sens-Texte (Introduction, chapitre II, **1**, p. 46). Pour la discussion du statut théorique des hiérarchies linguistiques$_1$, voir Sanders 1974.

[4] (**3.1**, le commentaire **3**, 2, exemple (7b), p. 175). Selon nous, **me, le, lui**, … sont quand même des mots-formes, mais des mots-formes «dégénérés», dont le statut n'est pas certain et nécessite à son tour une justification : voir plus loin, §2, exemple (6), et §3. Par conséquent, nous ne pouvons pas les utiliser comme des séparateurs lexicaux évidents.

[5] (**3.1**, le commentaire **3**, 2, après l'exemple (7d), p. 176). Cette idée n'est pas du tout nouvelle en linguistique. Nous pouvons mentionner, à titre d'exemple, deux approches de ce problème :

(i) P.S. Kuznecov (1964) propose de définir le mot-forme comme une suite de sons pouvant être encadrée de deux pauses et qui n'admet pas l'insertion d'une autre suite de sons pouvant être encadrée de deux pauses.

(ii) A. Martinet (1980 : 113) insiste sur le fait qu'«en réalité, l'inséparabilité est un des critères les plus utiles pour distinguer ce qui est formellement un seul mot de ce qui est une succession de mots différents».

[6] (**3.2**, après l'exemple (9), p. 177). Puisque les signes français **n'importe**, **Dieu sait** et **que ce soit**, considérés ici en combinaison avec des éléments interrogatifs Ψ (*n'importe quand*, *Dieu sait où*, *qui que ce soit*, …), ne sont pas séparables de Ψ, ni distributionnellement variables, ni transmutables par rapport à Ψ (voir plus loin, **3.3**), on pourrait en conclure qu'ils n'ont aucune autonomie et sont, par conséquent, des parties de mots-formes. Or, il n'en est rien : ces trois signes sont des syntagmes$_1$ constitués de mots-formes bien établis du français : **ne**, **importe**, **Dieu**, **sait**, **que**, **ce** et **soit**. Il est vrai que ce sont des syntagmes$_1$ phraséologisés, ou *phrasèmes*; mais cela ne change rien à leur statut : en étant des syntagmes$_1$, ils ne peuvent pas être des parties de mots-formes! Ajoutons qu'en réalité **n'importe** est autonome au sens fort et **que ce soit**, au sens faible :

(i) — *Laquelle veux-tu? — N'importe.*

(ii) … *de* ***quelque*** *façon* ***que ce soit***, … *sous* ***quelque*** *forme* ***que ce soit***, etc., où nous voyons une séparabilité quasiment illimitée.

De plus, le signe **que ce soit** peut apparaître (peut-être avec un sens légèrement différent) sans pronom interrogatif :

(iii) ***Que ce soit*** *Louise ou une autre, quelle différence?*

Quant à **Dieu sait**, cette expression est divisible par le mot-forme évident **seul** et avec l'insertion à l'intérieur des deux mots-formes : **seul** et **le** — il devient autonome au sens fort :

(iv) *Dieu* ***seul*** *sait qui* ⟨*où, quand*, …⟩;

(v) — *Quand doit-il revenir? — Dieu* ***seul le*** *sait.*

Cependant, les analogues russes des signes français en question, à savoir, les signes **koe-** (***koe-kto*** 'quelqu'un', ***koe-gde*** 'quelque part', …) et **-nibud′** (litt. 'ne [ce] soit'; *kto-****nibud′*** 'n'importe qui', *gde-****nibud′*** 'n'importe où', …), sont différents. Le signe **-nibud′** n'est pas du tout autonome, tandis que le signe **koe-** n'est autonome qu'au degré minimal, n'étant séparable que dans les ex-

pressions du type *koe **k** komu*, litt. ʿquelqu'-à-un², *koe **dlja** kogo*, litt. ʿquelqu'-
pour-un²; le séparateur ne peut être qu'une préposition, et ce ne sont pas toutes
les prépositions qui sont admises dans les expressions illustrées (**koe **blagodarja** komu*, litt. ʿquelqu'-grâce-à-un²; l'expression correcte : ***blagodarja** koe-
komu*). De plus, l'insertion de la préposition est grammaticalement obligatoire
(**k koe-komu*). Cette autonomie est insuffisante pour reconnaître **koe-** comme
un mot-forme. Par conséquent, ces deux signes doivent être considérés comme
parties de mots-formes, c'est-à-dire comme respectivement un préfixe et un
suffixe dérivationnels.

[7] (**3.3**, le commentaire **2**, exemple (13), p. 180). Ces permutations peuvent
changer la structure thémo-rhématique de la phrase : ainsi, en (13a), le thème
est *Solženicyn*, et le rhème, le reste de la phrase, tandis qu'en (13b), le thème
est *Solženicyn razoblačil kommunizm*, et le rhème *davno* (ʿIl y a longtemps
que…²). Elles peuvent aussi changer le niveau de langue (neutre *vs* parlé). Elles
ne changent cependant pas les relations sémantiques et la grammaticalité : toutes les phrases (13a) — (13y) sont correctes et décrivent la même situation.

[8] (**3.3**, après l'exemple (13), p. 180). Sauf dans le contexte d'une construction
approximative :

prépositionnelle

kupil   rublej   za   dvadcat'

ʿ[Il l']a-acheté roubles pour vingt² = ʿ… pour à peu près vingt roubles².

DÉFINITION DU MOT-FORME

Comme nous l'avons déjà signalé, dans la définition I.22 ci-dessous et plus loin nous utilisons le terme *autonome* pour référer à TOUS LES TYPES D'AUTONOMIE : autonomie forte (généralisée) et autonomie faible (généralisée).

Rappelons (cf. §1) que l'autonomie des signes linguistiques$_1$ est relative, entre autres, par rapport à leur contexte. Un signe peut être très autonome dans un contexte spécifique, mais il peut ne pas l'être dans tous les autres contextes, de sorte que son autonomie totale dans la langue sera presque nulle; pourtant, même dans ce contexte unique, elle n'est pas négligeable. Cela nous amène à chercher deux définitions du mot-forme, c'est-à-dire à distinguer deux concepts : *mot-forme de la parole* (ou *mot-forme dans un contexte donné*) et *mot-forme de la langue*.

1. Mot-forme

Nous commencerons par le concept le plus simple.

Définition I.22 : mot-forme de la parole (de L)

Un signe segmental **X** de **L** est appelé *mot-forme de la parole de* **L** si et seulement si les trois conditions suivantes sont vérifiées simultanément :
   1. Il existe en **L** un contexte dans lequel **X** est suffisamment autonome;
   2. **X** n'est pas linéairement divisible en des mots-formes de la langue de **L**;
   3. **X** ressemble suffisamment à d'autres mots-formes de la langue de **L** [identifiés au préalable] selon un ensemble de critères spécifiques à **L**.

Nous allons donner tout de suite la définition du mot-forme de la langue, puisqu'il est plus commode d'illustrer et de commenter les deux définitions ensemble, étant donné qu'elles sont logiquement liées.

Définition I.23 : mot-forme de la langue (de £)

Un signe segmental **X** de **£** est appelé *mot-forme de la langue de* **£** si et seulement si une des deux conditions suivantes est vérifiée :

1. soit **X** est suffisamment autonome en **£** et **X** n'est pas représentable en termes d'au moins deux mots-formes de la langue de **£** ;

2. soit **X** est représentable en termes d'un mot-forme de la langue **w** de **£** et des alternances de **£**, tel que **X** est toujours remplaçable par **w** sans affecter la grammaticalité ou le sens de la phrase.

[Pour ***alternance***, voir Troisième partie, chapitre II, §3.]

Exemples

(1) Voici quelques exemples français.

    a. Les signes suivants sont des mots-formes de la langue : **Louise, roman, liberté, vite, voici, inexplicable, où,** … [autonomie forte]; **regardait, verrai, à, dans,** … [autonomie faible].

    b. Les signes suivants ne sont pas des mots-formes mais des parties de mots-formes [= des ***affixes***, voir Cinquième partie, chapitre II, §3] : **-é** [*marché, parlé, indiqué*], **-ment** [*inévitablement*], **-esse** [*tigresse, doctoresse*], … Tous ces signes ne sont absolument pas autonomes.

    c. Les signes suivants ne sont pas des mots-formes mais des groupes de mots-formes, ou des syntagmes$_1$ (angl. *phrases*); plus précisément, ce sont des syntagmes$_1$ phraséologisés, ou ***phrasèmes*** (voir Cinquième partie, chapitre VIII) :
chemin de fer, tomber dans les pommes ʿs'évanouirʾ, **c'est-à-dire, de façon à, donner sa langue au chat,** …
Ces signes sont autonomes mais divisibles linéairement en des mots-formes : **chemin # de # fer, donner # sa # langue # au # chat**, etc.

(2) En anglais, le signe **could've** /kúdv/, qu'on peut trouver, par exemple, dans la phrase
You could've seen her, litt. ʿTu pourrais l'avoir vueʾ = ʿTu aurais pu la voirʾ,
n'est pas un mot-forme de la langue : **could've** est autonome [au sens faible], mais il est divisible en **could**, qui est un mot-forme évident, et **-'ve**, qui est un mot-forme de la langue selon la condition 2 de la définition I.23 : **-'ve** s'obtient du mot-forme **have** par une ***alternance de troncation***, peut toujours être remplacé par **have** et se comporte syntaxiquement tout à fait comme ce dernier.[1] [**-'ve** est un ***clitique***; voir plus loin, §3.]

(3) En russe, un signe du type :
        speckomissija ʿcommission spécialeʾ

est un mot-forme de la langue. Ce signe est autonome et divisible en **komissija** ʿcommissionʾ, qui est un mot-forme évident, et **spec-**, qui est formé par une ***alternance de troncation*** du radical du mot-forme **specialʹn**(+*aja*) :

specialʹnaja kommisija ʿcommission spécialeʾ.

Mais le signe **spec-** lui-même n'est pas un mot-forme :

1) il est relié à plusieurs mots-formes adjectivaux, et pas juste à un seul [**specialʹnyj, specialʹnogo, specialʹnomu,** ... — c'est-à-dire à toutes les formes des trois genres, des deux nombres et des six cas; comme nous l'avons dit, **spec-** s'obtient par la troncation d'un radical, et pas d'un mot-forme particulier]; et

2) son comportement n'est pas du tout identique à celui de ses sources : les adjectifs «pleins» qui peuvent toujours être substitués à l'abréviation **spec-** s'accordent avec le nom, admettent des adverbes modificateurs, etc., mais non pas le signe **spec-**, qui est une partie de mot-forme, à savoir un élément compositif.

2. Commentaires sur les définitions I.22 et I.23

Étant donné l'importance et la complexité du concept de mot-forme et sur-tout son caractère intrinsèquement vague, nous allons analyser plus en détail les sept aspects suivants des définitions I.22 et I.23 :

- Caractère RELATIF du concept de mot-forme;
- Caractère RÉCURSIF du concept de mot-forme;
- Ressemblance entre les mots-formes comme COHÉRENCE de leur système;
- RELATIVITÉ de l'exigence de ressemblance entre les mots-formes;
- DIVISIBILITÉ des mots-formes par des mots-formes;
- Rôle spécial de la CONDITION 2 dans la définition I.23;
- Mot-forme DANS LA LANGUE et mot-forme DANS LA PAROLE.

2.1. Caractère relatif du mot-forme. Pour être reconnu comme un mot-forme de la parole dans un contexte donné, le signe **X** de **L** doit être suffi-samment autonome dans ce contexte et, peut-être, suffisamment semblable aux mots-formes de **L** préalablement identifiés; pour être un mot-forme de la langue de **L**, **X** doit être un mot-forme dans un nombre suffisamment élevé de contextes suffisamment importants de **L**. Et tous ces *suffisamment* n'ont pas, à dessein, de définition ou de critère précis! Nous sommes convaincu qu'il n'est pas possible d'établir un système de critères quantitatifs précis valables pour toutes les langues et rendant compte de tous les cas qu'on peut y rencon-trer. Le degré de suffisance change avec la langue; dans chaque cas spécifique, il faut étayer notre solution avec des considérations spécifiques, selon les dimensions fixées (séparabilité, variabilité, transmutabilité; nombre et nature des contextes; attraction paradigmatique). Pour couvrir tous les cas, y compris les cas «exotiques», les définitions doivent être vagues à souhait et laisser une grande marge de manœuvre : c'est ce qui explique nos multiples *suffisamment.*

2.2. Caractère récursif des définitions I.22 et I.23. Au premier abord, le lecteur peut avoir l'impression que les définitions I.22-I.23 renferment des cercles vicieux : le terme à définir (= *mot-forme*) réapparaît dans la partie droite des deux définitions. Pourtant, il n'en est rien : les définitions I.22 et I.23 sont récursives, c'est-à-dire faites par récurrence (voir l'Introduction, chapitre I, §1, note 7, p. 22). Dans un premier temps, elles identifient comme mots-formes d'une langue **L** ses signes autonomes au sens fort et tels que leur statut de mot-forme soit tout à fait incontestable. C'est seulement dans un second temps qu'elles traitent des signes autonomes au sens faible en se basant sur les mots-formes déjà identifiés. De cette façon, nous visons avant tout à définir le mot-forme PROTOTYPIQUE — pour ainsi dire, le mot-forme par excellence. Puis nous généralisons les propriétés des mots-formes prototypiques pour des mots-formes moins évidents, qui posent plus de problèmes et soulèvent plus de doutes. Cette généralisation est faite sous le contrôle de la RESSEMBLANCE : des mots-formes suspects doivent être suffisamment semblables à des mots-formes évidents. (Pour l'importance de la ressemblance, ou analogie, dans les langues naturelles, voir l'Introduction, chapitre III, **1.3**, p. 83.)

2.3. Ressemblance entre les mots-formes comme cohérence de leur système. La notion de ressemblance entre mots-formes peut être précisée de la façon suivante. Nous pouvons dire que l'exigence de ressemblance implique une cohérence suffisante du système entier des mots-formes de **L**, et cela sous les trois aspects suivants : cohérence phonologique, cohérence morphologique et cohérence syntaxique.

1. Cohérence phonologique du système de mots-formes

Le signifiant d'un candidat au statut de mot-forme doit ressembler aux signifiants des mots-formes évidents.

Exemples
(4) En anglais, le marqueur de la forme possessive (du nom) -**'s** est assez autonome dans la langue (= transmutable) et, par conséquent, séparable et, bien sûr, linéairement indivisible :
  a. *the girl's hat* ⸢le chapeau de la jeune fille⸣ ~ *the girl I danced with's hat* ⸢le chapeau de la jeune fille [avec qui] je dansai⸣;
  b. *the president's speech* ⸢le discours du président⸣ ~ *the president of the United Arab Republic's speech* ⸢le discours du président de la République Arabe Unie⸣.
Selon les conditions 1 et 2 de la définition I.22, on pourrait considérer cet -**'s** comme un mot-forme dans le contexte typique où il apparaît (après le nom) : une espèce de postposition, comme [*two years*] **ago** ou [*this*] **notwithstanding**.

Cependant, aucun mot-forme évident de l'anglais n'a de signifiant constitué d'une seule consonne; par conséquent, **-'s** en tant que mot-forme violerait la cohérence phonologique du système des mots-formes anglais. La condition 2 de la définition I.22 le rejette donc comme mot-forme.[2] (En fait, **-'s** est une partie de mot-forme, plus précisément, un *suffixe migrateur*; voir Cinquième partie, chapitre II, §3, **7.3.**)

 Soulignons que quand on compare un mot-forme «douteux» **w** à des mots-formes déjà établis de la langue **L** dans le but de déterminer le statut de **w**, on doit choisir, comme étalon de comparaison, seulement des mots-formes ÉVIDENTS, dont le statut est hors de doute et n'appelle pas de justifications. En termes plus précis, on ne doit prendre comme étalon que des mots-formes PRIMAIRES PARFAITS (§5 de ce chapitre, **1**, p. 247 ssq). Pour cette raison nous pouvons dire que le **-'s** possessif anglais ne ressemble — en ce qui a trait à la composition phonémique de son signifiant — à aucun mot-forme de l'anglais. Nous ignorons délibérément les clitiques **-'s** [= *has/is*], **-'m** [= *am*], **-'d** [= *had/should/would*], **-'ve** [= *have*], qui sont monophonémiques eux aussi, mais qui ne sont pas des mots-formes évidents. Cependant, on peut les considérer quand même comme des mots-formes puisqu'ils s'obtiennent par réduction des mots-formes évidents correspondants. Par contre, le **-'s** possessif, lui, ne remonte à aucun mot-forme évident.

(5) Soit le signe espagnol
a. dándomelo, litt. ⸢donnant-me-le⸣ = ⸢en me le donnant⸣.

C'est un signe autonome au sens fort, divisible en des signes **da-** ⸢donner⸣, **-ndo** ⸢gérondif⸣, **me** ⸢à moi⸣ et **lo** ⸢le⸣; le statut des deux derniers signes constituants n'est pas immédiatement clair. **Dando** ⸢donnant⸣ peut apparaître entre deux pauses absolues, mais **me** et **lo** ne le peuvent pas, et on pourrait les croire non autonomes — des suffixes d'objets (dans ce cas-là, il faudrait postuler dans **dando** deux suffixes zéro : un suffixe zéro d'objet direct et un suffixe zéro d'objet indirect, ce qui donnerait **dando+Ø+Ø**). Ceci rendrait **dándomelo** linéairement indivisible en d'autres signes autonomes, et selon les définitions I.22 et I.23 ce signe pourrait être pris pour un mot-forme de la langue de l'espagnol. Mais **dándomelo** en tant que mot-forme de la langue violerait la loi accentuelle suivante de l'espagnol :

‖ Dans un mot-forme espagnol, l'accent ne peut jamais tomber sur une
‖ syllabe précédant l'antépénultième.

Cette loi embrasse tous les mots-formes évidents de l'espagnol et ne connaît point d'exception. Si dans un mot-forme évident l'accent frappe l'antépénultième syllabe et une désinence flexionnelle syllabique est ajoutée, l'accent est forcément déplacé vers la droite dans le mot-forme qui en résulte :
b. régimen ⸢régime⸣ ~ **regímenes** ⟨*régimenes⟩ ⸢régimes⸣.

Si **dándomelo** (et tous les signes semblables) était un mot-forme, selon la loi ci-dessus, on devrait avoir ***dandómelo**; or, ce n'est pas le cas.

La condition 3 de la définition I.22 rejette **dándomelo** comme mot-forme. (En fait, **dándomelo** est un syntagme₁, ou groupe de mots-formes, plus précisément — une forme verbale **dando** suivie des *postclitiques* **me** et **lo**; pour les clitiques, voir plus loin, §3.)

2. Cohérence morphologique du système de mots-formes

‖ Le candidat au statut de mot-forme doit s'inscrire tout naturellement dans
‖ un système de description morphologique globale jugé raisonnable pour **L**.

Bien évidemment, les expressions *tout naturellement* et *jugé raisonnable* n'ont pas de sens précis. Nous ne pouvons pas suggérer de procédure mécanique pour déterminer si un présumé mot-forme détruit la cohérence de la description morphologique d'une langue, ou pas. En dépit de cela, nous croyons que ces notions intuitives (que personne ne peut formaliser pour le moment) sont extrêmement importantes, bien que floues et vagues. Notre point principal est qu'il importe d'étudier de près TOUTES les conséquences, pour un système morphologique, d'accorder (ou de ne pas accorder) au signe en cause le statut de mot-forme.

Exemples

(6) Considérons les clitiques pronominaux français. Nous avons en vue le fameux cas :

a. *Je te la donne* /žətəladɔn/;

est-ce que cette expression est un seul mot-forme?

Certains estiment que oui (Vendryès, Bally, Dauzat); si on accepte leur opinion, les signes **je**, **te** et **la** deviennent des préfixes[3] personnels du verbe, parallèles aux suffixes personnels **-ons**, **-ez**, etc. Peut-on reconnaître un statut préfixal aux marqueurs de sujet et d'objets du verbe français? «*That is the question.*»

Pour y répondre, il faut d'abord considérer l'autonomie des signes du type **je**, **me**, **lui**, etc.

Leur séparabilité est très faible mais quand même elle n'est pas nulle :

• Ils sont séparables du verbe par les signes **en** et **y,** dont le statut en tant que mots-formes semble mieux établi (et sera tenu ici pour acquis) : *Je m'en retire*; *Tu l'y enverras*; *Pour m'y rendre*.

• Dans quelques formules (plutôt vieillies), ils sont séparables de l'infinitif par des adverbes du type **trop** ou **mieux** : *Pour vous mieux servir*; *Je crains de t'en trop dire.*

• Les marqueurs de sujet sont séparables du verbe fini par la négation **ne**, qui, à son tour, est séparable de l'infinitif par **rien** et **jamais** (voir §1, **3.1**, **3**, 2,

(7), p. 175) et qui, par conséquent, est plus susceptible d'être un mot-forme que **je** ou **tu**.

• Et enfin, les marqueurs de sujet sont séparables du verbe par des expressions parenthétiques ou autres du même genre, qui peuvent être très longues; par exemple :

«*Ils*» (*comme on dit toujours en URSS en parlant des fonctionnaires de l'État*) *n'ont donc réussi qu'à augmenter sa popularité.*

— *Moi, je...* — *Yves s'interrompit, reprit son souffle* — *vous aime... Telle que vous êtes!*

La variabilité distributionnelle des marqueurs de sujet français est nulle (ils sont sélectionnés exclusivement par le verbe fini), mais celle des marqueurs d'objets n'est pas nulle : ils peuvent être sélectionnés par un adjectif, par exemple :

$$\text{CO}^{\text{indir}}$$

*Il **m**'est fidèle.*

La transmutabilité de ce type de signe, bien que très faible, n'est pas nulle non plus :

• Ils admettent l'inversion par rapport au verbe (§1, **3.3**, (10), p. 178) :
Nous pouvons ... ~ Pouvons-nous ...?, [Tu] le donnes ... ~ Donne-le!

• Ils admettent d'être transférés du verbe Ψ qui les sélectionne (et dont ils dépendent sémantiquement) à un autre verbe (auxiliaire ou perceptionnel) régissant Ψ :

*Cette romance, écoute-**la** ◄—— sém —— chanter.*

*Cette vérité, faites-**la** ◄—— sém —— avouer.*

[Les flèches indiquent la dépendance sémantique. Les nombreuses contraintes contextuelles qui sont en jeu ici ne nous intéressent pas pour le moment.]

Donc les marqueurs de sujet et d'objets du français jouissent d'un certain degré d'autonomie dans la langue. Cependant, ce soupçon d'autonomie ne semble pas suffisant pour rejeter l'analyse de **je, me, le,** ... comme préfixes verbaux. Nous ferons valoir en plus des considérations de cohérence morphologique.

En effet, si les marqueurs **je, me, tu, te, le, lui,** etc., sont des préfixes, cela nous oblige à faire (entre autres) les trois choses suivantes :

Primo, pour assurer la description du *paradigme₁* (chapitre VI, **4.1**, p. 356) du verbe français, il faudrait introduire les 14 *catégories flexionnelles* verbales suivantes (chapitre V, §2, **2**, p. 262 ssq.) :

(a) Huit catégories «personnelles» pour les trois actants syntaxiques principaux :

– Personne du sujet / du complément d'objet direct / du complément d'objet indirect;

— Nombre du sujet / du complément d'objet direct / du complément d'objet indirect;

— Genre du sujet / du complément d'objet direct — à la 3e personne seulement.

(Ces huit catégories devraient remplacer deux catégories reconnues à présent : personne et nombre du sujet.)

(b) Catégorie de réflexivité pour tenir compte du contraste du type *Il le/la lave ~ Il se lave*.

(c) Deux catégories «personnelles» de plus (personne et nombre) pour le datif du possesseur : *Le chien me* ⟨*te, lui, nous, …*⟩ *flaire les jambes*.

(d) Une autre catégorie de réflexivité pour le datif du possesseur : *Le chien se flaire les pattes*.

(e) Une catégorie spéciale pour le datif éthique : *Jacques t'*⟨*vous*⟩ *arrive au sommet en dix minutes*.

(f) Une catégorie spéciale pour **on** : *On dit …*; *On marche …*

Remarquons au passage qu'en refusant le statut de mots-formes à **en** et **y**, nous serions amenés à créer encore de nouvelles catégories flexionnelles (partitivité de l'objet? directivité de l'objet?) pour rendre compte de ces «préfixes». Cependant, si nous leur accordions ce statut, nos préfixes pronominaux seraient séparables du verbe par des mots-formes : *Jean l'y envoie*; *On m'en rappelle*; etc.

Secundo, il faudrait formuler des règles très complexes et très peu naturelles pour décrire l'accord du verbe avec son sujet et ses compléments. Presque toutes les catégories hypothétiques que nous venons de mentionner seraient des catégories d'accord; en d'autres mots, les préfixes présumés reflètent la personne, le nombre et le genre (à la 3e personne) du sujet et des compléments d'objet. Pourtant ces préfixes n'apparaissent jamais quand le sujet et les compléments nominaux (ou même pronominaux) explicites sont présents dans la phrase :

> **b.** *Le directeur a envoyé cette note à Pierre* ⟨**Le directeur **il la lui** a envoyé cette note à Pierre*⟩. [4]
>
> *Lui ne répondait pas et la regardait toujours* ⟨**Lui **il** ne répondait pas …*⟩.
>
> *Toi seul as le droit de donner des ordres* ⟨**Toi seul **tu** as le droit de donner des ordres*⟩.
>
> *C'est moi qui ai dit cela* ⟨**C'est moi qui **j'**ai dit cela*⟩.

L'hypothèse de caractère préfixal des signes du type **je**, **te** ou **la** conduit à une situation bizarre : D'une part, le français aurait des phrases à sujet et compléments nominaux ou pronominaux explicites où les catégories d'accord du verbe ne seraient aucunement exprimables par des préfixes, tandis que certaines de ces catégories, à savoir les catégories d'accord avec le sujet, seraient obligatoirement exprimées par des suffixes. D'autre part, il y aurait des phrases sans sujet ni compléments explicites où l'expression préfixale desdites catégories serait obligatoire. Comme résultat, une phrase du type :

> **c.** *Il lit un journal*

serait une phrase sans sujet lexical explicite, *il* n'étant qu'un préfixe d'accord. [5]

Tertio, il faudrait formuler des règles tout aussi complexes et encore moins naturelles pour décrire les cas où, dans certaines conditions syntaxiques, les présumés préfixes de sujet peuvent être omis. Cf. les exemples suivants (l'omission du sujet est indiquée par le symbole ___) :

d. Style narratif elliptique :

Charles Pathé ne fait pas fortune en Argentine et revient en France dans le courant de 1891. ___ S'établit marchand de vins, ___ se marie (octobre 1892) et ___ devient petit employé chez un avoué. ___ Achète fin août 1894 un phonographe Edison, qu'il va montrer dans diverses foires de la Brie. ___ Y gagne assez d'argent pour s'établir revendeur de phonographes achetés à Londres.

e. Structures coordonnées :

J'ai été mariée à l'âge de 16 ans et ___ n'ai certes pas été malheureuse pour cela.

Alain l'emmena dans un coin obscur et ___ lui proposa de s'enfuir.

Il nous semble bizarre que des règles typiquement syntaxiques, telles les règles de coordination, mettent en jeu des préfixes verbaux d'accord : elles ne devraient manipuler que des mots-formes.

Selon nous, les conséquences d'une analyse de **je, te, la** comme préfixes font une sérieuse entorse au tableau général de la morphologie française. C'est la raison principale pour laquelle nous refusons de traiter les pronoms *clitiques* français comme des affixes et de reconnaître le statut unilexical de l'expression *Je te la donne*, malgré son unité phonique. Par contre, les définitions I.22 - I.23 acceptent les clitiques pronominaux comme des mots-formes du français, mais des mots-formes très peu autonomes, se trouvant au bord de la servitude grammaticale typique pour les affixes. (Il existe en plus un argument phonologique pour le statut lexical des clitiques français, voir plus loin, **3.2**, 2, les exemples (22) et (24), pp. 212-213.) [6]

Il est intéressant de comparer les clitiques pronominaux du français à ceux de l'espagnol. En espagnol, ils sont plus autonomes puisqu'ils sont transmutables (et par là même séparables). Ils peuvent toujours se détacher du verbe à l'infinitif dont ils sont syntaxiquement dépendants et monter vers le verbe principal, tandis que les clitiques du français moderne ne le peuvent que dans quelques cas très spéciaux :

(7) **a.** espagnol

Quiero dártelo ~ *Te lo quiero dar* 'Je veux te le donner'.

b. français

Je veux te le donner ~ **Je te le veux donner.* [7]

En même temps, sous un autre aspect, les clitiques pronominaux objets de l'espagnol sont plus près des préfixes que ceux du français : les clitiques objets espagnols peuvent (et parfois même doivent) être cooccurrents avec les compléments d'objet explicites; cf. :

c. *A mi hija no **la** he visto*, litt. ⌐Ma fille je ne l'ai pas vue⌐ ⟨**A mi hija no he visto*⟩.

¡*No **me** lo digas a mí!*, litt. ⌐Ne me le dis [pas] à moi!⌐ ⟨**¡No lo digas a mí!*⟩.

C'est ce qu'on appelle une ***reprise pronominale***. Ce phénomène n'aurait pas permis de soulever pour l'espagnol la deuxième objection faite contre le statut préfixal des clitiques français (= absence d'accord avec les compléments explicites).

3. Cohérence syntaxique du système de mots-formes

‖ Le candidat au statut de mot-forme doit s'inscrire tout naturellement dans
‖ un système de description syntaxique globale jugée raisonnable pour **L**.

Les mêmes remarques que celles sur la cohérence morphologique (p. 192) s'appliquent ici.

Exemples

(8) En portugais péninsulaire écrit (le portugais du Brésil étant différent sous ce rapport) on trouve des formes verbales comme les suivantes :
    a. *mostrar-**lhe**-emos* ⌐[nous] lui montrerons⌐, litt. ⌐montrer-lui-ons⌐;
    *dar-**me**-á* ⌐[cela] me donnera⌐, litt. ⌐donner-me-a⌐;
    *ouvi-**lo**-ão* ⌐[ils] l'entendront⌐, litt. ⌐ouïr-le-ont⌐;
    *ver-**nos**-iam* ⌐[ils] nous verraient⌐, litt. ⌐voir-nous-aient⌐.

(Les expressions en (8a) sont vieillissantes, et l'on ne les trouve que dans un style très formel; cependant, les formes comme *dar-me-á* et *ver-nos-iam* sont plus courantes que *mostrar-lhe-emos* et surtout *ouvi-lo-ão*.)

Ici, un clitique (voir §3) objet pronominal (du même type qu'en français et en espagnol, voir ci-dessus) sépare la désinence du futur ou du conditionnel [= **X**] du reste de la forme [= Ψ]. Ψ coïncide avec un mot-forme du portugais : avec un infinitif, et **X** coïncide avec un autre mot-forme : avec une forme du verbe auxiliaire *haver*, étymologiquement ⌐avoir⌐. Le clitique séparateur, lui, est aussi un mot-forme; par conséquent, **X** a un certain degré d'autonomie, ce qui appuie son statut unilexical. Cependant, si nous acceptons que **X** [= **emos**, **á**, **ão**, **iam**, etc.] soit un mot-forme dans les expressions en (8a), nous violons la cohérence de la description syntaxique du portugais : dans toutes les constructions du type

$$\overset{\frown}{V_{(auxiliaire/ } + V_{infinitif}}$$
$$_{/modal)}$$

c'est toujours l'infinitif qui suit; l'infinitif précédant l'auxiliaire ou le modal n'est possible en portugais que pour les cas du type (8a). (Des exceptions sont possibles seulement dans des propositions à structure communicative non neutre — c'est-à-dire avec l'emphase très marquée : *Beber devia* ⟨*queria*⟩ *eu!* ⌐Quant à boire, je le devais ⟨voulais⟩!⌐, *A durmir ia eu*, litt. ⌐Quant à dormir, j'allais⌐, etc.) À cause de cela, nous préférons dire que la désinence **X** — malgré sa légère séparabilité — est un suffixe plutôt qu'un mot-forme. (Cf. une discussion intéressante de ce phénomène dans Zwicky 1987 : 143-145.)

Bien sûr, notre décision est grandement facilitée par le fait que la séparabilité de **X** est très faible : seul un clitique monosyllabique peut apparaître entre la désinence et le reste du mot-forme verbal. Supposons que le portugais admette, entre l'infinitif et la désinence, tout syntagme$_1$ nominal remplissant le rôle de complément d'objet (ce qui n'est pas le cas en réalité) :

> **b.** **mostrar **ao rapaz** emos*, litt.'[nous] montrer au garçon (av)ons';
> **dar **notícias** á*, litt. '[il] donner nouvelles a [à qqn]'.

Si (8b) était admissible, la séparabilité très forte de **X** nous aurait forcé à accepter **X** (= **emos, á,** …) comme un mot-forme à part dans les expressions (8a) et (8b) et, de ce fait, nous aurait obligé à admettre en portugais une seule construction exceptionnelle du type :

$$V_{infinitif} + V_{auxiliaire}.$$

En tenant compte des faits présentés, nous dirons que les expressions en (8a) sont des syntagmes$_1$ constitués d'un mot-forme verbal (au futur) combiné à un intraclitique objet pronominal.

L'analyse du dernier exemple nous permet de formuler deux conclusions importantes, l'une générale, l'autre plus spécifique.

2.4. Caractère relatif de la cohérence du système des mots-formes. Il ne faut surtout pas penser à la cohérence du système de mots-formes comme à un critère absolu : en dépit du principe de cohérence, il existe des mots-formes tout à fait incohérents! Ainsi, dans le cas imaginaire (8b) on aurait des mots-formes (*emos, á,* etc.) en conflit avec le système syntaxique généralement accepté du portugais. Un exemple très instructif est celui de **monsieur** /məsjö/ ~ **messieurs** /mesjö/ en français. Ce sont indubitablement des mots-formes, et pourtant ils sont tout à fait incohérents du point de vue morphologique : l'expression de l'opposition 'singulier' ~ 'pluriel' par l'opposition /ə/ ~ /e/ à l'intérieur d'un mot-forme est absolument unique en français.

Un autre exemple est le mot-forme français **au** /o/, qui est, lui aussi, très incohérent du point de vue syntaxique : la combinaison des fonctions et des significations d'un article avec celles d'une préposition n'est propre en français qu'à trois autres cas : **aux, du, des.** Pourtant on n'a pas le choix : /o/ est autonome (au sens faible) et linéairement indivisible en d'autres signes; il doit donc être un mot-forme.

Enfin, les numéraux cardinaux russes pour 50, 60, 70 et 80 sont incohérents en ce qu'ils marquent la déclinaison casuelle dans le corps du mot-forme (comme /məsjö/ ~ /mesjö/); ceci n'arrive jamais en russe ailleurs que dans ces numéraux :

> *pjat′desjat* '50, NOM(inatif)' ~ *pjatidesjati* '50, GÉN(itif)/DAT(if)';
> *šest′desjat* '60, NOM'   ~ *šest′judesjat′ju* '60, INSTR(umental)'; etc.

Mais ce sont des mots-formes sans aucun doute, puisqu'ils sont indivisibles en d'autres mots-formes : l'élément -**desjat** /d′is′át/ ou /d′is′at/ n'existe pas en dehors de ces numéraux (*pjat′* et *šest′*, pourtant, existent : ‛5’ et ‛6’; il y a aussi *desjat′* /d′és′at′/ ‛10’).

 L'incohérence (phonologique, morphologique ou syntaxique) d'un mot-forme est fortement diminuée par l'appartenance de ce mot-forme à une classe de mots-formes caractérisés par la même incohérence (ne serait-ce qu'une classe très restreinte). En d'autres termes, un écart du système général partagé par plusieurs mots-formes tend à cesser d'être un écart; plus il y a de mots-formes qui y participent, moins on y voit d'incohérence. Dans le cas hypothétique (8b), c'est toute une série de verbes auxiliaires (6 formes au présent et 6 à l'imparfait); dans le cas de *monsieur*, c'est encore *madame ~ mesdames* et *mademoiselle ~ mesdemoiselles*.[8] Il est, en outre, très important que les mots-formes incohérents appartiennent à un ensemble ayant un dénominateur sémantique commun : c'est le cas pour *emos, á*, etc., en portugais et pour *monsieur, madame, mademoiselle*. ($\boxed{\substack{? \\ 14}}$ Précisez la dernière affirmation.) La parenté sémantique diminue l'incohérence présumée d'une série de mots-formes.

Nous voyons donc que l'exigence de cohérence du système de mots-formes n'est pas plus absolue que ne le sont les critères d'autonomie faible. Dans les cas plus ou moins difficiles, la décision à propos du statut de mot-forme d'un signe donné est prise comme résultat d'une interaction (parfois très compliquée) de plusieurs facteurs linguistiques₁ subtils, ce qui rend l'identification des mots-formes relative par rapport à la langue considérée. (Nous en reparlerons plus loin, au §5 de ce chapitre.)

2.5. Divisibilité des mots-formes par des mots-formes. Un mot-forme peut être linéairement divisé par un autre mot-forme sans que les parties ainsi obtenues soient elles-mêmes des mots-formes : tel est le cas des formes portugaises *mostrar-lhe-emos, dar-me-á*, etc. Selon la définition I.23, **lhe** et **mostraremos** sont des mots-formes. Le signe **mostrar-lhe-emos** est linéairement divisible en ces deux mots-formes (sans que les signes **mostrar-** et **-emos** soient eux-mêmes des mots-formes dans ce cas); c'est cela qui ne nous permet pas de considérer **mostrar-lhe-emos** comme un mot-forme : c'est un syntagme₁. La leçon à en tirer est qu'un mot-forme peut «pénétrer» un autre mot-forme, séparant par là-même ses parties, mais toutefois sans convertir ces dernières en mots-formes.

Un autre cas est celui de la particule **zu** en allemand. C'est un mot-forme, mais qui peut «pénétrer» le mot-forme de l'infinitif que **zu** régit : *um das Fenster aufzumachen*, litt. ‛pour la fenêtre ouvrir’, où *aufmachen* est un verbe signifiant ⸢ouvrir⸣ (voir l'exemple (10) plus loin, en **2.7**, p. 200); ici, **aufzumachen** est un syntagme₁ représentable comme un mot-forme (**aufmachen**) divisé par un autre mot-forme (**zu**) — mais non divisé en des mots-formes (puisque **auf-** et **-machen** ne sont pas des mots-formes dans ce contexte).

La définition I.22 n'admet donc pas en tant qu'un mot-forme un signe constitué d'un mot-forme et CONTENANT à l'intérieur de lui-même un autre mot-forme mais qui n'est pas en même temps une séquence linéaire de mots-formes. Ceci permet de rendre compte des cas du type (8a), ainsi que des cas assez nombreux où, par exemple, une particule (signifiant ⸢seulement⸣, ⸢même⸣, ⸢aussi⸣, ⸢aucun⸣, …) qui est un mot-forme clitique s'intercale dans un mot-forme en divisant ce dernier en deux parties qui, elles, ne sont pas des mots-formes.

Exemple

(9) En japonais, la particule *made* ⸢même⸣ peut séparer le suffixe casuel et le radical du nom :

Kimurasanmadega kite imasita, litt. ⸢Kimura-monsieur-**même**-SUJ(et) venu était⸣ = ⸢Même M. Kimura était présent⸣.

Selon la définition I.22, la possibilité d'intercaler un mot-forme tel que **made** entre le radical et le signe du cas-sujet **-ga** ne suffit pas à démontrer que **-ga** est un mot-forme autonome. En effet, la séparabilité de **-ga** est minimale du point de vue syntagmatique : par un mot-forme seulement; du point de vue paradigmatique, le choix du séparateur est limité à quelque cinq particules (à part **made**, ce sont **dake** ⸢seulement⸣, **bakari** ⸢seulement⸣, **nado** ⸢etc.⸣, et **sae** ⸢même⸣). De plus, **-ga** ne possède ni variabilité distributionnelle (il est toujours commandé par un radical nominal), ni transmutabilité. L'expression *Kimurasanmadega* est donc considérée comme étant constituée d'un mot-forme unique **Kimurasanga** qui contient à l'intérieur un autre mot-forme **made**; **Kimurasan** peut être un mot-forme muni du suffixe zéro du nominatif (**Kimurasan+ -Ø$_{NOM}$**), et **-ga** est le suffixe du cas-sujet, ou du subjectif (qui est, en japonais, différent du nominatif; voir Deuxième partie, chapitre III, §4, **2.2**). [9]

2.6. Rôle spécial de la condition 2 dans la définition I.23. Cette condition couvre les cas où un mot-forme suspect (= n'ayant aucune autonomie) doit être reconnu comme mot-forme en **L** parce qu'il dérive d'un mot-forme évident par des alternances (d'habitude régulières) de la langue **L**. Ainsi, en anglais, les signes **-'m**, **-'s**, **-'d**, qu'on trouve dans les expressions **I'm** ⸢je suis⸣, **she's** ⸢elle est/a⸣, **you'd** ⸢tu avais/aurais⸣, etc., sont acceptés par la définition I.23 comme mots-formes (ce sont des *postclitiques*; voir plus loin, §3, définition I.27, p. 225) puisque ces signes sont obtenus à partir des mots-formes **am**, **is/has**, **had/would** par réduction en position inaccentuée. Pour plus de détails, voir l'exemple (6), §4 de ce chapitre, **2**, p. 242 ssq.

2.7. Mot-forme de la langue et mot-forme de la parole. La définition I.23 vise le mot-forme «de plein droit», «véritable», c'est-à-dire le mot-forme existant comme tel DANS LA LANGUE donnée. Conformément à cette définition, pour qu'un signe **X** soit accepté comme mot-forme «véritable» de **L**, il faut que **X** soit suffisamment autonome en **L** en général (et qu'il satisfasse les autres conditions, s'il y a lieu). Mais même si **X** n'est pas un mot-forme de **L**, cela ne veut pas nécessairement dire qu'il ne peut pas être très autonome — même autonome au sens fort! — dans un contexte particulier. Simplement, ceci ne suffit pas à donner à **X** une autonomie globale d'un degré nécessaire pour lui conférer le statut de mot-forme dans la langue; de façon générale, **X** est donc en **L** un affixe. Cependant, si dans un contexte quelconque cet affixe acquiert l'autonomie maximale, selon la définition I.22, il sera un mot-forme — mais exclusivement dans ce contexte et seulement s'il ressemble suffisamment aux mots-formes évidents de **L**. De cette façon, un signe qui n'est qu'une partie de mot-forme dans la langue, c'est-à-dire un affixe, peut apparaître dans la parole comme un mot-forme : un mot-forme, pour ainsi dire, du deuxième ordre.

Il importe de souligner que notre démarche n'est point symétrique : elle permet qu'un affixe fonctionne parfois comme un mot-forme tandis qu'elle ne permet pas à un mot-forme d'apparaître comme un affixe, même temporairement. Un mot-forme peut se comporter de façon similaire à un affixe mais sans en devenir un; dans ce cas, un tel mot-forme s'appelle un clitique (voir plus bas, §3).

Nous avons essayé de refléter, par cette asymétrie de traitement, les intuitions des locuteurs à propos des affixes et des mots-formes. Les affixes forment un système rigide et fermé, qui s'inscrit dans un réseau de catégories grammaticales. Ce système ne peut pas être «pénétré» (du point de vue purement synchronique) par un mot-forme aberrant venu se coller — tout comme un affixe — à un autre mot-forme; l'intrus reste un mot-forme, malgré le camouflage affixal. Les mots-formes, par contre, ne forment pas de système fermé, et un affixe détaché par des règles syntaxiques de son mot-forme d'origine devient facilement un mot-forme dans un contexte approprié.

Exemples

(10) Considérons les préfixes du verbe allemand appelés «séparables» :

    a. *Ich will meinen Freund **an**rufen* ⸤Je veux appeler [par téléphone] mon ami⸥.

    *Der Zug ist **ab**gefahren* ⸤Le train est parti⸥.

    *… mit dem Priester, der von seinem Brevier **auf**sah und es dann **zu**klappte* ⸤… avec le prêtre, qui leva les yeux de son bréviaire et puis le ferma d'un coup⸥.

    b. *… um meinen Freund **an**zurufen* ⸤… pour [= um … zu] appeler mon ami⸥;

    *Es ist schon Zeit, **ab**zufahren* ⸤Il est déjà temps de partir⸥.

    *Der Priester entschloβ sich, von seinem Brevier **auf**zusehen und es **zu**zuklappen* ⸤Le prêtre décida de lever les yeux de son bréviaire et de le fermer d'un coup⸥.

c. *Ich **rufe** meinen Freund, der gestern in Montreal angekommen ist, **an*** ʿJ'appelle mon ami, qui est arrivé hier à Montréal'.

*Der Zug **fuhr** nach einigen Minuten bangen Wartens, die ich nie vergessen werde, endlich **ab*** ʿLe train partit finalement, après quelques minutes d'attente anxieuse que je n'oublierai jamais'.

*Er **sah** von seinem Brevier **auf**, klappte es **zu** und fixierte den Frager* ʿIl leva les yeux de son bréviaire, le ferma d'un coup et fixa du regard la personne qui posait la question'.

Les signes allemands **an-**, **ab-**, **auf-** et **zu-** (différent de l'autre **zu**, qu'on voit imprimé en caractères gras en (10b) et qui est une particule introduisant l'infinitif, semblable à angl. *to*) apparaissant dans les formes verbales sont des préfixes, puisque leur autonomie générale en allemand n'est pas censée être suffisante pour leur accorder le statut de mot-forme. Comparons, cependant, les trois types de contextes illustrés en (10).

En (10a), les préfixes font corps avec les formes verbales (= l'infinitif et les participes d'une part, les formes finies dans une proposition subordonnée d'autre part) : ils n'ont ici aucune autonomie, leur séparabilité et transmutabilité dans ce contexte étant zéro. Leur variabilité distributionnelle est toujours zéro : ils sont sélectionnés par le verbe, et le verbe seulement.

En (10b), ces mêmes préfixes sont séparés du radical verbal à l'infinitif par la particule **zu** régissant cet infinitif. Pourtant, cette séparabilité minimale (voir p. 175) ne crée pas les conditions nécessaires et suffisantes pour considérer **an-**, **ab-**, **auf-** et **zu-** comme des mots-formes dans ce contexte. Nous voyons en (10b) un exemple d'un mot-forme (= **zu** particule) pénétrant un mot-forme (= **anrufen**, **abfahren**, ...) sans pourtant le scinder en deux mots-formes; cf. **2.3**, le cas portugais du type *dar-me-á*, et **2.5** *supra*.

Enfin, en (10c), auprès des formes finies dans la proposition principale, les signes **an**, **ab**, **auf** et **zu**, qui semblent — sous tous les aspects sémantiques et phoniques — être identiques aux préfixes ci-dessus, sont des mots-formes, parce qu'ici, comme on le voit par nos exemples, la séparabilité est illimitée.[10] Le reste de la forme verbale est alors un mot-forme lui aussi. De ce fait, en (10c), *rufe ... an* ʿ[j']appelle au téléphone', *fuhr ... ab* ʿpartit', etc., doivent être reconnus comme des phrasèmes — des locutions idiomatiques constituées chacune de deux mots-formes; cependant en (10a), *anrufen, abgefahren, aufsah* et *zuklappte* sont des mots-formes.

Les phrasèmes *rufe ... an*, etc., en (10c) sont tout de même des phrasèmes SECONDAIRES, engendrés par des transformations syntaxiques régulières de l'allemand. Ils ne doivent pas être placés dans un dictionnaire comme des phrasèmes, mais comme des lexèmes.

Encore un exemple :

    d. all. KOPFSTEHEN ⌐être hors de soi⌐ (**Kopf** ⌐tête⌐, **stehen** ⌐être debout⌐), qui peut apparaître dans le texte comme un phrasème secondaire :

        *Als sie die Nachricht erhielten, **standen** die Eltern, die bekanntlich an ihrer Tochter einen Narren gefressen hatten, **kopf*** ⌐Quand ils apprirent la nouvelle, les parents qui, comme tout le monde le sait, aimaient leur fille plus que leur vie, étaient hors d'eux⌐.

La même unité peut aussi apparaître comme un mot-forme :

        *Ich bin sicher, daβ ihre Eltern **kopfstehen*** ⌐Je suis certain que ses parents sont hors d'eux⌐.

Dans la langue en général, **kopfstehen** est un mot-forme (c'est-à-dire une unité lexicale).

(11)   Les préfixes séparables du verbe hongrois se comportent de façon très semblable à ceux de l'allemand, mais ils sont plus près du statut de mot-forme puisqu'ils sont autonomes dans un nombre plus élevé de contextes :

    a. Ils sont séparables par la négation :

        Meg se mosatja ⌐Il ne le fait pas laver⌐ [**mos** = ⌐laver⌐, **-at-** = ⌐causatif⌐, **-ja** = ⌐3sg, conjugaison objective⌐, et **meg-** est un préfixe du perfectif].

    b. Ils sont permutables pour exprimer soit l'emphase, soit une différence aspectuelle :

        *Hírtelen nézett **ki** az ablakon* ⌐C'est soudainement qu'il regarde par la fenêtre⌐
        [avec l'accent emphatique, noté ´, sur *hirtelen*; sans cet accent, on a *Hirtelen **ki** nézett az ablakon*, où *néz* = ⌐regarder⌐, et **ki-** est un préfixe signifiant ⌐de haut en bas⌐; les accents aigus signalent, dans l'écriture hongroise, la longueur des voyelles].

        *A fiú **elindult** az iskolába* ⌐Le garçon partit pour l'école⌐ ~ *A fiú indult **el** az iskolába* ⌐Le garçon partait pour l'école⌐
        [**indul** = ⌐partir⌐, et **el-** est un préfixe signifiant l'éloignement; s'il n'est pas postposé au verbe, il lui confère le caractère perfectif].

    c. Ils peuvent être utilisés tous seuls comme réponse positive à des questions où un verbe à préfixe est questionné :

        – *Megkapta a levelemet?*, litt. ⌐Avez-vous-reçu la ma-lettre?⌐
        – *Meg* ⌐Oui⌐, litt. ⌐Re-⌐.
        Ou encore :
        – *Elindul a fiú?*, litt. ⌐Part le garçon?⌐
        – *El* ⌐Oui⌐.

Dans de telles réponses, les signes **meg-**, **el-**, etc., préfixes perfectifs indiquant le caractère complété de l'action, apparaissent comme des mots-formes autonomes au sens fort : entourés de deux pauses absolues. Néanmoins, malgré tout cela, les signes hongrois du type **meg-**, **el-**, **ki-**, etc., sont considérés comme parties intégrales des mots-formes verbaux correspondants, c'est-à-dire qu'ils sont des préfixes.

 Nous ne pouvons pas entrer ici dans les menus détails de l'analyse des préfixes séparables de l'allemand et surtout du hongrois pour expliquer pourquoi les grammaires allemandes et hongroises les considèrent comme préfixes plutôt que comme mots-formes individuels. Mentionnons seulement les trois raisons principales invoquées habituellement :

- Existence d'autres préfixes inséparables qui sont identiques dans leur comportement aux préfixes en cause (sauf, bien sûr, leur inséparabilité). C'est un cas d'attraction paradigmatique (voir ci-dessus, §1, **3.5**, p. 181).
- Caractère très souvent idiomatique de l'interaction sémantique du préfixe séparable et du verbe (par exemple, all. *hören* ʿécouterʾ ~ *aufhören* ʿcesserʾ).
- Liens assez intimes entre le préfixe et les caractéristiques grammaticales du verbe (surtout en hongrois, où les préfixes marquant l'aspect, peuvent changer un verbe intransitif en un verbe transitif, etc.).

Ici, comme dans de nombreux autres cas, nous tenons la description traditionnelle des préfixes séparables de l'allemand et du hongrois pour acquise, même si nos connaissances ne nous permettent pas d'être certain qu'elle soit suffisamment étayée.

Il nous serait évidemment impossible de remettre en cause toutes les analyses existantes et d'essayer de réanalyser nous-même tous les faits linguistiques[1]. Conformément à ce que nous avons dit dans l'Introduction (chapitre I, §2, **5**, p. 30), nous empruntons les descriptions qui nous semblent convaincantes TELLES QUELLES à leurs auteurs et nous y adaptons nos définitions.

Néanmoins, dans la section **3** ci-dessous, le lecteur trouvera une discussion plus substantielle du problème «mot-forme ou affixe?».

(12)   Considérons maintenant un nom composé allemand d'un type extrêmement fréquent :
   a. *Fremdsprachen* ʿlangues étrangèresʾ
[en allemand, tous les noms s'écrivent avec une majuscule]. On y trouve **Fremd** ʿétrangerʾ [adjectif] et **Sprachen** ʿlanguesʾ; les deux signes peuvent en principe être des mots-formes de l'allemand. Mais le sont-ils dans ce contexte?

On dit que dans un contexte comme (12a), les signes **Fremd-** et **Sprachen** sont séparables dans une construction spéciale appelée ***tmèse coordinative***, [11] par exemple :
   b. *Fremd-* ***und Mutter****sprachen* ʿlangues étrangères et maternellesʾ.

Le premier signe séparateur (ici, **und**) doit être une des conjonctions coordinatives : **und, oder, [nicht**...] **sondern, aber nicht**, qui sont des mots-formes ou des complexes de mots-formes évidents; le deuxième (= **Mutter-**) est un élément douteux au même titre que **Fremd-**, dont nous sommes en train de vérifier le statut. Une telle séparabilité, limitée en plus à une tmèse coordinative exclusivement, est très faible. Mais elle semble exister quand même : dans (12b), **Fremd-** est un mot-forme; l'est-il dans (12a) aussi? Si oui, alors *Fremdsprachen* n'est pas un mot-forme mais un syntagme$_1$ — une constatation qui aurait bouleversé le tableau de la syntaxe allemande, puisque l'adjectif **fremd**, en tant que mot-forme, doit avoir, en combinaison avec un nom, une désinence de genre-nombre-cas (qui dépend, à son tour, de la présence de l'article défini) :

> **c.** *die fremde   Sprachen* ~ *die Fremdsprachen* [nominatif];
> *der fremden Sprachen* ~ *der Fremdsprachen* [génitif];
> *den fremden Sprachen* ~ *den Fremdsprachen* [datif];
> *die fremden Sprachen* ~ *die Fremdsprachen* [accusatif]

Par conséquent, **fremd-** considéré comme un mot-forme en (12a) violerait la cohérence syntaxique du système de mots-formes de l'allemand : un adjectif épithète doit s'accorder avec son nom et ne peut pas rester sans désinence.

La réponse à tous ces problèmes est bien simple : il n'y a pas de séparabilité en (12a), puisque «l'insertion» de **und Mutter-** entre **Fremd-** et **Sprachen** affecte les relations sémantiques entre ces deux derniers signes. Dans **Fremdsprachen**, **Fremd-** caractérise sémantiquement certaines **Sprachen** ʽlanguesʼ, soit un ensemble déterminé de langues; tandis que dans **Fremd- und Muttersprachen**, le signe **Sprachen** ne dénote plus le même ensemble : dans ce cas-ci, c'est l'ensemble qui inclut les langues caractérisées par **Fremd-**, mais aussi d'autres langues caractérisées par **Mutter-**. De ce fait, la relation sémantique entre **Fremd-** et **Sprachen** n'est pas la même en (12b) et en (12a); il serait peut-être plus précis de parler du changement du contenu référentiel du signe **Sprachen**. La structure de (12b) n'apparaît donc pas comme résultat d'une insertion au sens strict du terme : comme nous l'avons indiqué plus haut (§1, **3.1**, commentaire **1**, p. 173), par insertion nous entendons l'introduction d'un modificateur additionnel qui caractérise les éléments présents séparés, SANS CHANGER LEUR CONTENU SÉMANTIQUE NI LES RELATIONS SÉMANTIQUES ENTRE EUX. Ce n'est pas le cas pour la tmèse coordinative; (12b) apparaît plutôt comme résultat d'une factorisation sous coordination (= angl. *conjunction reduction*) :

$$\textbf{d.} \; \textit{Fremdsprachen} \begin{Bmatrix} \textit{oder} \\ \textit{und} \\ \textit{aber nicht} \end{Bmatrix} \textit{Muttersprachen} \Rightarrow$$

$$\Longrightarrow \textit{Fremd-} \begin{Bmatrix} \textit{oder} \\ \textit{und} \\ \textit{aber nicht} \end{Bmatrix} \textit{Muttersprachen.}$$

Ainsi, en (12a), il n'y a aucune séparabilité, et **Fremdsprachen** est donc un seul mot-forme, **Fremd-** étant une partie de mot-forme (= *élément compositif*). En (12b), par contre, **Fremd-** devient un mot-forme par défaut :

- l'expression **Fremd- und Muttersprachen** est un signe autonome au sens fort;
- les expressions **Muttersprachen** et **und** sont aussi autonomes;
- l'expression **Fremd-** est par conséquent autonome au sens faible.

[Le signe **Fremd-** en question ne coïncide avec le mot-forme adjectival **fremd** que superficiellement, ce dernier étant en effet bimorphique :

$$fremd + \varnothing,$$

où le suffixe zéro **-Ø** signale la forme courte (= attributive) de l'adjectif. On remarquera aussi qu'au sens ʿrelatif à une autre nationʾ — sens dont il s'agit en (12a) — l'adjectif **fremd** ne connaît pas de forme courte.]

Le caractère «dérivé», «transformationnel» de la structure en (12b) est évident surtout si nous prenons en considération le fait que l'expression ***Fremd- und Mutter-** est agrammaticale en dehors du contexte **-sprachen** (ou similaire), alors qu'en règle générale, les coordinations de ce type sont monnaie courante en allemand.

Par conséquent, nous concluons que la tmèse coordinative ne représente pas une insertion du matériel lexical et, de ce fait, elle ne garantit pas la séparabilité du premier élément dans **Fremd + sprachen** [= (12a)]. Cependant, en tant que transformation syntaxique, elle peut «promouvoir» cet élément au rang de mot-forme *secondaire* (voir plus loin, §5, **1**, p. 247 ssq.). On notera que, justement, une véritable insertion des éléments lexicaux entre **Fremd-** et **-sprachen** est tout à fait impossible :

    e. **fremd- interessante Sprachen* ʿlangues étrangères intéressantesʾ
       vs
       interessante Fremdsprachen;
       *fremd für ihn Sprachen ʿlangues étrangères pour luiʾ
       vs
       fremde für ihn Sprachen
       [où nous avons un adjectif régulier décliné].

Le cas de **Fremd-** en (12b) est similaire au cas des préfixes séparables de l'allemand et du hongrois en (10) — (11) : dans la langue, c'est une partie de mot-forme, à savoir un élément compositif, qui peut être promue par des règles syntaxiques au rang de mot-forme secondaire dans un contexte spécifique.

La tmèse coordinative est très typique de l'allemand; elle peut même créer des mots-formes secondaires à partir de préfixes verbaux généralement inséparables :

    f. *Die groteske Übersteigerung der Ereignisse wirkt nicht **ver-** sondern entschleiernd*
       ʿL'excès grotesque des événements agit de façon non pas masquante mais démasquanteʾ.

Dans le contexte de (12f), le signe **ver-** doit être reconnu comme mot-forme — un mot-forme bien éphémère, mais un mot-forme quand même — alors que dans la langue allemande, c'est le préfixe inséparable du verbe *verschleiern* ⟨camoufler, cacher, masquer⟩ [**Schleier** = ⟨voile⟩; **ver-** implique un sens assez vague ⟨soumettre à⟩; **entschleiern** signifie ⟨démasquer, arracher le masque⟩, étant donné que **ent-**, un autre préfixe inséparable, signifie ⟨enlever, détruire⟩].

Récapitulons. Il faut distinguer soigneusement entre le mot-forme de la langue de **L** en général (= des mots-formes primaires) et le mot-forme de la parole de **L** dans un contexte donné (= des mots-formes secondaires). Un mot-forme de la langue est un mot-forme dans tous les contextes, mais un mot-forme de la parole peut très bien ne pas être un mot-forme de la langue. Il arrive qu'un affixe ou un élément compositif de la langue devienne un mot-forme secondaire, à force de transformations syntaxiques, dans un contexte fort spécifique, mais cette autonomie restreinte et temporaire ne suffit pas à assurer au signe en question le statut de mot-forme de la langue.

3. Propriétés importantes des mots-formes

Les mots-formes comme objets linguistiques$_1$ possèdent des propriétés qui les opposent, d'une part, à des PARTIES DE MOTS-FORMES (= *morphes* ou chaînes de morphes) et d'autre part, à des GROUPES DE MOTS-FORMES (= *syntagmes$_1$*). Considérons leurs propriétés en fonction de ces deux oppositions.

3.1. Mot-forme ou partie de mot-forme? Les principales propriétés qui caractérisent le mot-forme ou la partie de mot-forme dans cette opposition ont déjà été discutées au §1 (section **3**) — comme critères additionnels d'autonomie faible des signes linguistiques$_1$. Elles sont au nombre de trois :

1. Séparabilité. D'habitude, un mot-forme peut être séparé du reste d'un signe autonome — *salvis relationibus semanticis* — par d'autres mots-formes évidents, alors qu'une partie de mot-forme ne peut pas l'être (à quelques exceptions près : voir, dans ce paragraphe, l'exemple (8), en **2.3**, 3, p. 196 [port. *mostrar-lhe-emos*]).

2. Variabilité distributionnelle. D'habitude, une partie de mot-forme est sélectionnée par une classe plutôt restreinte de signes; la distribution très variée d'un signe le signale comme mot-forme.

3. Transmutabilité. D'habitude, une partie de mot-forme n'admet pas de changement positionnel (à quelques exceptions près : voir ci-dessous); la liberté relative de permutation et de transfert du signe (par rapport à un autre signe et *salvis relationibus semanticis*) le signale comme mot-forme. Les cas où une partie de mot-forme peut se déplacer, sans affecter les relations sémantiques existantes, sont très rares; en voici deux exemples.

(13) En lituanien, le marqueur du réfléchi **si/s** suit le radical verbal s'il n'y a pas de préfixe, ou le précède dans le cas contraire :
aš šersiu ⟨je nourrirai⟩ ~ *aš šersiu + s(i)* ⟨je me-nourrirai⟩ [imperfectif] ⟨**si + šersiu*⟩;

aš nu + šersiu ⸢je nourrirai⸣ ~ *aš nu + si + šersiu* ⸢je me-nourrirai⸣ [perfectif] ⟨**nu + šersiu + s(i)*⟩.

Nous croyons que le marqueur du réfléchi en lituanien se manifeste par deux affixes différents : soit les suffixes **-si/-s**, soit le préfixe **si-**, distribués en fonction de la présence d'un autre préfixe. Cependant, ce n'est pas un exemple de transmutabilité facultative, contrairement à ce que l'on peut voir dans l'exemple suivant.

(14)   En madourien, l'aspect duratif du verbe est exprimé par la ***réduplication discontinue à gauche*** (voir Troisième partie, chapitre II, §2) de la deuxième syllabe du radical. Si le verbe a des préfixes, l'image de cette réduplication peut être insérée n'importe où par rapport à ces préfixes. Ainsi, le passif causatif d'un verbe à l'aspect duratif admet indifféremment trois formes; par exemple, pour le verbe *kumpul* ⸢ramasser⸣ on a :

$$\left.\begin{array}{l} i + pa + \textbf{\textit{pul}} + kumpul \\ i + \textbf{\textit{pul}} + pa + kumpul \\ \textbf{\textit{pul}} + i + pa + kumpul \end{array}\right\} \text{⸢continue(nt) à être ramassé(s)⸣}$$

Les propriétés 1-3 sont universelles et définitoires (si on les utilise avec précaution, en tenant compte de leur hiérarchie, de leur caractère quantitatif, etc.). De plus, on mentionne encore deux propriétés : impénétrabilité anaphorique et impénétrabilité syntaxique.

4. Impénétrabilité anaphorique (Postal 1969) : d'habitude, une partie de mot-forme ne peut pas être reprise par un pronom anaphorique, de telle façon qu'un mot-forme constitue un «îlot anaphorique». Par exemple, dans all. **Vorstandssitzung** ⸢[la] réunion de la régie⸣ [**Vorstand** = ⸢régie⸣, **Sitzung** = ⸢réunion⸣], la première composante — l'élément compositif **Vorstand-** — est inaccessible à une référence pronominale :

(15)   allemand

   a. **Die **Vorstand**ssitzung soll morgen stattfinden, aber ich zweifle an **seinem** Willen zur Verständigung* ⸢La réunion de la régie$_i$ doit avoir lieu demain, mais j'ai des doutes à propos de sa$_i$ volonté d'aboutir à une compréhension réciproque⸣

[**sein** renvoie à un nom masculin; dans ce cas, **sein** doit renvoyer à **Vorstand** ⸢régie⸣, **Sitzung** étant féminin].

Une telle référence se fait très aisément si l'antécédent est l'élément d'un syntagme$_1$, c'est-à-dire s'il est un mot-forme :

   b. *Die Sitzung des **Vorstandes** soll morgen stattfinden, aber ich zweifle an **seinem** Willen zur Verständigung* (idem).

Malheureusement, même les mots-formes évidents ne sont pas toujours accessibles à la pronominalisation :

   *la maison de **Rieman**   ⟹   sa maison,*

mais

la géométrie de **Rieman** $\Rightarrow$ **sa géométrie*;

angl. **Chomsky's analysis** $\Rightarrow$ **his** *analysis*;

mais

Chomsky *grammar* $\Rightarrow$ **his grammar*; etc.

Il est clair que cette accessibilité dépend du rôle syntaxique et sémantique du signe à pronominaliser. Par conséquent, cette propriété n'est valable que sous son aspect positif : si, dans un contexte donné, un signe est accessible à la pronominalisation, il est plutôt un mot-forme dans ce contexte. [12] Mais nous ne savons pas si, dans ce cas-là, l'impénétrabilité anaphorique peut servir de critère indépendant. Autrement dit, nous ne connaissons pas d'exemples où les trois critères établis font défaut mais l'impénétrabilité anaphorique aide à discerner un mot-forme.

5. Impénétrabilité syntaxique du mot-forme : un mot-forme serait un «îlot syntaxique», de telle façon que les règles d'ordre linéaire et de diverses transformations opérant dans la phrase ne manipuleraient que des mots-formes; un signe accessible à des règles syntaxiques serait nécessairement un mot-forme. Mais sous cette forme le dernier critère est tout simplement faux : il existe des cas où des parties de mots-formes sont déplacées ou éliminées par les règles de la syntaxe. Nous avons vu l'exemple de la tmèse allemande (cf. (12b)), où **Fremd-** *und* **Muttersprachen** $\Leftarrow$ *Fremd***sprachen** *und* **Muttersprachen**; de la même façon, nous avons **drei-** *oder* **viertägige** [*Reise*] $\Leftarrow$ *drei***tägige** *oder* **viertägige** [*Reise*] ⟨[un voyage] de trois ou quatre jours⟩ [*dreitägig* est un adjectif semblable à **tri-journalier* non existant]. Nous verrons au §4 un autre exemple : la tmèse espagnole (cf. (1), p. 235), où **clara** *y* **definitivamente** $\Leftarrow$ *cla*-*ramente* **y** *definitivamente* ⟨clairement et définitivement⟩. Dans les deux cas, une partie évidente de mot-forme est mise en jeu par la règle de tmèse : -**tägig**, qui n'existe pas en tant que signe autonome (c'est seulement un élément compositif), et -**mente**, qui est un suffixe dérivationnel. Ajoutons encore un exemple de factorisation d'un suffixe flexionnel :

(16)   En tocharien A (= est-tocharien), on trouve :

    a. *käntantu* +**yo**, *wältsantu* +**yo**, *tmānantu* +**yo**

    et

    käntantu wältsantu tmānantu +**yo** ⟨par centaines, par milliers, par dizaines de milliers⟩,

où le suffixe de l'instrumental -**yo** peut être soit répété avec chaque nom conjoint, soit factorisé et mis seulement après le dernier nom d'une chaîne coordonnée (les différences sont stylistiques). Comparez encore :

    b. *śla pācar mācar pračres śäṃ sewās* +**aśśäl** ⟨ensemble [= *śla*] avec le père, la mère, les frères, l'épouse [et] les fils⟩,

où le suffixe du comitatif -**aśśäl** n'est pas répété (mais il aurait pu l'être; *pra*-*čres* et *sewās* sont des radicaux obliques, qui n'apparaissent que devant les suffixes casuels, les formes du nominatif pluriel étant *pračare* et *sewā*).

c. *ponts* + *ām̥*   *kapśiññ* + *äṣ*

tout   FÉM.OBL   corps   ABL

et

ponts +*ām̥* + *äṣ*   *kapśiññ* + *äṣ* 'du corps entier',

où le suffixe de l'ablatif -*äṣ* peut être ou ne pas être répété avec l'adjectif accordé, qui pourtant doit assumer la forme oblique en -*ām̥*, cette forme du radical étant obligatoire aux cas obliques. (Cela démontre que *pontsām̥* est bien décliné et accordé en cas avec le nom au niveau catégoriel, c'est-à-dire au niveau morphologique profond; mais son suffixe casuel est effacé par une règle syntaxique spéciale — par une règle d'ellipse — au niveau morphologique de surface.)

Par conséquent, nous ne voulons pas prendre la propriété 5 comme un critère d'autonomie de signes. Il est vrai pourtant que dans la MAJORITÉ des cas l'unité de base de la syntaxe est le mot-forme. Donc, l'accessibilité aux règles syntaxiques peut être utilisée comme une considération supplémentaire dans les cas difficiles.

On rencontre parfois dans la littérature le soi-disant «critère orthographique» : est un mot-forme toute chaîne de graphèmes entourée de deux espaces typographiques (avec des précisions nécessaires : l'espace droit peut être remplacé par un signe de ponctuation, etc.). Évidemment, ce «critère» n'a aucune valeur linguistique₁ :

- Il y a des langues qui n'ont pas d'écriture, ce qui ne les empêche pas de posséder des mots-formes.
- Dans plusieurs langues, l'espace n'est pas du tout utilisé comme symbole séparateur des mots-formes : soit toutes les syllabes sont séparées (comme en vietnamien), soit rien n'est séparé (comme en japonais). [13]
- Là où l'espace est censé séparer les mots-formes, il ne le fait pas de façon cohérente, cf. fr. *à/au travers* [*de*] et *autour* [*de*], *bonne femme* et *bonhomme*, etc.

3.2. Mot-forme ou groupe de mots-formes? Comparé à un groupe de mots-formes, c'est-à-dire à un syntagme₁, un mot-forme typique possède une certaine UNITÉ, ou COHÉSION, interne.

De façon générale, un mot-forme s'oppose à un syntagme₁ par un degré supérieur de cohésion interne; il est, pour ainsi dire, plus phraséologisé.

Cette cohésion (ou phraséologisation) interne se manifeste par des propriétés spéciales du signifié, du signifiant et du syntactique des signes complexes. Aucune de ces propriétés ne suffit par elle-même pour distinguer le mot-forme du syntagme₁ : pour chacune d'entre elles on peut indiquer des syntagmes₁ caractérisés, selon cette propriété, par un degré très élevé de cohésion. Mais prises TOUTES ENSEMBLE, les propriétés de cohésion aident beaucoup à distinguer

entre mot-forme et syntagme₁. Nous allons passer ces propriétés en revue, en les regroupant sous quatre rubriques :
- Cohésion sémantique, c'est-à-dire dans le signifié;
- Cohésion phonique, c'est-à-dire dans le signifiant;
- Cohésion syntaxique, c'est-à-dire dans le syntactique;
- Cohésion morphologique.

1. Cohésion sémantique du mot-forme

On a répété à plusieurs reprises qu'un mot-forme tend à être sémantiquement plus idiomatisé (= phraséologisé, lexicalisé) qu'un syntagme₁. Les exemples courants sont all. *Weißwein* ʿvin blanc [un type de vin]ʾ ~ *ein weißer Wein* ʿun vin de couleur blancheʾ, *Weißwurst* ʿsaucisson de veauʾ, litt. ʿsaucisson blancʾ ~ *eine weiße Wurst* ʿun saucisson de couleur blancheʾ, etc. Cependant, on a des syntagmes₁ qui ne sont pas moins idiomatisés (du type *vin blanc, cordon bleu,* ...) même en allemand, ce qui interdit de recourir au caractère phraséologisé d'un signe complexe en tant que critère indépendant du statut de mot-forme.

Néanmoins, toutes choses étant égales par ailleurs, nous tendons plutôt à considérer un signe complexe qui est sémantiquement idiomatique comme étant un mot-forme.

Soit deux signes **X** et **Y** tels que leur combinaison, ou le signe complexe **X ⊕ Y**, n'est pas représentable dans son signifié :

$$ʿX \oplus Yʾ \neq ʿXʾ \oplus ʿYʾ$$

(voir précédemment, chapitre III, §2, définition I.5, p. 151). On traite plutôt cette combinaison **X ⊕ Y** comme un mot-forme si rien d'autre ne l'empêche, c'est-à-dire si l'autonomie de **X** et **Y** est insuffisante : une forte cohésion sémantique entraîne le statut de mot-forme, pourvu que les critères d'autonomie ne s'y opposent pas.

C'est précisément ce principe qui explique pourquoi les verbes à préfixe séparable (en allemand et en hongrois) sont considérés comme des mots-formes de la langue plutôt que comme des syntagmes₁ phraséologiques.

2. Cohésion phonique du mot-forme

Ici, nous distinguons quatre aspects :
• Le signifiant d'un mot-forme peut être marqué par des SIGNAUX DÉLIMITATIFS SEGMENTAUX (all. *Grenzsignale*), ou *diérhèmes*, qui indiquent soit le début, soit la fin du mot-forme, soit l'impossibilité de le délimiter à un endroit spécifique (signaux délimitatifs négatifs). Une description détaillée et une analyse devenue classique des signaux délimitatifs (appelés aussi *démarcatifs*) sont données dans Troubetzkoy 1967 : 290 ssq.

(17) En grec ancien, le phonème /h/ n'est possible qu'au début d'un mot-forme; en japonais, le phonème /g/ est réalisé comme [g] au début d'un mot-forme et comme [ŋ] ou [g] ailleurs (voir la note 9, p. 220); en tamoul, /u/ est réalisé sans labialisation, c'est-à-dire comme [ɯ], à la fin du mot-forme et comme [u] ailleurs.

(18) En anglais, la suite [ɫ + voyelle] signale la frontière entre deux mots-formes puisque [ɫ] vélarisé (*dark* /l/) n'est possible que devant une consonne ou à la fin du mot-forme, [l] non vélarisé (*light* /l/) apparaissant ailleurs. Par conséquent :

   [wilə́n] = /wi lə́n/ *we learn* ⟨nous étudions⟩;

mais

   [wiɫə́n] = /wil ə́n/ *we'll earn* ⟨nous-allons gagner⟩.

(19) En russe, la chaîne phonique :

   [zvúkabriváicəv′ízgəm]

doit être découpée en trois mots-formes pour des raisons purement phoniques, c'est-à-dire conformément aux diérhèmes du russe :

   – le premier [a] doit commencer un mot-forme, sinon il serait réalisé comme [ə] (après une syllabe accentuée dans le corps d'un mot-forme, [a] n'est pas possible);

   – le premier son [ə] et le son [í] accentué qui le suit appartiennent à deux mots-formes différents, sinon dans la syllabe préaccentuée on aurait [a], et non pas [ə];

   – la consonne [v′] doit appartenir au mot-forme à sa droite, puisque, selon les normes d'orthoépie russe, une consonne sonore doit s'assourdir à la fin du mot-forme devant l'initiale vocalique : /króf′ id′ót/ *Krov′ idët* ⟨(Le) sang coule⟩ (le radical étant /króv′/; comparez les cas obliques /króv′i, króv′ju, .../). Cela nous amène à la délimitation suivante :

   /zvúk abriváica v′ízgam/,

   c'est-à-dire *Zvuk obryvaetsja vizgom* ⟨Le son est interrompu par un glapissement⟩; le découpage phonique correspond parfaitement au découpage linguistique₁.

• Le signifiant d'un mot-forme peut être caractérisé par un TRAIT SUPRA-SEGMENTAL, qui l'oppose à un syntagme₁ : un accent, un contour tonal, un trait distinctif «traversant» ce signifiant d'un bout à l'autre, etc. Nous renvoyons notre lecteur, encore une fois, à l'ouvrage classique de Troubetzkoy et ne donnons ici que les deux exemples les plus connus :

(20) En tchèque, tout mot-forme porte un accent sur la première syllabe, en polonais, sur la pénultième; en russe, l'accent peut frapper toute syllabe d'un mot-forme, mais chaque mot-forme porte, en règle générale, un accent et un seul. De ce fait, le nombre d'accents dans un énoncé (et leur position en tchèque et en polonais) contribue à la délimitation des mots-formes.

(21) Dans les langues ouralo-altaïques, surtout dans les langues turques, mongoles, ougriennes et finnoises, aussi bien qu'en tchouktchi et dans un certain nombre d'autres langues, on trouve le phénomène d'*harmonie vocalique* ou de *synharmonisme* : *grosso modo*, toutes les voyelles d'un même mot-forme doivent être soit basses (= larges), soit hautes (= étroites). L'harmonie vocalique est discutée plus en détail dans la Troisième partie, chapitre II, §3, **5**, 1; ici nous nous contenterons des deux exemples suivants :

a. En kazakh, nous avons :

tus   + *tar* + *imiz* + *ga* ʿà nos directionsʾ
direction PL   1PL   DAT
[*u - a - i - i - a :* toutes les voyelles sont basses]
tüs   + *ter* + *imiz* + *ge* ʿà nos rêvesʾ
rêve   PL   1PL   DAT
[*ü - e - i - i - e :* toutes les voyelles sont hautes]

La voyelle du radical détermine la hauteur de toutes les autres voyelles d'un mot-forme.

b. En tchouktchi, nous avons :

titi   + *ŋe*,   mais *γa* +   *tete*   + *ma* ⟨**γa* + *titi* +*ma*⟩,
aiguille SG.NOM   COM aiguille COM
où les voyelles basses du *circonfixe* (voir définition V.20) de comitatif — *γa-*...-**ma** — déterminent la hauteur des voyelles radicales;

nə + *teŋ* + *qin* ʿest bonʾ, mais *taŋ* + *cotcot* ⟨**teŋ* +*cotcot*⟩,
bon   bon oreiller
où les voyelles basses du radical nominal changent la hauteur de la voyelle de l'adjectif épithète *incorporé*.

La portée de l'harmonie vocalique indique les limites des mots-formes.

• Le signifiant d'un mot-forme peut être soumis à des RÈGLES PHONOTAC-TIQUES de la langue en question, qui excluent certaines suites de phonèmes à l'intérieur des mots-formes. La présence d'une telle suite interdite signale alors la frontière entre deux mots-formes. Ce n'est pas autre chose qu'un *diérhème*, ou *signal délimitatif phonémique*, dont il était question ci-dessus. Voici un exemple :

(22) En français, les suites phonémiques du type /rnz/, /stz/, etc. ne sont pas permises à l'intérieur d'un mot-forme; pourtant, on les trouve dans les expressions comme :

/rəturnzi/ *retournes-y*,
/rɛstzi/ *restes-y*, etc.;

on doit en conclure que ces expressions sont constituées chacune de deux mots-formes. Étant donné les mots-formes /rəturn/, /rɛst/, ..., nous voyons que /zi/ est aussi un mot-forme. (En effet, c'est la *forme forte* du clitique Y, voir deuxième partie, chapitre III, §4, **2.4**, exemple (23) : Morin 1979 : 2.6.)

• Le signifiant d'un mot-forme peut être caractérisé par l'action de RÈ-GLES PHONOLOGIQUES DE SURFACE (appelées souvent «phonologiques» : voir Sixième partie, chapitre I, §3, **2.8**, définition VI.9) qui ne s'appliquent qu'au sein des mots-formes. De telles règles sont appelées ***sandhis internes***. (Le terme *sandhi* ʿchangement des sons en contactʾ est emprunté aux grammairiens de l'Inde ancienne : voir Troisième partie, chapitre II, §3, **2.1**, 5.)

(23)   En sanskrit, /s/ devient /ṣ̌/ [un /š/ rétroflexe] obligatoirement, après les consonnes /k/ et /r/ et après toute voyelle différente de /a/ et /ā/ :

agní + su   ⇒ agníṣu ʿdans les feuxʾ
feu   PL. LOC
gā́u + su   ⇒ góṣu ʿdans les bovinsʾ
bovin   PL. LOC
sénā̄ + su   ⇒ sénāṣu ʿdans les arméesʾ
armée   PL. LOC

Cette modification n'opère qu'à l'intérieur d'un même mot-forme, jamais entre le /s/ initial d'un mot-forme et /k/, /r/, /u/, /e/, … final d'un autre mot-forme, qui précède le premier.

Les sandhis internes tendent à être moins réguliers et plus capricieux que les ***sandhis externes***, opérant au niveau des syntagmes₁, donc entre deux mots-formes. Un très bon exemple de cohésion phonique des mots-formes est fourni par le cas des adverbes français en -**ment** (voir l'exemple (1) au §4 de ce chapitre, **Remarque**, p. 236).

Un changement phonique irrégulier (ou bien l'absence irrégulière de changement phonique) à l'intérieur d'un signe complexe le signale donc plutôt comme mot-forme.

Un exemple fort intéressant d'un sandhi externe permettant d'établir le statut lexical d'un signe linguistique₁ est cité dans Morin et Kaye 1982 : 306 (la note 7) :

(24)   En français, les finales /r(ə)/ et /l(ə)/ peuvent être tronquées devant un mot-forme mais non pas devant une partie de mot-forme :

   a. *Recouvre Marc!* /rəkuvr(ə) mark/ ou /rəkuv mark/;
   b. *Recouvrement* /rəkuvrəmã̃/, mais non pas */rəkuvmã̃/
      vs
      Recouvre-moi! /rəkuvr(ə) mwa/ ou /rəkuv mwa/.

Comme on le voit, le signe **moi** se comporte tout comme le mot-forme évident **Marc** mais différemment du suffixe -**ment**.

3. Cohésion syntaxique du mot-forme

La cohésion syntaxique se manifeste sous deux aspects :

• Le signe qui fonctionne comme une composante subordonnée à l'intérieur d'un mot-forme (= un élément compositif subordonné ou un affixe) perd la capacité de prendre certains dépendants modificateurs qu'il peut avoir ailleurs — même si le tout n'est pas sémantiquement idiomatisé. Par exemple, un signe devenu l'élément subordonné d'un nom composé ne peut habituellement plus avoir de déterminants adjectivaux ou d'attributs. Ainsi, depuis plus d'un siècle déjà, les puristes allemands combattent des usages du type (25) :

(25) all. **reitende Artilleriekaserne* ˈla caserne de l'artillerie montéeˈ, où nous avons l'expression *reitende Artillerie* ˈartillerie montéeˈ, composée avec *Kaserne* ˈcaserneˈ. Puisque le signe *Artillerie* est en (25) un élément compositif subordonné À L'INTÉRIEUR du mot-forme *Artilleriekaserne*, et non pas un nom autonome, il ne peut plus, selon les normes de la grammaire allemande, accepter les adjectifs accordés. (Pour plus de détails à propos des expressions du type (25), voir §4, exemple (4), p. 240 ssq. et surtout la note 2, p. 245.)

Généralisons : soit les signes **X**, **Y**, **Z** tels que les combinaisons syntaxiques **X** $\longleftarrow$ **Y** et **Z** $\longleftarrow$ **X** sont permises; mais ***Z** $\longleftarrow$ **X** $\overset{r}{\longleftarrow}$ **Y** est impossible (subordonné à **Y** par la relation de dépendance *r*, le signe **X** perd la capacité de subordonner **Z**). Toutes choses étant égales par ailleurs, une telle situation caractérise le signe complexe **X** $\overset{r}{\longleftarrow}$ **Y** plutôt comme mot-forme.

• Le signe qui fonctionne comme une composante à l'intérieur d'un mot-forme n'est pas réuni avec l'autre (ou les autres) composante(s) de ce mot-forme de la même façon qu'il l'est ailleurs, dans des syntagmes₁ évidents. Ainsi, en allemand, dans un syntagme₁ Adj + N l'adjectif s'accorde avec le nom modifié par sa désinence (*fremde Sprachen* ˈlangues étrangèresˈ, au pluriel). Par contre, comme élément d'un nom composé, l'adjectif — dans le même rôle — n'a pas de désinence (*Fremdsprachen* ˈlangues étrangèresˈ; voir précédemment, (12c), p. 204).

4. Cohésion morphologique du mot-forme

Un mot-forme peut être caractérisé par des signes flexionnels qui apparaissent obligatoirement soit au début du mot-forme — préfixes, soit à sa fin — suffixes, soit l'encadrent à ses deux extrémités — circonfixes. Ce trait morphologique oppose le mot-forme au syntagme₁, qui, lui, n'est jamais encadré de cette façon. En termes plus simples, un mot-forme est fléchi (= décliné ou conjugué) comme un tout, tandis que dans un syntagme₁, chaque composante porte séparément une flexion.

Exemples

(26) Comparons deux expressions bretonnes :

    a. *tour-tan*   ˈphareˈ vs *falz -kontell* ˈserpeˈ
    tour feu/lumière   faucille couteau
    La première fait au pluriel *tour-taniou* (fléchi comme un tout), et la seconde, *filzier-kontell* (chaque composante fléchie séparément, mais la deuxième ne changeant pas en tant qu'attribut). Nous en concluons que *tour-tan* est un seul mot-forme, mais

falz-kontell, une suite de deux mots-formes, c'est-à-dire un syntagme₁.

On trouve en breton des cas intéressants où la différence entre un mot-forme et un syntagme₁ est encore plus visible :

b. *potouarn* ʿmarmite' ~ pl. *potouarnou* [un mot-forme];
pod-houarn ʿpot de fer' ~ pl. *podou-houarn* [un syntagme₁].

Nous observons dans *potouarn* une cohésion phonique et sémantique supérieures à celles de *pod-houarn*; ces deux cohésions «renforcent» l'action de la cohésion morphologique.

(27) Dans les verbes composés (= ***incorporatifs***) du tchouktchi, les circonfixes personnels encadrent la suite des radicaux en en faisant un mot-forme uni :

a. *T*   + *otkocʔə* + *ntəwat* + Ø   + *ək*
1SG.SUJ piège   mettre   AOR 1SG.SUJ
ʿJ'ai mis un ⟨des⟩ piège⟨s⟩'.

vs

Tə   + *ntəwat* + Ø   + *ən*   *utkucʔ* + *ən*
1SG.SUJ mettre   AOR 3SG.OBJ piège   SG.NOM [14]
ʿJ'ai mis un/le piège',

b. *Mət*   + *ŋej*   + *əpkir*   + Ø   + *mək*
1PL.SUJ   montagne arriver   AOR   1PL.SUJ
ʿNous sommes arrivés à la montagne [= dans les montagnes en général]'.

vs

Mətə   + *pkir* + Ø + *mək*   *ŋaj*   + *etə*
1PL.SUJ   arriver AOR 1PL.SUJ montagne SG.ALLAT
ʿNous sommes arrivés à cette montagne[= à une montagne particulière]'.

<table>
<tr><td>?</td></tr>
<tr><td>15</td></tr>
</table>
En (27), vous observez aussi la cohésion phonique; précisez où et laquelle.

(28) L'italien présente une centaine de noms qui manifestent la pluralisation «interne» :

a.	singulier	pluriel
ʿcoffre-fort'	*cassaforte*	*casseforti*
ʿcoffrage'	*cassaforma* [rare]	*casseforme*
ʿespadon'	*pescespada*	*pescispada*
ʿchef de station'	*capostazione*	*capistazione*

La question se pose de savoir si ces noms sont des mots-formes (et donc des composés) ou s'ils sont des syntagmes₁ phraséologisés (et devraient donc s'écrire en deux mots). Nous ne pouvons pas donner une réponse définitive, et nous nous limiterons à quelques considérations préliminaires. Dans un premier temps, il nous semble qu'il faille distinguer trois cas différents.

b. Les expressions comme :

ʿcoffre-fortʾ	*cassaforte*	*casseforti*
ʿPeau-rougeʾ	*pellerossa*	*pellirosse*

sont, de notre point de vue, des syntagmes₁ bilexémiques phraséologisés (N + Adj); nous ne voyons aucune raison pour les considérer comme mots-formes composés.

  c. Par contre, les expressions dont la première composante est **capo** ʿchefʾ, du type suivant :

	singulier	pluriel
ʿchef de départementʾ	*caporeparto*	*capireparto*
ʿchef de bandeʾ	*capobanda*	*capibanda*
ʿchef de familleʾ	*capofamiglia*	*capifamiglia*
ʿcommandant d'escadrilleʾ	*caposquadra*	*capisquadra*
ʿchef de trainʾ	*capotreno*	*capitreno*

ne peuvent pas être facilement classées comme syntagmes₁.

  La raison tient au fait qu'en italien, le syntagme₁ de la forme :

$$N^1 + N^2,$$

où N^2 modifie N^1 (type *poche revolver, papier machine, réveil matin*) n'existe pas. À ce qu'il semble, le seul cas courant est la structure avec **capo-**. Si nous admettons les expressions (28c) comme mots-formes, nous aurons des mots-formes incohérents (à cause de leur pluralisation interne); sinon, nous aurons un type de syntagme₁ incohérent. Le choix est difficile, et nous manquons d'arguments. Cependant, nous préférons avoir une série de mots composés incohérents plutôt qu'un type de syntagme₁ incohérent : pour la simple raison que le lexique est notoirement moins cohérent que la grammaire. Somme toute, nous considérons les expressions italiennes du type *caporeparto* ~ *capireparto* comme des mots-formes composés.

  d. Le cas des expressions du type :

	singulier	pluriel
ʿchef-d'œuvreʾ	*capod'opera* [rare]	*capid'opera*
ʿtomateʾ [litt. ʿpomme d'orʾ]	*pomodoro*	*pomidoro*

[le pluriel *pomidoro* existe à côté du pluriel plus courant *pomodori*, pour lequel le problème ne se pose pas]

est plus simple : ce sont des syntagmes₁ phraséologisés, du type N^1 **di** N^2, extrêmement répandu en italien. (Il serait donc plus logique de les écrire en trois mots : *capo d'opera, pomo d'oro*.)

  Nous allons terminer notre discussion de la cohésion interne des mots-formes par un exemple complexe :

(29) **a.** russe *sumassĕdšij* ʿfouʾ [malade mental].

Il existe aussi en russe le syntagme₁ :

  b. *sošedšīj s uma* ʿqui est devenu fouʾ, litt. ʿqui-est-descendu de l'espritʾ.

Le syntagme₁ (29b) est une forme grammaticale — participe passé — de la locution idiomatique *sojti s uma* 'devenir fou', litt. 'descendre de l'esprit'.

Le lien entre (29b) et (29a) est immédiatement perceptible, mais en (29a), le degré de cohésion dépasse de beaucoup la cohésion de (29b).

– Cohésion sémantique : (29a) est idiomatisé — du point de vue du sens — par rapport à (29b), puisque *sumasšedšij* veut dire juste 'fou', et non 'qui est devenu fou' (ce qui serait son sens «littéral»). *Sošedšij s uma* 'qui est devenu fou' présuppose que la personne en question était normale avant; *sumasšedšij* n'implique pas cela : on peut être né *sumasšedšij*.

– Cohésion phonique : a) *sumasšédšij* n'a qu'un seul accent (comme indiqué), *sošedšij s umá* en a deux; b) *sumasšedšij* est phonologiquement /sumašétšij/, c'est-à-dire qu'il doit être prononcé sans *-s-* au milieu, devant *-š-*, bien que cet /s/ soit le préfixe du verbe *sojti* 'descendre' et que sans lui la forme devienne agrammaticale.

– Cohésion syntaxique : l'ordre neutre et standard des mots est observé en (29b), avec le complément suivant le participe; en (29a), nous voyons un ordonnancement obligatoire (**sšedšij s uma* est impossible), très marqué en russe et qui n'est jamais obligatoire ailleurs.

– Cohésion morphologique : a) en (29a), nous avons une forme archaïque du participe qui n'est pas possible ailleurs : **sšedšij s uma* ou **sšedšij s poezda* 'qui est descendu du train', etc. [la forme correcte est *sošedšij s poezda*]; b) en (29a), l'adjectif *sumasšedšij* est décliné comme un tout, mais en (29b) la déclinaison ne touche qu'une composante du syntagme₁ :

sumasšedšij	— MASC,	SG, NOM	— *sošedšij*	*s uma*
sumasšedšaja	— FÉM,	SG, NOM	— *sošedšaja*	*s uma*
sumasšedšego	— MASC/NEUT,	SG, GÉN	— *sošedšego*	*s uma*
…..			…..	

On voit donc que le mot-forme — *sumasšedšij* — manifeste beaucoup plus de cohésion interne que le syntagme₁ correspondant — *sošedšij s uma*.

NOTES

[1] (**1**, exemple (2), p. 188). À savoir :

(i) Le clitique -**'ve** présuppose un participe passé qui le suit et avec qui il forme le parfait;

(ii) -**'ve** n'admet pas l'inversion du sujet grammatical :

*Could've you seen her?

tout comme :

*Could have you seen her? [la seule forme correcte est *Could you have seen her?*]

Ceci n'est vrai, bien sûr, que pour les contextes où **have** et -**'ve** peuvent apparaître tous les deux, puisque dans certains contextes -**'ve** n'est pas admis :

(iii) **a.** *Have you been there?*

b. **'Ve you been there?*

[2] (**2.3**, 1, exemple (4), p. 191). En devançant quelque peu notre exposé, nous pouvons dire que ce -'s anglais en tant que mot-outil violerait aussi la cohérence syntaxique des mots-formes anglais. En effet, -'s ne se combine qu'avec les noms animés et avec les noms de pays, de saisons, de mois et de jours, les noms désignant la durée et la distance (*a week's work* ⸢le travail d'une semaine⸣) plus quelques noms comme *sun* ⸢soleil⸣, *nature* ⸢nature⸣, *ship* ⸢vaisseau⸣, etc. Aucun autre mot-outil anglais n'a une combinatoire lexicale aussi restreinte : toutes les prépositions et les postpositions anglaises régissent n'importe quel nom, pourvu qu'il n'y ait pas de conflit sémantique. La cooccurrence de -'s est celle d'un affixe, plutôt que celle d'un mot-forme.

[3] (**2.3**, 2, exemple (6a), p. 192). Dans la plupart des contextes (sauf dans la phrase interrogative et dans les formes de l'impératif positif), ces signes précèdent le radical du verbe; cela permet de parler, sans trop de précision d'ailleurs, de leur statut hypothétique «préfixal», en faisant abstraction de quelques cas de leur usage plutôt «suffixal». Remarquons, cependant, que si nous prenons l'usage «suffixal» des clitiques pronominaux en considération, cette circonstance rend encore plus difficile leur analyse comme des affixes, c'est-à-dire comme des parties de mots-formes.

[4] (**2.3**, 2, exemple (6b), p. 194). La deuxième variante de cette phrase et celle des deux phrases suivantes (précédées d'un astérisque) peuvent être grammaticales si l'on en fait des phrases segmentées, en particulier en les prononçant avec une prosodie spéciale :

(i) *Le directeur, il la lui a envoyée, cette note, à Pierre.*

(ii) *Lui, il ne répondait pas …*

Mais (i) et (ii), phrases à syntagmes₁ disloqués, sont des énoncés différents des phrases marquées comme mauvaises.

[5] (**2.3**, 2, exemple (6c), p. 194). Il faut avouer qu'une situation très semblable (bien que non identique) existe en réalité. En breton, le verbe fini indique obligatoirement, par son suffixe, la personne et le nombre du sujet lorsque ce sujet n'est pas exprimé explicitement; si le sujet explicite (un nom ou un pronom) précède le verbe dans une proposition affirmative, le verbe ne peut pas s'accorder avec ce sujet : la forme verbale doit être alors ce qu'on appelle «forme impersonnelle» (= 3sg précédé du marqueur *a*), la même pour les trois personnes des deux nombres. Comparez :

(i) sans sujet explicite
Skrivañ ⸢J'écris⸣.
Skrivez ⸢Tu écris⸣.
Skriv ⸢Il/Elle écrit⸣.
Skrivom ⸢Nous écrivons⸣.
Skrivit ⸢Vous écrivez⸣.
Skrivont ⸢Ils/Elles écrivent⸣.

(ii) avec un sujet pronominal
Me a skriv. ⟨*Me skrivañ.*⟩
Te a skriv. ⟨*Te skrivez.*⟩
En/Hi a skriv. ⟨*En/Hi skriv.*⟩
Ni a skriv. ⟨*Ni skrivom.*⟩
C'hwi a skriv. ⟨*C'hwi skrivit.*⟩
Int a skriv. ⟨*Int skrivont.*⟩

(iii) avec un sujet nominal
Yannig a skriv ⸢Jean écrit⸣.
Ar vugale a skriv ⸢Les enfants écrivent⸣.

Les langues naturelles sont tellement riches et diversifiées qu'il est très difficile de s'imaginer une situation linguistique₁ entièrement farfelue sans la trouver ensuite dans une langue quelconque...

Tout de même, l'accord verbal du breton est plus cohérent et plus logique que le serait l'accord «préfixal» présumé en français : en breton, le verbe sans négation ne réagit pas du tout à un sujet explicite préposé; en français, si on acceptait le statut préfixal des marqueurs pronominaux, le verbe réagirait au sujet explicite par son suffixe, mais non pas par ses «préfixes». Ce fait met en évidence la distinction nette entre les vrais affixes du verbe, c'est-à-dire les suffixes et les «faux» affixes — les préclitiques pronominaux.

[6] (**2.3**, 2, après l'exemple (6), p. 195). Le tableau réel des clitiques pronominaux français est beaucoup plus complexe que ce que nous avons pu présenter ici :

– Il existe des clitiques (comme, par exemple, *ce/ça*) que nous n'avons pas considérés.

– Le comportement des clitiques sujets n'est pas tout à fait parallèle à celui des clitiques objets.

– Les postclitiques interrogatifs *-t-il(s)* et *-t-elle(s)* compliquent l'analyse des clitiques sujets, en se confondant avec ces derniers :

(i) **a.** Clitiques sujets invertis [= postclitiques sujets]
  *Est-**elle** déjà venue?*
  *Dort-**il** encore?*

  b. Postclitiques interrogatifs
  *Comment cela s'est-**il** produit?*
  *Que diable Pierre peut-**il** bien faire en ce moment?*
  *Ne me voilà-**t-il** pas bien prise maintenant?*

– etc.
(Voir Morin 1984.)

[7] (**2.3**, 2, exemple (7), p. 195). En ancien français, la montée des clitiques du type (7b) était possible :

(i) *Nus ne **le** puet conforter*, litt. 'Personne ne le peut réconforter'.
(ii) *Je ne **vos** pois tenser*, litt. 'Je ne vous peux défendre'.
(iii) *Ne **l'i** pansoie a trichier*, litt. '[Je] ne l'y pensais à tromper'.
(iv) *...si **le** vois querant*, litt. 'si [je] le vais cherchant' = 'si je vais partout pour le chercher'.

(Les exemples sont empruntés à Morin et St-Amour 1977; voir aussi J.-Y. Morin 1975.)

Remarquons que dans un style relâché, les phrases du type *Je te le veux donner* s'observent en français moderne.

[8] (**2.4**, p.198). Notez que ces trois paires ne sont quand même pas tout à fait parallèles :

(i) *ce monsieur* / *ces messieurs*;

> *le monsieur qui…/ les messieurs qui…*;

mais :

(ii)   **cette** *madame* ⟨*mademoiselle*⟩ / **ces** *mesdames* ⟨*mesdemoiselles*⟩
[= *cette dame* ⟨*demoiselle*⟩/*ces dames* ⟨*demoiselles*⟩];
la *madame* ⟨*mademoiselle*⟩ *qui…* / **les** *mesdames* ⟨*mesdemoiselles*⟩ *qui…* [= *la dame* ⟨*demoiselle*⟩ *qui…* / *les dames* ⟨*demoiselles*⟩ *qui…*].

L'expression *monsieur* est tellement lexicalisée que, malgré le possessif historique incorporé, elle admet les déterminants comme tout autre nom. Les expressions *madame* et *mademoiselle* n'admettent pas de déterminant. Par conséquent, *madame* et *mademoiselle* sont des mots-formes à un moindre degré que *monsieur* : ils sont plus près des syntagmes₁.

[9] (**2.5**, exemple (9), p. 199). Dans plusieurs ouvrages consacrés au japonais, les marqueurs de rôle syntaxique du nom, du type **ga** ⸢cas-sujet = subjectif⸣, **o** ⸢accusatif⸣, **ni** ⸢datif⸣, etc., sont traités comme des mots-formes — des postpositions, plutôt que comme des suffixes casuels. Nous ne pouvons pas entrer ici dans une discussion substantielle de tous les détails pertinents; néanmoins, nous tenons à faire la remarque suivante.

Le phonème /g/ en japonais a deux allophones, [g] et [ŋ]; au début d'un mot-forme, seul [g] est admis, alors qu'à l'intérieur d'un mot-forme, entre deux voyelles, [g] et [ŋ] alternent librement (en fonction du parler, de l'idiolecte, du niveau de langue, etc.). Par exemple, /nagai/ ⸢long⸣ peut être prononcé indifféremment [nagai] ou [naŋai], alors que /gakkō/ ⸢école⸣ ne peut être prononcé que [gakkō], jamais *[ŋakkō]. Or, si le marqueur du cas sujet **ga** suit une voyelle, il peut être prononcé de deux façons : [ga] ou [ŋa]. Par conséquent, **ga** en tant que mot-forme serait incohérent du point de vue phonologique.

[10] (**2.7**, après l'exemple (10c), p. 201). Le caractère illimité de la séparabilité des préfixes séparables de l'allemand est bien illustré par la phrase suivante trouvée dans un texte narratif de F. Fühmann (je dois cet exemple — emprunté à W. Schmidt, «Grundfragen der deutschen Grammatik», 1967, Berlin : Volk und Wissen, p. 262 — à Rolf Max Kully) :

(i)   *Sieben Stunden nach der bedingungslosen Kapitulation des OKW, am frühen Morgen des neunten Mai des Jahres neunzehnhundertfünfundvierzig,* **schickten sich,** *auf einem Hügel tief im böhmischen Wald, wenige Schritte abseits einer Straße, über die sich, wie über alle Straßen Böhmens zu dieser Stunde, der brüllende Knäuel der westwärts fliehenden Wehrmacht wälzte, zwei Männer der Feldgendarmerie, von einem SS-Leutnant kommandiert,* **an,** *einen verzweifelt sich wehrenden, gefesselten jungen Soldaten, der ein kleines, eilig geschriebenes Schild auf der Brust trug: «Ich war zu feige, Deutschland vor den Barbaren zu schützen!», am Ast einer Eiche zu henken* [Fr. Fühmann], litt. ⸢Sept heures après la capitulation inconditionnelle de l'OKW [= État-major de la Wehrmacht], tôt le matin du 9 mai 1945, *se préparaient,* sur une colline perdue dans la forêt bohémienne, à quelques pas du côté d'une grand'route sur laquelle, comme sur toutes les routes de Bohémie à ce moment, fonçait la foule rugissante de soldats (de la Wehrmacht) qui fuyait vers l'ouest, deux hommes de la gendarmerie militaire, commandés par un lieutenant des SS, à pendre à la branche d'un chêne un jeune soldat ligoté, qui se débattait désespérément et qui avait, sur la poitrine, une petite plaque écrite à la hâte qui disait : «J'étais trop lâche pour défendre l'Allemagne contre les barbares!»⁾

[*sich anschicken* = ʿse préparerʾ].

Bien que cette phrase puisse être jugée un peu trop lourde, elle est grammaticalement irréprochable.

[11] (**2.7**, exemple (12a), p. 203). *Tmèse* : disjonction de deux éléments textuels habituellement inséparables, comme résultat de l'application d'une règle de transformation syntaxique. (Par exemple, dans le cas de (12b), nous observons une espèce de factorisation sous coordination.)

Voici encore quelques exemples de tmèse en allemand :

(i) *Ein- und Ausgang* ʿentrée et sortieʾ
 [*Eingang* = ʿentréeʾ, litt. ʿin-alléeʾ; *Ausgang* = ʿsortieʾ, litt. ʿdededans-alléeʾ; *-gang* est un nom verbal de *gehen* ʿallerʾ].

(ii) *Über computerunterstützte Wörterbucherstellungs- und -herstellungsverfahren* ʿsur les méthodes d'élaboration et de production des dictionnaires qui ont recours à l'ordinateurʾ [*Wörterbuch* = ʿdictionnaireʾ, *Erstellung* = ʿélaborationʾ, *Herstellung* = ʿproductionʾ, *Verfahren* = ʿméthodesʾ].

(iii) *zwei- beziehungsweise dreigliedrige Verbindungen* ʿdes combinaisons à deux ou, respectivement, à trois membresʾ;

(iv) *… der Computereinsatz für sprach- und insbesondere übersetzungswissenschaftliche Aufgaben* ʿl'application de l'ordinateur à des tâches linguistiques [= *sprachwissenschaftliche*] et surtout traductologiques [= *übersetzungswissenschaftliche*]ʾ.

La tmèse n'est pas inconnue en français; cf. :

(v) *le para- ainsi que le ferromagnétisme*;
 les pré- et postformations;
 en socio- ou bien en psycholinguistique.

[12] (**3.1**, après l'exemple (15), p. 208). On se heurte à des complications dans ce cas aussi. En effet, dans un contexte très clair, un élément compositif faisant partie d'un mot-forme allemand peut être accessible à la pronominalisation :

(i) allemand

Hans ist jetzt auf Fehlersuche. Sobald er $\begin{Bmatrix} einen \\ ihn \\ sie \end{Bmatrix}$ *gefunden hat, ist er bereit, um …,* litt. ⸢Hans est maintenant à la recherche d'erreur(s). Aussitôt qu'il

$$\left\{ \begin{array}{l} \text{en trouve (une)} \\ \left\{ \begin{array}{l} \text{la} \\ \text{les} \end{array} \right\} \text{trouve} \end{array} \right\}, \text{il est prêt à...}⸥$$

[**Fehler** ⸢erreur(s)⸥ est ambigu entre singulier et pluriel].

Le même phénomène existe en italien :

(ii) italien

Luigi è un portabagagli. Spesso li porta con fatica,

litt. ⸢Louis est un porte-bagages. Souvent [il] les porte avec difficulté⸥.

Luigi è un guardamacchine. Se non le sorveglia bene, ...,

litt. ⸢Louis est un garde-voitures [gardien d'un parc de stationnement]. S'[il] ne les surveille pas bien, ...⸥.

La pénétrabilité anaphorique des mots-formes, bien que contrainte à des contextes spécifiques, peut être trouvée également dans le domaine de la dérivation. Ainsi, les **adjectifs possessifs** russes (formés à partir des noms propres) admettent la référence pronominale du type suivant :

(iii) russe

Èto Katin plašč; značit, **ona** *doma*
c'est de-Katia pardessus par.conséquent elle à.la.maison
⸢C'est le pardessus de Katia [litt. *Katien*]; par conséquent, elle est à la maison⸥.

Voz′mi Boriny knigi — **on** *zaidët za nimi pozže*
prends de-Boria livres   il   passera pour eux   plus.tard
⸢Prends les livres de Boria [litt. *Boriens*] — il passera les chercher plus tard⸥.

Pour une discussion générale du problème de ce qu'on appelle les «îlots anaphoriques» (= les mots-formes dont les parties ne sont pas accessibles aux règles de pronominalisation), voir Dressler 1987.

[13] (**3.1**, à la toute fin, p. 209). Voici les échantillons des textes vietnamien et japonais :

vietnamien

— Thực dân. Hãy tránh cho anh một điều đau lòng anh không múôn nói. Em cũng hiểu như anh. Bởi vì...

— Anh không côn yêu em nữa?

— Bậy, anh không múôn nói thê. Hãy hiêu rằng chung quanh chúng mình còn có những điều đáng nghĩ và đang nói hơn.

japonais

教育勅語によって義務教育の根本方針が示されるに至った。教育勅語は忠君愛国を中心とする国民の守るべき道徳を示し、長年にわたって国民教育および社会生活のよりどころとされていた。日露戦争後、社会の発達に伴って、義務教育は六カ年に延長され、一九一一年（明治四十四年）には国民の九割八分以上が小学校に通った。かくて、日本は世界においても指折りの高い就学率を誇るに至っている。終戦後、民主主義社会の建設が教育の目当てとされ、一九四七年（昭和二十二年）いわゆる六三制の新学制が成立し、小学校・中学校九カ年が義務教育となり、男女が平等に教育を受けることとなった。なお、新学制については色々と批判があり、旧制度の方が好ましいという意

Le texte présenté se lit à partir du haut vers le bas et de la droite vers la gauche.

[14] (**3.2**, 4, exemple (27a), p. 215). En tchouktchi, le complément d'objet direct est toujours au nominatif : le verbe transitif forme ici la **construction ergative**. Cf. chapitre V, §4, **4.2**, exemple (4), p. 328.

§3

CLITIQUES

Les clitiques, ces mots-formes dégénérés, n'ont pas de structure interne et par conséquent ne devraient pas être étudiés dans le cadre de la morphologie au sens strict : leur comportement linguistique$_1$ est celui des mots-formes indivisibles, donc ils relèvent de la syntaxe. Cependant, les clitiques sont très proches des affixes et parfois ils ne peuvent même pas en être clairement distingués. De ce fait, les problèmes des mots-formes ne peuvent être traités sans prendre en considération les clitiques. Pour cette raison, nous jugeons bon de les caractériser ici, ne serait-ce que de façon relativement superficielle.

1. Concepts pertinents

Définition I.24 : clitique

Un mot-forme **w** de la langue de **L** est appelé *clitique* si et seulement si **w** est dépourvu de la caractérisation prosodique dont sont munis (presque) tous les mots-formes de **L**.

Comme corrolaire, un clitique ne peut pas être autonome au sens fort; il forme toujours une unité prosodique (= accentuelle, tonale, ... — selon **L**) avec un autre mot-forme.

Définition I.25 : support

Un mot-forme **w′** avec lequel un clitique **w** forme une unité prosodique dans un contexte donné est appelé *support* de ce clitique [= angl. *host*].

Considérons maintenant une petite typologie des clitiques.

Définitions I.26-I.28 : types positionnels de clitiques

Un clitique qui précède son support est appelé *préclitique* [terme traditionnel : *proclitique*].
Un clitique qui suit son support est appelé *postclitique* [terme traditionnel : *enclitique*].
Un clitique qui s'insère dans son support est appelé *intraclitique*.

Exemples

Dans les exemples qui suivent, nous ne citons que des clitiques accentuels, c'est-à-dire des mots-formes privés d'accent.

– Préclitiques

(1) En français, ce sont les clitiques pronominaux (ou pronoms clitiques) **je/me, tu/te, il/le/lui, se, elle/la/lui, nous/nous**, etc. Remarquons que les mêmes signes peuvent être également des postclitiques : *Puis-je* ..., *donne-lui!*, etc. Un autre groupe de préclitiques du français est celui des articles : **le, la, les, un, des, du, de la.**

(2) En russe, ce sont toutes les prépositions simples : **k** 'à, vers', **v** 'dans', **s** 'avec', **na** 'sur', **pod** 'sous', **za** 'derrière', ..., etc., qui forment un tout prosodique avec le mot-forme qui les suit :

a. *k domu* 'vers la-maison', phonologiquement /gdómu/;

k moemu domu 'vers ma maison', phonologiquement /kmaimú dómu/;

k bol'šomu domu 'vers une grande maison', phonologiquement /gbal'šómu dómu/.

Nous pouvons indiquer deux particularités intéressantes de ces préclitiques russes :

b. *ko mne* '[aller] chez moi', mais *k tebe* '[aller] chez toi';

so vsemi 'avec tout-le-monde', mais *s nim* 'avec lui';

podo mnoj 'sous moi', mais *pod toboj* 'sous toi'.

Certaines prépositions russes ont, comme on le voit, deux formes : sans *-o* final et avec cet *-o*; ces formes sont distribuées en fonction de l'initiale du mot-forme suivant et de ses traits lexicaux. De telles interactions entre deux mots-formes n'existent en russe que pour lesdites prépositions.

c. *na góru* '[aller] sur la-montagne', mais aussi *ná goru*;

za réku 'vers-l'autre-rive du-fleuve', mais aussi *zá reku*;

pod rúku '[mettre] sous la-main', mais aussi *pód ruku*.

Certaines prépositions russes suivies de noms bisyllabiques accentués sur la première syllabe peuvent attirer l'accent sur elles-mêmes (en en privant le nom), comme on le voit dans le deuxième membre des paires citées en (2c); dans ce cas, c'est le nom qui devient un postclitique, et la préposition cesse d'être un clitique.

Nous voyons donc par ces exemples que, dans une même langue, les clitiques peuvent être liés à leur support de façon plus intime que ne le sont entre eux les mots-formes ordinaires.

---

(3) En breton, les nombreux préclitiques, dont l'article défini, les démonstratifs, les possessifs, les prépositions, les auxiliaires, etc., entraînent

le changement de la consonne initiale de leur support (c'est-à-dire des
sandhis externes) :
  a. *ho penn* ʿvotre tête' ~ *e benn* ʿsa tête (à lui)' ~ *ma fenn* ʿma tête';
    ho ti ʿvotre maison' ~ *e di* ʿsa maison (à lui)' ~ *ma zi* ʿma maison';
  b. *komz* ʿparole'   ~ *dre gomz* ʿpar la parole';
    debriñ ʿmanger' ~ *dre zebriñ*, litt. ʿpar manger' [= ʿà force de
                                               manger'];
  c. *kouskañ* ʿje dors' ~ *ne gouskañ ket* ʿje ne dors pas';
    klevañ ʿj'entends' ~ *ne glevañ ket* ʿje n'entends pas'.
Remarquons qu'en breton parlé la particule négative **ne** peut être élidée
(tout comme en français parlé), mais le changement de consonne initiale qu'elle
entraîne (= *mutation*, voir Troisième partie, chapitre II, §3, **2.1**, 5, 1) reste :
                     gouskañ ket, glevañ ket.
  – Postclitiques
  (4) La conjonction latine **-que** ʿet', la particule interrogative **-ne** et la
    postposition **-cum** ʿavec' :
      a. *Arma virumque cano*, litt. ʿArmes homme-et je-chante' [= ʿJe
        chante les armes et l'homme'].
        Duasque ibi legiones conscribit
        deux-et là légions recruter-3SG.PRÉS
        ʿEt il recrute là-bas deux légions'.
      b. *Rectene interpretor sententiam tuam?*, litt. ʿCorrectement-est-
        ce-que je-comprends ta pensée?'
        Satisne?, litt. ʿAssez-est-ce-que?' = ʿEst-ce que c'est assez?'
        [dans la langue parlée, souvent *satisne?* ⟹ *satin?*].
      c. *mecum* ʿmoi-avec', *vobiscum* ʿvous-avec'.
  (5) Les formes dites courtes du verbe serbo-croate BITI ʿêtre', qui ne
    peuvent apparaître qu'après le premier syntagme₁ de la proposi-
    tion :
      a. *Ona je pevala   narodnu*
        elle est chantante-PASSÉ populaire-SG.FÉM.ACC
        pesmu
        chanson-SG.ACC
        = *Pevala je narodnu pesmu* = *Narodnu pesmu je pevala* ʿElle
        chantait une chanson populaire' ⟨*Je pevala... / *Je ona peva-
        la.../ *Ona narodnu pesmu je pevala...*⟩.
      b. *Znamo da je doktor u Zagrebu*
        savons que est docteur à Zagreb
        ʿNous savons que le docteur est à Zagreb'
        ⟨*Znamo da doktor je u Zagrebu*⟩.
      c. *Onaj   grad je vrlo lep* = *Vrlo lep je onaj grad*
        celui-là ville est très joli
        ʿCette ville-là est très jolie' ⟨*Onaj je grad vrlo lep / *Onaj grad
        vrlo lep je*⟩.

– Intraclitiques

(6) En portugais (du Portugal), les clitiques pronominaux marquant le complément d'objet direct ou indirect qui s'insèrent à l'intérieur des formes verbales du futur :

mostrar-lhe-emos '[nous] lui montrerons',

dar-me-á '[il] me donnera', etc.

(voir l'exemple (8), §2, p. 196).

Notons que ces intraclitiques peuvent, dans des contextes appropriés, apparaître aussi comme des pré- et postclitiques.

(7) En pashto, une suite de clitiques — un clitique modo-temporel plus un clitique pronominal de nombre et de personne d'objet — est insérée après la syllabe accentuée de la forme verbale (si dans la proposition en cause aucun mot accentué ne précède cette forme) :

a. *Tór ta **ba** ye*   *ráwṛi*

Tor à   FUT 3SG/PL.OBJ apporter-3SG.SUJ

'Il l'apportera à Tor'.

b. *Wǝr ta rábayewṛi*, litt. 'Lui-à il le/les apportera'.

lui   à

(Tegey 1975: 578.)

2. Caractérisation des clitiques

Nous allons discuter les trois aspects suivants des clitiques :

– Types de clitiques;

– Sources des clitiques;

– Particularités du comportement des clitiques.

2.1. Types de clitiques. Il est naturel de distinguer trois types principaux de clitiques :

1. Un clitique PARFAIT, pour lequel il n'existe pas de mot-forme *parfait* (voir plus bas, §5, p. 248) correspondant. Les signes de ce type n'apparaissent que sous la forme de clitiques. Exemples : prépositions russes (cf. (2) ci-dessus, p. 226), la conjonction latine -**que** (4a), les particules finnoises -**ko** (question générale), -**kin** 'aussi', -**kaan** 'non plus', -**han** 'j'ai le droit de le dire', etc.

2. Un SEMI-clitique, qui possède un mot-forme parfait correspondant; un semi-clitique et son mot-forme parfait correspondant appartiennent au même lexème. Les éléments en question apparaissent sous deux formes : comme clitique et comme non clitique, distribués selon le contexte. Exemples : clitiques français **je/me/moi** [le dernier dans *Donnez-moi cela!*] et le mot-forme **moi**, lexème MOI; formes courtes clitiques du verbe BITI 'être' en serbo-croate (cf. (5) ci-dessus) et ses formes longues : **sam** et **jésam** '[je] suis', **je** et **jést** '[il] est', etc.; clitiques pronominaux arabes et mots-formes pronominaux parfaits : -**ī**

ʿmon, moiʾ/-**ni** ʿmeʾ et **ʔanā** ʿmoiʾ"; -**ka** ʿton, toi, te [masc]ʾ et **ʔanta** ʿtoi [masc]ʾ, -**ki** ʿton, toi, te [fém]ʾ et **ʔanti** ʿtoi [fém]ʾ, etc. (cf. §4, exemple (3), p. 237 ssq.).

3. Un QUASI-clitique n'est qu'une variante stylistique (en règle générale, parlée) d'un mot-forme parfait qui peut toujours être utilisé à la place du clitique. Exemples : les clitiques qui figurent dans les formes contractées de l'anglais, du type **I've, you're**, etc. (voir l'exemple (6) au §4, p. 242).

2.2. Sources des clitiques. Les signes linguistiques₁ ayant une tendance prononcée à se réaliser comme clitiques sont de six types majeurs :

1. Pronoms personnels (**je, me**, … en français);
2. Articles (en français, en breton);
3. Verbes auxiliaires (en anglais, en serbo-croate);
4. Prépositions (en russe) et postpositions;
5. Conjonctions (**-que** en latin);
6. Adverbes (= particules) de quatre sous-types :
   – Adverbes qui marquent le type énonciatif de la phrase (question ~ affirmation ~ ordre ~ …);
   – Adverbes emphatiques, du type ʿseulementʾ, ʿmêmeʾ, ʿdéjàʾ;
   – Adverbes de modalité qui indiquent le degré de certitude du locuteur par rapport au contenu affirmé de la phrase;
   – Adverbes narratifs signalant la séquence logique ou temporelle.

2.3. Particularités du comportement des clitiques. À cause de leur nature intermédiaire entre les mots-formes et les parties de mots-formes, les clitiques manifestent certaines particularités par rapport à ces deux groupes. Nous mentionnerons ici 1) la disposition linéaire des clitiques et 2) l'interaction phonique entre les clitiques ou entre un clitique et son support.

1. La syntaxe linéaire des clitiques est d'habitude très spéciale.

• Les clitiques de **L** peuvent violer les règles d'ordonnancement, qui sont, en **L**, absolument strictes pour les mots-formes ordinaires. Ainsi, en français, les compléments non clitiques en règle générale suivent le verbe, alors que les compléments clitiques le précèdent (sauf à l'impératif affirmatif).

• L'ordre mutuel de plusieurs clitiques peut être contrôlé par un ensemble complexe de règles ayant trait en même temps aux fonctions syntaxiques, aux catégories morphologiques et aux propriétés phonologiques. Une telle combinaison de règles n'apparaît jamais dans les autres domaines de la syntaxe.

Exemples

(8) En espagnol, les préclitiques pronominaux du verbe sont ordonnés selon le schéma suivant (Perlmutter 1970 : 189-214) :

SE   + 2ᵉ personne + 1ʳᵉ personne + 3ᵉ personne

[réfléchi

ou variante

de *le*¹]

Comparez les exemples :

a. *Se lo comía*, litt. ῾[Il] se le mangeait᾽.

b. *Te me enviaron* ῾[Ils] m'envoyèrent à toi᾽ ou ῾[Ils] t'envoyèrent à moi᾽ ~ *Me te enviaron.

c. *Te me presento* ῾[Je] me présente à toi᾽ ~ *Te me presentas* ῾[Tu] te présentes à moi᾽.

d. *Te le enviaron* ῾[Ils] t'envoyèrent à lui/à elle᾽ ou ῾[Ils] te l'envoyèrent᾽ [**le** — 3sg masc, animé].

e. *Te la enviaron* ῾[Ils] te l'envoyèrent᾽ [**la** — 3sg fém].

(9) En tagalog, le schéma d'ordonnancement des préclitiques verbaux est tout à fait différent :

  pronom monosyllabique + particule + pronom bisyllabique;

en voici un exemple :

  *Hindy **ko**   **na** siya   nakita* ῾Je ne l'ai pas vu᾽.
  non   moi-NOM déjà il/elle-ACC ai-vu

• Un clitique [= intraclitique] peut séparer les parties d'un mot-forme, c'est-à-dire qu'il peut s'intercaler à l'intérieur d'un mot-forme. Outre l'exemple portugais (8) au §2, on peut citer un cas albanais :

(10) En albanais, à l'impératif affirmatif, les intraclitiques pronominaux s'insèrent entre le radical verbal et le suffixe de la 2ᵉ personne du pluriel -**ni** :

a. *Dërgojani!* ῾Envoyez-le-lui!᾽,

[**ja** = **i** ῾3sg, datif᾽ ⊕ **e** ῾3sg, accusatif᾽.

Comparez l'impératif négatif :

b. *Mosja dërgoni!* ῾Ne-le-lui envoyez [pas]!᾽

• Parfois une suite de clitiques peut être distribuée entre deux supports, mais dans d'autres cas ce n'est pas possible.

(11) En roumain, on a :

a. *Tatăl   **i-**   **o-**   va da,*
  père   3SG.DAT 3SG.ACC.FÉM
  litt. ῾Le-père lui-la va donner᾽

aussi bien que :

b. *Tatăl **i**-va da-**o*** [littéraire, un peu désuet];

au passé composé l'ordre de clitiques présenté en (11b) est même le seul possible :

c. *Eu **i**-am dat-**o***, litt. ῾Je lui-ai donné-la᾽ ⟨*Eu i-o-am dat⟩.

Par contre,

(12) en espagnol

a. **El padre **te** quiere dar**la***, litt. ῾Le père te veut donner la᾽

est impossible; il faut dire soit :

b. *El padre **te la** quiere dar*,

soit :

c. *El padre quiere dár**tela***,

en réunissant tous les clitiques auprès du même support.

2. La phonologie et la morphonologie des clitiques témoignent, elles aussi, de leur statut intermédiaire.

• Dans les suites de clitiques ou entre un clitique et son support peuvent agir des règles morphonologiques qui ne sont pas valables ailleurs dans la langue pour des suites de mots-formes.

Exemples

(13) espagnol

    a. *le/les lo(s)/la(s)* ⇒ *se lo(s)/la(s)* ⟨**le/les lo(s)/la(s)*⟩;

    b. *-s nos* ⇒ *nos*;

       -d os ⇒ *os*;

¡Vamos! 'Allons!' ~ *¡Vámonos!* ⟨**¡Vámosnos!*⟩'Allons-nous [-en]!'

¡Sentad! 'Asseyez!' ~ *¡Sentaos!* ⟨**¡Sentados!*⟩ 'Asseyez-vous!'

(14) somalien

    a. *u   u* ⇒ *ugu*

       pour à

    b. *la u ka la* ⇒ *loogala*

       on pour de avec [= ensemble]

    c. *ku ku* ⇒ *kaga*

       sur avec [= moyennant]

Les préclitiques somaliens en (14) sont des marqueurs de valence supplémentaire du verbe : *dhuftay* 'frappa', *ku dhuftay* 'frappa sur' ou 'frappa avec', *kaga dhuftay* 'frappa-sur-avec', etc.

• Un clitique peut rester en dehors du schéma prosodique de son support :

(15) espagnol

    dándo ~ *dándomelo*

    donnant donnant-me-le

    envíe ~ *envíeselos*

    envoyez envoyez-lui-/leur-les

    (Comparez l'exemple (5), §2, p. 191.)

Dans d'autres cas, au contraire, le clitique change la structure accentuelle de son support :

(16) latin *dúas* ~ *duásque*, *vídes* ~ *vidésne*, etc.

• Un clitique peut être sujet à des règles morphonologiques opérant à l'intérieur des mots-formes de la langue seulement ou, au contraire, ne pas participer à de tels processus «intralexicaux» et rester un corps étranger pour son support. Ainsi, d'une part, en grec moderne le postclitique possessif de 1pl **-mas** 'notre' assimile le *-s* final du support à son *m-* initial en le sonorisant [/-sm-/ ⇒ /-zm-/], ce qui est exclusivement typique de la morphonologie intralexicale en grec moderne :

(17) **a.** /oánθropos/ 'l'homme' [= 'la personne']

     mais

    b. /oánθropózmas/ 'notre homme'.

(On notera un deuxième accent induit par l'ajout du postclitique.)

Parallèlement à cela,

(18)   en catalan, le -*r* de l'infinitif tombe à la fin du mot-forme, même devant un autre mot-forme; mais cet -*r* est préservé devant un postclitique :

a. /kəntá βé/ ʿchanter bienʾ,

mais

b. /kəntár lə/ ʿchanter-laʾ.

D'autre part, les clitiques roumains et serbo-croates ne participent pas aux sandhis intérieurs qui caractérisent le mot-forme comme tel.

Chose curieuse, il existe des clitiques qui, par un certain aspect, participent à la morphonologie intralexicale, mais n'y participent pas par d'autres :

(19)   En turc osmanli, le postclitique interrogatif suit les règles d'*harmonie vocalique*, comme si c'était une partie de mot-forme; mais il ne déplace pas l'accent final de son support, comme si c'était un mot-forme à part : [2]

a. *Bu su içilírmi?* ⟨...**içilir mí?*⟩ ʿCette eau, [on la] boit?ʾ

b. *Sáğmi?* ⟨**Sağmí?*⟩ ʿIl vit?ʾ, litt. ʿVivant?ʾ

c. *Ómu geldi?* ʿ[Est-ce] lui [qui] est-venu?ʾ

d. *Öldǘmü?* ʿ[Il] est-mort?ʾ

Un cas similaire est constitué par les postclitiques pronominaux de l'espagnol : ils ne déplacent pas l'accent mais déterminent des sandhis internes; par exemple :

(20)   espagnol

dándonoslo ʿen nous le donnantʾ

mais

vámonos ⟨*vámosnos⟩ ʿallons-nous enʾ;

ici -*s* du clitique -**nos** ʿà nousʾ est préservé devant un autre clitique, -**lo**, tandis que -*s* de la désinence verbale -**mos** ʿ1plʾ tombe devant le clitique -**nos**.

Un autre exemple avec le -*s* d'un clitique préservé devant le même clitique -**nos** :

recomendándolesnos ʿ[en-]recommandant-leur-nousʾ.

NOTES

[1]   (Exemple (8), p. 229). En espagnol, le pronom de la 3e personne au datif (= *le* ou *les*) a la forme *se* devant un autre pronom de la 3e personne à l'accusatif :

(i)   *Se lo doy*, litt. ʿLui/Leur le je-donneʾ ⟨**Le/Les lo doy*⟩.

(ii)   *Se las enviaste*, litt. ʿLui/Leur les tu-envoyasʾ ⟨**Le/Les las enviaste*⟩.

Nous observons ici que le signifiant d'un mot-forme dépend d'un autre mot-forme : cette situation n'est pas très typique pour des mots-formes parfaits mais tout à fait fréquente dans le cas des clitiques (cf. l'exemple (20) ci-dessus).

[2]   (**2.3**, exemple (19), p. 232). En turc, l'accent frappe d'habitude la dernière syllabe d'un mot-forme. Par conséquent, l'ajout d'un suffixe entraîne le déplacement de l'accent vers la droite : *şehír* ʿvilleʾ ~ *şehirlér* ʿvillesʾ ~ *şehirlergé*

ʿaux villes', etc. Malheureusement, le véritable tableau est bien plus compliqué. D'une part, certains suffixes turcs ne déplacent pas l'accent; ce sont ce qu'on appelle des suffixes «faibles», qui ne sont pas transparents à l'accent. C'est le cas, par exemple, du suffixe négatif -**ma**/-**me** :

(i) turc

iste + *dí* + *m* ʿJ'ai voulu'   ~ *isté* + **me** + *di* + *m* ʿJe n'ai pas voulu'

vouloir AOR 1SG   NÉG

bak + *tı* + *n* ʿTu as regardé' ~ *bák* + **ma** + *dı* + *n* ʿTu n'as pas regardé'

regarder AOR 2SG   NÉG

ol + *dú* + *Ø* ʿIl est devenu' ~ *ól* + **ma** + *dı* + *Ø* ʿIl n'est pas devenu'

devenir AOR 3SG   NÉG

D'autre part, certains mots-formes évidents, apparaissant comme des post-clitiques, déplacent l'accent du mot-forme précédent — c'est-à-dire l'accent de leur support — vers la droite. Plus précisément, un tel postclitique ne déplace pas l'accent du support sur lui-même (il reste inaccentué), mais sur la dernière syllabe du support, où — sans le postclitique — l'accent ne peut pas se trouver à cause d'un suffixe «faible». Cf. :

(ii) **a.** *tanı* + *r* + *sín* ʿTu sais',

savoir PRÉS 2SG

vs

taní + **ma** + *z* + *sın* ʿTu ne sais pas'.

NÉG PRÉS

Cependant, la forme *tanımazsın* suivie de la particule clitique **ki** ʿdonc' a l'accent sur la dernière syllabe :

b. *Tanımazsín ki!* ʿTu ne sais donc pas!'

REMARQUES BIBLIOGRAPHIQUES

Pour une discussion théorique excellente des clitiques en général et de leur statut dans les langues, voir l'œuvre de A. Zwicky : 1977, 1985 (où l'on trouve une bonne bibliographie) et 1987; cf. encore Zwicky and Pullum 1983. Les clitiques pronominaux français sont analysés à fond et minutieusement décrits par Y.-Ch. Morin : 1975, 1979, 1981, 1985. Voir aussi Carstairs 1981, Borer 1986 et Spencer 1991 : 350-394.

§4

ANALYSE DE QUELQUES CAS PROBLÉMATIQUES

Étant donné le caractère complexe et en même temps vague du concept de mot-forme, nous analyserons un certain nombre de cas particuliers pour étoffer le concept défini au §2 et le rendre ainsi plus familier. Comme on l'a déjà dit, un mot-forme s'oppose, d'une part, à une partie de mot-forme, c'est-à-dire à un affixe ou à un élément compositif subordonné, et d'autre part, à un groupe de mots-formes, c'est-à-dire à un syntagme$_1$. Nous rangerons nos exemples sous ces deux rubriques.

1. Mot-forme ou partie de mot-forme?

(1) Considérons la conjonction (= la coordination) des adverbes dérivés en espagnol :

    a. *clara y detalladamente* 'de façon claire et détaillée' = 'clairement et en détail';

    heroica pero no violentamente 'héroïquement mais non violemment'.

La question se pose de savoir si le signe **mente** 'de façon' est un mot-forme ou un suffixe.

Il est facile de trouver des cas apparemment parallèles à (1a) :

    b. *una descripción clara y detallada* 'une description claire et détaillée';

    una lucha heroica pero no violenta 'une lutte héroïque mais non violente'.

On voit immédiatement que **clara** et **heroica** sont des signes autonomes de l'espagnol : à savoir des mots-formes adjectivaux au féminin singulier. En plus, (1a) rappelle immédiatement la tmèse coordinative allemande vue au §2 de ce chapitre, exemple (12), pp. 203-204. Et ce n'est pas fortuit : (1a) est en effet formé par une tmèse du même type; cf. (1c) :

    c. *claramente y detalladamente* ⇒ *clara y detalladamente*.

Or, ce parallélisme est trompeur : dans les composés allemands, la tmèse extrait le premier élément compositif; en (1c), elle fait la même chose — elle extrait **clara**, alors que -**mente** n'est pas séparé par la tmèse d'un signe autonome. Et c'est bien -**mente**, et non pas **clara**, dont nous étudions le statut dans

claramente. Il en découle que **-mente** n'est pas du tout autonome : il ne peut être séparé d'un signe autonome dans aucun contexte. Cela s'accorde parfaitement avec l'incohérence absolue de **-mente** en tant que mot-forme de l'espagnol. En effet, si c'était un mot-forme, **mente** serait un nom, puisqu'il se combine avec l'adjectif prépositif. Mais cela serait un nom espagnol tout à fait bizarre : il n'admet pas d'article ni de préposition, il ne peut pas être un actant du verbe, il n'accepte pas d'adjectif postpositif — en un mot, **mente** serait un nom unique en espagnol. Cette incohérence syntaxique du «nom» présumé **mente** nous force à le considérer comme un suffixe.

Remarque. Le suffixe adverbial espagnol **-mente** est pourtant plus autonome, c'est-à-dire un peu plus près du statut de mot-forme, que son analogue français **-ment**. *Primo*, le **-ment** français ne peut pas être mis en facteur (dans une tmèse) : **héroïque et énergiquement*, alors que c'est quasi obligatoire pour le **-mente** espagnol. *Secundo*, la forme de l'adjectif avec **-mente** en espagnol est toujours le féminin singulier, avec une régularité absolue, typique des syntagmes₁ libres; en français, par contre, cette régularité est souvent violée : *prudemment* /prüdamã/, et non *prudentement (et ainsi pour presque tous les adjectifs en *-ant* et *-ent*; mais, par exemple, *véhémentement* plutôt que *véhémemment); *gentiment*, et non *gentillement; *précisément*, et non *précisement; etc. En français, donc, le degré de cohésion phonique entre le suffixe *-ment* et le radical de l'adjectif est plus élevé qu'en espagnol : le signifiant de l'adverbe français en **-ment** est plus idiomatisé (voir plus haut, §2, **3.2**, p. 213), et cet adverbe, comme un tout, donne plus fortement l'impression d'un mot-forme que l'adverbe espagnol.

(2) Le marqueur du réfléchi en polonais :

a. się /š′ẽ/,

qu'on voit dans les séries comme *myję się* ʿ[je] me lave', *wleczesz się* ʿ[tu] te traînes', *szerzy się* ʿ[il] se propage', etc., est un mot-forme puisqu'il est transmutable du verbe au premier mot-forme de la phrase (et du même coup séparable) :

b. *Codziennie się dokładnie myję*, litt. ʿTous-les-jours me [je] soigneusement lave'.

– *Dlaczego się zawsze tak wleczesz?*, litt. ʿPourquoi te [tu] toujours ainsi traînes?'

Teraz się ta zaraza szerzy w całym kraju, litt. ʿMaintenant se cette épidémie propage dans tout le-pays'.

Cependant, le marqueur correspondant du russe :

c. -sja ou **-s′** (/s′a/, /s′/ : la première variante suit une consonne, la seconde une voyelle)

est un suffixe, qui ne peut jamais être séparé ou transmuté :

d. russe

Každyj den′ ja tščatel′no mojus′, litt. ʿChaque jour je soigneusement lave-me' (*Každyj **sja** *den′ ja tščatel′no moju*).

Počemu ty vsegda tak taščiś‾sja?, litt. ʿPourquoi tu toujours ainsi traînes-te?ʾ ⟨**Počemu sja/s′ ty vsegda tak taščiś‾?*⟩

Sejčas èta èpidemija rasprostranjaetsja po vsej strane, litt. ʿMaintenant cette épidémie propage-se dans tout le-paysʾ ⟨**Sejčas sja èta èpidemija rasprostranjaet po vsej strane*⟩.

Nous pouvons indiquer encore trois propriétés qui qualifient le marqueur du réfléchi en polonais comme mot-forme et en russe, comme suffixe :

– Le marqueur du réfléchi en polonais possède plus de variabilité distributionnelle que son homologue russe : **się** s'ajoute non seulement aux verbes, mais aussi aux noms déverbatifs, ce qui est tout à fait impossible en russe; cf. :

e. polonais

umywanie się, litt. ʿse lavageʾ, *szerzenie się*, litt. ʿse propagationʾ, *rozwinięcie się*, litt. ʿse déroulementʾ.

Les noms correspondants russes — *umyvanie, rasprostranenie* et *razmatyvanie* — sont toujours ambigus, puisqu'ils sont dérivés des verbes transitifs (ʿlaverʾ, ʿpropagerʾ, ʿdéroulerʾ) et des verbes réfléchis (ʿse laverʾ, ʿse propagerʾ, ʿse déroulerʾ), sans pouvoir indiquer la distinction : **-sja/-s′** ne se joint pas aux noms.

– Le marqueur du réfléchi en polonais peut être coréférentiel avec un nom autre que le sujet grammatical du verbe réfléchi, c'est-à-dire qu'il est accessible aux règles de pronominalisation; ce n'est pas le cas pour **-sja/-s′** russe. Par conséquent, les phrases polonaises du type (2f) sont ambiguës :

f. polonais

Jan kazał służącemu umyć się

signifie soit ʿJean$_i$ a ordonné à [son] valet$_j$ de se$_j$ laverʾ, soit ʿJean$_i$ a ordonné à [son] valet$_j$ de le$_i$ laverʾ (Saloni 1975: 28; les indices marquent la coréférence); les phrases russes correspondantes ne peuvent exprimer que le premier sens :

g. russe

Jan velel sluge umyt′sja ʿJean$_i$ a ordonné à [son] valet$_j$ de se$_j$ laverʾ.

Pour exprimer le deuxième sens, il faut utiliser le pronom non réfléchi *ego* ʿleʾ :

h. russe

Jan velel sluge umyt′ego ʿJean$_i$ a ordonné à [son] valet$_j$ de le$_i$ laverʾ.

– On observe en russe une plus forte dépendance phonique entre le verbe et le marqueur du réfléchi : si le verbe est terminé par une voyelle, c'est la forme **-s′** qui doit être sélectionnée; autrement, **-sja**. (Cependant, dans les participes actifs, c'est la forme **-sja** qui apparaît toujours, même après une voyelle : *trudjaščegosja* ʿtravailleur, SG.GÉNʾ ⟨**trudjaščegos′*⟩.) En polonais, le pronom réfléchi **się** ne change jamais : il n'y a aucune dépendance phonique entre le verbe et **się**. Cela accentue davantage la différence entre le mot-forme autonome polonais **się** et le suffixe russe **-sja /-s′**.

(3) Comparons une expression hongroise et une expression arabe équisignifiantes :

a. hong. *könyv +em* ʿmon livreʾ ~ ar. *kitāb + ī* ʿmon livreʾ

      livre   1SG   livre   1SG

Les deux semblent pareilles : elles sont constituées d'un signe qui pourrait être un mot-forme (**könyv** ʿlivreʾ et **kitāb** ʿlivreʾ) et d'un autre signe ((e)m ʿmonʾ, ī ʿmonʾ) dont le statut est ici en cause. Ni (e)m, ni ī n'est séparable ou transmutable; leur variabilité distributionnelle est très proche mais pas identique : le marqueur pronominal hongrois est sélectionné par le nom (*könyv +em* ʿlivre-monʾ), par la postposition (*mellett +em* ʿprès-de-moiʾ[1]), par le verbe, auprès duquel il sert de marqueur du sujet (*kér +em* ʿ[je] demande [qqch]ʾ), et par le suffixe casuel (*vel +em* : l'instrumental de ÉN ʿmoiʾ); par contre, le marqueur arabe est sélectionné par le nom (*kitāb + ī* ʿlivre-monʾ), par la préposition (qui correspond à la postposition hongroise : *minn + ī* ʿde-moiʾ, *maʕa + ī* ʿavec-moiʾ [= ensemble]) et par le verbe, auprès duquel il apparaît comme marqueur de l'objet et non pas du sujet (*ja +sʔalu +nī* ʿil-demande-moiʾ). La situation est la même pour toutes les personnes et tous les nombres (avec la différence, peu pertinente ici d'ailleurs, que l'arabe distingue trois nombres — singulier, duel et pluriel — et deux genres à la 2e et la 3e personne, ce que le hongrois ne fait pas) :

> **b.** *könyv +ed*   ʿlivre-tonʾ   ~ *kitāb +u +ka* ʿlivre-ton [ʿtoiʾ masc]ʾ,
>   *kitāb +u +ki* ʿlivre-ton [ʿtoiʾ fém]ʾ
>   *könyv + e*   ʿlivre-sonʾ   ~ *kitāb +u +hu* ʿlivre-son [à lui]ʾ,
>   *kitāb +u +hā* ʿlivre-son [à elle]ʾ
>   *könyv + ünk* ʿlivre-notreʾ ~ *kitāb +u +nā* ʿlivre-notreʾ, etc.

[Le morphe **-u**, qui précède le marqueur personnel arabe, est un suffixe casuel, plus spécifiquement, le suffixe du nominatif; à l'accusatif, on a *kitāb +a +ka*, et au génitif, *kitāb +i +ka*.]

Cependant, le statut des marqueurs pronominaux du hongrois est différent de celui des marqueurs pronominaux de l'arabe : en hongrois, ce sont des affixes, de sorte que les signes hongrois **könyvem, mellettem, kérem** sont des mots-formes; en arabe, ce sont des (post)clitiques, c'est-à-dire des mots-formes dégénérés, de sorte que les signes arabes **kitābī, minnī, jasʔalunī** sont des syntagmes[1]. Voici quatre arguments pour le démontrer.

• Le signe du type -(e)m en hongrois est suivi des suffixes casuels (dont le statut suffixal est certain) :

> **c.** *könyv +em +et* [accusatif]
>   *könyv +em +nek* [datif]
>   *könyv +em +re* [allatif]
>   ....

Le signe du type -ī/-nī en arabe est toujours strictement final. Même plus : comme nous venons de le voir, il suit le suffixe casuel, alors que les suffixes casuels occupent, en règle générale, la position finale dans le mot-forme.

• Le signe -(e)m en hongrois est compatible avec le pronom correspondant, alors qu'en arabe le signe -ī/-nī se trouve en distribution complémentaire stricte avec le pronom :

> **d.** [*az*] *én könyv +em* ʿ[le] moi livre-monʾ ~
>   **kitāb + ī ʔanā* ʿlivre-mon moiʾ

   én vel +em ⸢moi avec-moi⸣ ~

     *maʕa + ī ʔanā ⸢avec-moi moi⸣

   én kér +em ⸢je demande-je [qqch]⸣ ~

     *jasʔalu + nī ʔanā ⸢il-demande-moi moi⸣

Ceci indique que -ī, **-ka**, **-ki**, etc., en arabe sont plutôt les formes clitiques des pronoms.

 • En hongrois, l'effacement de **-(e)m** peut engendrer une forme incomplète — agrammaticale; en arabe, on peut omettre -ī dans tout contexte sans affecter la grammaticalité de la forme (la phrase peut devenir sémantiquement incomplète, mais la forme nominale en question reste toujours correcte, ce qui signifie que l'omission de ī rappelle plutôt l'omission d'un mot-forme que celle d'un affixe) :

  e. **az én könyv* ~ *kitāb*

   *vel, *énnel ~ *maʕa*

   *én kér ~ *jasʔalu*

 • Les marqueurs pronominaux, ou **suffixes possessifs**, du nom hongrois sont obligatoires, en ce sens que dans certains contextes, un nom n'est pas possible sans un tel suffixe; cela n'arrive jamais en arabe. Par exemple, quand on met le prix sur une marchandise, le mot ⸢prix⸣ doit être muni du suffixe possessif en hongrois mais ne peut pas avoir le postclitique possessif en arabe :

  f. hong. *Ára : 48, -Ft*, litt. ⸢prix-son : 48 forints⸣ ~ **Ár : 48,-Ft*;

   ar. *Assiʕr : 10 lirāt* ⸢le-prix : 10 lires⸣ ~ **Siʕruhu : 10 lirāt*.

À la fin d'un film, le mot ⸢fin⸣ apparaissant sur l'écran inclut obligatoirement le suffixe possessif en hongrois et jamais en arabe :

  hong. *Vége*, litt. ⸢fin-sa⸣ ~ **Vég*.

  ar. *Annihājat* ⸢la-fin⸣ ~ **Nihājathu*.

 Par conséquent, les signes hongrois **-(e)m**, **-(e)d**, etc., sont des suffixes, mais les signes arabes **-ī**, **-ka**, **-ki**, etc., sont des postclitiques, donc des mots-formes.

 NB : Notons que les critères d'autonomie faible des signes linguistiques₁ que nous venons de proposer, à savoir la séparabilité, la variabilité distributionnelle et la transmutabilité, ne sont pas suffisants pour reconnaître les clitiques pronominaux arabes comme des mots-formes. En développant et en améliorant notre système conceptuel morphologique, nous nous devrons, en toute probabilité, d'ajouter encore un critère, qui sera «négatif» :

> Un signe qui n'est pas du tout autonome peut quand même être considéré comme un mot-forme défectif (= comme un clitique) s'il est trop différent des affixes de la langue **L** et ne s'inscrit pas bien dans son système flexionnel. Une telle analyse peut être étayée par la synonymie du signe en cause avec un mot-forme évident de **L**.

2. Mot-forme ou groupe de mots-formes?

(4) Le signe complexe allemand

a. [*der*] **Rhabarberbarbarabarbarbarenbarbier** [= **Rhabarber** + **Barbara** + **Bar** + **Barbaren** + **Barbier**] ⟨[le] barbier des-barbares du-bar de-la-Barbara des-rhubarbes⟩

est un mot-forme, facétieux, mais tout à fait grammatical et compréhensible (communiqué par Rolf Max Kully).

Demandons-nous pourquoi les noms de ce type sont considérés en allemand comme des mots-formes et non pas comme des syntagmes₁. Le signe (4a) semble contenir des mots-formes : **Rhabarber** ⟨rhubarbe⟩, **Barbara**, etc., sont des mots-formes de l'allemand. En plus, ce signe apparaît comme séparable — soit dans une tmèse coordinative :

b. [*der*] *Rhabarberbarbara-* **und** *Kartoffelmathildebarbarbarenbarbier* ⟨[le] barbier des-barbares du-bar de-la-Mathilde des-pommes-de-terre et de-la-Barbara des-rhubarbes⟩,

soit par un signe du même type que les autres signes constituants :

c. [*der*] *Rhabarberbarbaranachtbarbarbarenbarbier* ⟨[le] barbier des-barbares du-bar **de-nuit** de-la-Barbara des-rhubarbes⟩.

Cependant, cette «séparabilité» est très faible, puisque très limitée (rappelons que nous avons discuté le cas de la tmèse coordinative en allemand au §2, **2.7**, l'exemple (12), p. 203 ssq.); quant à la transmutabilité des parties du signe complexe en (4a), elle est inexistante. D'autre part, les composés du type (4a), extrêmement fréquents en allemand, affichent au moins trois propriétés, qui imposent leur analyse en tant que mots-formes. Pour faire mieux ressortir ces propriétés, nous allons comparer les composés allemands avec des structures similaires (mais différentes!) en anglais; on peut illustrer ces dernières par une traduction littérale de (4a) :

d. anglais **rhubarb Barbara bar barbarians' barber.**

En anglais, les signes du type (4d) sont, contrairement aux signes allemands du type (4a), des syntagmes₁. Voici pourquoi :

• Le nom composé allemand du type (4a) peut comprendre des signes qui n'existent pas comme mots-formes; ils ne sont que des éléments compositifs :

e. **Lach+krampf** ⟨crampe de rire⟩, où **Lach-** n'existe pas en dehors des composés [⟨rire⟩ est *Lachen*];

Überhol+verbot ⟨interdiction de dépasser⟩, où **Überhol-** est du même type que **Lach-**;

Sprach+data ⟨données linguistiques⟩, avec **Sprach-** [⟨langue⟩ est **Sprache**, et non pas *Sprach*];

zehntägig ⟨de dix jours⟩, où **-tägig** ⟨≈journalier⟩ n'existe pas en dehors des composés.

En anglais, toute composante d'un syntagme₁ nominal du type **stone wall** est toujours un mot-forme indépendant.

• Un signe faisant partie d'un nom composé allemand perd sa capacité de prendre des déterminants adjectivaux et des attributs postposés qu'il accepterait dans un syntagme$_1$ (cohésion syntaxique, voir §2, **3.2**, 3, p. 213). Dans le cas des syntagmes$_1$ correspondants en anglais, cette capacité est partiellement préservée (bien qu'elle soit quand même considérablement réduite) :

f. all. *natürlicher Text* ʿtexte (de ~ angl. *natural text*
langue) naturel(le)ʾ
Textbearbeitung ʿtraitement de ~ *text processing*
texteʾ
Mais :
**natürliche(r) Textbearbeitung* ~ *natural text processing*
ʿtraitement de texte naturelʾ [l'ex-
pression correcte : *Bearbeitung*
von natürlichen Texten]
g. all. *Senatsausschuß für auswär-* ~ angl. *Senate Foreign Rela-*
tige Angelegenheiten, litt. ʿsénat- *tions Committee*
comité pour étrangères affairesʾ
Mais :
**Senatsauswärtigangelegenheiten-*
ausschuß

De nombreux cas du type (4f-g) illustrent bien la différence de comportement syntaxique entre un élément compositif subordonné dans un composé allemand et un mot-forme dans un syntagme$_1$ anglais.

• Les signes à l'intérieur d'un composé allemand peuvent être reliés par des éléments de liaison spéciaux, dont **-s-** :

h. *Universitätsgebäude*, litt. ʿuniversité-immeubleʾ;
Zeitungsausschnitt ʿentrefiletʾ, litt. ʿjournal-découpageʾ;
Wissenschaftstheorie, litt. ʿscience-théorieʾ; etc.

Cet **-s-** ne peut pas être un mot-forme puisqu'aucun mot-forme en allemand n'est constitué d'une seule consonne; ce n'est pas un suffixe casuel (du génitif) non plus, car il s'attache aux noms féminins, qui n'ont jamais de génitif en **-s**. *Ergo*, c'est un marqueur spécial de composition, dont la présence oppose nettement le composé allemand *Universitätsgebäude* au syntagme$_1$ anglais *university building*.

Pour les trois raisons indiquées, les expressions allemandes du type (4a) doivent être considérées comme des mots-formes, mais non les expressions anglaises semblables. [2]

Nous pouvons conclure que les mots-formes composés allemands du type (4a) ne sont pas divisibles en mots-formes. Les signes qui constituent un tel composé, bien qu'ils puissent coïncider dans leur signifié et/ou dans leur signifiant avec des mots-formes de l'allemand, ne se comportent pas comme des mots-formes À L'INTÉRIEUR du composé, c'est-à-dire qu'ils ont un syntactique bien spécial. Plus précisément, les signes constituants d'un composé allemand n'acceptent pas de prémodification par adjectifs et, de façon générale, exigent des éléments de liaison, c'est-à-dire des *interfixes* (Cinquième partie, chapitre II, §3, **3.4**, 3). Ainsi, si nous découpons **Rhabarber + Barbara + Bar** ʿle bar de la Barbara des rhubarbes⁾ comme nous l'avons indiqué, les trois signes qu'on voit sont des radicaux employés comme éléments compositifs, et non pas comme des mots-formes de l'allemand. (Dans ce cas particulier, ils coïncident, sémantiquement et phonologiquement, avec les mots-formes allemands **Rhabarber** ʿrhubarbe⁾, **Barbara** et **Bar** ʿbar⁾ dont ils sont les radicaux. Remarquez, cependant, que de façon générale, il se peut que phonologiquement, un élément compositif ne coïncide avec aucun mot-forme, tel **Lach-**, etc., voir (4e).)

(5) En yana, une langue amérindienne de Californie, on trouve des expressions courantes du type :

    k ʿut + *xái*   + *si* + *nǯa* ʿj'ai soif⁾
    vouloir   eau   PRÉS 1SG

    k ʿun + *miyáu* + *si* + *nǯa* ʿj'ai faim⁾
    vouloir   nourriture PRÉS 1SG

    k ʿutʔ + *áu*   + *si* + *nǯa* ʿje veux du feu⁾
    vouloir   feu   PRÉS 1SG

    k ʿúru + *wawi* + *si* + *nǯa* ʿje veux une maison⁾
    vouloir   maison   PRÉS 1SG

Ici, *k ʿut-*, *k ʿun-*, *k ʿutʔ-* et *k ʿuru-* sont des allomorphes de la racine verbale ʿvouloir⁾ (⟨?/16⟩ Pouvez-vous en formuler la distribution?), et les signes en caractères gras sont des allomorphes (souvent réduits) des racines nominales **xána** ʿeau⁾, **môyauna** ʿnourriture⁾, **áuna** ʿfeu⁾ et **wawi** ʿmaison⁾; ces allomorphes n'apparaissent jamais en isolation. Les signes complexes yana en (5) sont des mots-formes : aucune de leurs composantes n'est ni séparable, ni distributionnellement variable, ni transmutable. En plus, ils sont MORPHOLOGIQUEMENT FERMÉS : l'objet direct du verbe est inclus, ou *incorporé*, entre la racine du verbe et sa désinence flexionnelle. Les formes verbales yana fournissent une bonne illustration du procédé de *composition morphologique* (voir plus loin, Cinquième partie, chapitre II, §2, **9**).

(6) Des formes dites contractées de l'anglais parlé comme :

    a. I'm /áⁱm/, **I'd** /áⁱd/ [= ʿI should/would/had⁾], **I'll** /áⁱl/, **he's** /hīz/ **she'll** /šīl/, **we're** /wī̃ə/, etc.

ne sont pas des mots-formes : bien qu'elles soient autonomes, elles ne sont pas cohérentes du point de vue syntaxique, puisqu'aucun mot-forme anglais, sauf ces formes suspectes, ne réunit le sujet grammatical avec le verbe fini; ce sont des syntagmes₁. Par contre, leurs signes constituants sont des mots-formes : **I**, **he, we** sont autonomes et indivisibles, alors que les signes **'m, 'd, 's, 'll, 're** sont obtenus à partir des mots-formes **am, should/would/had, is, shall/will** et **are** par des alternances de l'anglais. (Les signes **'m, 'd**, etc., sont des postclitiques du type 3 : voir §3, **2.1**, 3, p. 229.)

b. La forme :

shoulda /šúdə/ [= *should have*],

qu'on trouve dans des expressions parlées comme *I shoulda met her*, n'est pas un mot-forme non plus, et pour la même raison : incohérence syntaxique (aucun mot-forme évident de l'anglais n'inclut morphologiquement la signification de passé composé, exprimée par *have*). C'est un syntagme₁ constitué de **should** et du postclitique **a**, forme réduite de **have**.

c. La même analyse s'applique à :

gonna /gónə/ [= *going to*],

utilisé dans des expressions parlées comme *I'm gonna buy it* ᶜJe vais l'acheterᵓ. C'est un syntagme₁ constitué de **going** [⇒/gɔn/] et du postclitique **a**, obtenu de **to**.

Dans tous les cas (6a-c), le postclitique peut être remplacé par la «forme pleine», c'est-à-dire par le mot-forme source dans tous les contextes possibles *salva correctione* et *salva significatione*. (L'inverse n'est pas vrai, bien sûr : *Am I smart?* ⇒ **'M I smart?* Mais la définition I.23 au §2, p. 188, n'exige que la substituabilité inconditionnelle du clitique par le mot-forme source, et non pas l'inverse.) Cependant, ce n'est pas le cas pour **-n't** ⇐ **not** :

d. *Doesn't she look pretty?* ⇒ **Does not she look pretty?* [La bonne façon serait *Does she not look pretty?*]

Le signe **-n't** ne se comporte donc pas comme sa source, la négation **not**; par conséquent, il ne peut pas être tenu pour un postclitique. C'est un suffixe négatif (Zwicky and Pullum 1983). Pour étayer cette solution, nous pouvons signaler trois faits importants :

• À la différence de toutes les autres formes contractées de l'anglais, certaines formes avec **-n't** peuvent manifester une cohésion phonologique très forte :

e. shall /šæl/ ~ **shan't** /šænt/ ou /šānt/
   will /wil/ ~ **won't** /wōnt/
   must /mʌst/ ~ **mustn't** /mʌsnt/
   do /du/ ~ **don't** /dōnt/

C'est-à-dire contrairement aux postclitiques **-'ve**, **-'s**, **-'m**, etc., le signe **-n't** peut induire des changements phonologiques sur le radical.

• Les postclitiques anglais ont une séparabilité très élevée :

f. *The person I was talking to's* [= *is*] *going to be angry with me. The drive home tonight's* [= *has*] *been really easy.*

Par contre, **-n't** ne peut pas être séparé du mot-forme qu'il modifie.

• Les postclitiques s'ajoutent librement à tous les mots-formes avec lesquels ils sont compatibles selon leur sens et fonction, alors que **-n't** ne peut pas suivre **am** et **may** (surtout en américain), ce qui est un phénomène tout à fait idiosyncratique, peu typique des mots-formes, qui se combinent, en règle générale, plutôt librement.

Par conséquent, force nous est de reconnaître les signes complexes anglais **doesn't, won't, isn't,** etc., comme des mots-formes à l'intérieur desquels le signe **-n't** est un suffixe. [3]

(7) Les expressions françaises du type :

> **en fait, en vain, en outre, en plus, en effet, en général, en particulier, en somme,** ...

sont des cas-limites fort intéressants.

Ces signes ne sont pas séparables par un mot-forme; leurs composantes ne sont ni permutables ni transférables; elles possèdent quand même une variabilité distributionnelle assez élevée. On peut très bien les traiter comme des mots-formes, d'autant plus qu'ils sont fort idiomatisés : sémantiquement, chacun de ces signes est un tout qu'il faut mémoriser et utiliser dans le texte comme un seul mot-forme. L'orthographe est, comme toujours, trompeuse et incohérente; comparez, entre autres, *bonjour!, bonsoir!* mais *bonne nuit!*; *autour (de)* mais *à travers* ou *en travers (de)*; *(l')à-propos* mais *à propos (de)*; etc. En italien, on écrit *infatti* ʻen fait', *invano* ʻen vain', *insomma* ʻen somme', et nous ne voyons aucun obstacle sérieux à l'écrire de la même façon en français : *enfait, envain,* etc. (on écrit bien *ensuite*).

Cependant, les liens sémantiques entre **fait** dans **en fait** et le mot-forme **fait**, entre **vain** dans **en vain** et le mot-forme **vain,** etc., sont vivants et immédiatement perçus par le locuteur. De plus, **en** y préserve sa fonction adverbialisante (comme dans **en ami, en bon oncle, en spécialiste, en gros,** etc.). Cela justifie peut-être la description bilexémique des expressions en (7).

 Nous nous trouvons ici en face d'un phénomène très fréquent dans les langues naturelles :

---

non-unicité de la description linguistique[2]

Beaucoup de cas intermédiaires peuvent être décrits — avec le même degré de précision, de rigueur et de cohérence — en termes de concepts différents, de sorte que nous ne pouvons trouver ou justifier une solution unique. Mais nous sommes certain que la pluralité des analyses possibles dans de pareils cas reflète la nature du langage humain et ne constitue pas un défaut de la démarche adoptée. Nous retournerons au problème de la non-unicité de la description linguistique[2] plus loin, dans la Septième partie du CMG.

NOTES

[1] **(1,** exemple (3), p. 238). Le signe **mellett,** comme toute une série de signes semblables, est une ***postposition,*** car il suit le nom qu'il régit : *a ház mellett,* litt. ʻla maison près-de', etc.

[2] **(2,** à la fin de l'exemple (4), p. 241). En réalité, il arrive très souvent que la différence entre les composés allemands du type $N^1(s)N^2$ et les syntagmes₁ anglais du type $N^1 + N^2$ ne soit pas si claire.

D'une part, dans des conditions sémantiques favorables, le premier élément d'un composé allemand admet la modification adjectivale au niveau du sens :

(i) *zeitgenössische Kunst* ʿart contemporainʾ [*Kunst* est féminin] et

   zeitgenössisches Kunstobjekt ʿobjet d'art contemporainʾ [**zeitgenössische Kunstobjekt*; *Objekt* est neutre];

(ii) *embryonale Zelle* ʿcellule embryonnaireʾ [*Zelle* est féminin] et

   embryonaler Zellkern ʿnoyau de cellules embryonnairesʾ [**embryonale Zellkern*; *Kern* est masculin];

   etc.

(Voir Bergmann 1980.)

NB : On notera pourtant que l'adjectif s'accorde avec le composé comme un tout, c'est-à-dire avec son deuxième élément (les désinences de l'adjectif — marqueurs de l'accord — sont imprimées en gras); du même coup, la règle interdisant la dépendance syntaxique entre le premier élément du composé et quelque chose dans le contexte externe reste en vigueur.

D'autre part, dans les syntagmes₁ $N^1 + N^2$ de l'anglais, les éléments ne jouissent pas tout le temps d'une liberté syntaxique absolue; par exemple, l'élément dépendant n'est que rarement au pluriel :

(iii) *three inch plank*, litt. ʿtrois pouces plancheʾ, mais pas **three inches plank*.

Pourtant, des détails importants nous aident à distinguer entre un mot-forme et un syntagme₁, même dans des cas apparemment difficiles. Comparez, par exemple :

(iv) **a.** *Chinese-born* ~ *born in China* ʿné en Chineʾ et

   b. *Chinese-backed* ~ *backed by China* ʿappuyé par la Chineʾ.

Si nous voulons parler de la Chine impériale ou de la Chine communiste, nous pouvons dire :

   c. *Imperial ⟨Communist⟩ Chinese backed coup* ʿcoup d'État appuyé par la Chine impériale ⟨communiste⟩ʾ,

mais nous ne pouvons pas dire :

   d. **Imperial ⟨Communist⟩ Chinese-born writer* ʿécrivain né en Chine impériale ⟨communiste⟩ʾ.

C'est que *Chinese-born* est un mot-forme composé, alors que *Chinese-backed* est un syntagme₁. (Il existe d'autres arguments démontrant que les expressions du type (iv a) sont des mots-formes et les expressions du type (iv b) des syntagmes₁; mais le problème est trop spécifique pour être discuté ici.)

Le problème général «composé₁ *vs* syntagme₁» sera abordé à nouveau dans la Cinquième partie, chapitre II, §2, **9.5**, 1.

[3] (**2**, à la fin de l'exemple (6), p. 244). Cette solution n'est pourtant pas sans problèmes. Si **-n't** est un suffixe (de négation), nous nous trouvons en face de l'alternative suivante :

1) Soit nous postulons, pour l'anglais, la catégorie flexionnelle de polarité (cf. Deuxième partie, chapitre II, §4, **4.2**, 1), avec deux grammèmes : ʿpositifʾ (au marqueur zéro) ~ ʿnégatifʾ. Cette catégorie ne sera valable que pour un ensemble fort restreint de verbes (auxiliaires et modaux). En plus, comme la négation peut être exprimée par un mot-forme autonome **not**, dans les cas du type [*you*] *have not* ou [*he*] *does not*, on aura la forme POSITIVE du verbe combinée avec la négation.

2) Soit nous traitons le suffixe **-n't** comme le marqueur d'un quasi-grammème ʿnégatifʾ et, de ce fait, nous évitons d'introduire la catégorie flexionnelle de polarité en anglais. Cependant, la difficulté liée à l'alternance libre du suffixe **-n't** avec le mot-forme **not** reste.

Nous ne nous occuperons pas ici du choix d'une solution plus satisfaisante. Remarquons seulement que les trois arguments de Zwicky et Pullum ne font probablement qu'établir le caractère PLUS suffixal de **-n't** (par rapport à **-'ve**, **-'ll**, **-'s**, etc.), sans établir toutefois son caractère suffixal tout court. Question intéressante que nous laissons en suspens : ne faudrait-il pas exiger qu'un affixe ne soit jamais en distribution facultative avec un mot-forme? Avec une telle exigence, **-n't** anglais serait un clitique, réduction de **not**, mais un clitique très semblable à un suffixe.

REMARQUES BIBLIOGRAPHIQUES

La discussion de l'opposition :

«nom composé N^1N^2 ~ syntagme₁ $N^1 + N^2$»

se trouve dans Levy 1978 : 39-48; voir aussi Botha 1968, où les composés de l'afrikaans sont décrits en détail (cf. le compte-rendu Chapin 1972). Tagashira 1979 analyse l'opposition «verbe composé V^1V^2 ~ syntagme₁ $V^1 + V^2$» en japonais.

§5

CONCLUSIONS

Après une étude de quelques cas problématiques, le moment est venu de dresser le bilan de nos discussions sur le mot-forme. Nous le ferons en deux temps :

- types de mots-formes;
- relativité linguistique₁ du mot-forme.

1. Types de mots-formes

Les signes linguistiques₁ que nous appelons des mots-formes, suivant les définitions I.22 et I.23, se rangent tout naturellement en deux classes disjointes :

I. Mots-formes PRIMAIRES, ou mots-formes de la langue (définition I.23). Dans le dictionnaire de **L**, les mots-formes primaires sont spécifiés par référence directe aux lexèmes correspondants, sans aucune référence à d'autres mots-formes (ce qui n'empêche pas, bien sûr, d'indiquer dans le dictionnaire les relations — sémantiques, formelles ou combinatoires — entre les mots-formes des lexèmes différents). Un mot-forme primaire est donc un *lexe* d'un lexème quelconque de **L** (voir plus loin, chapitre VI, **1.4**, définition I.41, p. 342). Lors de la construction du texte, un mot-forme primaire est choisi (ou construit) par le locuteur en fonction soit de la représentation sémantique de départ, soit des règles syntaxiques de la langue (dans le second cas, le mot-forme est une servitude grammaticale — un mot-outil), soit des deux à la fois.

II. Mots-formes SECONDAIRES, ou mots-formes de la parole, qui ne sont des mots-formes que dans un contexte donné (définition I.22). Dans la description de **L**, les mots-formes secondaires sont spécifiés par référence à d'autres mots-formes, primaires ceux-là (par exemple, **au = à le**), et ce sont seulement ces derniers qui sont spécifiés dans le dictionnaire. Un mot-forme secondaire n'est jamais un lexe. Dans le texte, il apparaît seulement comme résultat de transformations syntaxiques et morphonologiques appliquées à des mots-formes préalablement choisis (par le locuteur).

Ces deux classes majeures de mots-formes sont susceptibles d'une subdivision ultérieure.

D'une part, les mots-formes primaires se répartissent en deux sous-classes :

   I. A. Mots-formes PARFAITS jouissant d'une autonomie suffisamment élevée.

      B. Mots-formes DÉFECTIFS n'ayant qu'une autonomie suffisamment basse.

Il doit être évident qu'il n'y a pas, rappelons-le, de démarcation nette entre ces deux sous-classes puisque le concept même d'autonomie est vague et gradué.

D'autre part, les mots-formes secondaires se répartissent aussi en deux sous-classes :

  II. A. Mots-formes obtenus PAR PROMOTION : par EXTRACTION et ISOLEMENT syntagmatique d'une partie de mot-forme.

      B. Mots-formes obtenus PAR RÉTROGRADATION : par RÉUNION et AMALGAME syntagmatique d'au moins deux mots-formes.

Ceci nous donne quatre types principaux de mots-formes :

   I. A. Mots-formes primaires parfaits. Ce sont : 1) des mots-formes «normaux», qui constituent la majorité des mots-formes de toute langue naturelle; et 2) des mots-formes composés$_1$, y compris ce qu'on appelle les ***complexes incorporatifs*** (voir Cinquième partie, chapitre II, §2, **9.5**).

      B. Mots-formes primaires défectifs. Ce sont surtout les clitiques, dont il a été question plus haut, au §3.

  II. A. Mots-formes secondaires par promotion. Ils sont issus des parties de mots-formes promues par des règles syntaxiques. On trouve ici, par exemple, des éléments compositifs détachés par une tmèse (all. ***Fremd-*** *und* (*besonders*) *Muttersprachen* ʿlangues étrangères et (surtout) maternellesʾ, voir l'exemple (12a-b), § 2, p. 203) ou un affixe utilisé comme *pars pro toto* (hong. **Meg** comme réponse complète, l'exemple (11c), *ibidem*).

      B. Mots-formes secondaires par rétrogradation. Ce sont des résultats d'amalgames syntaxiques, comme **au** [⇐ **à le** /C-/] et **du** [⇐ **de le** /C-/] en français. Tous les mots-formes du type II.B sont des ***mégamorphes***; voir Cinquième partie, chapitre VI).

Cette typologie rend notre concept de mot-forme plus flexible et nous permet de traiter les cas estompés et incertains.

2. Relativité linguistique$_1$ du mot-forme

Au risque de répéter des choses déjà dites aux §§1 et 2, nous pouvons tirer deux leçons importantes de notre discussion : d'abord le caractère vague, puis le caractère linguistiquement$_1$ relatif du concept de mot-forme.

2.1. Caractère vague du mot-forme. Notre lecteur aura sans doute retenu qu'il n'existe pas de ligne de démarcation stricte ni de cloison étanche entre les mots-formes et les parties de mots-formes (= affixes, etc.) d'une part, et entre les mots-formes et les groupes de mots-formes (= syntagmes$_1$) d'autre part. L'autonomie des mots-formes et la cohérence de leur système sont des notions graduées : «un peu plus, un peu moins». Il en résulte qu'un signe linguistique$_1$ peut être PLUTÔT un mot-forme ou bien PLUTÔT un affixe; il peut être un mot-forme dégénéré ou un affixe promu au rang de mot-forme. De plus, il n'est pas rare qu'on puisse traiter un signe donné — avec le même degré de certitude et de légitimité — de deux façons différentes : soit comme un mot-forme, soit comme un affixe; ou bien soit comme un mot-forme, soit comme un syntagme$_1$. Ce sont des cas de non-unicité de l'analyse morphologique. Il importe de souligner que les deux critères d'identification du mot-forme souvent proposés — liberté de déplacement linéaire (que l'on peut comparer à notre transmutabilité, §1, **3.3**, p. 177) et idiomaticité interne — ne sont pas valables; autrement dit, nous pensons que ces deux propriétés ne sont pas définitoires par rapport au concept de mot-forme.

Il est vrai qu'en principe un mot-forme a beaucoup plus de liberté de déplacement dans la phrase qu'une partie de mot-forme dans le mot-forme. Mais, d'une part, dans beaucoup de cas (selon la langue), un mot-forme n'a aucune liberté de déplacement (par exemple, dans le petit texte français *dans beaucoup de cas*, aucun mot-forme ne peut changer de position); d'autre part, des cas existent où les parties d'un mot-forme peuvent se déplacer au sein du mot-forme (voir les exemples (13) et (14) au §2, **3.1**, 3, pp. 206-207) ou même être complètement détachées de «leur» mot-forme (voir l'exemple (15) au §1, **3.5**, p. 182).

Il est aussi vrai qu'en principe un mot-forme manifeste un degré plus élevé de cohésion au niveau phonologique et sémantique qu'un syntagme$_1$: cf. la section **3.2** du §2 ci-dessus, p. 209. Mais dans beaucoup de cas, un mot-forme dérivé ne possède aucune cohésion phonique spéciale (toutes les coutures morphologiques étant évidentes) et n'est pas du tout ou peu phraséologisé au plan sémantique. En voici un exemple :

(1)   inuktitut (esquimau) asiatique

qanujaγ + ru   +   ŋǝsta   +   lγu   +   ta   +   χa   +   ŋ̊la
cuivre   chose DIMIN collectivité contenant DIMIN fabriquer

+ raxki + γa   +   qa   +   m   +   kǝn
vite   PRÉS IND   1SG.SUJ 2SG.OBJ

'Je fabrique vite pour toi une petite boîte à amorces'.

C'est un mot-forme transparent qui comprend le radical *qanujaγ* 'cuivre', 6 suffixes dérivationnels et 5 suffixes flexionnels :

Dérivation

qanujaγ = 'cuivre'

qanujaγru = 'douille'

qanujaγruŋǝsta = 'amorce'

[Le radical dérivé **qanujaɣruŋəsta** est phraséologisé : au lieu de ʿpetite chose en cuivreʾ il signifie ʿamorceʾ.]

qanujaɣruŋəstalɣu = ʿcollectivité d'amorcesʾ

qanujaɣruŋəstalɣuta = ʿcontenant [= boîte] pour la collectivité d'amorcesʾ = ʿboîte à amorcesʾ

qanujaɣruŋəstalɣutaχa = ʿpetite boîte à amorcesʾ

qanujaɣruŋəstalɣutaχaŋḷa = ʿfabriquer une petite boîte à amorcesʾ

Flexion

-raxki = suffixe aspectuel signifiant ʿviteʾ, ʿrapidementʾ

-ɣa = suffixe du présent

-qa = suffixe de l'indicatif

-m = suffixe de la 1re personne du singulier du sujet [= de l'agent]

-kən = suffixe de la 2e personne du singulier de l'objet [ici, indirect : ʿpour toi/à toiʾ]

Ce mot-forme n'est pas un monstre aussi rare que celui du célèbre Loch Ness : de tels mots-formes sont monnaie courante en inuktitut.

On peut même en trouver beaucoup plus près de nous : par exemple, en allemand ou en anglais, cf. :

(2) allemand

Donau + dampf + schiff + s + fahrt   + gesellschaft + s +

Danube vapeur bateau   transport compagnie

                                + kapitän + patenten + mappe

                                capitaine licence   serviette

ʿla serviette pour licence de capitaine de la compagnie de transport par bateaux à vapeur du Danubeʾ.

(3) anglais

anti + dis + establish + ment + arian + ism

ʿanti   dis   établisse   ment   air   isme'

Par ailleurs, les cas ne sont pas moins nombreux où une cohésion phonologique très forte apparaît entre les éléments d'un syntagme$_1$. il suffit de citer le cas de la liaison en français (voir Morin et Kaye 1982) ou les mutations celtiques (Troisième partie, chapitre II, §3). Quant à la phraséologisation sémantique des syntagmes$_1$, elle est trop courante et trop connue pour en donner des exemples.

Cela nous force à accepter le fait que LE CONCEPT DE MOT-FORME DOIVE RESTER VAGUE ET GRADUÉ, car telle est la nature des mots-formes. Il ne faut donc pas s'efforcer de toujours chercher une réponse binaire du type «oui/non» à des questions du type «Tel signe est-il un mot-forme, une partie de mot-forme ou un groupe de mots-formes?» Très souvent, seule une réponse floue est possible, mais il n'y a là rien de condamnable : une telle réponse est conforme aux faits.

2.2. Caractère relatif du mot-forme. Nos définitions du mot-forme (définitions I.22 et I.23) sont formulées en termes universels mais leur application exige de prendre en considération les propriétés particulières de chaque langue. Il en est ainsi parce que les concepts d'autonomie (des signes), de ressemblance entre les mots-formes, d'importance des contextes dans lesquels le comportement du signe est étudié, etc., sont foncièrement ancrés dans les propriétés des langues particulières. Nous sommes d'accord avec la thèse connue d'André Martinet : «Il serait vain de chercher à définir plus précisément cette notion de mot [syntagme autonome formé de monèmes non séparables = mot-forme, en nos termes — I.M.] en linguistique générale. On peut tenter de le faire dans le cadre d'une langue donnée» (Martinet 1980 : §4-15).

En bref :

Le concept de mot-forme est gradué et relatif par rapport à une langue donnée.

La situation qui prévaut pour la définition du mot-forme est très typique de la linguistique en général. Un concept important y est souvent défini de façon UNIVERSELLE (pour toutes les langues), GÉNÉRALE (couvrant tous les cas logiquement prévisibles) et RIGOUREUSE. Mais l'application de ce concept à des données linguistiques₁ est compliquée par le caractère expressément vague d'un terme-clé; pour rendre ce terme plus précis, il faut avoir recours à des faits particuliers d'une langue particulière. La définition en question reflète cette double nature du concept : universalité, généralité et rigueur de la formulation d'une part; caractère spécifique et parfois vague de son application d'autre part.

Un exemple remarquable du même genre serait le concept de SUJET GRAMMATICAL. «Sujet grammatical» est la fonction syntaxique (remplie auprès du prédicat verbal) la plus privilégiée dans une langue L — caractéristique universelle et générale; mais le caractère exact des privilèges du sujet dépend de L : c'est l'accord du verbe dans une langue, la position initiale dans la phrase dans une autre, la capacité de contrôler la réflexivisation ou de subordonner des quantificateurs flottants dans une troisième, etc. Tout cela est très spécifique et, dans la plupart des cas, assez vague. (Cf. Mel'čuk 1988a : 160-163 et *passim*.)

*

*   *

Nous terminons ici notre analyse du concept de mot-forme. Reste à voir celui de lexème. Cependant, puisque le concept de lexème s'appuie sur la distinction importante qui sépare les significations lexicales et les significations grammaticales, il nous faudra d'abord éclaircir ces deux concepts. C'est l'objet du prochain chapitre.

REMARQUES BIBLIOGRAPHIQUES

On trouve dans Guthrie 1970 une discussion fort instructive des problèmes liés à la division d'un texte bantou en mots-formes; les mêmes problèmes à propos du japonais sont traités dans Miyaji 1969.

RÉSUMÉ DU CHAPITRE IV

On introduit le concept d'*autonomie* (textuelle) de signes linguistiques[1], en distinguant l'*autonomie forte* (absolue) et l'*autonomie faible* (relative), c'est-à-dire l'autonomie soumise aux trois critères suivants : séparabilité, variabilité distributionnelle et transmutabilité du signe en cause. L'autonomie faible est une propriété floue (ou graduée).

Le mot-forme est défini comme *mot-forme de la parole* (= *mot-forme dans un contexte donné*; mot-forme «relatif») et comme *mot-forme de la langue* (mot-forme «absolu»). On exige, en plus, la cohérence phonologique, morphologique et syntaxique du système de mots-formes dans une langue donnée. Certains cas complexes sont analysés; on formule les propriétés opposant, d'une part, un mot-forme à une partie du mot-forme et d'autre part, un mot-forme à un syntagme[1] (il s'agit de la cohésion phonique, morphologique, syntaxique et sémantique d'un mot-forme).

Pour faire mieux ressortir le concept de mot-forme, on étudie un type dégénéré de mots-formes : le *clitique*, après quoi on offre l'analyse de quelques cas problématiques.

Enfin, on établit quatre types majeurs de mots-formes :
- mots-formes *primaires parfaits*,
- mots-formes *primaires défectifs* (= clitiques),
- mots-formes *secondaires par promotion* (= préfixes séparables, etc.),
- mots-formes *secondaires par rétrogradation* (= amalgames syntaxiques, etc.).

CHAPITRE V

SIGNIFICATIONS GRAMMATICALES COMME UNE SOUS-CLASSE DES SIGNIFICATIONS LINGUISTIQUES₁

Le concept cible de ce chapitre est la *signification flexionnelle*, ou le *grammème* : il est sous-jacent à la définition du lexème (concept à être défini dans la Première partie), et c'est pourquoi nous devons l'introduire ici. Cependant, les significations flexionnelles sont intimement liées aux *significations dérivationnelles*, avec lesquelles elles forment la classe des *significations grammaticales*. (En réalité, cette classe inclut encore les *significations quasi flexionnelles*, ou les *quasi-grammèmes*, que nous passerons maintenant sous silence, pour simplifier la présentation; il en sera question plus loin, au §3 de ce chapitre, 6, p. 302 ssq. Pour le moment, les significations quasi flexionnelles peuvent être confondues avec les significations flexionnelles.) Les significations grammaticales (= flexionnelles et dérivationnelles) occupent une place centrale dans le cadre morphologique, et il est commode d'en traiter dans un même chapitre. Or, les significations grammaticales ne peuvent être caractérisées que par rapport aux *significations lexicales*, ce qui nous force à avoir recours, au début du chapitre, à une comparaison systématique entre significations lexicales et significations grammaticales. (Les significations lexicales dépassent les limites de la morphologie et ne seront pas considérées comme telles.) À la fin du chapitre, nous ébauchons une classification des significations et en distinguons une famille spéciale : les *significations morphologiques grammaticales*, qui font l'objet central de la morphologie₂ et qui, par conséquent, constituent le foyer d'attention dans cet ouvrage.

Le chapitre V s'organise en quatre paragraphes :
§1. Significations lexicales *vs* significations grammaticales.
§2. Significations flexionnelles : grammèmes.
§3. Significations dérivationnelles : dérivatèmes.
§4. Typologie des significations linguistiques₁.

§1

SIGNIFICATIONS LEXICALES
vs SIGNIFICATIONS GRAMMATICALES

Pour aborder l'étude des significations linguistiques[1], il faut d'abord tracer la ligne qui les divise en deux classes majeures : *significations lexicales* et *significations grammaticales*. C'est une division primordiale, pourtant elle est relative par rapport à la langue : une signification qui est lexicale dans une langue peut être grammaticale dans une autre, et vice versa. Par exemple, ʿhabituellementʾ est une signification purement lexicale en français, mais elle est grammaticale en bafia : le français l'exprime par des mots-formes ou des locutions constituées de mots-formes (*habituellement, d'habitude, souvent, en règle générale*, etc.), alors que le bafia possède à cette fin une forme grammaticale du verbe — l'aspect «combiné» habituel : *ŋ̀+kàn +gàʔ* ʿj'écris d'habitude ⟨souvent⟩ʾ, où -**gàʔ** est la marque de l'aspect III ʿindéfiniʾ, qui, réuni avec l'aspect II ʿnon-concentratifʾ, exprimé par l'absence de réduplication[2], signifie ʿhabituelʾ [les symboles «´» et «`» indiquent ici, comme d'ailleurs partout dans le CMG, respectivement, le ton haut et le ton bas; pour les détails de la conjugaison bafia, voir Sixième partie, chapitre IV].

L'opposition «lexical ~ grammatical» est très importante mais aussi très difficile à cerner. La frontière entre les deux types de significations est plutôt estompée, comme c'est souvent le cas dans la langue. Il existe même des significations qui, du point de vue informel, sont à la fois lexicales et grammaticales dans la même langue. Ainsi, le sens ʿcoupʾ en espagnol est une signification lexicale exprimée par le mot-forme **golpe** ʿcoupʾ et en même temps une signification grammaticale exprimée par le suffixe **-azo** ʿcoupʾ (**cuchill+azo** ʿcoup de couteauʾ, **garrot+ azo** ʿcoup de bâtonʾ, **puñet+azo** ʿcoup de poingʾ, etc.).

NB : Nous reviendrons sur la synonymie des moyens lexicaux et des moyens grammaticaux plus loin, au §4 de ce chapitre, **1**, p. 323.

Pour cette raison, nous commençons par une comparaison informelle des deux types de significations; de cette façon, nous préparerons le terrain pour les définitions rigoureuses dans les paragraphes ultérieurs.

Les significations LEXICALES sont caractérisées par les quatre propriétés suivantes :

1. Elles sont universelles en ce sens qu'aucune langue ne peut s'en passer. En plus d'être nécessairement présentes dans chaque langue, elles constituent

la partie vraiment la plus importante du stock des significations : presque 100 pour cent pour toute langue.

2. Elles forment un ensemble ouvert : de nouvelles significations lexicales apparaissent dans la langue ou en disparaissent de jour en jour (à cause, bien sûr, de leur lien direct avec le monde extérieur, voir ci-dessous). Cependant, fait très important, cet afflux n'affecte en rien (ou n'affecte que très peu) la langue.

3. Elles sont plus ou moins directement liées à la réalité extralinguistique. Une signification lexicale correspond, en règle générale, à un phénomène physique ou psychique : objet, être, état, processus, événement, propriété, relation, etc.

4. Elles ne se laissent pas facilement réduire à des systèmes d'oppositions nettes et générales; autrement dit, elles ne sont pas très bien structurées. (Tout de même, il existe une structuration des significations lexicales, mais elle est beaucoup moins stricte et symétrique que ne l'est celle qui organise les significations grammaticales.)

Par contre, les significations GRAMMATICALES sont caractérisées par les quatre propriétés opposées :

1'. Elles ne sont pas universelles en ce sens qu'une langue peut en principe s'en passer. Même là où elles sont présentes, elles sont toujours en minorité : *grosso modo*, 1/10 000 du stock des significations, ou même moins.

Remarque. Nous ne savons pas s'il existe une langue naturelle qui ignore complètement les significations grammaticales, c'est-à-dire les significations flexionnelles et dérivationnelles. Cela semble être le cas du vietnamien, mais le problème est trop compliqué pour être tranché ou même discuté ici. En tout cas, logiquement parlant, rien n'empêche d'imaginer une langue sans aucune signification flexionnelle ou dérivationnelle. (Attention : cela ne veut pas du tout dire qu'une telle langue n'aura pas de grammaire. Une langue L sans significations grammaticales — dans le sens ci-dessus — aura nécessairement une syntaxe, qui manipulera ses mots-formes inchangeables, en les ordonnant dans des suites bien formées. On peut dire qu'en L, la grammaire ne mettra en jeu que des significations lexicales. De plus, L aura des significations syntaxiques, qui sont, strictement parlant, grammaticales. Mais nous en faisons abstraction ici.)

2'. Elles forment un ensemble fermé. Il est très rare que de nouvelles significations grammaticales apparaissent ou disparaissent dans une langue, et quand cela se fait, le processus est très lent. Un tel changement affecte beaucoup la langue. En exagérant légèrement, nous pouvons dire que le changement dans une langue, c'est, avant tout, le changement de ses significations grammaticales.

3'. Elles sont beaucoup moins (et parfois pas du tout) liées à la réalité extralinguistique. Une signification grammaticale porte, en règle générale, sur des significations lexicales, en les classant, en les modifiant ou en les reliant dans le discours. Pour ainsi dire, les significations grammaticales sont des significations de deuxième ordre.

4′. Elles se laissent facilement réduire à des systèmes bien équilibrés d'oppositions très générales; elles sont organisées dans des ensembles rigoureusement structurés et bien évidents. Ainsi, pour tout francophone, ʿplurielʾ forme un système avec ʿsingulierʾ, et ʿ[temps] présentʾ avec ʿimparfaitʾ, ʿpassé simpleʾ, ʿpassé composéʾ et ʿfuturʾ. Il serait pourtant difficile, voire impossible, de postuler un système semblable pour, par exemple, ʿenseignerʾ, ʿcristallinʾ ou ʿviandeʾ.

Pour faire mieux ressortir la différence visée, mettons ces propriétés en vis-à-vis.

Significations lexicales	*vs*	**Significations grammaticales**
1. Sont universelles et toujours majoritaires.		1′. Ne sont pas universelles et sont toujours minoritaires.
2. Forment un ensemble ouvert.		2′. Forment un ensemble fermé.
3. Tendent à être directement liées à la réalité extra-linguistique.		3′. Tendent à n'être liées à la réalité extralinguistique qu'indirectement.
4. Ne sont pas très bien (ou même pas du tout) structurées.		4′. Sont très bien structurées.

Cette comparaison montre que (là où elles existent) les significations grammaticales sont «plus linguistiques₁» que les significations lexicales. Bien que beaucoup moins nombreuses, elles constituent le squelette rigide de la langue qu'elles caractérisent. Dans un certain sens

---

une langue naturelle est déterminée par son système spécifique de significations grammaticales.

Parmi les significations grammaticales, nous pouvons distinguer une sous-classe fort importante : les *significations flexionnelles*, dont il sera question ci-dessous. Elles sont des significations grammaticales PROTOTYPIQUES, ce qui nous permet de centrer la discussion sur les significations flexionnelles.

En effet, quand on parle, les significations lexicales sont librement sélectionnées par le locuteur en fonction de la réalité dont il parle, d'une part, et de ses désirs, inclinations et capacités, d'autre part. Certes, sa langue le limite et l'influence en lui fournissant un inventaire bien déterminé de significations disponibles parmi lesquelles il est forcé de choisir. Mais c'est la seule restriction; par exemple, le locuteur n'est pas obligé de choisir quoi que ce soit (entre autres, il peut rester silencieux).

Les significations grammaticales, au contraire, sont forcément sélectionnées par le sujet parlant en fonction de sa langue, qui lui prescrit, à son tour, des choix en fonction des significations lexicales et des signes correspondants qu'il a choisis auparavant.

Exemples

Imaginons un Français et un Japonais voulant nous décrire une promenade faite ensemble le long des quais. Très librement, les deux peuvent choisir de mentionner (ou de ne pas mentionner) 'bateau'; mais s'ils le choisissent, le Français est obligé — par sa langue! — de faire immédiatement un autre choix : combien de bateaux, un ou plusieurs? En français, il n'est pas possible de rester vague à propos de la quantité d'objets dont on parle; il faut dire soit (1a), soit (1b) :

(1) **a.** *J'ai vu un bateau.*

    b. *J'ai vu des bateaux.*

    c. **J'ai vu bateau.*

C'est parce que les significations 'singulier' et 'pluriel' sont flexionnelles en français. [1]

Mais le Japonais reste libre de dire tout simplement (2) :

(2) japonais

    Hunega   *mieta,*   litt. 'Bateau était-visible';

    bateau-SUBJ   voir-PASSÉ

Cela peut vouloir dire 'un bateau' ou 'des bateaux', les significations du singulier et du pluriel n'étant pas flexionnelles en japonais. Bien sûr, si le Japonais le désire il peut toujours préciser : *Hunega nansoomo mieta,* litt. 'Bateau plusieurs était-visible' ou *Hunega issoo mieta,* litt. 'Bateau un était-visible'; mais s'il précise, il le fait par sa propre volonté et non pas parce que sa langue l'exige. Le contraste avec le français est évident.

Analysons un autre exemple présentant le même problème. Soit quatre phrases (plus ou moins) synonymes dans quatre langues différentes :

(3) **a.** angl. *Yesterday I met an acquaintance.*

    b. russe *Včera ja vstretil odnu znakomuju.*

    c. esp. *Ayer encontré à una conocida.*

    d. vietn. *Hôm qua tôi gặp một người quen.*

Chacune de ces phrases est une bonne traduction des trois autres; c'est-à-dire un Anglais traduisant (3b-d) dira (3a), etc. Toutes les phrases expriment *grosso modo* la même chose : 'Hier j'ai rencontré une connaissance', et contiennent (presque) les cinq mêmes significations lexicales :

'hier'   = 'yesterday', 'včera', 'ayer', 'hôm qua';

'moi'   = 'I', 'ja', 'yo' [subit une ellipse quasi obligatoire], 'tôi';

'rencontrer'   = 'meet', 'vstretit'', 'encontrar', 'gặp';

'un'   = 'a(n)', 'odnu', 'una', 'một';

'connaissance' = 'acquaintance', 'znakomaja', 'conocida', 'người quen'

                                      [= 'personne connue'].

Par contre, les significations flexionnelles dans les phrases (3a-d) sont bien différentes.

La phrase anglaise exprime le passé (dans le verbe), ainsi que les phrases russe et espagnole : les significations du type ʿprésentʾ, ʿpasséʾ, ʿfuturʾ sont flexionnelles dans ces langues, de façon qu'on ne peut utiliser un verbe sans obligatoirement préciser le temps de l'événement signifié. Ce n'est pas le cas du vietnamien : le temps n'y est pas flexionnel, et le verbe *găp* ʿrencontrerʾ ne contient aucune indication temporelle, puisque l'expression adverbiale *hôm qua* ʿjour passéʾ [= ʿhierʾ] exprime clairement le temps de l'événement.

La phrase russe exprime le sexe du locuteur : c'est un homme, et le verbe *vstretil* ʿai-rencontréʾ est mis au genre masculin (opposé à *vstretila*, genre féminin). Le genre du verbe est flexionnel en russe (au passé); par conséquent, le locuteur est forcé de spécifier le sexe du sujet grammatical (si c'est un être sexué), ce qui n'est pas le cas pour les trois autres langues. En plus, le verbe russe impose la spécification du nombre du sujet (*vstretil* est au singulier, opposé au pluriel *vstretili*), et l'espagnol va encore plus loin : il faut spécifier, dans un verbe espagnol fini, le nombre et la personne du sujet (*encontré* est 1sg, opposé à *encontraste* [2sg], *encontró* [3sg], etc.), à tel point que le pronom personnel *yo* ʿjeʾ devient superflu et n'est pas employé, si ce n'est en cas d'emphase (ʿmoi, et non pas un autreʾ). Le verbe anglais et le verbe vietnamien n'admettent pas l'expression du nombre et de la personne du sujet.

Le russe et l'espagnol, dont le nom distingue les genres grammaticaux, spécifient obligatoirement le sexe de la connaissance : c'est une femme (*znakomaja* ʿconnaissance femelleʾ s'oppose à *znakomyj* ʿconnaissance mâleʾ; de même, *conocida* s'oppose à *conocido*). Mais l'anglais et le vietnamien restent vagues à ce sujet.

Enfin, en russe et en espagnol, le mot pour ʿunʾ s'accorde avec le nom en genre et en nombre, qui sont flexionnels pour l'adjectif (en russe, de plus, en cas); il ne change pas en anglais et en vietnamien.

Ainsi, le temps verbal est une signification flexionnelle en anglais, en espagnol et en russe, le genre et le nombre du verbe (au passé), en russe, le nombre et la personne du verbe, en espagnol. (Les sens ʿmâleʾ *vs* ʿfemelleʾ dont l'expression est obligatoire dans le cas de certains noms humains en russe et en espagnol sont des significations dérivationnelles.) En vietnamien, nous ne trouvons pas de significations flexionnelles. (Tout ce qui est dit n'est peut-être vrai que dans les limites de notre exemple.)

Maintenant qu'on s'est fait une idée des significations grammaticales, il est temps d'essayer d'en définir le concept correspondant. En tout premier lieu, il convient de préciser que nos illustrations (1) — (3) ne portent que sur les *significations flexionnelles*. Ce sont ces dernières que nous chercherons d'abord à définir et à analyser (§2), pour ensuite passer à l'autre classe importante des significations : *significations dérivationnelles* (§3). Les significations flexionnelles et les significations dérivationnelles prises ensemble constituent la classe des *significations grammaticales* (définition I.36, p. 323).

Les significations lexicales sont le membre non marqué de l'opposition «lexical ~ grammatical».

(Pour les concepts de *marqué* et *non marqué*, voir Deuxième partie, chapitre I, **2**, 1.)

NOTE

[1] (Exemple (1), p. 258). Néanmoins, on trouve en français des contextes dans lesquels la quantité d'objets n'est pas précisée : par exemple, *C'est quoi comme bateau(x)?*, où il peut s'agir d'un ou de plusieurs bateaux. Cependant, de tels phénomènes ne contredisent pas le caractère obligatoire de l'opposition 'singulier' ~ 'pluriel' en français : ils sont dus au fait que la plupart des noms français privés de déterminant ne distinguent pas le nombre FORMELLEMENT (à l'oral; à l'écrit, la distinction est préservée). Mais SÉMANTIQUEMENT, cette opposition semble être présente; il suffit de prendre un nom de type CHEVAL ou ŒUF pour le voir : *C'est quoi comme **cheval**/**chevaux**?*; *C'est quoi comme **œuf**/œf//**œufs** /ö/?*

§2

SIGNIFICATIONS FLEXIONNELLES : GRAMMÈMES

Nous avons vu que la propriété essentielle des significations flexionnelles considérées au §1 est leur caractère OBLIGATOIRE. Elles sont imposées par la langue dans certaines positions sans aucun égard pour la volonté du locuteur :

Grammatica ars obligatoria
'La grammaire est un art obligatoire'

Ce dicton latin des scolastiques médiévaux sera notre point de départ.

1. Concept de catégorie

Définition I.29 : catégorie

Nous appelons *catégorie* un ensemble maximum de significations qui s'excluent mutuellement dans la même position (sémantique ou logique).

Exemples

(1) La catégorie de la couleur contient, dans une langue quelconque, toutes les significations «coloristiques» exprimables dans cette langue : 'rouge', 'bleu', 'jaune', ... en français.

(2) La catégorie «véhicules», dans une langue quelconque, contient toutes les significations des termes correspondants : 'voiture', 'camion', 'autobus', ... en français.

(3) La catégorie du temps verbal en français contient (selon la grammaire traditionnelle! [1]) dix significations : 'présent', 'imparfait', 'passé simple', 'passé composé', 'plus-que-parfait', 'passé antérieur', 'futur simple', 'futur antérieur', 'futur du passé', 'futur antérieur du passé'; en russe, cette même catégorie ne contient que trois significations : 'présent', 'passé', 'futur'.

(4) La catégorie du genre des adjectifs en français contient deux significations : 'masculin' et 'féminin'; en russe, le genre des adjectifs regroupe trois significations : 'masculin', 'féminin' et 'neutre'.

Commentaires sur la définition I.29

La définition I.29 nécessite trois explications supplémentaires :
– caractère maximal d'une catégorie;
– caractère mutuellement exclusif des éléments d'une catégorie;
– nombre minimal d'éléments dans une catégorie.

1. Une catégorie donnée réunit TOUTES les significations qui s'excluent dans la même position pour des raisons sémantiques. C'est ce que signifie l'attribut *maximum* dans la définition. Par exemple, le masculin et le féminin en russe ne forment pas une catégorie : il y a encore le neutre (voir l'exemple (4), page précédente).

2. Le fait que tous les éléments d'une catégorie s'excluent mutuellement a pour conséquence que, dans des conditions normales, aucune signification linguistique$_1$ ne peut être modifiée en même temps par deux autres significations appartenant à une même catégorie. Par exemple, aucun ‘X’ ne peut être simultanément ‘rouge’ et ‘bleu’ : *‘un bleu X rouge’; aucun nom ne peut être à la fois au singulier et au pluriel, etc. (Les couleurs mixtes ou intermédiaires ne constituent pas un contre-exemple : un X peut bien être vert-jaune ou gris-bleu, mais un X vert ne peut être jaune, ni un X bleu, être gris.)

L'exigence voulant que l'exclusion mutuelle entre les éléments de la même catégorie se produise uniquement dans LA MÊME POSITION (sémantique ou logique) est nécessaire parce que, dans certains cas, des significations des catégories différentes peuvent s'exclure pour des raisons purement linguistiques$_1$ n'ayant rien à voir avec la sémantique ou avec la logique, c'est-à-dire avec le contenu des significations en cause. Par exemple, en russe le pluriel dans l'adjectif exclut le genre (les trois genres ne sont distingués, dans l'adjectif russe, qu'au singulier); mais ce n'est aucunement une exclusion dans la même position : l'adjectif russe a une position pour le nombre et une autre pour le genre. (Notons qu'en français ou en italien, entre autres, l'adjectif distingue les genres au pluriel aussi bien qu'au singulier.) Par conséquent, cette exclusion n'a pas de valeur pour la formation des catégories du nombre et du genre de l'adjectif russe.

3. Une catégorie ne contient jamais MOINS DE DEUX ÉLÉMENTS, puisque les significations d'une catégorie doivent, par définition, s'exclure, et cela exige au moins deux significations opposées.

2. Catégories et significations flexionnelles

2.1. Concept de catégorie flexionnelle. Parmi les catégories, il convient de distinguer, particulièrement dans l'optique de ce livre, une sous-classe fort importante : les catégories flexionnelles. Une catégorie flexionnelle est obligatoire par rapport à une classe donnée de signes d'une langue particulière. Cela veut dire que si le sujet parlant utilise, dans le discours, un signe de cette classe, il est forcé (par la langue) de faire un choix parmi les éléments de la catégorie en question et d'exprimer l'élément choisi auprès du signe qui déclenche le choix — sauf si son expression est bloquée par un choix similaire, mais «plus puissant». Cette réserve est nécessaire à cause de l'incompatibilité de certains éléments des catégories différentes.

Définition I.30 : catégorie flexionnelle

Soit une catégorie **C** comprenant les significations $\langle s_i \rangle$:

$$\mathbf{C} = \{\langle s_1 \rangle, \langle s_2 \rangle, ..., \langle s_n \rangle \mid n \geq 2\}.$$

La catégorie **C** est appelée *catégorie flexionnelle d'une classe* **K** = {**K**ⱼ} *de signes* en **L** si et seulement si les deux conditions suivantes sont simultanément vérifiées :

1. (a) Auprès de tout signe **K**ⱼ, exactement une (et une seule) $\langle s_i \rangle$ est obligatoirement exprimée

et

(b) toute signification $\langle s_i \rangle$ est exprimée obligatoirement auprès d'au moins un signe **K**ⱼ.

2. Les $\langle s_i \rangle$ sont exprimées régulièrement, c'est-à-dire que :

(a) une $\langle s_i \rangle$ est strictement compositionnelle (le résultat de l'union ⊕ d'une $\langle s_i \rangle$ à une $\langle K \rangle$ peut toujours être calculé par une règle relativement générale);

(b) si la classe **K** est numériquement large, alors pour toute $\langle s_i \rangle$, le nombre de signes qui l'expriment est relativement petit et ces signes sont distribués selon des règles relativement générales;

(c) la plupart des $\langle s_i \rangle$ sont exprimées auprès de (presque) tous les signes de la classe **K**.

Comme on peut le voir, les trois exigences de la condition 2 concernent les $\langle s_i \rangle$ sous les trois aspects caractéristiques pour la description des signes : l'aspect sémantique (= le signifié), l'aspect phonique ou formel (= le signifiant) et l'aspect combinatoire (= le syntactique).

Les deux conditions de la définition I.30 explicitent les deux propriétés fondamentales des catégories flexionnelles (qui ont toujours été perçues intuitivement par les linguistes) :

– leur caractère OBLIGATOIRE (la condition 1);

et

– la RÉGULARITÉ relative de leur expression (la condition 2).

Une troisième propriété remarquable des catégories flexionnelles est leur caractère OMNIPRÉSENT : leurs éléments, les grammèmes, sont extrêmement fréquents dans le discours. En effet, prenons, par exemple, le français : chaque nom français exprime obligatoirement un grammème (de nombre), chaque adjectif — trois grammèmes différents (de genre, de nombre et de degré), chaque verbe fini — quatre grammèmes (de mode, de temps, de personne et de nombre). On peut en conclure que la classe **K** de signes, par rapport à laquelle une catégorie flexionnelle se définit, est d'habitude importante. Cela veut dire qu'elle peut être numériquement large, comme dans le cas du nom, de l'adjectif ou du verbe, ou numériquement petite, mais alors ses éléments jouent un rôle spécial en **L**, tels les pronoms personnels clitiques en français, qui sont les seuls à avoir des cas grammaticaux (*je* ~ *me*, *il* ~ *le* ~ *lui*, ...). C'est exact du point de vue factuel, mais logiquement l'omniprésence n'est pas une propriété définitoire de catégorie flexionnelle. On peut s'imaginer une catégorie flexionnelle, disons celle de nombre, qui n'est valable que pour deux ou trois noms, ces derniers distinguant obligatoirement le singulier et le pluriel, alors que tous les autres noms de la langue ignorent cette distinction. En réalité, une telle catégorie est peu vraisemblable, puisqu'elle ne serait pas bien étayée ou motivée sous l'angle sémiotique (pourquoi, effectivement, imposer une distinction obligatoire seulement à trois noms que rien ne réunit?); pourtant, elle n'est pas impossible du point de vue logique. Par conséquent, nous n'avons pas inclus l'exigence que la classe **K** soit importante dans la définition I.30.

On notera que les deux exigences de la condition 1 dans la définition I.30 assurent respectivement que la catégorie en question est suffisante et que chacune de ses significations est nécessaire. Il serait peut-être utile de présenter ci-dessous l'écriture symbolique de la condition 1 (qui est en fait le pivot logique de la définition).

Soit :

$\mathbf{K_j}$ = signe quelconque de la classe distributionnelle **K**;

$e(\text{'}s_i\text{'})$ = marqueur de la signification 's_i';

$\rightarrow$ = «entraîne l'apparition de» (compte tenu de la réserve formulée ci-dessus);

$\nrightarrow$ = «interdit l'apparition de».

Alors la condition 1 s'écrira comme suit :

$$(\forall \mathbf{K_j} \in \mathbf{K})(\exists \text{'}s_i\text{'})[\mathbf{K_j} \rightarrow e(\text{'}s_i\text{'}) \ \& \ \mathbf{K_j} \nrightarrow e(\text{'}s'_i\text{'}) \mid \text{'}s'_i\text{'} \neq \text{'}s_i\text{'}]$$
$$\&$$
$$(\forall \text{'}s_i\text{'})(\exists \mathbf{K_j} \in \mathbf{K})[\mathbf{K_j} \rightarrow e(\text{'}s_i\text{'})]$$

2.2. Concept de grammème. Il nous sera maintenant aisé de définir le concept de *grammème*, pour commenter ensuite la définition I.30, puisque ce concept facilite la formulation des commentaires.

Définition I.31 : grammème

Une signification est appelée *signification flexionnelle*, ou *grammème*, si et seulement si elle appartient à une catégorie flexionnelle.

Le terme *grammème*, très commode grâce à sa forme courte, vient d'un abus de langage. Ce sont surtout les significations des catégories flexionnelles que les linguistes appelaient et appellent toujours *grammaticales*, d'où l'appellation de grammème. Dans ce livre, cependant, le terme *grammatical* DÉSIGNE l'ensemble des significations FLEXIONNELLES ET DÉRIVATIONNELLES; cela nous semble plus naturel du point de vue de l'usage courant et plus commode du point de vue terminologique. Nous proposons, par conséquent, la classification suivante de significations linguistiques$_1$:

Significations linguistiques$_1$		
lexicales	grammaticales	
	flexionnelles (= grammèmes)	dérivationnelles (= dérivatèmes)

Comme on peut le voir, nous retenons le terme *grammème* pour désigner de manière exclusive les significations flexionnelles. Ainsi y a-t-il des significations grammaticales qui ne sont pas des grammèmes, mais des ***dérivatèmes***, voir §3 de ce chapitre, p. 288 ssq. Cf. la définition de signification grammaticale : §4, **1**, définition I.36, p. 323.

Une solution plus logique serait d'introduire un nouveau terme pour les significations flexionnelles et de les appeler, par exemple, des *flexionnèmes*; le terme *grammème* pourrait alors être utilisé pour l'ensemble des significations flexionnelles et dérivationnelles. Pour le moment, nous n'avons pas osé aller à l'encontre d'une tradition bien établie.

Avant de continuer l'exposé, rappelons (voir au tout début du chapitre V, p. 253) que nous avons temporairement exclu de notre considération un troisième type de signification linguistique$_1$, à savoir les ***quasi-grammèmes***, ou les ***significations quasi flexionnelles***. Les quasi-grammèmes sont intermédiaires entre les grammèmes et les dérivatèmes, aussi sera-t-il plus aisé de les définir après l'introduction des dérivatèmes (ce que nous faisons, en effet : voir plus loin, §3, **6**, p. 302 ssq.). À cause de cette omission, le tableau de significations linguistiques$_1$ que nous venons de présenter n'est qu'approximatif. Cependant, étant donné la nature des quasi-grammèmes, le biais que cela crée n'est pas trop grave. Dans la plupart des raisonnements qui suivent, nous pouvons confondre les quasi-grammèmes avec les grammèmes, en considérant les premiers, pour ainsi dire, comme une espèce «dégénérée» des seconds.

2.3. Commentaires sur la définition I.30. La définition I.30, qui joue un rôle primordial dans ce qui suit, appelle des mises au point sur les sept problèmes suivants :
- catégories flexionnelles et classes de signes;
- caractère non global d'une catégorie flexionnelle;
- unicité d'une signification flexionnelle donnée auprès d'un signe donné;
- caractère complet/incomplet des paradigmes grammaticaux;

- expression standard des grammèmes;
- homonymie des grammèmes;
- grammèmes et formes du «même mot».

1. Catégories flexionnelles et classes de signes

Une catégorie flexionnelle caractérise toujours une classe particulière de signes. L'identification même de cette classe dépend du fait que chaque signe qui y appartient exige l'expression d'un grammème de la catégorie à l'étude. Par exemple, un nom russe est obligatoirement caractérisé par les deux catégories flexionnelles suivantes, qui lui sont associées : le nombre et le cas. Quand un locuteur russe choisit un nom, il est forcé d'en choisir le nombre (singulier ou pluriel) et le cas (nominatif, génitif, datif, etc.); aucun nom russe n'échappe à cette procédure.

Remarque. Il existe en russe des noms invariables, du type *kofe* 'café', *rele* 'relais', *depo* 'dépôt', *pal'to* 'manteau', etc., qui n'admettent aucune désinence : aux deux nombres et pour tous les cas ces noms gardent la même forme. Cela ne les empêche cependant pas de posséder les nombres et les cas au niveau de grammèmes, ce qui devient évident, par exemple, à travers les adjectifs accordés : *ètogo kožanogo pal'to* 'de ce manteau de cuir', ou *s ètimi kožanymi pal'to* 'avec ces manteaux de cuir', où *pal'to* est, respectivement, au génitif singulier et à l'instrumental pluriel et impose les grammèmes correspondants aux adjectifs modificateurs.

Le fait qu'une catégorie flexionnelle ne puisse être spécifiée que par rapport à une classe particulière de signes n'empêche aucunement qu'une même catégorie flexionnelle soit applicable à deux classes ou plus de signes, c'est-à-dire qu'elle soit spécifiée par rapport à deux classes ou plus de signes. Ainsi, en hongrois, la catégorie d'appartenance (Deuxième partie, chapitre II, §4, **4.5**, B, 3) recouvre les noms et les postpositions :

(5) hongrois

possesseur		le nom TÜKÖR 'miroir'		la postposition NÉLKÜL 'sans'	
sg	1	*tükr + öm*	'mon miroir'	*nélkül + em*	'sans moi'
	2	*tükr + öd*	'ton miroir'	*nélkül + ed*	'sans toi'
	3	*tükr + e + Ø*	'son miroir'	*nélkül + e + Ø*	'sans lui/elle'
pl	1	*tükr + ünk*	'notre miroir'	*nélkül + ünk*	'sans nous'
	2	*tükr + ötek*	'votre miroir'	*nélkül + etek*	'sans vous'
	3	*tükr + ü + k*	'leur miroir'	*nélkül + ü + k*	'sans eux/elles'

[La division des formes ci-dessus en morphes est expliquée et justifiée dans la Sixième partie, chapitre III, §2.]

De façon similaire, la catégorie flexionnelle de temps recouvre en guarani le verbe et le nom, et en japonais, le verbe et l'adjectif.

2. Caractère non global d'une catégorie flexionnelle

Quand nous disons qu'une signification s_i de la catégorie **C** doit être exprimée auprès de tout signe K_j, cela ne veut aucunement dire que s_i doit être exprimée auprès de TOUTE OCCURRENCE de K_j : il suffit que $^{⸢}s_i^{⸣}$ soit exprimée auprès de certaines occurrences de K_j. Prenons, par exemple, la catégorie de temps verbal en français. Cette catégorie caractérise tous les signes verbaux du français; en d'autres mots, tout verbe français comme tel exprime le temps, en distinguant le présent, l'imparfait, le passé composé, etc. Cependant, il n'en découle pas que toutes les formes d'un verbe français expriment les distinctions temporelles : ainsi, l'infinitif et l'impératif ne distinguent pas le temps. Un autre exemple : tout adjectif russe distingue trois genres (masculin ~ féminin ~ neutre), mais seulement au singulier; au pluriel, les genres ne sont pas distingués (c'est-à-dire que l'adjectif a la même forme avec des noms pluriels des trois genres). Ce phénomène a une explication évidente : l'incompatibilité, dans le même mot-forme, de certaines catégories flexionnelles et/ou de certains grammèmes. Pour en rendre compte, nous avons formulé la précision concernant le sens de l'expression «être exprimé obligatoirement».

La non-globalité des catégories flexionnelles se manifeste aussi dans d'autres phénomènes : l'existence de paradigmes défectifs et de grammèmes partiels, voir plus loin, le point 4, p. 268.

3. Unicité d'une signification flexionnelle donnée auprès d'un signe donné

Puisque les éléments d'une catégorie s'excluent dans la même position sémantique (= auprès du signe donné, voir la définition I.29), un signe de K n'admet l'expression que d'une seule signification $^{⸢}s_i^{⸣}$ de la catégorie C. Cette condition [= 1a] n'entre pas en contradiction avec certains faits linguistiques[1], illustrés en (6) et (7).

On connaît des langues qui possèdent des pluriels doubles ou même triples; tel est, par exemple, le haoussa :

(6) haoussa

dṓkī̀ ʿchevalʾ ~ *dàwā̄kī́* ʿchevauxʾ ~ *dàwā̀kaí* ʿchevauxʾ (pluralisation double : par l'apophonie $\bar{o} \Rightarrow aw\bar{a}$ et le suffixe -*ai*);

gṓnā́ ʿchampʾ ~ *gònā̀kī́* ʿchampsʾ ~ *gònā̀kái* ʿchampsʾ (pluralisation double : par les suffixes -*kī̄* et -*ai*);

dū́tsè̄ ʿpierreʾ ~ *dū́wā̀tsū́* ʿpierresʾ ~ *dū́wàrwátsái* ʿpierresʾ (pluralisation triple : par l'apophonie $\bar{u} \Rightarrow \bar{u}w\bar{a}$, la réduplication[2] $\bar{u}w\bar{a} \Rightarrow \bar{u}warwa$ et le suffixe -*ai*).

[Les symboles «´» et «`» représentent respectivement le ton haut et le ton bas, et «¯», la longueur des voyelles.]

Dans les formes *dàwā̀kaí* ʿchevauxʾ et *gònā̀kái* ʿchampsʾ le grammème ʿplurielʾ semble apparaître deux fois, et dans la forme *dū́wàrwátsái* ʿpierresʾ, trois fois. Selon certaines descriptions du haoussa, cette répétition renforce la pluralisation; pour ainsi dire, le deuxième ʿplurielʾ pluralise le radical déjà pluralisé, et de ce fait implique ʿune (plus) grande quantitéʾ, de sorte que le pluriel ordinaire *dàwā̀kī́* signifie ʿchevauxʾ, mais le pluriel double *dàwā̀kái* signifie ʿbeaucoup de chevauxʾ, et ainsi de suite. [2]

La définition I.30 exige seulement que tout signe de la classse **K** détermine l'expression d'un et d'un seul grammème de la catégorie en question; cela n'entraîne pas que ce grammème doive être exprimé une seule fois. Autrement dit, cette définition n'exclut pas l'expression itérée d'un même grammème auprès d'un même signe. C'est précisément ce phénomène que l'on observe dans les pluriels doubles (= du second degré) ou triples. (Cf. la note 4, chapitre VI, p. 364.)

Un cas plus connu (puisque plus répandu) de la répétition d'une signification flexionnelle est celui des causatifs doubles ou même triples :

(7) **a.** géorgien

duγs ⸢[il] bout [= est en état d'ébullition]⸥

~ a +duγ +eb +s ⸢[il] fait bouillir [qqch]⸥

~ a +duγ +eb +in +eb +s ⸢[il] fait faire bouillir [qqch à qqn]⸥

b. quechua

huañu ⸢mourir⸥

~ huañu +**chi** /či/ ⸢faire mourir⸥ = ⸢tuer⸥

~ huañu +**chi** +**chi** ⸢faire tuer⸥

c. turc osmanli

uju- ⸢dormir⸥

~ uju +**t**- ⸢faire dormir⸥ = ⸢endormir⸥

~ uju +t +**dur**- ⸢faire endormir⸥

~ uju +t +**dur** +**t**- ⸢faire faire endormir [qqn à qqn]⸥ [3]

En revanche, deux grammèmes différents de la même catégorie flexionnelle ne peuvent jamais — par définition — coexister auprès du même signe, en particulier dans un même mot-forme. Si deux grammèmes différents apparaissent côte à côte dans un mot-forme, c'est une preuve suffisante qu'ils appartiennent à deux catégories flexionnelles différentes. Par exemple :

(8) En basque, un nom qui est à un cas quelconque peut être marqué, en plus, par un génitif pour signaler sa dépendance syntaxique vis-à-vis d'un autre nom :

harri ⸢pierre⸥ ~ harri +z /s/ [INSTR] ⸢par pierre⸥ ~

harri +z +ko [INSTR+GÉN] zubi, litt. ⸢de-par-pierre pont⸥ =

⸢un pont de pierre⸥;

eliza /elisa/ ⸢église⸥ ~ eliza+ra [ALL(ATIF)] ⸢à l'église⸥ ~

eliza +ra +ko [ALL+GÉN] bidea, litt. ⸢de-à-l'église chemin⸥ =

⸢un chemin [conduisant] à l'église⸥.

Cela signifie que le basque a DEUX catégories casuelles différentes : CASI, ou cas *sémantique*, qui exprime les sens ajoutés au sens du radical nominal (tels que INSTR ou ALL); et CASII, ou cas *syntaxique*, qui n'exprime que les dépendances syntaxiques entre les mots-formes.

4. Caractère complet/incomplet des paradigmes grammaticaux

La définition I.30 n'exige pas que tout signe de la classe **K** admette (ou se combine avec) tout grammème ⸢s_i⸥ : il suffit que pour tout ⸢s_i⸥, la classe **K** contienne au moins un signe tel qu'il se combine avec cet $^{(}s_i^{)}$. Cette condition [= 1b] rend compte des deux phénomènes linguistiques$_1$.

D'une part, il s'agit des **paradigmes défectifs** : *pluralia/singularia tantum*, *perfectiva/imperfectiva tantum*, etc. Par exemple, des noms anglais comme *scissors* $^{(}$ciseaux$^{)}$ ou *pants* $^{(}$pantalon$^{)}$ n'admettent pas de singulier; d'autres noms anglais n'admettent pas de pluriel : *honesty* $^{(}$honnêteté$^{)}$ ou *meat* $^{(}$viande$^{)}$.[4] Cela n'empêche pourtant pas de postuler en anglais la catégorie flexionnelle du nombre puisque le singulier et le pluriel trouvent tous les deux leur expression auprès des noms anglais. Plus que cela : il existe des noms anglais (en fait, la plupart) qui expriment tant le singulier que le pluriel. C'est le cas le plus fréquent voulant que pour une catégorie flexionnelle donnée de la classe lexicale **K**, il existe des lexèmes dont les lexes expriment toutes les significations de cette catégorie, ou en d'autres termes, des lexèmes à **paradigme complet** par rapport à la catégorie considérée. (Pour les concepts de lexème, de lexe et de paradigme, voir plus loin, chapitre VI.)

D'autre part, il s'agit des grammèmes appelés **partiels**. En effet, la catégorie $\mathbf{C} = \{^{(}s_i^{)}\}$ ne peut pas contenir de grammèmes chômeurs — grammèmes qui ne soient pas employés avec au moins un signe $\mathbf{K_j}$; elle peut, cependant, contenir des grammèmes qui ne s'appliquent qu'à certains $\mathbf{K_j}$, et non pas à tous. Ainsi, en russe, la catégorie flexionnelle de cas contient le grammème de $^{(}$partitif$^{)}$, qui peut caractériser seulement quelques noms masculins au singulier : [*nemnogo*] *supu* / *bul'onu* $^{(}$[un peu de] soupe / bouillon$^{)}$, où les noms SUP et BUL'ON sont au partitif (mais, par exemple, BORŠČ $^{(}$borchte = soupe de betteraves$^{)}$ n'a pas de partitif, et le génitif doit être employé : [*nemnogo*] *boršču / *boršča* $^{(}$[un peu de] borchte$^{)}$; cf. encore [*nemnogo*] *melu* [PART] $^{(}$[un peu de] craie$^{)}$ mais [*nemnogo*] *kamnja* [GÉN] $^{(}$[un peu de] pierre$^{)}$, etc.). Le partitif russe est un cas partiel.

5. Expression standard des grammèmes

L'exigence de caractère complètement compositionnel d'une signification flexionnelle (la condition 2a de la définition I.30) ne présuppose pas son univocité. En effet, ce que nous appelons une signification flexionnelle n'est pas, en règle générale, une signification au sens strict du terme : c'est plutôt une étiquette commode collée à une disjonction (= un faisceau) de véritables significations; cf. ci-dessous, **5.2**, p. 278 ssq. Très souvent, alors, on est obligé de dire qu'une signification flexionnelle est polysémique : elle correspond à plusieurs sens bien distincts. Ainsi, par exemple, le pluriel du nom peut signifier $^{(}$pluralité$^{)}$ ($^{(}$plus d'un$^{)}$), $^{(}$différentes sortes de$^{)}$ (*des vins de la France*) ou une emphase particulière (*des eaux, des neiges*); le présent verbal peut exprimer le véritable présent ($^{(}$maintenant$^{)}$, $^{(}$au moment de cet énoncé$^{)}$), le «présent historique» (*Alors, César attaque les Gaulois …*) ou la panchronie / l'achronie (présent gnomique : *L'eau bout à 100° C*). La tâche de la sémantique morphologique est justement l'étude du contenu sémantique des grammèmes : le grammème donné, est-il vague ou polysémique? si polysémique, quels sont ses sens différents? etc. Mais chaque sens particulier d'un grammème reste parfaitement compositionnel.

Par la condition 2b, la définition I.30 stipule que — dans le cas d'une classe lexicale **K** numériquement large — un grammème $^{\varsigma}s_i^{\varsigma}$ a une expression plus ou moins standard. [5] Cela ne veut pas dire, évidemment, que tout $^{\varsigma}s_i^{\varsigma}$ doive avoir seulement les marqueurs du type standard. Ainsi, dans la catégorie flexionnelle du nombre (nominal) en anglais, les deux grammèmes $^{\varsigma}sg^{\varsigma}$ et $^{\varsigma}pl^{\varsigma}$ possèdent chacun une expression standard : $^{\varsigma}sg^{\varsigma}$ — **-Ø**, $^{\varsigma}pl^{\varsigma}$ — **-s**. Chacun possède également d'autres expressions non standard : $^{\varsigma}sg^{\varsigma}$ — **-us** (*alumnus* $^{\varsigma}$ancien élève$^{\varsigma}$), **-um** (*datum* $^{\varsigma}$donnée$^{\varsigma}$), **-on** (*phenomenon* $^{\varsigma}$phénomène$^{\varsigma}$); $^{\varsigma}pl^{\varsigma}$ — **-i** (*alumni*), **-a** (*data, phenomena*), **-e** (*formulae* $^{\varsigma}$formules$^{\varsigma}$), **-en** (*oxen* $^{\varsigma}$bœufs$^{\varsigma}$, *children* $^{\varsigma}$enfants$^{\varsigma}$) [tout cela hormis des *apophonies* non standard qui expriment le pluriel : *goose* ~ *geese* $^{\varsigma}$oie(s)$^{\varsigma}$, *louse* ~ *lice* $^{\varsigma}$pou(x)$^{\varsigma}$, *woman* ~ *women* $^{\varsigma}$femme(s)$^{\varsigma}$]. On peut se demander s'il ne vaudrait pas mieux exiger une expression standard pour quelques grammèmes $^{\varsigma}s_i^{\varsigma}$ seulement, ou même renoncer à l'exigence d'expressions standard. Cette question ne saurait trouver réponse que sur la base de données empiriques : l'exigence d'expressions standard pour des grammèmes serait inutile, dans la définition I.30, si on avait une langue naturelle possédant, pour une classe **K** numériquement large, une catégorie flexionnelle indiscutable dont aucun grammème n'aurait de marqueur standard. Jusqu'à ce qu'une telle langue soit trouvée, il est plus prudent de garder la condition 2b dans notre définition. [6]

La restriction formulée dans la condition 2b («Si la classe **K** est numériquement large, …») vise de petites classes lexicales fermées, telles que les pronoms ou les verbes auxiliaires, où les grammèmes peuvent manquer d'expressions standard : par exemple, les cas grammaticaux des pronoms personnels anglais — le nominatif et l'oblique — n'ont pas de marqueurs réguliers (**I ~ me, you ~ you, he ~ him, she ~ her, it ~ it, we ~ us, they ~ them**). La même chose est vraie pour les pronoms personnels du français.

Enfin, la condition 2c reflète le caractère universel d'une catégorie flexionnelle — «universel» en ce sens qu'elle couvre tous les signes de la classe **K**, et cela, par la plupart de ses grammèmes. Autrement dit, la condition 1b permet l'existence des grammèmes partiels, alors que la condition 2b exige que de tels grammèmes soient exceptionnels : la plupart des grammèmes d'une catégorie flexionnelle ne peuvent pas être partiels.

Il importe de souligner la particularité suivante de la définition I.30 :

La régularité de l'expression de significations flexionnelles est une caractéristique GRADUÉE (plutôt qu'absolue).

En effet, chacune des trois sous-propriétés mentionnées est graduée : une signification peut être exprimée plus ou moins régulièrement du point de vue sémantique, formel ou combinatoire. Qui plus est, ces trois sous-propriétés peuvent se trouver dans des relations complexes entre elles. Par exemple, une signification qui est sémantiquement toute régulière (= compositionnelle) peut n'être que modérément régulière au niveau combinatoire et irrégulière au niveau formel; ou bien elle peut être formellement toute régulière, combinatoirement assez régulière mais peu régulière sémantiquement; et ainsi de suite. Par conséquent, la régularité sommaire d'une catégorie flexionnelle devrait être déterminée de façon assez compliquée, peut-être en associant des «poids» différents aux sous-propriétés différentes de la régularité. Tout cela, cependant, nous semble plutôt marginal dans le présent contexte. Il nous suffit, pour le moment, que ce caractère gradué, ou quantitatif, de la régularité grammaticale soit reflété dans la définition I.30 par l'emploi délibéré d'expressions telles que «[règle] ASSEZ générale», «numériquement LARGE», «[nombre] RELATIVEMENT petit» et «la PLUPART de». Elles sont suffisamment vagues pour laisser au linguiste la liberté de spécifier, pour chaque cas particulier, ce qu'il entend exactement par ʽgénéralʼ, ʽlargeʼ ou ʽla plupartʼ.

Le caractère gradué de la régularité grammaticale rend gradué le concept même de catégorie flexionnelle et, par conséquent, de grammème. Dans notre optique, une signification (ou une catégorie) peut être PLUS OU MOINS flexionnelle, ce qui correspond mieux, à notre avis, au statut réel de telles significations dans les langues naturelles. Il n'y a pas de ligne de démarcation absolue et infranchissable entre, d'une part, les grammèmes et, d'autre part, les autres significations grammaticales (= quasi-grammèmes et dérivatèmes) et lexicales.

Supposons, par exemple, que la langue **L** possède deux significations obligatoires opposées : ʽavec un bon résultatʼ *vs* ʽavec un mauvais résultatʼ; les deux sont exprimées par des affixes. Supposons encore que les combinaisons de ces deux significations avec les significations lexicales des verbes sont très lexicalisées (= peu compositionnelles) en **L**; les significations elles-mêmes ont beaucoup d'affixes différents distribués de façon capricieuse et imprévisible; et elles ne sont applicables qu'à une vingtaine de verbes. En toute probabilité, on hésitera à appeler ces significations *flexionnelles*. (On les traitera plutôt comme des dérivatèmes et les formations résultantes, comme des dérivés$_2$, voir §3, 7.3, 3, p. 312 ssq.) Mais que se passe-t-il si ces combinaisons sont sémantiquement toujours compositionnelles, le nombre d'affixes relativement petit et leur distribution assez régulière, alors que le nombre de verbes caractérisés est de quelques centaines? Dans ce cas, il n'y a pas de doute : il s'agit d'une catégorie flexionnelle. Maintenant, que fait-on avec tous les cas intermédiaires? Cela illustre bien notre point : la propriété ʽêtre flexionnelleʼ doit principalement être graduée, bien que la plupart des catégories flexionnelles observées soient délimitées de façon assez claire.

6. Homonymie des grammèmes

La définition I.30 n'exige pas que les marqueurs de tous les grammèmes $^{\langle}s_i{}^{\rangle}$ d'une même catégorie **C** soient distincts deux à deux (= non homonymes). Cela signifie que cette définition admet des catégories flexionnelles dont quelques grammèmes sont toujours exprimés par des marqueurs homonymes. Voici un exemple :

(9) En russe, le cas partitif coïncide formellement avec le datif; comparez [*nemnogo*] *peskú* [PART] 'un-peu de-sable' et [*k*] *peskú* [DAT] 'au sable', ou [*Nalej mne*] *čáju* [PART] 'Verse-moi du thé' et [*Èto pridaët*] *čáju* [DAT] [*specifičeskij aromat*] 'Cela donne au thé cet arôme spécifique'.

De cette manière, nous avons en russe un grammème casuel [= 'partitif'] dont le marqueur n'est pas distinct de tous les autres marqueurs casuels.

7. Grammèmes et formes du «même mot»

Grosso modo :

---

les grammèmes distinguent des *formes* du «même mot» (cf. plus loin, chapitre VI, **2.1**, définitions I.42 - 43, p. 346.)

En termes plus précis, soit deux mots-formes w_1 et w_2; leurs signifiés sont représentables, respectivement, comme $^{\langle}X \oplus Y^{1\rangle}$ [= $^{\langle}w_1{}^{\rangle}$] et $^{\langle}X \oplus Y^{2\rangle}$ [= $^{\langle}w_2{}^{\rangle}$]; $^{\langle}Y^{1\rangle} \neq {}^{\langle}Y^{2\rangle}$; $^{\langle}Y^{1\rangle}$ et $^{\langle}Y^{2\rangle}$ sont complètement constitués des grammèmes de la langue en question. Alors w_1 et w_2 appartiennent au même *lexème* (= «sont des formes du même mot»). Par exemple, w_1 = **connaissons**, w_2 = **connut**; 'connaissons' = 'connaître' [= $^{\langle}X^{\rangle}$] $\oplus$ 'présent, indicatif, 1, pl' [= $^{\langle}Y^{1\rangle}$]; 'connut' = 'connaître' [= $^{\langle}X^{\rangle}$] $\oplus$ 'passé simple, indicatif, 3, sg' [= $^{\langle}Y^{2\rangle}$]; 'indicatif', 'présent', 'passé simple', '1re personne', '3e personne', 'singulier' et 'pluriel' étant tous des grammèmes français, les mots-formes **connaissons** et **connut** sont des éléments du même lexème CONNAÎTRE.

Nous utiliserons donc les grammèmes pour décrire les différences sémantiques entre les *lexes* d'un même *lexème* (voir chapitre VI).

Les grammèmes (et les quasi-grammèmes) s'opposent aux dérivatèmes (voir plus loin, §3, **3.3**, p. 289) : les derniers distinguent des lexèmes différents.

3. Deux propriétés importantes des grammèmes

Les significations flexionnelles, c'est-à-dire les grammèmes, manifestent deux propriétés caractéristiques, qu'on fait souvent valoir en en parlant : le caractère abstrait et l'omniprésence.

1. Un grammème est d'habitude TRÈS ABSTRAIT : il concerne la quantité, le temps, les relations syntaxiques entre des mots-formes d'une phrase. Cette propriété découle du fait que le grammème est toujours obligatoire : il

serait bizarre qu'une langue exige de préciser de façon obligatoire, par exemple, le nombre de fenêtres de la pièce dont on parle ou la couleur des cheveux d'une personne. Les grammèmes forment la charpente générale d'un sens complexe à exprimer par une phrase, en déterminant le cadre spacio-temporel, quantitatif, aspectuel, etc., et organisent le message correspondant sur le plan syntaxique.

   2. Un grammème a d'habitude une COMBINATOIRE TRÈS LARGE. Cette propriété découle de son caractère abstrait : grâce à ce dernier, un grammème se combine avec presque n'importe quoi au sein de la classe **K**. Ainsi, en français le nombre grammatical caractérise tous les noms (même ceux dont les référents ne peuvent pas être comptés), et le temps grammatical caractérise tous les verbes. À cause de leur combinatoire exceptionnelle, les grammèmes sont très fréquents dans la parole; c'est pourquoi nous parlons de leur omniprésence.

   Cependant, ces deux propriétés ne sont pas des conditions nécessaires pour qu'une signification soit un grammème :

   • Un grammème très concret viole le principe d'économie linguistique$_1$ mais il ne contredit aucun principe logique et, par conséquent, il peut exister. Effectivement, des grammèmes tout à fait concrets existent, bien qu'ils soient plutôt rares; nous en citons ici un exemple :

   (10)   En nootka (Sapir 1915), le verbe manifeste la catégorie flexionnelle «type de défaut physique de la personne référée en tant que sujet», avec les sept grammèmes suivants [pour chaque grammème nous indiquons le moyen d'expression utilisé] : [7]

ʿnormalʾ	– -**Ø**
ʿtrop grosʾ	– -**aq**^{h}
ʿtrop petitʾ	– -**ʔis** plus palatalisation des sifflantes et des chuintantes [dans la forme verbal; -**ʔis** est un suffixe diminutif]
ʿbigle/borgneʾ	– -**ʔis** plus remplacement des sifflantes et des chuintantes par des occlusives latérales [/s, š/ ⇒ /ɬ/; /c, č/ ⇒ /ƛ/; /cʿ, čʿ/ ⇒ /ƛʾ/]
ʿbossuʾ	– -**ʔis** plus remplacement de /s/ par /š/ et emphatisation de tous les /š/ par avancement de la mâchoire inférieure
ʿboîteuxʾ	– -**ʔis** plus l'élément /ƛš/ inséré dans la forme n'importe où, sauf devant -**ʔis**
ʿgaucherʾ	– -**ʔis** plus l'élément /čhᵃ/ inséré après la première syllabe de la forme verbale

   Ainsi on a :

   c ʿax +sĩƛ + ma^h ʿIl [une personne normale] frappe avec une lance'ʾ;

   c ʿax +sĩƛ + aq^h *+ ma*^{h} ʿIl [une personne trop grosse] frappe avec une lance'ʾ;

   c ʿʿax +s̃ĩƛ +ʔis' +ma^h ʿIl [une personne excessivement petite] frappe avec une lance'ʾ;

λ̓*ax* +ǰiλ +*ʔiḽ* + *ma^h* 'Il [une personne bigle ou borgne] frappe avec une lance'; etc.

[Ici, **cᵉax** est la racine du verbe 'frapper avec une lance'; -šiλ est un suffixe inchoatif et **-ma^h**, suffixe de 3sg du présent de l'indicatif.]

• Un grammème ayant une combinatoire fort restreinte ne contredit pas non plus de principes logiques et de tels grammèmes existent :

(11) En français, les grammèmes des cas — nominatif, accusatif, datif — ne se combinent qu'avec les pronoms personnels clitiques (une dizaine) :

	NOM	ACC	DAT
JE	*je*	*me/moi*	*me/moi*
TU	*tu*	*te/toi*	*te/toi*
IL	*il*	*le*	*lui*
ELLE	*elle*	*la*	*lui*

etc.

Pour cette raison, le caractère abstrait et la combinatoire large des grammèmes ne sont pas inclus dans la définition I.30.

4. Rôle des grammèmes dans une langue

R.O. Jakobson a dit que «la vraie différence entre les langues ne réside pas dans ce qui peut ou ne peut pas être dit mais surtout dans ce qui doit ou ne doit pas être signalé par le locuteur» (Jakobson 1971 : 492). Cette formulation lapidaire fait ressortir la place exceptionnelle occupée par les grammèmes (et les catégories flexionnelles) dans les langues naturelles : le locuteur est obligé de signaler ce que les catégories flexionnelles de sa langue lui prescrivent. Cette situation crée des problèmes de traduction bien connus; nous en citerons trois, en les illustrant par des exemples empruntés à une traduction des Évangiles.

(12) **a.** St-Mathieu, IV:13, dit de Jésus : «Quittant la ville de Nazareth, il vint demeurer à Capharnaüm…» Dans le dialecte de Villa Alta du zapotec, le verbe possède la catégorie flexionnelle «répétition» : chaque événement doit être caractérisé comme arrivant pour la première fois ou étant la répétition d'un événement préalable; c'est-à-dire que dans la phrase ci-dessus il faut absolument distinguer entre 'Jésus vint pour la première fois' et 'Jésus vint encore une fois'. Or le Nouveau Testament ne donne pas de renseignements à ce sujet, et le traducteur n'a pas le droit d'interpréter le texte biblique.

b. Dans St-Jean, IV:12, la bonne Samaritaine dit à Jésus : «Notre père Jacob ... nous a donné ce puits». Dans beaucoup de langues, au lieu d'une seule combinaison de grammèmes ʽ1 plʾ (comme en français ou en anglais) il y en a deux qui s'opposent : ʽ1 pl inclusiveʾ [= ʽnous **et** vousʾ], dans ce cas-ci ʽnous, les Samaritains, et vous, les Juifs, ensembleʾ, *vs* ʽ1 pl exclusiveʾ [= ʽnous, **mais non pas** vousʾ], dans ce cas ʽnous, les Samaritains, à l'exclusion de vous, les Juifsʾ. Le choix grammatical implique ici tout un problème théologique.

c. Dans beaucoup de langues, le verbe indique obligatoirement les relations de révérence entre le locuteur et le destinataire. Dans la traduction biblique, cela entraîne, dans tous les énoncés adressés à Jésus, le choix entre les formes verbales polies, honorifiques ou simples, ce qui exige de décider — à chaque instant! — quel était le statut de Jésus auprès de tel ou tel interlocuteur.

Nous pourrions multiplier les exemples de ce type, mais il n'en est nul besoin; ceux en (12) suffisent largement pour illustrer la thèse suivante :

Les grammèmes sont des significations privilégiées d'une langue; c'est le pivot autour duquel s'organise la description scientifique de la langue.

Le concept de grammème est lié, de façon essentielle, avec celui de *paradigme* : voir chapitre VI, **4**, p. 355 ssq.

5. Particularités sémantiques des grammèmes

5.1. Significations lexicales et grammèmes dans l'énoncé. Nous avons déjà vu que, à la différence des significations lexicales, les grammèmes sont obligatoires, imposés par la langue, sans aucun égard pour la volonté du locuteur. Il en découle leur caractère abstrait (ils expriment des sens très généraux et ont peu de liens directs avec la réalité extralinguistique) et leur omniprésence (ils sont très fréquents dans les énoncés). Cela les rend moins importants du point de vue communicatif mais plus importants du point de vue linguistique[1]. Expliquons-nous :

1. Un grammème attire moins l'attention de l'auditeur et porte beaucoup moins sur le sens donné qu'une signification lexicale. Un sens exprimé par un mot a beaucoup plus de poids pour les sujets parlants que le même sens exprimé par un marqueur flexionnel. En effet, en anglais ou en français, où le nombre des noms est un grammème, nous acceptons facilement que chaque nom soit caractérisé par son nombre (ʽunʾ ou ʽplusieursʾ; plus que ça, nous n'accepterions pas qu'un nom reste sans expression du nombre). Par contre, en chinois ou en vietnamien, où le nombre n'est pas un grammème, on jugerait

l'expression du nombre auprès de chaque nom (par des marqueurs lexicaux, qui existent) comme un pédantisme excessif allant à l'encontre des normes de l'usage. Inversement, en japonais, chaque forme verbale exprime obligatoirement le degré de politesse et de formalité approprié pour le locuteur et pour le destinataire (une dizaine de grammèmes différents); en dehors de ces distinctions, le verbe japonais n'existe même pas. Par contraste, en ajoutant à chaque verbe français ou anglais des mots polis (ou impolis) traduisant notre attitude envers notre interlocuteur, nous rendrions le texte presque (ou tout à fait) indigeste.

2. Si deux significations, $^{\backprime}\sigma^{\prime}$ et $^{\backprime}$non $\sigma^{\prime}$, sont simultanément affirmées à propos du même élément :

(13) $^{\backprime}$X est simultanément σ et non $\sigma^{\prime}$,

l'effet sur l'auditeur sera différent selon que $^{\backprime}\sigma^{\prime}$ est une signification lexicale ou une signification flexionnelle, c'est-à-dire un grammème.

Si les deux significations en conflit sont lexicales, le résultat de (13) sera une contradiction logique; si une des deux significations est un grammème, alors le résultat de (13) sera plutôt une anomalie linguistique$_1$; mais si les deux significations sont des grammèmes, le résultat sera indubitablement une anomalie linguistique$_1$, ou, autrement dit, une agrammaticalité. (Pour une analyse profonde des différences entre une contradiction logique et une anomalie linguistique$_1$, voir Apresjan 1978.)

Exemples

(14) **a.** *J'ai vu trois chevaux au nombre de six.*

    b. **J'irai chez elle hier.*

    c. **Jean m'avait dit alors qu'il ira chez elle.*

La phrase (14a) est absurde : on ne peut pas l'interpréter d'une façon raisonnable, mais linguistiquement$_1$ elle est parfaite; c'est du français grammatical et idiomatique, on ne peut rien corriger. La phrase (14c) est, au contraire, tout à fait compréhensible, mais contient une erreur de français qu'on peut facilement corriger :

    c'. *Jean m'avait dit alors qu'il **irait** chez elle.*

La phrase (14b) rapproche ces deux extrêmes : elle est absurde et, en même temps, grammaticalement mauvaise. On peut essayer de la corriger :

    b'. *Je **suis allé** chez elle hier,*

mais à cause de son absurdité, on ne peut pas être sûr de la correction (on aurait pu tout aussi bien corriger en *J'irai chez elle **demain***). Pour exprimer le sens absurde de (14b) de façon linguistiquement$_1$ irréprochable, on dirait (14b'') :

    b''. *J'irai chez elle le jour qui précède immédiatement le jour d'aujourd'hui* ⟨ou : *... la veille d'aujourd'hui*⟩.

Nous voyons donc que même les significations lexicales et les significations flexionnelles qui sont sémantiquement équivalentes ($\approx$ «synonymes»), ne sont pas égales du point de vue de leur traitement par la langue, et par conséquent, du point de vue de leur perception par les locuteurs.

5.2. Description des significations lexicales et flexionnelles. La différence identifiée entre significations lexicales et significations flexionnelles explique, comme nous le croyons, le fait que dans la tradition linguistique₂, le sens des mots et celui des marqueurs flexionnels étaient et sont toujours décrits de deux façons différentes :

- Le sens d'un mot est décrit par d'autres mots. Le résultat de la description — la définition lexicographique — est en principe substituable au mot défini dans le texte (*salva significatione*). Par exemple, *dérider* = ʿrendre moins soucieux et/ou moins triste (comme si on enlevait les rides du front)ʾ; *Rien ne le déride* = ʿrien ne le rend moins soucieux et/ou moins tristeʾ, etc.

- Le sens d'un marqueur flexionnel est décrit par une étiquette artificielle, qui n'a pas de sens immédiatement évident pour le locuteur naïf et qu'on ne peut pas substituer au marqueur défini. Par exemple, *-ai-* = ʿimparfaitʾ; *Il riait* ≠ *ʿil rit-imparfaitʾ, etc.

Notre attitude par rapport à ladite pratique est la suivante :

– D'une part, dans le cadre de la théorie Sens-Texte, nous exigeons que tout sens, indépendamment de son caractère lexical ou flextionnel, soit décrit de la même façon formelle, c'est-à-dire dans un même langage sémantique. Par conséquent, nous ne devons pas accepter les étiquettes arbitraires du type ʿimparfaitʾ, ʿindicatifʾ, ʿsingulierʾ, etc., en tant que descriptions sémantiques ultimes des grammèmes.

– D'autre part, cependant, nous voyons la différence importante de comportement linguistique₁ entre les significations lexicales et les significations flexionnelles. Par conséquent, nous aimerions retenir la pratique traditionnelle de décrire les grammèmes de façon particulière. Cela nous semble souhaitable d'autant plus que beaucoup de grammèmes (à savoir, les grammèmes syntaxiques; voir plus loin, §4 de ce chapitre, **2**, définition I.39, p. 325) ne sont pas directement liés au sens : ʿmasculinʾ / ʿfémininʾ dans les adjectifs, le nombre et la personne du verbe, etc.

Pour trancher cette contradiction apparente, nous faisons appel au fait que la description des significations peut — et selon nous, doit — être différente au niveau de la sémantique et au niveau de la «grammaire» (= morphologie + syntaxe). Par conséquent, nous postulons pour les significations flexionnelles et, de façon plus générale, pour les significations grammaticales (ainsi que pour les significations lexicales) DEUX NIVEAUX de description :

– Au niveau GRAMMATICAL, c'est-à-dire au sein de la morphologie et de la syntaxe, une signification grammaticale (c'est-à-dire flexionnelle ou dérivationnelle) est représentée par une étiquette arbitraire du genre traditionnel. Cette étiquette est déterminée par la valeur systémique du grammème ou du dérivatème, soit par opposition aux autres grammèmes / dérivatèmes. Une telle représentation suffit à la morphologie (et à la syntaxe), et c'est elle qui figure dans cet ouvrage.

1. Au niveau grammatical, les significations lexicales sont également représentées par des étiquettes arbitraires, habituellement par le nom conventionnel du lexème correspondant. En discutant la conjugaison (ou le régime) du verbe français S'APERCE-VOIR, par exemple, on n'a jamais recours à la description véritablement sémantique de sa signification : il suffit de l'identifier par une étiquette. Donc, cette «comptabilité double» n'est pas exclusivement caractéristique des significations grammaticales; elle caractérise toutes les significations linguistiques₁.

2. Soulignons qu'au niveau grammatical, il serait même illogique d'utiliser les «vraies» descriptions sémantiques des significations (soit grammaticales, soit lexicales). Un grammème comme ⟨pluriel⟩ est exprimé en français indépendamment de l'interprétation sémantique (⟨plus d'un⟩, ⟨diverses sortes de⟩, ⟨la classe de⟩, …), et les accords du verbe ou de l'adjectif se font au pluriel de LA MÊME FAÇON pour n'importe quelle interprétation sémantique de ⟨pluriel⟩. Nous sommes forcé de recourir à des étiquettes intermédiaires (étiquettes grammaticales, noms de lexèmes) par la nature même de la langue.

— Au niveau SÉMANTIQUE, un grammème, un quasi-grammème ou un dérivatème est décrit selon les exigences du langage sémantique unifié, choisi dans le modèle linguistique₁ considéré. En d'autres termes, une étiquette grammaticale est interprétée par un ou plusieurs réseaux sémantiques.

Un grammème, un quasi-grammème ou un dérivatème est alors un faisceau de correspondances entre un ensemble de marqueurs donnés et un ensemble de sens donnés.

Ainsi, le grammème ⟨pluriel⟩ en anglais est une étiquette collée au faisceau suivant de correspondances :

(15) ⟨pluriel⟩

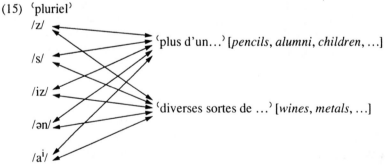

On trouvera un exemple similaire — la description (sémantique au sens strict) du grammème verbal français ⟨présent⟩ — à la page 325 (§4, exemple

(1b)). Pour plus de détails à propos de la description sémantique des grammèmes, voir Apresjan 1980 : 58-66 et surtout Wierzbicka 1980 :185-222 et 1988. Cependant, LA DESCRIPTION STRICTEMENT SÉMANTIQUE DES GRAMMÈMES ET DES DÉRIVATÈMES N'EST PAS DU RESSORT DE CE LIVRE. Nous nous limitons à des descriptions du niveau grammatical, c'est-à-dire aux descriptions ne recourant qu'aux étiquettes traditionnelles. Mais on ne doit pas oublier qu'une telle description n'est suffisante que dans le cadre de la morphologie₂ (et de la syntaxe₂); dans un modèle linguistique₁ complet, comprenant la représentation sémantique, la description du «deuxième ordre» s'impose pour tous les grammèmes et tous les dérivatèmes. Nous croyons que c'est la tâche d'une autre discipline linguistique₂, la sémantique₂, plus précisément, la sémantique morphologique (à la différence de la sémantique lexicale; comparez plus loin, §4, à la fin de la section **5**, p. 334).

6. Deux réserves importantes à propos de l'opposition «grammèmes ∼ significations lexicales»

6.1. Le caractère obligatoire d'un grammème n'est pas absolu. Au §1 et au début du §2 nous avons insisté sur le caractère obligatoire des grammèmes comme propriété définitoire les opposant aux significations lexicales. Cependant, il ne faut pas prendre cette propriété trop littéralement. Il est vrai qu'une langue, par le système de ses catégories flexionnelles, pousse les locuteurs à exprimer certains sens plutôt que d'autres; mais il est aussi vrai que, comme A. Wierzbicka le signale (Wierzbicka 1980 : 60-66), la même langue possède normalement des procédés qui permettent aux locuteurs d'éviter les pressions de la grammaire quand ils le désirent. Deux exemples de Wierzbicka suivent. Ainsi, on ne peut pas dire en français *Marie a enfant(s)* bien qu'on puisse le dire facilement en japonais ou en chinois (où le nombre n'est pas grammatical); pourtant on peut échapper à cette camisole de force grammaticale (qui exige de nous de préciser le nombre d'enfants de Marie) en énonçant *Marie est mère*. On ne peut pas dire en anglais *John has car* dans le sens où John possède un nombre indéfini de voitures (une ou plusieurs), mais on peut créer le vague voulu en disant *John is a car-owner*. Néanmoins, il n'est pas toujours facile, et parfois même peut-être impossible, de circonvenir les exigences grammaticales.

6.2. Le caractère non obligatoire d'une signification lexicale n'est pas absolu. Le caractère optionnel des significations lexicales n'est pas, non plus, absolu. Il est limité (ou violé?) par au moins deux phénomènes universellement reconnus.

1. Découpage différent de la réalité par les significations lexicales

Le lexique de chaque langue découpe la réalité extralinguistique de façon toute particulière, différente de celle des autres langues. Le français distingue

MAIN et BRAS, ainsi que PIED et JAMBE (l'anglais et l'allemand en font autant); le roumain distingue MÎNĂ/mínə/ 'main' et BRAŢ /brác/ 'bras', mais n'a que PICIOR /pičór/ pour 'pied' et 'jambe' ensemble; les langues slaves, finnoises et tibéto-birmaniennes possèdent un seul lexème pour 'main' et 'bras' et un autre pour 'pied' et 'jambe'. La zone du spectre où le russe fait trois divisions : ZELËNYJ 'vert', SINIJ 'bleu foncé', GOLUBOJ 'bleu clair' — est couverte par deux lexèmes français ou anglais : VERT et GREEN *vs* BLEU et BLUE, tandis que le japonais y met une seule étiquette : AOI. La langue australienne nyawaygi a un terme spécial pour 'le soleil bas près de l'horizon [le matin et le soir]' et un autre pour 'le soleil brûlant au zénith'; mais elle n'a pas de lexème pour 'soleil' tout court. L'anglais ne peut pas exprimer facilement 'au fur et à mesure' ou 'se gêner', alors que le français n'a pas de lexème pour exprimer la signification de *fail* ou de *facilities*. Et ainsi de suite. Cette situation a été trop bien décrite à plusieurs reprises pour qu'il vaille la peine de l'analyser ici. (Pour les particularités lexicales du français, le lecteur intéressé peut consulter, par exemple, Malblanc 1961 ou Vinay et Darbelnet 1977.) Ce qui ressort de tout cela, c'est que les significations lexicales, elles aussi, imposent au sujet parlant des choix obligatoires. En russe, on peut dire *On byl ranen v ruku* 'Il a été atteint à la main/au bras' alors que l'anglais ou le français forceront le locuteur à préciser : atteint soit à la main, soit au bras. Pourtant ces choix obligatoires ne sont jamais aussi systématiques ou aussi réguliers que les choix obligatoires parmi les grammèmes. Le choix obligatoire entre *sinij* 'bleu foncé' et *goluboj* 'bleu clair' ne se répète en russe nulle part par ailleurs : il est tout à fait individuel, hors de toute structure organisée; le choix *main* vs *bras* et *pied* vs *jambe* en français ne concerne que les extrémités du corps; etc.

2. Régime de significations lexicales

Une signification lexicale, dans la chaîne syntagmatique, peut exiger une autre signification lexicale, en la rendant, de ce coup, obligatoire. Il s'agit de ce qu'on appelle le **régime** : ainsi, 'attitude' entraîne 'envers' ou 'par rapport'; 'punir' régit 'pour' (avoir fait qqch); 'égal' demande 'à'. Donc 'envers' devient obligatoire dans le contexte de 'attitude', etc. (voir plus loin, §4, la note 2, p. 335). Mais encore une fois, ce phénomène n'a ni la régularité ni le caractère systématique des grammèmes : les significations lexicales qui sont régies le sont de façon plutôt individuelle et disparate. [8]

Les deux déviations signalées du statut optionnel des significations lexicales ne sont donc pas suffisantes pour détruire la barrière qui les sépare des grammèmes. La distinction principale — les grammèmes sont obligatoires, les significations lexicales sont optionnelles — reste. Toutefois, le lecteur doit se rendre compte, une fois de plus, du fait que dans les langues naturelles, les distinctions que nous décidons de tracer sont, le plus souvent, beaucoup plus relatives que nous ne le voudrions.

*
*   *

En conclusion de ce paragraphe, nous voulons attirer l'attention du lecteur sur l'importance primordiale, pour notre exposé, du concept de GRAMMÈME. Ce concept est au coeur de la discussion sur les significations linguistiques₁; il est sous-jacent aux définitions de lexème et de paradigme; c'est sur lui que nous fondons le calcul des catégories flexionnelles dans la Deuxième partie; etc. Pourtant, il est lui-même relatif, en ce sens qu'il est gradué et s'appuie sur des notions quantitatives expressément vagues; les précisions sont à chercher dans les faits des langues particulières. Telle est la nature du langage humain; nous en avons déjà parlé à propos du mot-forme, au §5 du chapitre IV, **2.2**, p. 251.

NOTES

[1] (**1**, exemple (3), p. 261). Nous nous proposons de décrire les formes correspondantes françaises en termes de deux catégories distinctes : le temps absolu (définition II.5) et le temps relatif (définition II.6). Comme résultat, la catégorie de temps absolu en français n'inclut, dans notre description, que quatre significations : présent, imparfait, passé simple et futur simple. Les autres oppositions sont décrites en termes de temps relatif : comme formes d'antériorité et de postériorité.

[2] (**2.3**, 3, exemple (6), p. 267). Dans certaines analyses, le double (ou triple) pluriel haoussa est décrit comme servant à exprimer un seul grammème ʿpluriel²; ce grammème est alors, tout simplement, signalé de façon itérative — par plusieurs marqueurs simultanés, et il n'y a aucune différence sémantique entre un pluriel simple et un pluriel double ou triple : ʿɗàwàkíʾ = ʿɗàwákáiʾ, etc. Si cela est vrai, l'exemple (6) n'est pas valable (?/17 Pourquoi?). Ce problème mérite une recherche supplémentaire. — Remarquons cependant que la langue tchadique miya possède la double pluralisation ayant le sens évident du «pluriel d'abondance»; par exemple :

singulier	pluriel	pluriel double
ʔáfúw ʿ[une] chèvreʾ	čùw ʿ[des] chèvresʾ	čùwàwáw ʿbeaucoup de chèvresʾ
	[forme supplétive]	

[3] (**2.3**, 3, exemple (7), p. 268). Voici encore trois exemples de causatifs doubles :

kachmiri
cun ʿboireʾ ~ *caavun* ʿfaire boireʾ ~ *caavɨnaavun* ʿfaire faire boireʾ;

hongrois
ég ʿbrûlerʾ [intrans; ʿse consumer par le feuʾ] ~ *éget* ʿbrûlerʾ [trans; ʿdétruire par le feuʾ] ~ *égettet* ʿfaire brûlerʾ;

tswana
tlala ʿdevenir pleinʾ ~ *tlatsa* ʿremplirʾ ~ *tladisa* ʿfaire remplirʾ

Ces exemples sont empruntés à Saksena 1982, où plusieurs problèmes des causatifs sont discutés (en particulier, 'causation directe' ~ 'causation indirecte', etc.).

En anticipant, nous pouvons faire remarquer que les causatifs itérés sont plus faciles à former et, de ce fait, sont plus courants que, par exemple, les pluriels ou les passés itérés, et ce, pour une simple raison : les causatifs tendent à être des quasi-grammèmes ou même des dérivatèmes (voir le paragraphe suivant); et ces derniers sont moins contraints du point de vue de l'itération que les véritables grammèmes. (Ce n'est vrai, bien entendu, que dans la mesure où la nature de la signification en question permet l'itération.) Ainsi, parmi les dérivatèmes, on trouve le suivant, qui favorise même l'itération : 'arrière', comme dans 'arrière-grand-père'. Soit la phrase allemande tirée du magazine «Stern» (le 24 février 1983, nᵒ 13, p. 118) :

(i) *Er ist ein **Ur-Ur-Ur-Ur-Ur-Ur-Ur-Ur-Ur-Ur-Ur-**Enkel von Martin Luther* 'Il est arrière-arrière-arrière-arrière-arrière-arrière-arrière-arrière-arrière-arrière-arrière-petit-fils de M.L.';

nous trouvons ici le dérivatème **Ur-** 'arrière-' itéré 11 fois.

[4] (**2.3**, 4, p. 269). En fait, il n'y a pas de parallélisme complet entre le cas de *pants* et celui de *honesty* : le lexème PANTS manque d'un singulier morphologique [= formel] bien qu'il admette un singulier sémantique (*a pair of pants* = 'un pantalon', *pairs of pants* = 'des pantalons'); HONESTY, au contraire, manque d'un pluriel sémantique bien que morphologiquement on puisse en former un pluriel : *honesties* (pour lequel il est même possible de trouver un contexte approprié : *These two different honesties ...* 'Ces deux honnêtetés différentes ...'). Ce problème sera repris plus loin, au chapitre VI, **4.2**, exemple (13), p. 360 et la note 4, p. 364.

[5] (**2.3**, 5, p. 270). Une expression (= un marqueur) de la signification 's' s'appelle *standard* si et seulement si cette expression exprime 's' dans beaucoup de cas où 's' apparaît; c'est-à-dire que l'expression en cause exprime 's' de façon régulière.

[6] (**2.3**, 5, p. 270). Nous citerons ici trois exemples d'un grammème n'ayant pas d'expression standard. Il s'agit du grammème 'pluriel' en haoussa, en kète et en bourouchaski.

 Remarquons que pour sa part, le grammème 'singulier' possède dans ces trois langues une expression standard : suffixe (ou apophonie$_2$) zéro. Par conséquent, la catégorie de nombre en haoussa, en kète et en bourouchaski ne justifierait pas l'omission de l'exigence d'expression standard dans la définition I.30.

(i) En haoussa, le pluriel des noms est formé :
- par plusieurs réduplications$_2$;
- par une dizaine d'apophonies;

– par une vingtaine de suffixes;
– par combinaisons de moyens indiqués.

Nous nous limiterons à quelques noms :

	singulier	pluriel
ʿclubʾ	*kulob*	*kulob-kulob*
ʿcriʾ	*kūkā*	*kōkē-kōkē*
ʿlaquaisʾ	*bara*	*barara*
ʿjambeʾ	*ƙafa*	*ƙafāfa* [ƙ = /kʿ/]
ʿosʾ	*ƙashī*	*ƙasussa*
ʿenfantʾ	*jinjiri*	*jirajir* + *ai* [j = /ʒ/]
ʿvisageʾ	*fuska*	*fusākā, fuskōkī*
ʿintelligence, raisonʾ	*hankalī*	*hankulā*
ʿcheminʾ	*hanya*	*hanyōyī*
ʿgarçonʾ	*yāro*	*yār* + *ā*
ʿbêteʾ	*nāma*	*nām* + *ū*
ʿmoisʾ	*wata*	*wata* + *nnī*
ʿoreilleʾ	*kunnē*	*kunn* + *ūwa*
ʿchienʾ	*karē*	*kar* + *nau*
ʿfeuilleʾ	*ganyē*	*ganyāya* + *kī*

Ajoutons à cela que plusieurs noms possèdent deux ou trois formes plurielles équivalentes (dont le choix est optionnel); par exemple, ʿconseilʾ : singulier *shāwara* ~ pluriel *shāwarwarī, shāwarorī, shāwarca-shāwarce*, etc. On comprend que la formation du pluriel doive être spécifiée pour chaque nom dans le dictionnaire.

(ii) En kète, la variabilité de pluralisation est moindre qu'en haoussa :
– la plupart des noms (93%) forment leur pluriel par le suffixe **-ŋ** ou le suffixe **-n**, avec vocalisations différentes (la distribution de ces suffixes et celles des vocalisations sont morphologiques);
– 7% des noms forment leur pluriel à l'aide d'apophonies segmentales et suprasegmentales différentes. Cf. :

	singulier	pluriel
ʿfilsʾ	*hɨb*	*hɨb* + *aŋ*
ʿpiègeʾ	*kiʔ*	*ki* + *ŋ*
ʿhibouʾ	*hɨʔ*	*hɨk* + *ŋ*
ʿhomme [mâle]ʾ	*hiγ*	*hiγ* + *en, hoʔ* +*n*
ʿclouʾ	*adesʹ*	*adesʹ* + *n*
ʿchienʾ	*tib*	*tab*
ʿmariʾ	*tet*	*tat* + *n*
ʿcrochetʾ	*dup*	*du* + *m*
ʿorignalʾ	*qai*	*qi* + *n*
ʿfleuveʾ	*sesʹ*	*sasʹ*
ʿoeilʾ	*dès*	*dés* + *aŋ*

[Sur une voyelle, « ` » désigne le ton bas, et « ´ », le ton haut]

'homme [être humain]'	*ket*	*deŋ*
'tique'	*atæp*	*atā*

Cependant, cette variabilité est suffisante pour exiger la spécification des formes plurielles dans le dictionnaire.

    (iii)   Le bourouchaski affiche quelque 70 suffixes du pluriel, dont la distribution ne se laisse pas exprimer par des règles générales; cf. les pluriels suivants (les données, du dialecte dè Yasin, ont été vérifiées par Étienne Tiffou) :

	singulier	pluriel	
'roi'	*thám*	*thám*	*+ u*
'pain'	*páqu*	*páqu*	*+ mu*
'dragon'	*aiždahár*	*aiždahár*	*+ išu*
'branche'	*táγ*	*taγ*	*+ ášku*
'pigeon'	*tál*	*tál*	*+ ǯu*
'pierre'	*dán*	*dan*	*+ ǯó*
'ennemi'	*dušmán*	*dušmá*	*+ yu*
'rocher'	*čár*	*čar*	*+ kó*
'chien'	*húk*	*huk*	*+ á*
'loup'	*úrk*	*urk*	*+ á, ūrk +ás*
'homme'	*hir*	*hur*	*+ í*
'démon'	*díu*	*diw*	*+ ánc*
'fleur'	*asqór*	*asqór*	*+ iŋ*
'charrue'	*hárč*	*harč*	*+ óŋ*
'vent'	*tíš̌*	*tiš̌*	*+ míŋ*
'[un] muet'	*γóṭ*	*γoṭ*	*+ ó*
'corps'	*ḍím*	*ḍím*	*+ a*
'corne'	*túr*	*tur*	*+ iáŋ*
'sabre'	*γaté +nč̣*	*γaté*	*+ h*

[le symbole «´» marque l'accent tonique]

Il est clair qu'en bourouchaski, la formation du pluriel doit être également spécifiée dans le dictionnaire.

[7] (**3**, exemple (10), p. 273). Le présent exemple soulève le problème suivant. Les significations citées ci-dessous sont-elles vraiment mutuellement exclusives? Dans la réalité extralinguistique, une personne peut très bien être en même temps grosse, bossue, gauchère — et borgne par dessus le marché! Nous n'avons pas de moyen de savoir si en nootka deux ou plus de ces significations sont compatibles au sein d'un mot-forme verbal. Si oui, alors notre exemple n'est pas bon : dans (10), il ne s'agit pas de grammèmes ni d'une catégorie flexionnelle, mais plutôt d'une famille de dérivatèmes. Cependant, si, comme nous le croyons, la réponse est négative, chacune des significations examinées est conçue par le nootka comme 'LE défaut corporel DOMINANT le physique de la personne'; cela expliquerait leur incompatibilité dans le même mot-forme.

[8] (**6.2**, 2, p. 280). Le fait qu'une signification lexicale puisse régir une autre signification lexicale appelle la mise au point suivante. On a tendance à croire que toute affirmation du type «X régit Y» implique que Y est imposé par la langue ARBITRAIREMENT (en fonction de X); or la signification lexicale Y régie par la signification lexicale X semble être SÉMANTIQUEMENT MOTIVÉE; y a-t-il une contradiction ici? À notre avis, pas du tout. La signification régissante motive un ensemble de significations possibles Y_1, Y_2, ..., Y_n; de ces dernières, un choix unique (plus ou moins) arbitraire est fait, et c'est là la nature du régime. Comme on le voit, la motivation sémantique et l'arbitraire ne s'excluent pas (ce fait est noté et discuté dans Lakoff 1986).

§3

SIGNIFICATIONS DÉRIVATIONNELLES :
DÉRIVATÈMES

1. Généralités

À côté des grammèmes (tels que 'singulier' ~ 'pluriel' ou 'passé' ~ 'présent' ~ 'futur'), on observe dans les langues naturelles des significations de type très différent, par exemple :

- 'celui qui fait X', comme **dans+eur** 'celui qui danse', **march+eur** 'celui qui marche', **expériment+ateur** 'celui qui expérimente', ...
- 'le lieu où l'on fait X professionnellement', comme **boulang+erie** 'le magasin où l'on (fait et) vend des produits de boulanger', **pâtiss +erie** 'le magasin où l'on (fait et) vend des produits de pâtissier', **bouch+erie**, **parfum+erie**, **quincaill+erie**, ...
- 'tel qu'on peut le X-er', comme **mange+able**, **fais+able**, **imagin+able**, **buv+able**, **support+able**, ...

De telles significations peuvent être nombreuses dans une langue, et on ne peut pas mettre en doute leur importance. Ce sont des *dérivatèmes*. Ils ressemblent beaucoup aux grammèmes, et cette ressemblance se fonde, de façon substantielle, sur la ressemblance des MOYENS FORMELS D'EXPRESSION que la langue utilise pour marquer ces deux types de significations. Cependant, les moyens d'expression morphologiques sont discutés beaucoup plus loin, dans la Troisième partie; pour le moment, le lecteur devra donc se contenter de formulations floues faisant mention de similitudes d'expression entre dérivatèmes et grammèmes.

À part leur ressemblance, les dérivatèmes et les grammèmes sont distingués par deux traits importants : à la différence des grammèmes, les dérivatèmes ne sont pas obligatoires (= le locuteur les choisit seulement s'il en a besoin; la langue ne les lui impose jamais) et ils ne possèdent nécessairement pas une expression régulière — au sens de la condition 2 de la définition I.30). En d'autres mots, les dérivatèmes ne satisfont aucune condition de la définition I.30. La seule chose qui les rapproche des grammèmes est, comme nous venons de le dire, la façon dont ils sont exprimés. Ces caractéristiques du dérivatème sont reflétées dans sa définition.

2. Définition I.32 : dérivatème

> Une signification est appelée *signification dérivationnelle*, ou *dérivatème*,
> si et seulement si, sans être flexionnelle (= sans être un grammème), elle
> est exprimée par des signes linguistiques₁ similaires à ceux qui expriment
> les significations flexionnelles [*grosso modo*, par des **moyens morpholo-**
> **giques**, voir Troisième partie, chapitre I, définition III.1].

Par exemple, la diminutivité (= 'petit') n'est pas obligatoire en français, et
elle n'est pas exprimée de façon régulière non plus. Pour un très grand nombre
de noms, le diminutif n'existe pas du tout :

  lit +et, **fenêtr +ette*, **crayonn +et*, **bouteill +ette*, ...;

pour d'autres, il existe formellement, alors que sémantiquement, le tout est
complètement phraséologisé :

  épaul +ettes, *cheval +et*, *broch +ette*, ...

Cependant, là où la forme diminutive existe, tout en gardant le sens diminutif,
l'absence du marqueur diminutif ne signifie point la présence d'une signification opposée à 'petit' : *maisonn +ette* veut dire 'petite maison' et *men +otte*,
'petite main'; mais *maison* ne signifie pas *'grande maison' ou *'maison de
taille moyenne', comme *main* ne signifie aucunement *'grande main' ou quelque chose de semblable. La même chose est vraie à propos de tels diminutifs
comme *chambrette, jardinet, gouttelette, frérot*, etc. En d'autres termes, le sens
du diminutif S'AJOUTE tout simplement à un autre sens, sans remplacer quoi
que ce soit. Il est choisi par le locuteur tout comme l'est un lexème : en fonction
du sens à exprimer, de l'attitude ou du désir du locuteur, etc. La langue, en
l'occurrence le français, en tout cas, ne l'impose pas.

Cependant, la diminutivité est exprimée en français par le même type de
moyen morphologique que les grammèmes : par un *suffixe* (définition V.16,
Cinquième partie, chapitre II, §3). C'est-à-dire que 'petit' est exprimé de façon
similaire à l'expression des significations flexionnelles du français, et c'est
pour cette raison que nous qualifions cette signification de dérivationnelle.
Cette ressemblance d'expression réunit les dérivatèmes et les grammèmes dans
la classe des significations grammaticales.

3. Commentaires sur la définition I.32

La définition I.32 appelle des clarifications concernant les trois points
suivants :
  – dérivatèmes et concept de catégorie;
  – caractère vague de la similitude d'expression;
  – dérivatèmes et différences lexicales.

3.1. Dérivatèmes et concept de catégorie. À la différence de la définition I.31 (= grammème), la définition I.32 ne mentionne pas le concept de catégorie. Tandis qu'un grammème relève d'une catégorie et se définit en tant que

membre d'une catégorie flexionnelle, un dérivatème n'appartient pas forcément à une catégorie quelconque. Par exemple, ʿcelui qui …ʾ (= -eur), ʿde nouveauʾ (= re-) et ʿfaible et déplaisantʾ (= -âtre) en français; ou ʿvraiʾ = ʿtchouktchiʾ (= ləɣi-/ləɣe-) et ʿl'endroit où abondent …ʾ (= lq) en tchouktchi [*ləɣi +kʔeli* ʿ(un) vrai chapeauʾ= ʿ(un) chapeau tchouktchiʾ, *ləɣi +ʔətwʔət* ʿ(un) vrai canotʾ = ʿ(un) canot tchouktchiʾ, …; *wəkwə +lq +ən* ʿ(un) endroit rocheuxʾ, de *wəkwə +n* ʿpierre, rocʾ, *ɣilə +lq +ən* ʿ(un) endroit où il y a beaucoup de glaceʾ, de *ɣil-* ʿglaceʾ, …]. Aucun de ces dérivatèmes ne présuppose — de façon inévitable — un partenaire ou une contrepartie. Ainsi -âtre ʿfaibleʾ ne s'oppose pas en français à un suffixe signifiant ʿfortʾ ou ʿmoyenʾ; pour ləɣi- ʿvraiʾ en tchouktchi il n'y a pas de dérivatème opposé ʿfaux/étrangerʾ; et ainsi de suite. Les grammèmes sont des collectivistes ne fonctionnant que par groupes; un grammème particulier n'existe que comme représentant de son groupe. Les dérivatèmes sont des individualistes accomplis : un dérivatème peut «vivre» seul et ne représenter que lui-même.

NB : Cette dernière affirmation ne doit pas être interprétée comme si les dérivatèmes NE POUVAIENT PAS s'opposer entre eux. Loin de là : très souvent, ils s'opposent, comme, par exemple, le diminutif et l'augmentatif en russe, cf. :

	diminutif	augmentatif
ʿmaisonʾ	*dom* + *ik*	*dom* + *išč*(+ *e*)
ʿchat [mâle]ʾ	*kot* + *ik*	*kot* + *išč*(+ *e*)
ʿmorceauʾ	*kusoč* + *ek*	*kus* + *išč*(+ *e*)

L'opposition de dérivatèmes est typique des langues de spécialités; cf., par exemple, en chimie : *chlor+ate*, *chlor+ide*, *chlor+ure*, etc. Ce qui est important ici, c'est que les dérivatèmes NE DOIVENT PAS NÉCESSAIREMENT s'opposer : à la différence des grammèmes, ils peuvent fonctionner en dehors de toute opposition (bien qu'ils puissent participer à des oppositions, en créant, de ce fait, des catégories dérivationnelles).

3.2.   Caractère vague de la similitude d'expression. La formule [*exprimée …*] *de façon similaire* dans la définition I.32 est vague, mais ce caractère vague est voulu. Les dérivatèmes se situant entre les grammèmes et les significations lexicales, nous croyons qu'il n'y a pas de cloison étanche entre ces deux ensembles de significations, de sorte que les cas intermédiaires abondent. Dans un cas douteux, le linguiste qui fait un choix (en décidant si telle signification est dérivationnelle ou flexionnelle) devra le justifier en précisant la similitude qu'il vise. De cette façon, de nouvelles corrélations seront établies entre diverses significations et divers moyens de leurs expressions.

3.3.   Dérivatèmes et différences lexicales. Par définition,

---

les dérivatèmes distinguent des lexèmes différents.

En termes plus précis, soit deux mots-formes w_1 et w_2; leurs signifiés sont représentables, respectivement, comme ʿX ⊕ Yʾ (= ʿw_1ʾ) et ʿXʾ (= ʿw_2ʾ), où ʿYʾ

est un dérivatème. Alors w_1 et w_2 appartiennent à deux lexèmes différents. Par exemple, w_1 = **connaisseur**, w_2 = **connaître**; ⸢connaisseur⸣ ≈ ⸢connaître [= ⸢X⸣] ⊕ ⸢celui qui…⸣ [= ⸢Y⸣]; **connaisseur** et **connaître** sont donc des éléments [= des *lexes*] de deux lexèmes différents : CONNAISSEUR et CONNAÎTRE.

En ceci, les dérivatèmes s'opposent aux grammèmes (§2 de ce chapitre, **2.3**, 7, p. 272), ces derniers distinguant des formes du même mot, soit des lexes d'un même lexème.

4. Une propriété importante des dérivatèmes : la phraséologisation

Étant donné leur caractère non obligatoire, les dérivatèmes sont beaucoup plus près (que les grammèmes) des significations lexicales. En fait, du point de vue strictement sémantique, les dérivatèmes pourraient trouver place parmi les significations lexicales. Ce qui les distingue, c'est seulement leur mode d'expression. Cette proximité des significations lexicales entraîne la propriété suivante des dérivatèmes (Kiefer 1972) : CAPACITÉ DE SE PHRASÉOLOGISER.

Dans un nombre élevé de ses emplois, un dérivatème quelconque fait partie d'une unité (= d'un radical) phraséologisée.

Soit un dérivatème ⸢d⸣ exprimé par un affixe **-d**, et une signification lexicale ⸢R⸣, exprimée par un radical **R**; le plus souvent, **Rd** aura le sens ⸢Rd′⸣ différent de la «somme» linguistique₁ régulière des significations ⸢R⸣ et ⸢d⸣; symboliquement :

$$\text{⸢Rd′⸣} \neq \text{⸢R⸣} \oplus \text{⸢d⸣}.$$

Habituellement, le produit ⸢Rd′⸣ acquiert une composante sémantique additionnelle :

$$\text{⸢Rd′⸣} = \text{⸢R⸣} \oplus \text{⸢d⸣} \oplus \text{⸢x⸣}, \text{ tel que ⸢x⸣} \cap \text{⸢R⸣} = \Lambda \text{ et ⸢x⸣} \cap \text{⸢d⸣} = \Lambda,$$

où la composante additionnelle est ⸢x⸣, qui est différente de ⸢R⸣ et de ⸢d⸣.

 Ce que nous appelons ici *phraséologisé* s'appelle assez souvent *lexicalisé*; pour nous, ces deux expressions sont absolument synonymes.

Exemples

(1) En suédois, le dérivatème ⸢celui qui…⸣ [= nom d'agent] est exprimé par le suffixe **-are**; or la plupart des noms en **-are** sont phraséologisés :

Verbe	Nom
arbeta ⸢travailler⸣	*arbet + are* ⸢ouvrier⸣ = ⸢travailleur manuel de la grande industrie⸣ [≠ ⸢celui qui travaille⸣]
forska ⸢explorer, étudier, rechercher⸣	*forsk + are* ⸢chercheur⸣ = ⸢professionnel de la recherche scientifique⸣ [≠ ⸢celui qui explore⸣]

lära ʿenseigner⟩   *lär* + *are* ʿinstituteur, maître d'école⟩
                                  [≠ ʿcelui qui enseigne⟩]

Il y a des noms suédois en -*are* qui ne sont pas phraséologisés (*bada* ʿse baigner, nager⟩ ~ *bad* + *are* ʿcelui qui se baigne, qui nage⟩); on peut former de nouveaux noms en - *are*, et ceux-ci seront sémantiquement transparents. Mais ils seront toujours susceptibles de phraséologisation.

Par contre, en règle générale, un grammème (et un quasi-grammème, voir plus bas) ne participe pas à la phraséologisation. On trouve, bien entendu, assez d'exceptions, mais les cas où une forme flexionnelle d'un lexème est phraséologisée sont caractérisés par les trois propriétés suivantes.

Premièrement, ils sont rares : très peu de formes flexionnelles admettent la phraséologisation.

Deuxièmement, ils sont plutôt disparates (= non systématiques) :

(2) **a.** esp. *recibí* ʿun reçu⟩, litt. ʿje-reçus⟩ [1sg du prétérit du verbe *recibir*];
      b. russe *večerom* ʿle soir⟩ = ʿdans la soirée⟩, litt. l'instrumental du singulier de *večer* ʿsoir⟩;
      c. angl. *glasses* ʿlunettes⟩, litt. le pluriel de *glass* ʿvitre⟩;
      d. fr. [*sainte*] *nitouche* [= *n'y touche!*].

Et troisièmement, même là où l'on observe une certaine systématicité de phraséologisation, les formes flexionnelles phraséologisées restent quand même minoritaires et — ce qui est plus important — COEXISTENT toujours avec les formes non phraséologisées de départ, sans les remplacer (ce qui n'est pas normalement le cas pour les dérivés phraséologisés). Ainsi, on a en français beaucoup d'infinitifs et de participes nominalisés, ayant subi une forte phraséologisation : *le boire, le coucher, le dîner, le repentir,*... ou *un vendu, un arrêté, un relevé, un reçu, un raté,* ... Mais de tels lexèmes fonctionnent à côté de formes flexionnelles NON PHRASÉOLOGISÉES *boire, coucher, dîner*, etc. (alors que, par exemple, le dérivé suédois LÄRARE ʿinstituteur⟩ n'a pas de lexème correspondant non phraséologisé signifiant ʿcelui qui enseigne⟩).

Remarque. Cependant, comme c'est très souvent le cas dans les langues naturelles, la tendance à la phraséologisation, qui oppose les dérivatèmes aux grammèmes, n'est pas absolue : dans certaines langues, la phraséologisation des formes flexionnelles est assez répandue. Il s'agit surtout des langues dites polysynthétiques, dont des langues amérindiennes et australiennes. Considérons des exemples tirés du mayali, langue australienne de la famille gunwinyguan, Arnhem Land (les données et l'analyse viennent de Nick Evans, que nous remercions cordialement). En mayali, de nombreuses formes verbales, munies de tous les affixes conjugationnels, se phraséologisent en tant que noms. Par exemple :

(3) mayali
      a. *ŋan*   + *boṇa*   + *ŋ*
      3SG.SUJ-1SG.OBJ voir.l'âme.   PASSÉ.PERF
                              de.qqn.avant.
                              qu'il.soit.né

peut vouloir dire deux choses :
1) ʿIl a vu mon âme avant que je sois néʾ;
2) ʿmon pèreʾ [surtout mon père physique, mais aussi certaines personnes appartenant au clan de mon père].

b. *gabani*   + *na*   + *r*   + *en*
3DU.SUJ.NON-PASSÉ   faire.   RÉCIPR   NON-PASSÉ
                    de.l'œil
1) ʿEux deux se font de l'œilʾ;
2) ʿdeux amoureux / amantsʾ.

c. *ga*   + *ruŋ* + *yibme*   + Ø
3SG.SUJ.NON- PASSÉ   soleil   descendre   NON-PASSÉ
1) ʿLe soleil se coucheʾ;
2) ʿle coucher [du soleil]ʾ.

d. *ba*   + *rowe* + *ŋ*
3SG.SUJ.PASSÉ   mourir   PASSÉ.PERF
1) ʿIl ⟨Elle⟩ mourutʾ;
2) ʿ(les) funéraillesʾ.

e. *ga*   + *bo*   + *yo*   + Ø
3SG.SUJ.NON-PASSÉ   liquide   coucher   NON-PASSÉ
1) Litt. ʿIl liquido-coucheʾ ≈ ʿIl y a du liquide qui est làʾ;
2) ʿ(une) étendue d'eauʾ [un lac, une mare, un étang, …].

Prises dans le sens 2, toutes ces formes sont de vrais noms. Ils admettent des adjectifs modificateurs, auxquels ils imposent l'accord en classe nominale, ils prennent des préfixes locatifs, ils ne participent pas à la concordance des temps, etc. :

f. *ba* + *rowe* + *ŋ*   **na**   + *gimuk* ʿde grandes funéraillesʾ
funérailles   MASC   grand
[*baroweŋ* est, comme on le voit, un nom masculin]

gu   + *ba* + *rowe* + *ŋ*   ʿaux funéraillesʾ
LOC   funérailles

a   + *m*   + *wam*   *ga* + *ruŋ* +*yibme* +Ø
1SG.SUJ   DIRECTIF   aller.PASSÉ.PERF   coucher.du.soleil
ʿJe suis arrivé au coucher du soleilʾ,
et non
a + *m* + *wam* **ba** + **ruŋ** + *yibme* + *ŋ*, où la forme en caractères gras est au passé, ce qui est exigé par la concordance des temps, obligatoire pour les verbes mayali; cette dernière phrase signifie ʿJe suis arrivé quand le soleil s'est couchéʾ.

Le nombre de telles formations (= formes verbales phraséologisées en tant que noms) en mayali est de quelques centaines. Cependant, elles ne sont pas complètement productives ou tout à fait régulières. Soumises à des contraintes dans plusieurs de leurs aspects syntaxiques et morphologiques et sémantiquement idiomatiques, ces formes sont de vrais phrasèmes morphologiques.

Néanmoins, comme nous le voyons, l'interprétation littérale (= non-phraséologisée) de ces formes reste possible la plupart du temps. (Mais pas toujours : par exemple, la forme verbale

na	+ *ŋuni*	+ *ʔ*	+ *yo*	+ *Ø*

MASC   2DU.SUJ.NON-PASSÉ   ACTUEL   coucher   NON-PASSÉ,

qui pourrait signifier aussi ⟨Vous deux avec lui [= toi avec lui] couchez actuellement⟩ ne signifie en réalité que ⟨ton mari⟩ : elle s'est complètement phraséologisée.) De nombreuses formes flexionnelles du mayali se phraséologisent (= se lexicalisent) donc tout en retenant leur sens «littéral», ce qui est très typique des formes flexionnelles en général. (Nous verrons d'autres exemples du même type dans la Quatrième partie, chapitre II, lors de la discussion des parties du discours.)

La capacité des dérivés de se phraséologiser permet de trancher certains cas problèmes. Par exemple, on a beaucoup discuté les degrés de comparaison (de l'adjectif) : la signification du comparatif et celle du superlatif sont-elles des grammèmes ou des dérivatèmes? Ou, exprimé autrement : est-ce que le comparatif et le superlatif d'un adjectif sont des formes du même lexème adjectival ou bien appartiennent-ils à des lexèmes différents? Pour l'anglais, par exemple, la première réponse signifie que TALL = {**tall**, **taller**, **tallest**}, et la deuxième donne trois lexèmes différents TALL, TALLER, TALLEST. Les degrés de comparaison ne sont pas connus comme admettant la phraséologisation : on n'a jamais cité une langue où la plupart (ou, au moins, un grand nombre) des formes de comparaison soient phraséologisées. [1] Par conséquent, selon nous, ⟨comparatif⟩ (= ⟨plus que⟩) et ⟨superlatif⟩ (= ⟨le plus…⟩) sont des grammèmes; les formes de comparaison d'un adjectif appartiennent donc au même lexème que la forme dite positive.

5. Comparaison entre les dérivatèmes et les grammèmes

5.1. Les sept propriétés des dérivatèmes. Les dérivatèmes possèdent une série de propriétés qui les distinguent des grammèmes et qu'on évoque souvent dans des tentatives de définition. Pourtant ces propriétés ne sont pas des conditions nécessaires pour qu'une signification soit un dérivatème : pour chacune des propriétés on peut citer un (ou même plusieurs) dérivatème(s) qui la viole(nt). Mais EN MOYENNE ces propriétés sont vraies : pour tous les dérivatèmes pris ensemble et pour tous les grammèmes pris ensemble, elles sont distinctives. Par conséquent, nous allons les citer ici en indiquant en même temps les dérivatèmes qui les contredisent.

1. Caractère concret

Un dérivatème est d'habitude assez CONCRET, ou au moins, plus concret qu'un grammème de la même langue : ⟨le lieu où on X-e⟩, ⟨l'instrument pour X-er⟩, …, ⟨un coup de X⟩, ⟨la langue du peuple X⟩, etc. Cela n'exclut pas, pourtant, des dérivatèmes très abstraits — tels que des dérivatèmes purement syntaxiques (noms déverbatifs, adjectifs dénominatifs, adverbes déadjectivatifs).

2. Combinatoire plutôt restreinte

Un dérivatème a d'habitude une combinatoire PLUTÔT RESTREINTE (ce qui découle de son caractère concret : il est évident que le sens ⟨langue du peuple X⟩ ne peut se combiner qu'avec la désignation d'un peuple et le sens ⟨habitant de X⟩, qu'avec la désignation d'un pays ou d'une agglomération). Mais on trouve, en même temps, des dérivatèmes ayant des sens plus abstraits (voir *supra*) et par conséquent une combinatoire assez large; tel est, par exemple, le cas du diminutif : le sens ⟨petit (et plaisant)⟩ peut être combiné — du point de vue purement sémantique — avec n'importe quel nom désignant un objet physique. Cependant, même dans des cas semblables, la combinatoire d'un dérivatème tend à être plus capricieuse; elle est souvent restreinte par des particularités formelles de la racine ou juste par l'usage.

3. Expressions non standard

Un dérivatème peut avoir beaucoup d'EXPRESSIONS NON STANDARD à distribution peu logique.

(4) Ainsi, en espagnol le nom d'habitant d'un lieu donné se forme à l'aide des suffixes suivants : **-aco** (*austriaco*, de *Austria*), **-ano** (*toledano*, de *Toledo*), **-enco** (*ibicenco*, de *Ibiza*), **-ense** (*almeriense*, de *Almería*), **-eño** (*madrileño*, de *Madrid*), -**és** (*leonés*, de *León*), -**í** (*tetuaní*, de *Tetuán*), **-ino** (*alicantino*, de *Alicante*), -**ita** (*estagirita*, de *Estagira*) plus encore quelques-uns, d'usage rare.

Le dérivatème ⟨celui qui est originaire de X⟩ en espagnol a, comme on le voit, une douzaine de marqueurs dont la distribution reflète un usage historique plutôt que des régularités synchroniques. Une telle variété d'expressions n'est pas propre à un grammème.

Cependant, un dérivatème n'ayant que des expressions standard est tout à fait habituel. Par exemple :

(5) En turc, le dérivatème ⟨la langue du peuple X⟩ est exprimé par un seul marqueur [dont les quatre variantes observées — **-ca**/ʒa/, **-ce**, -**ça**/ča/, -**çe** — sont conditionnées par la structure phonémique de la racine] :

Fransiz ⟨français⟩	∼	**fransizca** ⟨le français⟩ [la langue]
Fin ⟨finnois⟩	∼	**fince** ⟨le finnois⟩
Rus ⟨russe⟩	∼	**rusça** ⟨le russe⟩
Türk ⟨turc⟩	∼	**türkçe** ⟨le turc⟩

| ? | Formulez la règle de distribution des quatre suffixes dérivationnels turcs |
| 18 | précités. |

4. Liens avec la syntaxe

Un dérivatème n'est habituellement pas LIÉ À LA SYNTAXE, ou, en d'autres termes, les dérivatèmes ne sont pas, le plus souvent, impliqués dans le jeu complexe des relations entre les mots-formes d'une phrase. Cette situation se traduit, dans une description linguistique$_2$, par le fait que généralement une règle syntaxique ne mentionne pas de dérivatème (Chomsky 1970; Anderson 1982 : 587 ssq.).

Ainsi, nous ne connaissons pas de langue qui possède une règle du type suivant :

«Lorsqu'un adjectif modifie un nom formé à l'aide du suffixe dérivationnel **-eur**, cet adjectif doit lui-même être muni d'un suffixe spécial, par exemple, aussi du suffixe **-eur**; de façon qu'on aie *vendeur serviableur, coureurs rapideurs*, etc.» (l'exemple de F. Dell).

Autrement dit, les dérivatèmes ne sont pas utilisés dans des règles d'accord ou de régime, ce qui est, par contre, très typique des grammèmes.

Pourtant, certains dérivatèmes figurent dans des règles syntaxiques : ce sont, par exemple, les dérivés syntaxiques tels que les nominalisations, les adjectivations, etc., imposées par le régime du mot-forme gouverneur. D'autre part, on trouve des grammèmes qui échappent aux règles syntaxiques : disons les degrés de comparaison des adjectifs, qui n'imposent pas d'accord ni ne sont eux-mêmes imposés par des règles d'accord ou de régime, ou les temps du verbe dans une langue qui ignore la concordance de temps.

5. Amalgame avec significations lexicales

Un dérivatème peut facilement être amalgamé avec une signification lexicale, de sorte que le tout est exprimé par la racine, morphologiquement indivisible (Aronoff 1976 : 2-3, surtout la note 2).

(6) En anglais, on a :

a. *baker* ʽboulangerʼ	**b.** *chef* ʽchef [de cuisine]ʼ
packer ʽemballeurʼ	*smith* ʽforgeronʼ
painter ʽpeintreʼ	*mechanic* ʽmécanicienʼ
hunter ʽchasseurʼ	*surgeon* ʽchirurgienʼ

Le dérivatème ʽcelui qui …ʼ, exprimé dans la colonne **a** par le suffixe **-er**, est amalgamé dans la colonne **b** avec le contenu sémantique de la racine; l'anglais n'a pas de verbe qui corresponde morphologiquement aux noms de (6b).

Tout de même, un tel amalgame est aussi possible pour les grammèmes :

(7) **a.** En anglais, **sheep** signifie ʽmouton, sg/plʼ, puisqu'on peut dire *My sheep is …* ʽMon mouton est…ʼ ou *My sheep are …* ʽMes moutons sont…ʼ

b. Dans les langues slaves, les grammèmes de l'aspect — ʿperfectifʾ et ʿimperfectifʾ — sont très souvent amalgamés au contenu sémantique de la racine verbale; ainsi en bulgare on a :

pokáž(+*a*) signifie ʿmontrer, perfectifʾ [l'imperfectif en est formé par suffixation : *pokáz* +*v*(-*am*)];

lov(+*já*) signifie ʿsaisir, imperfectifʾ [le perfectif en est formé par préfixation : *za* +*lov*(-*já*)].

D'autre part, certains dérivatèmes ne sont jamais amalgamés de la façon indiquée. Il en est ainsi en turc, par exemple, pour le dérivatème ʿla langue du peuple X' (voir (5) ci-dessus) : aucun nom turc simple, morphologiquement indivisible, ne signifie ʿla langue d'un tel peuple'; tous les noms de langues contiennent le suffixe **-ca**.

6. Position plus près de la racine

Un dérivatème se trouve d'habitude exprimé PLUS PRÈS DE LA RACINE qu'un grammème : ainsi on a en anglais *formal* +*ize* +*d* ʿformal+is+a' plutôt que *formal +*ed* +*ize*, *pack* +*er* +*s* ʿemball+eur+s' plutôt que *pack +*s* +*er*, en espagnol *mes* +*ita* +*s* ʿ[de] petites tables' ⟨*mesa +*s* +*ita*⟩, etc.

Il existe pourtant des exceptions :

(8) **a.** En allemand, on a *Kind* +*er* +*chen* ʿ[de] petits enfants',

où **Kind** = ʿenfant',

-er = ʿpluriel' [un grammème],

et **-chen** = ʿdiminutif' [un dérivatème]. [2]

b. En zoque, on a *ka?* +*yah* +*u* +*wa* +*?s* ʿdes personnes mortes',

où **ka?** = ʿmourir' [un verbe],

-yah = ʿpluriel du sujet' [un grammème],

-u- = ʿpassé' [un grammème; **ka?yahu** = ʿils sont morts']],

-wa- = ʿcelui/ceux qui…' [un dérivatème : nominalisation],

-?s = ʿgénitif' [un grammème].

c. En espagnol, on a *heroic* +*a*+*mente* ʿhéroïquement',

où **-a-** = ʿféminin' [un grammème], et **-mente** est le suffixe des adverbes déadjectivaux [un dérivatème]. (Voir chapitre IV, §4, **1**, exemple (1), p. 235.)

d. En russe, on a *rabota* +*et* +*sja* ≈ ʿle travail va… [bien /mal,…]',

où **rabota-** = ʿtravailler',

-et = ʿ3sg au présent' [un grammème],

-sja est le suffixe réfléchi qui forme, à partir d'un verbe, un autre verbe signifiant ʿle procès de … va …' [un dérivatème].

e. En hongrois, on a *kedves* +*ebb* +*en* ʿde façon plus gentille/plaisante',

où **kedves** = ʿgentil/plaisant',

-ebb = ʿcomparatif' [un grammème],

-en est le suffixe des adverbes déadjectivaux [un dérivatème].

f. En totonac, on a *ki +li +lā̄ +paški+qu +t* ⸢mon besoin de les aimer réciproquement⸣,

où **paški** = ⸢aimer⸣,

-qu = ⸢objet de la 3ᵉ personne du pluriel⸣ [un grammème],

lā̄- = ⸢de façon réciproque⸣ [un dérivatème],

li+...+t = ⸢nécessité/besoin de...⸣ [un dérivatème],

ki- = ⸢1ʳᵉ personne du singulier⸣ [un grammème].

Les cas cités en (8b)-(8f) sont courants dans chacune des langues mentionnées.

7. Modification de la partie de discours

Un dérivatème modifie souvent la partie du discours du radical auquel il vient se greffer : ainsi, on a en français *chant+eur* [nom] de *chant+er* [verbe], *apt+itude* [nom] de *apte* [adjectif], *baign +ade* [nom] de (*se*) *baign+er* [verbe], *puniss+able* [adjectif] de *pun+ir* [verbe], *chin+ois* [adjectif] de *Chine* [nom], *sensibil+is +er* [verbe] de *sensible* [adjectif], etc. Par contraste, un grammème typique (nombre et cas nominaux; temps, mode et voix ainsi que personne et nombre verbaux; nombre, genre et cas adjectivaux; etc.) ne modifie pas la partie du discours de départ.

Cela n'est vrai, bien sûr, que très sommairement. En effet, d'une part des grammèmes comme ⸢participe⸣ ou ⸢gérondif⸣ modifient la partie du discours du lexème de départ. (On peut même se demander — et on le fait assez souvent — si l'infinitif est la même partie du discours que le verbe fini; la même question se pose à propos des degrés de comparaison.) Pourtant, nous sommes convaincu que les participes ou les gérondifs d'un verbe, ainsi que ses infinitifs, sont des formes d'un même lexème. D'autre part, des dérivatèmes évidents comme ⸢de nouveau⸣ (**re-**), ⸢par lui-même⸣ (**auto-**) ou ⸢petit et plaisant⸣ (diminutif), sans parler des modes d'action et d'autres formations verbales (du type *tir +aill*(+*er*), *écriv+ass*(+*er*), *crach+ot*(+*er*), etc.) ne modifient pas la partie du discours de départ.

Néanmoins, la plupart des grammèmes n'ont pas d'impact sur la partie du discours du lexème fléchi, tandis que la modification de la partie du discours est caractéristique des dérivatèmes; il est très probable que la plupart des dérivatèmes entraînent une telle modification.

Les grammèmes sont caractérisés par sept propriétés opposées (1′-7′). Le lecteur peut les formuler lui-même en tant qu'exercice; nous allons les considérer vis-à-vis des dérivatèmes énumérés ci-dessus.

Dérivatèmes	**Grammèmes**
tendent à :	
1. être concrets;	1′. être abstraits;
2. avoir une combinatoire plutôt restreinte;	2′. avoir une combinatoire plutôt large;

3. avoir des expressions non standard;	3′. avoir des expressions standard;
4. rester en dehors des règles syntaxiques;	4′. figurer dans des règles syntaxiques;
5. admettre l'amalgame avec des significations lexicales;	5′. éviter l'amalgame avec des significations lexicales;
6. être exprimés plus près de la racine que les grammèmes;	6′. être exprimés plus loin de la racine que les dérivatèmes;
7. changer la partie du discours du radical de départ.	7′. ne pas changer la partie du discours du radical de départ.

Aucune de ces sept propriétés, prise toute seule, ne caractérise univoquement les dérivatèmes. Mais considérées comme un faisceau, ces propriétés nous aident à tracer une ligne de démarcation entre dérivatèmes et grammèmes. Il est vrai que pour chaque propriété nous trouvons des contre-exemples; cependant, ces contre-exemples constituent des exceptions, des cas particuliers limités à des contextes fort spécifiques, etc.

Il importe de souligner que les propriétés énumérées opposant grammèmes et dérivatèmes découlent, d'une façon ou d'une autre, d'une seule propriété pivot, de nature purement sémantique, qui caractérise les grammèmes *vs* les dérivatèmes du point de vue de leur sens. Nous ne sommes pas en mesure de cerner cette propriété de très près; cependant, étant donné son importance, nous essaierons de la formuler, ne serait-ce qu'en ébauche.

Propriété sémantique sous-jacente à l'opposition
«grammème ~ dérivatème»

Soit une signification grammaticale $'\sigma'$ et une signification lexicale $'L'$ telle que $'\sigma'$ porte sur $'L'$; alors :

Moins la signification $'\sigma'$ change le contenu du concept qui correspond à $'L'$, plus elle tend à être flexionnelle, c'est-à-dire un grammème. Vice versa, plus $'\sigma'$ change le concept associé à $'L'$, plus elle tend à être dérivationnelle, c'est-à-dire un dérivatème.

Nous ne voyons pas clairement comment mesurer le degré avec lequel $'\sigma'$ change le contenu du concept associé à $'L'$; nous aurons recours à des exemples. Ainsi, $'chevaux'$, c'est tout simplement $'cheval'$ pris plusieurs fois; mais un $'petit cheval'$ ou un $'gros cheval'$ n'est pas un $'cheval'$ tout court : ici, le concept visé change. Par conséquent, toute chose égale par ailleurs, le nombre grammatical tend à être flexionnel, alors que le diminutif / l'augmentatif, au contraire, tendent à être dérivationnels. $'Louise lit Bonjour, tristesse'$ décrit la même situation, indépendamment du fait qu'elle soit considérée au présent ou bien projetée dans le passé ou le futur, ainsi que $'Bonjour, tristesse est lu par Louise'$: les mêmes actants, la même action; en règle générale, le temps verbal et la voix sont des catégories flexionnelles. Par contraste, $'commencer à lire'$, 'compléter la lecture', 'lire par à-coups', etc., ou même 'avoir lu pendant un certain temps' impliquent un léger changement dans la situation : les actants sont les mêmes, mais l'action change. Le sens comme 'faire lire à ⟨par⟩ qqn' change la situation davantage, en y ajoutant un actant. De ce fait, l'aspect, les modes d'action et surtout le causatif tendent à être dérivationnels.

Nous ne voulons pas dire que le diminutif, l'aspect ou le causatif sont toujours des dérivatèmes; loin de là. Selon la langue, ils peuvent bien être (et très souvent sont) des grammèmes appartenant indubitablement à des catégories flexionnelles. Nous affirmons seulement que les significations grammaticales qui changent sensiblement le concept lexical qualifié ont plus de chances, *ceteris paribus*, d'être dérivationnelles. Le temps verbal gravite vers la flexion, l'aspect et le causatif, vers la dérivation; cependant, les particularités d'une langue donnée peuvent assurer à l'aspect et/ou au causatif le statut de grammèmes.

5.2. L'opposition «grammème ~ dérivatème» en linguistique. Dans le traitement de l'opposition «grammème ~ dérivatème» en linguistique, nous pouvons observer deux attitudes opposées :

– Certains considèrent la différence entre grammèmes et dérivatèmes comme un véritable abîme («le changement de mots n'a rien à voir avec la formation de mots») et excluent la dérivation de la morphologie. Pour eux, la morphologie à proprement parler ne concerne que la flexion.

– D'autres ne voient aucune différence sérieuse entre grammèmes et dérivatèmes et insistent sur l'abolition de cette distinction (par exemple, Singh and Ford 1980). Ils évoquent l'absence d'une cloison étanche entre les deux et signalent surtout les processus diachroniques jouant dans les deux sens : «grammème» ⇒ «dérivatème» et «dérivatème» ⇒ «grammème».

Notre position est quelque part à mi-chemin entre ces deux extrêmes. D'une part, nous voyons une différence importante entre grammèmes et dérivatèmes et, respectivement, entre les mécanismes linguistiques$_1$ qui les traitent : *flexion* et *dérivation* (voir Sixième partie, chapitre I, §4). En traçant la distinction entre flexion et dérivation, nous suivons la formulation lapidaire de Marc Terence Varro, grammairien romain, qui distinguait deux systèmes de *declinatio* :

declinatio naturalis (selon la nature de la langue) = flexion, c'est-à-dire l'expression des grammèmes; et

declinatio voluntaris (selon la volonté du locuteur) = dérivation, c'est-à-dire l'expression des dérivatèmes.

La flexion est obligatoire : il n'est pas possible de parler une langue correctement sans avoir recours à ses grammèmes. Par contre, la dérivation n'est pas obligatoire, et le locuteur d'une langue peut s'en passer; le résultat peut être une langue sensiblement appauvrie mais quand même correcte. Étant donné cette différence, nous voulons maintenir la distinction «grammème»/«dérivatème».

D'autre part, flexion et dérivation, comme nous l'avons déjà dit, se ressemblent beaucoup du côté formel : les dérivatèmes sont même définis en fonction de ressemblances d'expression avec les grammèmes; les procédés expressifs employés par une langue (affixes, modifications$_2$, conversions$_2$) sont les mêmes dans les deux domaines. Par conséquent, flexion et dérivation doivent être considérées en parallèle au sein de la morphologie$_2$, bien qu'elles en occupent des sections différentes. Plus concrètement, les règles flexionnelles et les règles dérivationnelles, quelle que soit l'interprétation exacte de ces deux expressions, font ensemble partie de la composante morphologique du modèle linguistique. La tâche commune des deux types de règles, comme on l'a déjà dit, est d'assurer les correspondances entre les représentations morphologiques profondes des mots-formes et leurs représentations phonologiques (Introduction, chapitre II, **3**, p. 71 ssq.). Pourtant, à l'intérieur de la composante morphologique, les règles flexionnelles et les règles dérivationnelles sont données en deux blocs séparés — surtout pour les raisons d'homogénéité et de standardisation maximale.

Les deux types mentionnés de règles morphologiques seront repris plus bas, dans la Sixième partie (chapitre I, §3 et §4), lors de la description de la structure générale des modèles morphologiques. Pour le moment, il suffit d'ajouter les deux remarques suivantes :

• Les règles morphologiques ne sont pas ordonnées, et l'ordre de leur application est déterminé par un mécanisme spécial (qui ne fait pas l'objet de notre étude) selon les exigences de la représentation de départ (Sixième partie, chapitre I, §3). Par conséquent, la séparation des règles flexionnelles et dérivationnelles au sein de la composante morphologique n'empêche pas qu'elles soient appliquées l'une après l'autre, quel que soit l'ordre qui pourrait s'avérer nécessaire. En d'autres mots, on peut avoir, par exemple, la suite :

$$R(\text{ègle})_i^{\text{DÉR}} + R_j^{\text{FLEX}} + R_k^{\text{DÉR}} + R_l^{\text{FLEX}} + \ldots$$

• Comme nous le verrons tout à l'heure, la dérivation inclut une partie «passive», qui s'occupe de la description interne des lexèmes consignés dans le dictionnaire (plus loin, **7.2**, 2, p. 307). Cette partie de la dérivation n'est pas, naturellement, un dispositif productif et elle n'appartient pas à la composante morphologique du modèle Sens-Texte. Ce n'est qu'un ensemble d'indications qui portent sur la structure de certains lexèmes emmagasinés et qui leur sont associées dans le dictionnaire. (À propos de cette hétérogénéité de la dérivation, voir la fin de la section **7.2**, p. 309.)

5.3. Reflets de l'opposition «grammème ~ dérivatème» dans les langues. Il importe de signaler que, au moins dans certains cas, on trouve des phénomènes linguistiques$_1$ sensibles à la différence entre flexion et dérivation.

Sans nous plonger dans ce problème extrêmement intéressant, nous en donnerons trois exemples.

   (9) **a.** En français (style soutenu), les suites de trois consonnes de la forme

$$/C_1C_2r/$$

ne sont possibles à la frontière d'un radical se terminant par /-C_1C_2/
que si le /r/ en question appartient à un suffixe flexionnel ('futur' ou
'conditionnel'); si, par contre, /r/ fait partie d'un suffixe dérivationnel (par exemple, **-rie**), c'est seulement la suite :

$$/C_1C_2ər/$$

qui est admise :

    [*ils*] *forgeront* /fɔržrɔ̃/ ou /fɔržərɔ̃/ ~ [*le*] *forgeron* /fɔržərɔ̃/, mais
non */fɔržrɔ̃/;

    [*ils*] *garderaient* /gardrɛ/ ou /gardərɛ/ ~ [*la*] *garderie* /gardəri/,
mais non */gardri/;

    [*ils*] *flagorneront* /flagɔrnrɔ̃/ ou /flagɔrnərɔ̃/ ~ [*la*] *flagornerie* /fla-
gɔrnəri/, mais non */flagɔrnri/;

    [*ils*] *conforteraient* /kɔ̃fɔrtrɛ/ ou /kɔ̃fɔrtərɛ/ ~ [*la*] *forteresse* /fɔrt-
ərɛs/, mais non */fɔrtrɛs/

    (Dell 1978 et Morin 1984).

   b. En anglais, seuls les suffixes non dérivationnels peuvent avoir un
signifiant constitué d'une seule consonne : /z/ ~ /s/ ['pluriel nominal'; '3sg présent verbal'; 'possessif']; /d/ ~ /t/ ['passé'; 'participe
passé']; /n/ ['participe passé']. (Pour le possessif, voir les détails
plus loin, **6**, exemple (10c), p. 302.)

   c. Dans le nom russe, les suffixes flexionnels qui provoquent la palatalisation obligatoire de la dernière consonne du radical n'entraînent jamais l'alternance /k′/ ⇒ /č/, /x′/ ⇒ /š/, ou /g′/ ⇒ /ž/, tandis
que les suffixes dérivationnels palatalisants le font presque toujours
(à quelques exceptions près). Comparez :

   /múx+a/ 'mouche, SG.NOM' ~ /múx′+e/ 'idem, SG.DAT'
⟨*/múš+e/⟩ ~ /múx′+i/ 'mouches, PL.NOM' ⟨*/múš+i/⟩;

mais :

   /múx+a/ ~ /muš+éncija/ 'mouche,   péjoratif' ⟨*/mux′+éncija/⟩ ~
/muš+íšča/ 'mouche énorme' ⟨*/mux′+íšča/⟩;

   /kn′íg+a/ 'livre, SG.NOM' ~ /kn′íg′+e/ 'idem, SG.DAT'
⟨*/kn′íž+e/⟩ ~ /kn′íg′+i/ 'livres, PL.NOM' ⟨*/kn′íž+i/⟩;

mais :

   /kn′íg+a/ ~ /kn′iž+éncija/ 'livre, péjoratif' ⟨*/kn′íg′+éncija/⟩
~ /kn′íž+išča/ 'livre énorme' ⟨*/kn′íg′+išča/⟩. [3]

   5.4. Hiérarchie «dérivatèmes > grammèmes». Étant donné que les
dérivatèmes sont plus proches des significations lexicales que les grammèmes,
ils sont aussi plus universels, en ce sens qu'un nombre considérable de langues

n'ont pas de grammèmes (= pas de flexion), mais qu'il n'y en a probablement pas sans dérivatèmes (= sans dérivation). Ce que nous venons d'énoncer, c'est un des fameux universaux linguistiques de J. Greenberg (1963 : 73), à savoir Universal n° 29 :

Si une langue possède la flexion, elle possède nécessairement la dérivation aussi.

(L'inverse n'est pas vrai, bien sûr.) Dans quelle mesure cette thèse est valable reste un problème empirique, encore ouvert.

6. Cas intermédiaire important : quasi-grammème

Comme nous l'avons remarqué à plusieurs reprises, les grammèmes et les dérivatèmes ne sont pas délimités de façon absolue. Un des cas intermédiaires est spécialement important et mérite d'être mentionné.

Il existe des significations qui sont exprimées de façon régulière, mais qui ne sont pas obligatoires; n'engendrant pas de catégorie flexionnelle, elles devraient donc être considérées comme dérivatèmes, si ce n'était pour leur régularité. Pour le reste, elles possèdent plutôt les propriétés des grammèmes : elles sont abstraites, manifestent une combinatoire illimitée ou au moins très large, ont des expressions standard, figurent dans les règles syntaxiques, et ne sont jamais (ou presque jamais) amalgamées avec les significations lexicales; il y en a qui sont exprimées plus loin de la racine que certains grammèmes. Plus important encore, elles ne se laissent pas phraséologiser, c'est-à-dire qu'elles sont strictement compositionnelles. En voici trois exemples.

(10) **a.** En hongrois, la signification ⸢pouvoir⸥ est exprimée par le suffixe **-hat-/-het-**, qui peut apparaître avec n'importe quelle forme de n'importe quel verbe :

Olvas+om ez a könyvet, litt. ⸢Je-lis ce le livre⸥ ~
*Olvas+**hat** +om ez a könyvet*, litt. ⸢Je-peux-lire ce le livre⸥;

olvas+ni ez a könyvet, litt. ⸢lire ce le livre⸥ ~
*olvas+**hat** +ni ez a könyvet*, litt. ⸢pouvoir-lire ce le livre⸥; etc.

b. En japonais, la signification ⸢vouloir⸥ est exprimée par le suffixe **-tai**, qui s'ajoute à tout verbe ⸢X⸥ en le transformant en adjectif ⸢voulant-X⸥ :

ik +u   ⸢aller⸥ ~ *ik +i*   +***tai*** ⸢voulant-aller⸥
mi +ru   ⸢voir⸥   ~ *mi*   +***tai*** ⸢voulant-voir⸥
nom +u   ⸢boire⸥ ~ *nom +i+**tai*** ⸢voulant-boire⸥

c. En anglais, le suffixe possessif **-s** n'est pas obligatoire : il ne s'oppose pas à d'autres désinences et n'a pas le statut de marqueur de cas grammatical. La ⸢possessivité⸥ en anglais ressemble plutôt à un dérivatème, mais ce serait un dérivatème très abstrait, ayant une expression standard, figurant dans les règles syntaxiques (il marque une construction syntaxique particulière du nom), non susceptible d'amalgame avec des significations lexicales (voir *supra*, **5.1**, 5) et dont le marqueur suit celui du grammème de nombre : *childr +en+'s, ox +en+'s*. En plus, le signifiant du -s possessif est constitué d'une seule consonne, ce qui n'est pas typique des dérivatèmes anglais (l'exemple (9b) *supra*), et, finalement, cet -s ne se phraséologise (presque) pas. [4]

Nous proposons d'appeler les significations grammaticales du type illustré *quasi flexionnelles*, ou des *quasi-grammèmes*.

Formulons la définition.

Définition I.33 : quasi-grammème

Une signification est appelée *signification quasi flexionnelle*, ou *quasi-grammème*, si et seulement si, sans être un grammème, elle ressemble suffisamment aux grammèmes et est exprimée de façon régulière [tout comme un grammème].

En comparant le quasi-grammème au grammème d'une part et au dérivatème d'autre part, nous pouvons dire la chose suivante : le grammème satisfait les conditions 1 (caractère obligatoire) et 2 (régularité d'expression) de la définition I.30, le quasi-grammème ne satisfait que la condition 2, et le dérivatème ne doit satisfaire aucune. En même temps, un quasi-grammème est sémantiquement tout à fait comme un grammème, sauf qu'il n'est pas obligatoire; un dérivatème est sémantiquement différent des grammèmes et des quasi-grammèmes, mais il est exprimé, dans la langue en question, de façon similaire aux grammèmes et aux quasi-grammèmes.

Les quasi-grammèmes sont très répandus dans les langues du monde et mériteraient une discussion plus approfondie. Cependant, étant donné qu'ils ne sont pas du tout étudiés sous l'angle qui nous intéresse et que des données positives nous manquent, nous nous voyons obligé de renoncer à les traiter dans ce livre de façon sérieuse. Nous nous limitons tout simplement à signaler leur existence en espérant que le lecteur se souviendra des quasi-grammèmes lorsqu'il réfléchit sur un cas limite dans le domaine des significations grammaticales.

Dans ce qui suit (par exemple, dans la typologie des significations, etc.), les quasi-grammèmes sont confondus avec les grammèmes (partout où cela ne mène pas à des contradictions). Ainsi, tout comme les grammèmes, les quasi-grammèmes distinguent les lexes d'un lexème (= «les formes d'un même mot»), ils font partie de la flexion, etc.

7. La place spéciale de la dérivation au sein de la morphologie linguistique[1]

7.1. Flexion et dérivation : comparaison préalable. Après avoir traité des grammèmes et des dérivatèmes, nous devons considérer la question des MÉCANISMES linguistiques[1] qui les mettent en œuvre : *flexion* et *dérivation*.

La flexion et la dérivation font partie, toutes les deux, de la composante morphologique de la langue.

La FLEXION est un mécanisme dont la vocation est l'expression des grammèmes et des quasi-grammèmes. Ce mécanisme dispose d'un répertoire de signes dont les signifiés sont des grammèmes ou des quasi-grammèmes et de l'ensemble des règles de toute sorte qui réunissent les signes grammaticaux et les signes lexicaux.

La DÉRIVATION, elle, est un mécanisme dont la vocation est l'expression des dérivatèmes. Il dispose des signes dont les signifiés sont des dérivatèmes et des règles correspondantes : un parallélisme, semble-t-il, parfait avec la flexion. Pourtant l'apparence est trompeuse, puisque deux différences importantes se manifestent entre les deux mécanismes, de façon qu'il est peut-être plus approprié de parler ici du contraste plutôt que du parallélisme.

• La flexion opère exclusivement sur le plan synchronique et produit de NOUVELLES formes : nouvelles en ce sens qu'elles ne sont préalablement stockées en entier nulle part dans la langue. La dérivation opère nécessairement, au moins pour une grande partie de cas, sur le plan diachronique; vue synchroniquement, elle ne produit très souvent rien de nouveau au sens ci-dessus, mais décrit plutôt les formes DÉJÀ FAITES, stockées en entier dans le dictionnaire.

• En ce qui a trait à la flexion, il est toujours facile (grâce à son caractère obligatoire) de savoir si une forme donnée est ou n'est pas fléchie. Par contraste, il n'apparaît pas toujours clairement si une forme donnée est dérivée ou simple. Même quand il est aisé de reconnaître son statut dérivé, il peut être difficile de décider à partir de quoi elle est dérivée. Ainsi se pose la question de la PRÉSENCE de la dérivation dans certains cas particuliers, et par surcroît, la question de la DIRECTION de cette dérivation. Ce n'est presque jamais le cas pour la flexion.

Nous allons considérer ces deux différences primordiales entre flexion et dérivation à tour de rôle.

7.2. Caractère totalement constructif de la flexion *vs* caractère partiellement descriptif de la dérivation. Comme nous le disions tout à l'heure, la flexion opère «ici» et «maintenant», de façon régulière et automatique, alors que ce n'est pas le cas de la dérivation.

Soit une signification lexicale 'L', exprimée par le signe :
$$\mathbf{L} = \langle \text{'L'}; L; \Sigma_L \rangle;$$
un grammème 'g' se joint à 'L'. Alors dans n'importe quelle langue, la flexion garantit le choix — suivant LES RÈGLES GÉNÉRALES — du signe :
$$\mathbf{g} = \langle \text{'g'}; g; \Sigma_g \rangle$$
tel qu'il forme avec L un signe complexe L⊕g — une expression correcte qui ne doit pas être (et n'est pas) emmagasinée comme un tout dans la «mémoire» du système linguistique₁. Cette expression est construite sur place par le locuteur, quel que soit **L**, à partir des éléments préstockés. Un sujet, même non francophone de naissance, n'hésitera pas à former la première personne du

pluriel du subjonctif au présent du verbe SHUNTER (emprunté à l'anglais) ⸀monter en dérivation [dispositifs électriques]⸀ malgré le fait qu'il puisse entendre ce verbe pour la première fois et qu'il en ignore peut-être le sens. Similairement, un russe répondra, sans beaucoup réfléchir, par **šuntirujuščimi** à la demande de construire le participe présent actif à l'instrumental du pluriel du verbe ŠUNTIROVAT′ (l'équivalent de SHUNTER), même s'il ignore ce mot.

La flexion ne fait donc qu'une seule chose : dans le processus actuel de communication langagière, elle fabrique des formes grammaticales qui ne sont pas inscrites dans le dictionnaire comme telles, et elle le fait de façon régulière (TÂCHE CONSTRUCTIVE).

La flexion est par conséquent HOMOGÈNE en ce sens qu'elle n'a qu'une seule tâche à remplir.

Comme toujours dans la langue, il existe, bien sûr, des exceptions : d'une part, des formes flexionnelles qui, par un caprice de l'usage, ne peuvent pas être fabriquées (par exemple, 1-3pl de l'indicatif présent de FRIRE : *frions, *friez, *frient), d'autre part, des formes grammaticales construites de façon plus ou moins irrégulière et qui doivent, pour cette raison, être spécifiées dans le dictionnaire, c'est-à-dire emmagasinées (par exemple, 1sg du présent et du futur de l'indicatif de ALLER : **vais**, **irai**; ou le pluriel irrégulier unique **children** en anglais). Mais il n'en reste pas moins que les formes flexionnelles, même celles qui sont irrégulières du point de vue de leur signifiant, sont toujours tout à fait régulières et transparentes dans leur signifié. (Rappelons que la phraséologisation sémantique n'est pas typique des grammèmes : voir **4** plus haut, p. 291.) De plus, et ceci est encore plus significatif, les irrégularités dans la flexion sont habituellement peu nombreuses et jamais systématiques : ce sont de vraies exceptions, ce qui n'est aucunement le cas de la dérivation, comme nous allons le voir tout de suite.

À la différence de la flexion, la dérivation est HÉTÉROGÈNE : elle est appelée à mener à bien deux tâches de nature très différente.

1. Tâche constructive

D'une part, la dérivation fait quelque chose de semblable à la flexion : elle fabrique de nouveaux lexèmes qui ne sont pas placés (= stockés) dans le dictionnaire et que l'on n'a pas besoin d'y placer puisque le lexème fabriqué est totalement représentable en termes des signes qui le composent (et qui, eux, sont stockés dans le dictionnaire). Soit, comme ci-dessus, une signification lexicale ⟨L⟩, à laquelle on veut ajouter le dérivatème ⟨d⟩. Alors la dérivation assure le choix du signe **d** = ⟨⟨d⟩; *d*; Σ_d⟩ pour produire le lexème dérivé **L⊕d**. Par exemple, si un locuteur français, resp. russe, veut donner un nom à l'action de ⟨shunter⟩, il dira fr. SHUNTAGE / russe ŠUNTIROVANIE — tout comme il le fait pour les formes grammaticales. Nous ne croyons pas qu'il faille mettre les lexèmes SHUNTAGE / ŠUNTIROVANIE dans le dictionnaire français ou russe, en tout cas, pas comme une entrée séparée (il suffit d'indiquer, sous le verbe, le suffixe utilisé pour dériver le nom d'action, en assurant ainsi un choix correct entre les possibilités théoriques *SHUNTEMENT, *SHUNTA-TION, …). Un autre exemple est le dérivatème ⟨la langue du peuple X⟩ en turc osmanli (**5.1**, 3, exemple (5), p. 294) : il est exprimé de façon régulière avec n'importe quel nom de peuple.

Deux complications viennent cependant brouiller ce tableau idyllique.

1) Dans beaucoup de cas (et cela, dans plusieurs langues), il n'est pas possible de formuler des règles générales pour l'expression des dérivatèmes. Prenons quelques adjectifs français et les noms de propriété correspondants :

(11)

correct	~ [sa] **correction**,	mais	**exact**	~ [son] **exactitude**;
doux	~ [sa] **douceur**,	mais	**mou**	~ [sa] **mollesse**;
méchant	~ [sa] **méchanceté**,	mais	**attrayant**	~ [son] **attrait**;
généreux	~ [sa] **générosité**,	mais	**heureux**	~ [son] **bonheur**;
fidèle	~ [sa] **fidélité**,	mais	**naturel**	~ [son] (caractère) **naturel**.

L'irrégularité de cette corrélation est évidente. Cela entraîne la nécessité d'indiquer DANS LE DICTIONNAIRE, pour chaque adjectif français, la façon dont est formé le nom de la propriété correspondante.

2) Dans d'autres cas, peut-être encore plus nombreux, à côté de **L**, lexème dérivé transparent, c'est-à-dire représentable en termes des signes le constituant, apparaissent des lexèmes ayant le même signifiant mais un signifié phraséologisé — des lexèmes **L′**, **L″**, …, quasi représentables dans leur signifiant et faisant partie du même *vocable* que **L**. Les lexèmes **L′**, **L″**, … doivent figurer dans le dictionnaire, ce qui entraîne automatiquement le stockage de **L** dans le dictionnaire.

(12) En russe, PTIČKAI ⟨[un] oiseau petit et plaisant⟩ est un diminutif «idéal» (tout à fait régulier) de PTICA ⟨oiseau⟩; mais PTIČKAII ⟨coche de la forme rappelant celle d'un petit oiseau⟩ [= √] ne peut pas être complètement décrit en termes de **ptic-**, le suffixe diminutif **-k-** et l'alternance /c/ ⟹ /č/ : sa signification est phraséologisée. Donc PTIČKAII doit figurer dans le dictionnaire; par conséquent, PTIČ-KAI y est aussi inscrit.

Le phénomène du type (12) est très répandu dans les langues et très caractéristique de la dérivation.

2. Tâche descriptive

D'autre part, la dérivation fait en même temps quelque chose sans équivalent dans la flexion : elle ne fabrique pas un lexème, qui de toute façon est déjà donné dans le dictionnaire comme un tout, mais elle en décrit la structure morphologique, tant au niveau formel qu'au niveau sémantique.

(13) En russe, LAMPOČKA /lámpačka/ est, formellement parlant, un diminutif de LAMPA ʿlampeʾ (comparez LAPOČKA ʿ[une] patte petite et plaisanteʾ de LAPA ʿpatteʾ, POPOČKA ʿ[un] derrière petit et plaisantʾ de POPA ʿderrièreʾ, etc.). Mais LAMPOČKA veut dire ʿampoule [électrique]ʾ, et non *ʿ[une] lampe petite et plaisanteʾ. (Le diminutif véritable de LAMPA n'existe pas.) Pour cette raison, LAMPOČKA doit figurer comme entrée indépendante dans le dictionnaire, munie d'une description lexicographique globale, tout comme n'importe quel lexème primitif (= non dérivé). Cependant, un locuteur natif n'hésitera pas à analyser *lampočka* en *lamp-* et *-očk* : par analogie évidente avec des milliers de noms diminutifs réguliers.

Nous croyons que la dérivation doit spécifier la structure sémantique et formelle des termes de ce type :

– sémantiquement, ʿlampočkaʾ ≈ ʿampoule électrique perçue comme quelque chose de petit ayant une relation évidente avec **lampa** [lampe]ʾ;

– formellement, /lámpačk(-a)/ = /lámp/⊕/očk(-a)/.

Ceci est une caractérisation du «fait accompli», d'une unité qui de toute façon doit être retenue, emmagasinée et traitée comme un tout; pourquoi cette caractérisation est-elle nécessaire?

Proposons, tout d'abord, une réponse générale : les sujets parlants se rendent parfaitement compte de la structure des unités comme **lampočka** et cela suffit pour qu'une description linguistique$_2$, qui se veut fidèle aux faits, précise et exhaustive, doive en faire autant. Mais nous pouvons indiquer également quatre raisons plus spécifiques et tangibles :

• La «forme interne» (sémantique, avant tout) des unités toutes faites du type **lampočka** détermine toutes sortes de jeux de mots, d'usages métaphoriques, de calembours, etc., que les locuteurs se permettent avec de telles unités. Ce sont des phénomènes qui doivent être reflétés dans un modèle linguistique$_1$ complet.

• La «forme interne» des unités toutes faites détermine, d'une part, leurs changements historiques et, d'autre part, les erreurs faites spontanément par des locuteurs natifs. Entre autres, elle prévoit et explique certaines perturbations observées dans le discours aphasique. (Les lexèmes qui ne sont pas, strictement parlant, des diminutifs, mais qui ont la «forme interne» des diminutifs, tendent à être atteints de la même façon que les diminutifs véritables.)

• La «forme interne» des unités toutes faites et emmagasinées influence l'apparition des néologismes et la création lexicale poétique, y compris celle des occasionnalismes [5] à fonction artistique.

(14) On trouve, chez des poètes russes, les types suivants d'occasionnalismes :

stixač [Majakovskij; litt. ⸢vers+eur⸣ = ⸢un mauvais poète⸣; de **stix** ⸢vers⸣ avec le suffixe d'agent improductif -**ač**];

mečar' [Kručënyx; litt. ⸢épée+iste⸣ = ⸢gladiateur⸣; de **meč** ⸢épée⸣, avec le suffixe d'agent improductif -**ar'**];

zimar' [Voznesenskij; litt. ⸢hivér+ier⸣ = ⸢un mois d'hiver⸣; de **zima** ⸢hiver⸣, par analogie avec **janvar'** ⸢janvier⸣].

(Pour plus de détails, voir Dressler 1982, d'où les exemples (14) sont empruntés.)

Il est évident que la dérivation «active», c'est-à-dire productive et régulière, joue un rôle beaucoup plus important dans le domaine des néologismes et des occasionnalismes. Cependant, les formations phraséologisées mais très fréquentes peuvent, elles aussi, exercer une influence considérable, comme on le voit en (14).

• La «forme interne» des unités toutes faites détermine leur comportement morphologique : un affixe qui est devenu, dans un certain sens, fossile à l'intérieur du lexème phraséologisé subit les mêmes alternances, etc., que son confrère «vivant». Ainsi, dans **lampočk(-a)** russe, le quasi-suffixe -**očk** (fossilisé) déclenche l'alternance /e/ ⇒ Λ tout comme -**očk** de bon aloi de **popočka** : **lampoček** ⸢ampoule, PL.GÉN⸣ ~ **lampočk(-a)** ⸢idem, SG.NOM⸣, **popoček** ⸢(un) derrière petit et plaisant, PL.GÉN⸣ ~ **popočk(-a)** ⸢idem, SG.NOM⸣. L'économie de description exige que nous indiquions l'identité — sous un rapport spécifique, évidemment — de -**očk** dans **lampočka** et de -**očk** diminutif régulier.

En un mot, la description dérivationnelle des lexèmes «tout faits» n'est rien d'autre qu'une étymologie. [6] Malgré cela, elle détermine le comportement actuel des unités ainsi décrites, et du même coup, elle est pertinente pour un modèle linguistique₁ complet en perspective synchronique.

Résumons. D'une part, la dérivation spécifie, pour un lexème donné, tous les lexèmes apparentés qui peuvent en être dérivés de façon régulière. En cela, la dérivation est similaire à la flexion qui spécifie, pour un lexème, toutes ses formes. Mais même à ce niveau-là, la dérivation manifeste une particularité par rapport à la flexion : elle peut déterminer les lexèmes POTENTIELS de la langue; c'est-à-dire les lexèmes qui n'existent pas (= qui ne sont pas attestés) mais qui pourraient très bien exister (parce qu'ils respectent toutes les lois de la langue en cause et sont linguistiquement₁ admissibles) et dont certains probablement existeront un jour. Ceci est un trait exceptionnellement important de la dérivation.

D'autre part, à la différence de la flexion, la dérivation s'intéresse aussi aux signes lexicaux complexes PHRASÉOLOGISÉS — c'est-à-dire aux signes lexicaux quasi représentables dans leur signifiant. Ces signes lexicaux phraséologisés, que A. Martinet a proposé d'appeler *synthèmes*, [7] sont constitués d'éléments formels apparentés à des morphes de la langue en question sans pourtant en être. Ce sont des **submorphes** (Cinquième partie, chapitre II, §5, **5**). La dérivation s'occupe donc également des submorphes en les décrivant et en les spécifiant au sein des synthèmes (alors que la flexion leur tourne le dos.).

Voici un exemple qui montre à quel point la donnée des submorphes peut être cruciale pour le fonctionnement du modèle linguistique$_1$ (Aronoff 1976 : 88-91).

(15) En anglais, nous avons :

    a. **nominate** ⟨nominer⟩ ~ **nominable** ⟨nominable⟩ ⟨*__nominatable__⟩
       evacuate ⟨évacuer⟩ ~ **evacuable** ⟨évacuable⟩ ⟨*__evacuatable__⟩
       penetrate ⟨pénétrer⟩ ~ **penetrable** ⟨pénétrable⟩ ⟨*__penetratable__⟩
       etc.

    b. **inflate** ⟨gonfler⟩ ~ **inflatable** ⟨gonflable⟩ ⟨*__inflable__⟩
       dilate ⟨dilater⟩ ~ **dilatable** ⟨dilatable⟩ ⟨*__dilable__⟩
       translate ⟨traduire⟩ ~ **translatable** ⟨traduisible⟩ ⟨*__translable__⟩
       etc.

La différence observée s'explique par le fait suivant : en (15a) **-ate** (dans la colonne de gauche) est un subsuffixe, qui doit être tronqué devant le suffixe dérivationnel **-able**, tandis qu'en (15b) **-ate** n'est pas un submorphe mais plutôt une partie intégrante du radical, inaccessible à la règle de troncation déclenchée par **-able**. [8]

Nous voyons donc que même là où la dérivation n'a qu'une fonction purement descriptive (plutôt que constructive : **-ate** n'est plus utilisé en anglais pour fabriquer de nouveaux lexèmes), elle est pertinente pour les opérations dérivationnelles constructives. Par conséquent, il est nécessaire de spécifier dans le dictionnaire la structure submorphique des verbes anglais en **-ate** pour assurer la bonne formation des adjectifs en **-able** (cette dernière étant tout à fait productive).

La dérivation fait donc deux choses différentes :

1. DANS LE PROCÈS ACTUEL DE COMMUNICATION LANGAGIÈRE, elle fabrique des lexèmes qui ne sont pas stockés comme tels (dans le dictionnaire), et elle le fait de façon régulière (TÂCHE CONSTRUCTIVE); du même coup, elle détermine les lexèmes potentiels de la langue.

2. DANS LE DICTIONNAIRE, elle spécifie la structure submorphique des lexèmes qui y sont stockés (TÂCHE DESCRIPTIVE); du même coup, elle explique, d'une part, des changements historiques, des erreurs, des néologismes, etc., tandis que d'autre part, elle facilite la description des opérations morphologiques visant des submorphes.

7.3. Dérivé ou simple? Si dérivé, à partir de quoi? La réponse à ces deux questions exige l'analyse du concept même de 'dérivé'. Nous allons le faire en cinq étapes.

1. Dérivation synchronique *vs* dérivation diachronique

Avant toute chose, il importe de souligner qu'il ne s'agit ici que de la dérivation strictement synchronique.

(16)   Le lexème russe **zontik** 'parapluie; parasol' provient du néerlandais **zonne+dek**, litt. 'soleil-couverture' [= 'parasol']; ce mot emprunté a été réanalysé par les locuteurs russes, qui y ont vu le suffixe diminutif **-ik** et qui, par conséquent, ont créé le lexème **zont** 'parapluie; parasol' [**zont** est stylistiquement un peu plus officiel que **zontik**; d'ailleurs un grand parasol fixe sera appelé plutôt **zont** que **zontik**]. Historiquement, donc, on a :

zontik ⇒ zont,

c'est-à-dire un cas de formation inverse (= angl. *back-formation*). Cependant, pour la dérivation synchronique, cela n'a aucune importance : le russe moderne a le lexème **zont** dont **zontik** est synchroniquement dérivé de la même manière que **stolik** 'petite table' de **stol**, **domik** 'petite maison' de **dom**, **nosik** 'petit nez' de **nos**, etc., dans des miliers de cas similaires.

Dans ce qui suit, c'est exclusivement la dérivation synchronique qui nous intéresse.

2. Deux cas difficiles comme illustration du problème

(17)   Considérons le nom anglais **butcher** 'boucher'; est-ce que c'est un dérivé? Certains disent que oui, puisqu'il contient le suffixe d'agent **-er** 'celui qui', le reste pouvant être considéré par défaut comme un radical lié ou unique ***butch-** 'tuer et débiter (professionnellement) les animaux domestiques élevés pour leur viande', n'apparaissant que muni de **-er**. Mais d'autres disent que non, exactement parce que ***butch-** n'existe pas sans **-er**, alors que le sens 'tuer et débiter (professionnellement) les animaux …' est rendu en anglais par le verbe (*to*) **butcher**.

[Historiquement, (*to*) **butcher** ⟸ (*the*) **butcher** : une formation par *conversion*, voir Troisième partie, chapitre III; (*the*) **butcher** ⟸ fr. **boucher** ⟸ **bouc+ier**. Cependant, ces faits diachroniques n'ont pas de pertinence pour la solution du problème présenté en (17).]

(18)   Les noms français **bouvier** et **fenaison** sont-ils des dérivés? Encore une fois, les uns répondent par l'affirmative : **bouvier** 'celui qui garde et conduit les bœufs' contient le suffixe d'agent **-ier** 'celui qui…' et le radical **bouv-**, qui n'est qu'une variante de **bov-** en **bovidé**, **boviné** ou de **bœuf**. (Comparez **ovaire** ~ **œuf** ou **cordial** ~ **cœur**, avec une alternance semblable.) De même pour **fenaison** 'action de

couper les foins⁾ : **-aison** ⁽action de...⁾ existe en **inclinaison, démangeaison, pendaison, cueillaison**, et **fen-** est une variante, peut-être supplétive, de **foin**. Mais les autres y objectent le fait que l'identité de **bouv-** et **bœuf**, de **fen-** et **foin** ne peut pas être établie par des règles suffisamment générales, de façon que ces ***bouv-** et ***fen-** n'existent pas en français comme signes autonomes. Si un lexème dérivé est quelque chose comme **épisodiquement, industrialisable** ou **popularisation**, alors **bouvier** et **fenaison** ne doivent pas être appelés dérivés.

Comment pouvons-nous réconcilier ces deux points de vue, en apparence également valables? Par l'élimination du caractère ambigu et vague du terme *dérivé* — de la même façon que nous avons procédé pour le terme *mot* au chapitre I de cette partie (**3**, p. 98 ssq.).

3.   Deux sens du terme *dérivé*

Conformément aux deux aspects de dérivation établis en **7.2** — aspect constructif et aspect descriptif, il faut distinguer deux types de lexèmes dérivés : *dérivé au sens fort* (= *dérivé₁*) et *dérivé au sens faible* (= *dérivé₂*).

Nous nous permettrons, dans ce qui suit, un abus de langage, très répandu d'ailleurs dans la tradition linguistique₂ : nous parlerons d'un *lexème dérivé* (bien que cette expression, prise littéralement, n'ait pas de sens), au lieu de parler d'un *radical dérivé de lexème*. (Un lexème, ensemble de signes, ne peut pas être dérivé ou non dérivé; c'est le radical de tous ses mots-formes, qui l'est ou ne l'est pas.) Nous croyons que le contexte exclut tout malentendu possible.

NB : Comme il est déjà arrivé dans le CMG, ici nous avons besoin d'utiliser, dans les définitions suivantes, le concept de **lexème**, qui, lui, n'est pas encore défini (voir chapitre VI, définition I.42, p. 346). Cependant, une notion préliminaire (et approximative) de lexème comme un ensemble des mots-formes qui expriment tous la même signification lexicale, se révèle suffisante pour la compréhension des définitions I.34 et I.35. Pour le concept de **radical**, consulter la Cinquième partie, chapitre II, §2, **8**, définition V.8.

Soit le signe **L′**, radical exprimant une signification lexicale (**L′** peut être une racine simple ou un radical déjà dérivé), et le signe **d**, exprimant une signification dérivationnelle (**d** est un affixe ou une opération significative telle que réduplication₂, conversion₂, etc.).

Définition I.34 : dérivé au sens fort (= dérivé₁)

Un (radical de) lexème **L** est appelé *dérivé au sens fort*, ou *dérivé₁*, si et seulement si **L** est représentable en termes de deux signes **L′** et **d** et de la méta-opération ⊕.

Symboliquement :

$$\mathbf{L} \text{ est dérivé}_1 \underset{\text{déf}}{\equiv} \mathbf{L} = \mathbf{L}' \oplus \mathbf{d}.$$

Il découle de cette définition qu'un lexème dérivé₁ (= au sens fort) ne doit pas être mis dans le dictionnaire : il est tout à fait «fabricable» par règle et ne manifeste aucune phraséologisation.

Définition I.35 : dérivé au sens faible (= dérivé₂)

Un (radical de) lexème **L** est appelé *dérivé au sens faible*, ou *dérivé₂*, si et seulement si une des deux conditions suivantes est vérifiée :

  1. soit **L** n'est que quasi représentable dans son signifiant en termes de **L′**, **d** et de ⊕;

  2. soit **L** ne contient qu'un seul des signes **L′** et **d**, le reste de **L** n'étant pas un signe (de la langue considérée).

Symboliquement :

$$\mathbf{L} \text{ est dérivé}_2 \underset{\text{déf}}{\equiv} \quad 1. \text{ soit } \mathbf{L} \underset{\text{signifiant}}{\cong} \mathbf{L}' \oplus \mathbf{d};$$

  2. soit $\mathbf{L} = \mathbf{L}' + x$ ou $\mathbf{L} = \mathbf{d} + x$, x n'étant pas un signe et + représentant la concaténation sans distinction de l'ordre [$\mathbf{L}' + x = x + \mathbf{L}'$, etc.]

Rappelons (voir chapitre IV de cette partie, §1, **2.2**, p. 172) que les termes *fort* et *faible* ne sont pas utilisés dans ce livre selon leur usage connu en mathématiques (où ʿfortʾ est un cas spécial de ʿfaibleʾ). Ici, ʿfortʾ et ʿfaibleʾ sont interprétés comme des antonymes, conformément à leur sens courant.

Exemples

Comme dérivés₂ du type 1, nous pouvons citer russe **ptičkaII** (12), **lampočka** (13), fr. **allumage** [en auto], **fixation** [du ski], angl. **fighterII** ʿavion de chasseʾ [litt. ʿcombatt+eurʾ], etc.

Comme dérivés₂ du type 2 nous indiquons angl. **butcher** (17), fr. **bouvier** et **fenaison** (18) ou russe **počtamt** (plus loin, 4, 2b, p. 314).

Tous les lexèmes dérivés₂ (= au sens faible) doivent être stockés dans le dictionnaire — à cause de leur phraséologisation, qui peut être plus ou moins importante.

Il est intéressant de noter que certaines expériences psycholinguistiques démontrent deux propriétés centrales des dérivés₂.

Primo, on a découvert que le temps de traitement (= production ou reconnaissance) des dérivés₂ de type *importance, fixation, outillage*, etc., par le cerveau du locuteur est plus court que celui nécessaire pour le traitement de formes flexionnelles (de type *chanterions, admettiez*, etc.). Cela constitue un argument en faveur de l'hypothèse voulant qu'un dérivé₂ soit stocké dans le cerveau comme un tout, plutôt que produit par des règles à partir de certains éléments constitutifs (comme le sont les formes flexionnelles).

Secundo, on a découvert que les lapsus provoquant des remplacements mutuels des parties de mots-formes ou de syntagmes$_1$ se produisent beaucoup plus souvent avec des dérivés$_2$ qu'avec les mots-formes «primitifs» ne présentant aucune trace de dérivation. Tel est le cas, par exemple, des syntagmes$_1$ allemands du type suivant :

$$\textit{fröh +liche Fest +feier} \text{ 'joyeuses fêtes'} = {}^{\text{lapsus}} \Rightarrow \textbf{\textit{fest}} \textit{+liche } \textbf{\textit{Freβ}} \textit{+feier},$$

litt. 'solennelles vacances de «bouffe»';

$$\textit{Ver +brecher +ge +hirne} \text{ 'cerveaux de criminel' } (\textit{Verbrecher} \text{ et } \textit{Gehirn}$$

étant des dérivés$_2$) $= {}^{\text{lapsus}} \Rightarrow \textbf{\textit{Ge}} \textit{+brecher +} \textbf{\textit{verhirne}},$

où **Gebrecher* est un nom d'agent non existant du verbe *gebrech(+en)* 'manquer', et **Verhirne* n'existe pas du tout.

Ces exemples démontrent que pour les dérivés$_2$ comme *fröh-lich* 'joyeux', *Ver-brech-er* 'criminel' et *Ge-hirn-e* 'cerveaux', la structure interne en termes de submorphes doit être spécifiée dans le cerveau du locuteur, ce qui favorise grandement des substitutions submorphiques erronées.

La propriété 'être dérivé$_{1/2}$' dépend, de façon substantielle, de l'existence/ de la non-existence d'une unité donnée en tant que signe de la langue **L**. Si, par exemple, nous décidons d'admettre en anglais le signe **butch-**, alors **butcher** sera dérivé$_1$; si, par contre, nous n'accordons pas à **butch-** le statut de signe, **butcher** n'est que dérivé$_2$. Néanmoins, l'existence/la non-existence d'un signe est un problème à part, dont nous traiterons dans la Cinquième partie, chapitre II, §5. En anticipant, nous signalons ici que nous n'acceptons pas de signes uniques qui n'apparaissent que dans un seul contexte et dont le signifié n'est exprimé par aucun autre signe; les tronçons du type angl. **butch-** (l'exemple (17)) ou russe **-amt** (de **počtamt**, voir plus loin, 4, le type 2b) n'existent donc pas en tant que signes.

Les définitions I.34 et I.35 permettent de trancher les cas (17)-(18) : angl. **butcher** et fr. **bouvier** et **fenaison** ne sont pas des dérivés$_1$ — à la différence des lexèmes du type **épisodiquement** ou **industrialisable**, mais ils sont des dérivés$_2$ — à la différence des lexèmes du type **fenêtre** ou **viande**, puisque **butcher** contient le signe **-er** (*butch-* n'étant pas un signe anglais : la condition 2 de la définition I.35), tandis que **bouvier** et **fenaison** sont quasi représentables dans leur signifiant (la condition 1 de la définition I.35).

4. Degrés de phraséologisation dans les dérivés au sens faible

Il est utile de distinguer cinq types principaux de dérivés$_2$ suivant le degré croissant de phraséologisation (cf. Panov 1968 : 214-216) :

1) **L′** et **d** ont une existence indépendante, c'est-à-dire que **L′** apparaît souvent sans **d** et **d** sans **L′**. Exemples français : **allum+age** [dans l'auto], **fix+ation** [du ski], **point+euse** [à pointer les employés].

2) **L′**, mais non pas **d**, a une existence indépendante. Ici deux types différents sont possibles :

    a) ⟨d⟩ est un dérivatème bien établi de la langue. Exemple : en russe, dans **pas+tux** ⟨berger⟩, de **pas-** ⟨garder et faire paître les troupeaux⟩ [**pasú** 1sg prés, **pás** sg, masc, passé, etc.], le suffixe **-tux** ⟨celui qui …⟩ est unique, mais il exprime un dérivatème universellement reconnu du russe, exprimé également par des suffixes comme **-tel′**, **-ščik, -un**, etc.

    b) ⟨d⟩ est une signification unique, isolée (= non exprimée par un autre signe quelconque). Exemple : en russe, **počtamt** ⟨bureau de poste central dans une grande ville⟩ contient **počt-** ⟨poste⟩ [**počta** ⟨poste⟩, **počtovyj** ⟨de poste⟩, **počtal′on** ⟨facteur⟩] et **-amt** ⟨bureau … central dans une grande ville⟩, qui n'apparaît nulle part ailleurs; le sens ⟨bureau … central dans une grande ville⟩ n'a pas d'expression différente en russe. [9]

3) **d**, mais non **L′**, a une existence indépendante. Ici également deux types sont à distinguer :

    a) ⟨L⟩ est une signification lexicale bien établie de la langue, c'est-à-dire que ⟨L⟩ est exprimée par d'autres signes évidents. Fr. **bouvier** est justement un exemple de ce sous-type (**bouv-** n'existe pas ailleurs, mais son sens ⟨bœuf⟩ est courant); les mêmes considérations s'appliquent à **fenaison**.

    b) ⟨L⟩ est une signification unique et isolée : angl. **butcher**, avec *****butch-**, illustre ce sous-type. (Nous pouvons y ajouter encore angl. **author** /ɔθəʳ/, avec *****auth-, -or** /əʳ/ étant un suffixe d'agent régulier.)

Le degré de phraséologisation monte, tel que nous l'avons dit, du type 1 vers le type 3b, alors que le degré de la propriété ⟨être dérivé$_2$⟩ varie proportionnellement en sens inverse : angl. **butcher** est plus phraséologisé, donc «moins dérivé$_2$» que fr. **bouvier**, ce dernier étant plus phraséologisé et «moins dérivé$_2$» que le nom russe **počtamt**; et ainsi de suite.

Remarque. Nous voyons que les racines et les affixes ne sont pas équivalents du point de vue de la dérivation. Une racine évidente confère au lexème dont il fait partie un degré plus élevé d'analysabilité et le rend, de ce fait, plus dérivé$_2$ qu'un affixe évident (rattaché à une racine douteuse) : russe **počtamt** est considéré plus dérivé$_2$ que fr. **bouvier**. Cela s'explique par des considérations sémantiques : la racine contribue beaucoup plus au sens total du lexème que l'affixe. Nous reviendrons sur le problème d'inégalité de racines et d'affixes dans la Cinquième partie, chapitre II, §2, **3**.

Les lignes de démarcation entre les degrés de phraséologisation des dérivés$_2$ tracées ci-dessus ne sont que très approximatives (comme cela arrive souvent dans la langue). La raison principale en est que l'existence même de signes est aussi graduée. Cela veut dire qu'il y a des signes qui sont mieux établis, donc qui existent à un degré plus élevé que d'autres signes. Ce problème sera étudié en détail dans la Cinquième partie (chapitre II, §5); ici nous nous bornerons à un exemple. Prenons le cas du nom russe **trollejbus** ʿtrolleybusʾ; ce nom est-il dérivé? L'élément radical **trollej-** n'existe pas en russe, alors que l'élément suffixal **-bus** apparaît dans **avtobus, omnibus** et, récemment, dans **aérobus**, toujours avec la même signification ʿvéhicule de transport en communʾ; ceci lui confère un degré d'existence supérieur à celui de l'élément **-amt** en russe **počtamt** (*supra*, le type 2b). En même temps, **-bus**, en tant que suffixe, a un degré d'existence inférieur à celui de **-tux** en russe **pastux** (*supra*, le type 2a) : bien que **-tux** n'apparaisse dans aucun autre contexte, il exprime un dérivatème des plus courants du russe et suit une racine incontestable, ce qui n'est absolument pas le cas avec **-bus**.

Trollejbus se présente alors comme un cas où **L′** n'a pas d'existence indépendante, mais **d** l'a, le sens ʿdʾ n'étant pas un dérivatème bien établi. Nous sommes prêt à reconnaître le caractère dérivé$_2$ de **trollejbus**, mais il est encore moins dérivé$_2$ (donc plus phraséologisé) que **butcher** ou **author** en anglais, puisque **-bus** est beaucoup moins établi en tant que suffixe en russe que **-er/-or** l'est en anglais. Par conséquent, dans notre schéma de degrés de phraséologisation dans les dérivés$_2$, le nom russe **trollejbus** devrait être classé au-dessous du type 3b, ce qui illustre l'insuffisance du schéma. [10]

Le degré de phraséologisation d'un lexème dérivé$_2$ peut changer diachroniquement comme résultat de l'apparition de nouveaux lexèmes où figurent des **L′** ou **d** suspects, qui du même coup acquièrent plus de légitimité. **Trollejbus** deviendrait «plus dérivé$_2$» (= moins phraséologisé) si on voyait apparaître en russe des lexèmes **èlektrobus, okeanobus, kosmobus, stratobus, raketobus** ʿfuséebusʾ, etc. C'est ce qui est arrivé sous nos yeux avec angl. **hamburger** : l'apparition de **cheeseburger, fishburger, beefburger, steakburger, chickenburger, baconburger** et **kingburger** a entraîné un changement diachronique de statut de **-burger**, qui — tout d'abord partie non articulée de **hamburger** (⇐ **Hamburg**, ville allemande) — est (presque?) devenu un morphe signifiant ʿpâté ou morceau de X rôti servi dans un pain rondʾ.

La discussion des dérivés$_2$ est intimement liée au problème des signes «défectifs» : *racines liées*, racines et affixes à distribution unique (= *uniracines, unifixes*) et des *submorphes*. Ces signes et quasi-signes seront traités en détail dans la Cinquième partie, chapitre II, §5. Là nous reparlerons des dérivés$_2$.

5. Direction de la dérivation

Pour les dérivés$_1$, la réponse à la question concernant la direction de la dérivation est immédiate : **L** est toujours dérivé$_1$ de **L′**; **L′** est primaire, puisqu'il est stocké alors que **L** ne l'est pas.

Pour les dérivés$_2$, la question de la direction ne doit même pas être posée : la structure du **L** stocké est décrite statiquement en termes de corrélations sémantiques et formelles avec d'autres signes également stockés; rien n'est primaire du point de vue synchronique, puisque les deux éléments, **L** et **L'**, sont stockés côte à côte.

La direction de dérivation est donc un faux problème : pour les dérivés$_1$ sa solution est évidente, alors que pour les dérivés$_2$ le problème ne se pose tout simplement pas.

Voyons un exemple qui montrera comment la direction de dérivation peut être déterminée dans un cas qui a l'air complexe.

(19)   En français, nous avons des séries comme :

a. weissmanisme	**b.** weissmaniste
fidéisme	fidéiste
communisme	communiste
stalinisme	staliniste
khomeinisme	khomeiniste
fascisme	fasciste

(Notons que cette corrélation n'est pas parfaite : **nazisme** ~ **nazi** ⟨*naziste⟩, **épicurisme** ~ **épicurien**, **platonisme** ~ **platonicien**, etc. Cela signifie que la possibilité de la correspondance **-isme** ~ **-iste** doit être lexicalement marquée, c'est-à-dire indiquée dans le syntactique du signe de départ.)

Les noms dans la colonne **a** incluent le suffixe **-isme** ⟨le système politique ou philosophique X⟩; le reste est soit un radical qui peut être un nom propre (le nom du fondateur du régime ou de la doctrine), soit un tronçon qui n'existe — dans le sens en cause! — que dans l'état lié : ***commun-**, ***fasc-**, etc. Les noms de la colonne **b** incluent le même «radical» et le suffixe **-iste** ⟨celui qui ...⟩. Quelle est la direction de dérivation ici :

$$\mathbf{a} \Rightarrow \mathbf{b} \quad \text{ou} \quad \mathbf{b} \Rightarrow \mathbf{a}?$$

Quant au sémantisme, les noms **b** sont PLUS COMPLEXES que les noms **a** : le sens d'un nom **b** inclut celui du nom correspondant **a**. Par exemple, **weissmanisme** = ⟨doctrine biologo-philosophique proclamée par Weissman⟩, **weissmaniste** = ⟨partisan du weissmanisme⟩. (L'impossibilité de renverser l'ordre des définitions sera discutée en détail dans la Cinquième partie, chapitre IX, **1**, sous-section 3.)

Quant à la forme, du point de vue statique, les noms **b** sont AUSSI COMPLEXES que les noms **a** :

$$\mathbf{a} : X + \mathbf{isme}, \quad \mathbf{b} : X + \mathbf{iste}.$$

Cependant, du point de vue dynamique, c'est-à-dire du point de vue dynamique de la dérivation$_1$ (purement synchronique), les noms **b** sont formés à partir des noms **a** : le suffixe **-isme**, ou plutôt le signifiant de ce suffixe, est REMPLACÉ par le suffixe **-iste**. Puisque sémantiquement les noms **b** présupposent les noms **a**, mais non l'inverse (il est possible qu'une doctrine n'ait pas de partisans, alors qu'un partisan d'une doctrine n'est pas possible sans la doctrine dont il est un partisan), la seule façon de dire comment on forme les noms du type **b** est la suivante : «Prenez le nom en **-isme** correspondant et remplacez **-isme** par **-iste**, si le syntactique du nom en question le permet (sinon, le syntactique indiquera le suffixe approprié)».

Donc même dans des cas plus complexes que les dérivés$_1$ du type **analys+able, multipli+able, tranch+able** (qui sont sémantiquement ET formellement plus complexes que les bases de dérivation) on peut identifier la direction de dérivation de façon unique et certaine — à la condition, cependant, que cela soit une dérivation régulière, c'est-à-dire que les résultats en soient des dérivés$_1$.

 L'exemple (19) illustre bien la différence traditionnellement préconisée entre l'analyse morphémique (= une analyse morphologique structurale) et l'analyse dérivationnelle. En termes de constituants morphologiques, **weissman+isme** et **weissman+iste** ont la même complexité; mais du point de vue dérivationnel, **weissmaniste** est dérivé de **weissmanisme** sur les deux plans : sémantiquement et formellement. Comparez Aronoff 1976 : 118 -121 pour la description des dérivations de ce type en anglais — par troncation (du suffixe **-ism** de la forme de départ) et suffixation subséquente (ajout des suffixes **-ist** et **-istic**).

7.4. Productivité. Un concept très important associé à la dérivation est la productivité des moyens dérivationnels, par exemple, la capacité d'un affixe de se joindre librement à des radicaux dans les limites prévues par son contenu sémantique et par les contraintes combinatoires. Le suffixe d'action français **-ation** est beaucoup plus productif que **-aison** (qu'on trouve seulement dans quelques cas isolés). Ce concept sera introduit de façon rigoureuse plus loin, dans la Cinquième partie, au moment d'étudier la distribution des signes, en particulier des affixes.

7.5. Dérivation + composition = formation de mots. Notre analyse contrastive de la dérivation et de la flexion n'est pas tout à fait correcte du point de vue logique (bien qu'elle soit pédagogiquement commode). En réalité, la dérivation ne s'oppose pas directement à la flexion : elle n'est qu'une moitié du système plus englobant qui est responsable de la fabrication de nouveaux lexèmes dans le processus de la communication langagière, ainsi que de la description de corrélations sémantiques et formelles entre les lexèmes stockés dans le dictionnaire. Ce système est traditionnellement appelé *formation de mots*, terme que nous retenons, et c'est la formation de mots qui s'oppose à la flexion.

La formation synchronique[11] de mots est constituée de deux composantes : la dérivation et la composition. Voir le tableau ci-dessous :

Morphologie$_1$		
Formation de mots		Flexion
Dérivation	Composition	(avec quasi-flexion)

Nous traiterons de la composition en détail dans la Cinquième partie, en discutant la structure des signes complexes (chapitre II, §2, **9**), et plus tard, dans la Sixième partie (chapitre I, §2, **2.3**), quand il sera question de l'organisation générale des modèles morphologiques. Ici il nous suffira de signaler que la composition affiche la même double subdivision que la dérivation : d'une part, la composition constructive fabrique de nouveaux composés — composés$_1$ (au sens fort) — qui ne sont pas stockés dans le dictionnaire; d'autre part, la composition descriptive caractérise la «forme interne» des composés stockés — composés$_2$ (au sens faible). Comme exemples de composés$_1$, nous pouvons citer les lexèmes russes du type TRINADCAT+I+METROV(+yj) ⸢de treize mètres⸥ ou les lexèmes allemands du type ZEITSCHRIFT+S+SPRACHE, litt. ⸢revue-langue⸥ = ⸢langue de revues⸥; des composés$_2$ (à signifié phraséologisé) abondent en français : FOURRE-TOUT, PORTEFEUILLE, FERMETURE ÉCLAIR. Cette constatation nous aidera à analyser les exemples de composés que nous utiliserons dans ce qui suit.

Ainsi l'hétérogénéité inhérente, c'est-à-dire l'opposition «aspect constructif *vs* aspect descriptif», ou si l'on veut, «aspect actif, dynamique *vs* aspect passif, statique», est typique de la formation de mots en général; ce trait oppose la formation de mots à toutes les autres composantes de la langue (Halle 1973).

---

*

*   *

Après cette digression plutôt longue sur la dérivation, nous pouvons retourner au propos central de notre exposé : étude et définition du concept de mot-forme.

NOTES

[1] (**4**, à la toute fin, p. 293). La phraséologisation (= la lexicalisation) de quelques formes adjectivales de comparaison est bien connue : fr. *supérieur, inférieur, ultérieur, extérieur, intérieur* (tous des anciens comparatifs), russe *vysšij* ⸢suprême⸥ [⇐*vys-* [racine] ⸢haut⸥+*š-* ⸢superlatif⸥] ou *dal'nejšij* ⸢ultérieur⸥ [⇐ *dal'n-* [radical] ⸢lointain⸥+*ejš-* ⸢superlatif⸥], etc. Mais des cas semblables sont toujours isolés au sein de la langue correspondante et très peu fréquents.

[2] (**5.1**, 6, exemple (8a), p. 296). En allemand, ce phénomène est pourtant restreint à quelques noms seulement; à côté de **Kinderchen**, on peut citer encore **Eierchen** ⸢[de] petits œufs⸥ et **Dingerchen** ⸢[de] petites choses⸥. Dans le cas général, le suffixe diminutif **-chen** ne peut pas suivre le suffixe du pluriel : **Baum** ⸢arbre⸥ ~ **Bäum+e** ⸢arbres⸥ ~ ***Bäum+e+chen** ⸢[de] petits arbres⸥ [forme

correcte : **Bäumchen**, sg et pl]; **Haus** ⸢maison⸣ ~ **Häus+er** ⸢maisons⸣ ~ ***Häus +er+chen** ⸢maisonnettes⸣ [forme correcte : **Häuschen**, sg et pl]; etc.

³ (**5.3**, exemple (9c), p. 301). Dans le verbe russe, les suffixes flexionnels peuvent entraîner lesdites alternances :

bereč″⸢garder, ménager⸣ :

/b′ir′ig+ú/ ⸢1sg prés(ent)⸣ ~/b′ir′ig+óš/ ⸢2sg, prés⸣

= obligatoirement ⇒ /b′ir′iž+óš/⟨*/b′ir′ig′+óš/⟩;

toloč″⸢broyer, pilier⸣ :

/talk+ú/ ⸢1sg prés⸣   ~ /talk+óš/ ⸢2sg prés⸣

= obligatoirement ⇒ /talč+óš/ ⟨*/talk′+óš/⟩.

[Les formes du type */b′ir′ig′óš/, */talk′óš/, etc., sont d'ailleurs possibles dans des parlers non conformes à la norme.]

⁴ (**6**, exemple (10c), p. 303). Cette affirmation peut paraître trop catégorique. Le **-s** possessif anglais semble admettre la phraséologisation, comme dans [*at the*] *grocer's* ⟨*barber's*⟩ ⸢[dans] une épicerie ⟨un salon de coiffeur⟩⸣ ou dans [*at*] *Dick's* ⸢chez Dick⸣. Mais, d'une part, ces phraséologisations ne sont pas complètes : on ne peut pas utiliser le terme *grocer's* ⸢épicerie⸣ ou *Dick's* ⸢logement de Dick⸣ dans n'importe quel contexte, de sorte que nous n'avons pas de phrase comme **He saw a big grocer's* ⸢Il a vu une grande épicerie⸣, **The fire destroyed two grocer's* ⸢L'incendie a détruit deux épiceries⸣, **I come from Dick's* ⸢J'arrive de chez Dick⸣, etc. Par conséquent, *grocer's* ou *Dick's* ne sont pas de véritables lexèmes anglais, ce sont plutôt des éléments d'une construction (elliptique) particulière.

D'autre part, les formations du type *grocer's* et *Dick's* restent sémantiquement tout à fait transparentes : si le radical est un nom de profession X, le tout signifie ⸢la place où l'on fabrique, vend ou fait X⸣; si le radical est un nom propre X, alors le tout veut dire ⸢chez X⸣. En réalité, il n'y a pas ici phraséologisation. Au plus pourrions-nous parler de la polysémie du suffixe **-'s**.

Nous pouvons donc nier à la ⸢possessivité⸣ anglaise la capacité d'être phraséologisée à l'intérieur des formes dites possessives.

⁵ (**7.2**, 2, avant l'exemple (14), p. 307). *Occasionnalisme* = ⸢lexème créé par UN locuteur dans UN cas particulier de communication langagière⸣. Un occasionnalisme peut être créé pour «remplir» un trou lexical : par exemple, *optionnalité, de *optionnel*, par analogie avec *popularité* de *populaire*, etc. Il peut aussi être créé en vue d'un effet stylistique.

Néologisme = ⸢lexème entré récemment dans le dictionnaire de langue⸣ (il y a une dizaine d'années ou moins).

Un occasionnalisme peut devenir ou ne pas devenir un néologisme, selon qu'il est accepté ou rejeté par la langue.

⁶ (**7.2**, 2, p. 308). Quand on dit, par exemple, que **allumage** ⸢ensemble de dispositifs assurant l'inflammation du mélange gazeux dans un moteur

automobile⟩ vient d'**allum**(-**er**) et de -**age**, c'est de l'étymologie, bien que cette étymologie soit jeune (fin du dernier siècle) et absolument transparente pour le locuteur. En principe, il n'y a pas de différence logique entre cette constatation et l'indication que **friand** vient de **frire**, que **berger** et **brebis** sont apparentés (*berger* ⇐ lat. pop. *berbicariu*(*m*) ⇐ *vervex* ⟨mouton⟩), ou que **poussière** et **poudre** remontent, tous les deux, au lat. *pulve*(*m*). Mais du point de vue de la description linguistique₂, la différence existe, et elle est fort importante : les étymologies dérivationnelles nous disent beaucoup de choses sur le fonctionnement du français d'aujourd'hui (-**age** entraîne, entre autres, le genre masculin du nom — si -**age** est un suffixe ou un subsuffixe, mais non pas autrement : cf. *la plage* ou *la rage*), alors que les étymologies historiques véritables n'ont pas de pertinence pour la langue moderne. La frontière entre les deux types d'étymologies est, bien sûr, élusive, et des étymologies populaires l'estompent davantage (telles que **cachalot** = ⟨cache-à-l'eau⟩, etc.).

[7] (**7.2**, 2, p. 309). «Nous proposons de désigner au moyen du terme *synthème* les unités linguistiques dont le comportement syntaxique est strictement identique à celui des monèmes avec lesquels ils commutent, mais qui peuvent être conçus comme formés d'éléments sémantiquement identifiables» (Martinet 1980 : 6).

[8] (**7.2**, 2, exemple (15), p. 309). La description proposée est corroborée par les deux considérations suivantes :

• Si nous prenions -**ate** en (15b) pour un subsuffixe, alors le subradical ne serait constitué que de consonnes [= **fl**- ou **1**-], ce qui est impossible en anglais (**in**-, **di**- et **trans**- étant des subpréfixes).

• L'accentuation témoigne de la différence entre -**ate** en (15a) et -**ate** en (15b) : l'accent, qui frappe le radical du verbe, ne tombe pas sur -**ate** en (15a) [*nóminate*, *evácuate*, *pénetrate*], mais tombe sur -**ate** en (15b) [*infláte*, *difláte*, *transláte*].

[9] (**7.3**, 4, 2b), p. 314). Le fr. *roy+aume* offre un cas intermédiaire entre le russe *pas+tux* (2a) et *počt+amt* (2b). En effet, l'élément -**aume** ⟨État gouverné par …⟩ n'apparaît nulle part ailleurs en français, donc il n'existe pas en tant que signe linguistique₁. Cependant, le sens ⟨État gouverné par …⟩ se trouve dans d'autres lexèmes français : *principauté* ⟨État gouverné par un prince⟩, *duché* ⟨État gouverné par un duc⟩, *empire* ⟨État gouverné par un empereur⟩. Mais, comme on le voit, ce sens n'a pas d'expression séparée et, par conséquent, il n'est pas bien établi en tant que dérivatème français. Cf. une situation toute différente en anglais et en russe : *king+dom*/*korol+evstv*(+*o*) ⟨royaume⟩, *prince+dom*/*knjaž+evstv*(+*o*) ⟨principauté⟩, *duke+dom*/*gercog+stv*(+*o*) ⟨duché⟩, *czar+dom*/*car+stv*(+*o*) ⟨empire d'un Tsar⟩.

[10] (**7.3**, 4, **Remarque**, p. 315). À la distinction de **trollejbus** russe, le nom français **trolleybus** ne présente pas de difficulté pour l'analyse : **trolley** existe indépendamment, et **bus**, qui apparaît dans **autobus, omnibus, cinébus**,

bibliobus et **aérobus** (cf. aussi **abribus**), est aussi employé comme un nom autonome signifiant ⟨autobus⟩; par conséquent, **trolleybus** est un composé phraséologisé : par rapport au sens (⟨trolleybus⟩ ≠ ⟨autobus à trolley⟩) et à la structure morphologique (suivant les règles standard du français, le modificateur **trolley-** ne devrait pas précéder le modifié **-bus**).

[11] (**7.5**, p. 317). La formation diachronique de mots, qui ne nous intéresse pas, inclut, à côté de la dérivation et de la composition, l'*abréviation* de plusieurs types : fr. **O.N.U.** /onü/, fr. **U.R.S.S.** /üɛrɛsɛs/, fr. **prof** ⟸ **professeur**, angl. **chunnel** ⟸ **channel** + **tunnel** ⟨tunnel sous La Manche⟩, angl. **smog** ⟸ **smoke** + **fog** ⟨brouillard mélangé de fumée⟩, russe **kolxoz** ⟸ **kollektivnoe** ⟨collective⟩ + **xozjajstvo** ⟨ferme, économie⟩, etc. Relevant exclusivement de la diachronie, l'abréviation ne sera pas traitée dans ce livre.

REMARQUES BIBLIOGRAPHIQUES

Pour la dérivation, on peut recommander les trois livres suivants : le classique Marchand 1960, l'étude théorique Aronoff 1976 et la description de la dérivation en français moderne Thiele 1987. De plus, signalons le traité de la théorie de dérivation Corbin 1987, basé sur les données du français; l'ouvrage introduit le concept de *mot construit* et discute des régularités, des sous-régularités et des irrégularités dans le lexique, insistant sur la prédictibilité du sens d'un mot construit.

Sur la différence entre la dérivation et la flexion (20 critères de distinction), voir Dressler 1989; cf. aussi Badacker and Caramazza 1989. Dressler 1987 caractérise bien la formation de mots en général.

Ajoutons à cela quelques travaux faits dans le cadre de la grammaire générative : par exemple, Lieber 1981 et Kiparsky 1982.

Citons encore l'article Dell 1979.

TYPOLOGIE DES SIGNIFICATIONS LINGUISTIQUES₁

1. Distinction «lexicale»/«grammaticale»

Dans un premier temps, nous allons formuler deux définitions relativement triviales, qui nous permettront, tout de même, de jeter les bases de la classification cherchée.

Définition I.36 : signification grammaticale

‖ Une signification est appelée *grammaticale* si et seulement si elle est soit
‖ flexionnelle ou quasi flexionnelle, soit dérivationnelle.

NB : Pour simplifier notre exposé, nous nous sommes permis de faire abstraction des deux types suivants de significations linguistiques₁ :

– les significations exprimées par des constructions syntaxiques, par exemple, la signification ⸢à peu près⸣, qui est exprimée dans la construction russe N + Num par l'inversion du numéral (*desjat′ kilometrov* ⸢10 km⸣ vs *kilometrov desjat′* ⸢à peu près 10 km⸣);

– les significations exprimées par des moyens prosodiques, par exemple, la signification ⸢le locuteur est étonné et indigné⸣, qui est exprimée dans la phrase *Alors, tu n'as pas fait la vaisselle?!?* par une intonation spéciale, un timbre et un débit particuliers, etc.

Les significations des deux types doivent être considérées comme grammaticales. Dans une description exhaustive, elles s'opposeraient aux significations lexicales, en se rangeant du côté des significations flexionnelles et dérivationnelles. Mais dans notre classification abrégée, elles sont laissées hors considération.

Définition I.37 : signification lexicale

‖ Une signification est appelée *lexicale* si et seulement si elle n'est pas
‖ grammaticale.

Rappelons (§1 du chapitre V, p. 255) qu'on peut dire, de façon informelle, que certaines significations peuvent être à la fois grammaticales et lexicales. Ainsi, en français, la signification ⸢habitant de X⸣ apparaît soit comme grammaticale en étant exprimée par une série de suffixes dérivationnels (*Berlin*

+*ois*, *Paris* +*ien*, *Moscov* +*ite*, *New-York* +*ais*, …), soit comme lexicale et alors elle est exprimée par le lexème HABITANT (*habitant de Berlin, de Paris, de Moscou, de New York,* …). Pour que ce phénomène — très courant dans les langues naturelles — soit couvert par nos définitions, nous devons déclarer que la langue en question dispose de DEUX SIGNIFICATIONS IDENTIQUES, dont l'une est grammaticale et l'autre, lexicale. Cette description nous semble bien justifiée puisque même au point de vue purement sémantique, ces deux types de significations se comportent différemment. En particulier, comme l'a montré Ju. Apresjan (1978), si l'on combine, dans un même énoncé, deux significations contradictoires, l'effet dépend de leur nature : si ce sont deux significations grammaticales, alors le résultat est une anomalie LINGUISTIQUE₁, c'est-à-dire une erreur ou une agrammaticalité; si ce sont deux significations lexicales, alors le résultat est une anomalie LOGIQUE, c'est-à-dire une absurdité ou un contresens.

2. Distinction «sémantique»/«syntaxique»

Une autre division majeure coupant à travers les deux classes de significations établies est celle qui oppose les significations sémantiques et les significations syntaxiques.

La discussion de cette distinction exige le recours à deux concepts caractérisés dans l'Introduction : la *représentation sémantique* et la *représentation syntaxique* de la phrase (chapitre II, pp. 48-57). Nous conseillons au lecteur de parcourir les alinéas correspondants pour se rafraîchir la mémoire.

Définition I.38 : signification sémantique

Une signification est appelée *signification sémantique*, ou *sémantème*, si et seulement si elle correspond directement à un fragment de la représentation sémantique.

Un sémantème est donc soit un réseau sémantique, c'est-à-dire un fragment de la représentation sémantique (plus précisément, de la structure sémantique), soit — dans le cas d'un grammème — une étiquette correspondant, de façon alternative, à plusieurs réseaux sémantiques.

Exemples

(1) **a.** ⸢X aide₁ₐ Y à Z-er par W⸥ = ⸢X emploie ses ressources W dans le but de causer que W facilitent Z à Y, qui est en train d'effectuer Z⸥

[*Les organisations internationales* [= X] *aident financièrement* [= W] *les réfugiés vietnamiens* [= Y] *à s'établir* [= Z] *dans les pays d'accueil.*]

La signification française ⸢aider₁ₐ⸥, illustrée dans la phrase ci-dessus, est sémantique : elle est exprimable par un réseau sémantique (présenté sous la forme d'une phrase dans la partie droite de (1a)).

b. En français, le grammème verbal ʿ[temps] présentʾ =

1) ʿau moment de l'énoncéʾ [présent actuel];
2) ʿhabituellement dans la période où se situe l'énoncéʾ [présent habituel];
3) ʿde façon permanenteʾ [présent gnomique];
4) ʿavant le moment de l'énoncé mais faisant partie de l'actualitéʾ [présent historique].

Donc le grammème français ʿprésentʾ est aussi une signification sémantique : cette signification correspond alternativement à un des quatre réseaux sémantiques spécifiés ci-dessus.

Définition I.39 : signification syntaxique

Une signification est appelée *signification syntaxique*, ou *syntaxème*, si et seulement si elle ne correspond qu'à une (ou plusieurs) relation(s) syntaxique(s) liant deux mots-formes dans une phrase.

Comme nous l'avons dit, les relations syntaxiques sont spécifiées dans la représentation syntaxique, plus précisément dans la structure syntaxique (de la phrase). De la définition I.39, il découle qu'un syntaxème ne correspond à la représentation sémantique que de façon INDIRECTE, par l'intermédiaire de la représentation syntaxique. Un syntaxème peut signaler soit une relation syntaxique particulière, soit couvrir alternativement plusieurs relations syntaxiques.

 Tout en étant, dans la plupart des cas, de simples servitudes grammaticales, les significations syntaxiques (= les syntaxèmes) jouent toujours des rôles sémantiques très importants et ont un impact sur le sens. Mais comme nous l'avons souligné ci-dessus, une signification syntaxique n'est liée au sens qu'indirectement, moyennant la structure syntaxique.

Exemples

(2) **a.** La signification de la préposition française **à** dans la phrase suivante :

Ils ont envoyé le nouveau commis à ce chef de service.

est purement syntaxique.

En effet, la préposition est régie par le verbe et indique le rôle syntaxique — complément d'objet indirect (CO^{indir}) — du syntagme₁ nominal (SN) qu'elle introduit; dans cette phrase, ce **à** n'a pas de sens. Quand même, le fait que le SN *ce chef de service* soit marqué par **à** comme CO^{indir} a une conséquence sémantique très sérieuse : le sens de ce SN est le troisième argument du prédicat ʿenvoyerʾ, et non pas le deuxième; comparez :

Ils ont envoyé à ce chef de service le nouveau commis qui …

Il est clair que c'est la préposition **à** et non pas, par exemple, l'ordre de mots qui marque le rôle syntaxique du SN *ce chef de service*. L'impact sémantique de la préposition est donc évident, mais cet impact n'est pas direct, comme dans :

$$Le\ livre\ est \begin{Bmatrix} dans \\ sur \\ derrière \end{Bmatrix} l'armoire.$$

b. La signification 'féminin, singulier' (d'un adjectif français) est syntaxique dans :

<u>catégorie</u> *importante* ou *une* <u>majorité</u> *acquise au sénateur*

elle contribue à exprimer la relation syntaxique modificative (= «épithète») entre le nom et l'adjectif en indiquant ainsi le nom modifié (souligné dans nos exemples). [1]

3. Classes préliminaires de significations

L'opposition «sémantique ~ syntaxique» est logiquement indépendante de l'opposition «lexical ~ grammatical» discutée ci-dessus (voir aussi §1 de ce chapitre) et de l'opposition «flexionnel ~ dérivationnel» considérée aux §§2 et 3. Leur intersection crée six classes de significations (figure I-1, ci-dessous).

	lexicales	grammaticales	
		flexionnelles	dérivationnelles
sémantiques	1	3	5
syntaxiques	2	4	6

Classes de significations linguistiques[1]
Figure I-1

Il semble utile d'illustrer ces classes, ne serait-ce que par quelques exemples très simples.

1. Significations lexicales sémantiques : les sémantèmes, la classe la plus large de significations, exprimées par ce qu'on appelle les *«mots pleins»* de toutes les langues ('homme', 'nuit', 'échelle', 'grimper', 'vite', 'femelle', 'avec', …).

2. Significations lexicales syntaxiques : les syntaxèmes exprimés par ce qu'on appelle les *«mots vides»*, ou **mots-outils**, c'est-à-dire par des mots ne signalant que des relations syntaxiques. Pour la plupart, ce sont des significations de prépositions et de conjonctions régies : *s'approcher de, chercher à [établir un lien], insister sur, savoir que …, demander si …,* etc. [2]

3. Significations flexionnelles sémantiques : par exemple, les temps du verbe en français ou en anglais.

4. Significations flexionnelles syntaxiques : par exemple, les personnes et les nombres du verbe en français ou en anglais (ces significations étant imposées par l'accord du verbe avec le sujet grammatical).
5. Significations dérivationnelles sémantiques : par exemple, le diminutif dans toutes les langues; cf. en slovaque : *vták* ⸢oiseau⸣ ~ *vtáč+ik* ⸢petit oiseau⸣, *kvet* ⸢fleur⸣ ~ *kviet +ok* ⸢petite fleur⸣, *tvár* ⸢visage⸣ ~ *tvár+k* (+*a*) ⸢petit visage⸣, ...
6. Significations dérivationnelles syntaxiques : par exemple, la formation des adverbes en **-ly** en anglais (*quick+ly* ⸢rapide+ment⸣, *adroit+ly* ⸢adroite+ ment⸣).

4. Distinction «morphologique»/«non morphologique»

4.1. Signification repère. Les deux oppositions qui viennent d'être étudiées : «lexicale ~ grammaticale» et «sémantique ~ syntaxique» — n'intéressent que les propriétés INHÉRENTES des significations, c'est-à-dire qu'elles portent sur les significations comme telles. Cependant, il importe aussi de considérer les significations linguistiques₁ au plan de leur expression.

Puisque ce livre est consacré à la morphologie, notre objet principal — parmi toutes les significations linguistiques₁ en général — est l'ensemble des significations linguistiques₁ exprimées à L'INTÉRIEUR DES MOTS-FORMES À CÔTÉ DES AUTRES SIGNIFICATIONS. Soit ⸢s⸣ une signification quelconque; est-elle morphologique ou pas? Pour répondre à cette question, il faut considérer une autre signification ⸢s′⸣, à laquelle ⸢s⸣ se joint en tant que modificateur. Si ⸢s ⊕ s′⸣ est exprimée par un seul mot-forme, alors ⸢s⸣ est une signification morphologique.

Cette approche présuppose une hiérarchie de significations : une signification est choisie comme signification REPÈRE (= ⸢s′⸣) par rapport à laquelle nous estimons le caractère morphologique ou non morphologique de la signification cible (= ⸢s⸣). Le choix de la signification repère se fait selon les deux principes suivants :
– Pour une ⸢s⸣ grammaticale, le repère est la signification lexicale correspondante ⸢s′⸣ (= déterminée par ⸢s⸣).
– Pour une ⸢s⸣ lexicale, le repère est une autre signification lexicale ⸢s′⸣ telle que ⸢s⸣ est soit un attribut (c'est-à-dire un modificateur) de ⸢s′⸣, soit un complément (c'est-à-dire un argument sémantique de ⸢s′⸣).

4.2. Le concept de «morphologique». Une définition formelle et l'analyse de quelques exemples éclaireront notre propos.

Soit la signification ⸢s′⸣ qui est un repère pour la signification ⸢s⸣ : c'est-à-dire que ⸢s⸣ vient se joindre à ⸢s′⸣ en le caractérisant.

Définition I.40 : signification morphologique/non morphologique

Une signification ⸢s⸣ est appelée *morphologique* si et seulement si elle fait partie du signifié d'un mot-forme, ce signifié incluant une autre

signification ⟨s'⟩ à laquelle ⟨s⟩ vient se joindre [⟨s'⟩ est le repère pour ⟨s⟩];
autrement, ⟨s⟩ est *non morphologique*.

NB : Pour alléger la présentation, la définition I.40 fait abstraction de deux
phénomènes où une signification morphologique ⟨s⟩ n'est pas exprimé au sein
du même mot-forme que son repère ⟨s'⟩ mais au sein d'un autre mot-forme qui
exprime en même temps une troisième signification ⟨s'''⟩ se trouvant avec ⟨s'⟩
dans des relations assez complexes. Il s'agit du cas des ***affixes déplacés*** et ***affixes migrateurs*** (Cinquième partie, chapitre II, §3, 7); voir aussi les ***significations déplacées*** (Deuxième partie, chapitre II, **2.3**). Par ailleurs, il est vrai que
les significations ⟨s⟩ de ce type sont morphologiques dans un sens légèrement
différent du sens «ordinaire» du terme *morphologique* tel que défini ici. Pour
être parfaitement rigoureux, des précisions importantes s'imposeraient.

Exemples

(3) **a.** En français, ⟨bleu⟩ n'est jamais une signification morphologique :
     si, par exemple, nous voulons ajouter ⟨bleu⟩ à ⟨tissu⟩, ⟨tissu⟩ faisant
     partie du signifié du mot-forme **tissu** (qui exprime, en plus, le sin-
     gulier), nous devons utiliser, pour exprimer ⟨bleu⟩, un autre mot-
     forme : [*un*] **tissu bleu**; il n'existe pas de moyen d'exprimer ⟨bleu⟩
     par une partie de mot-forme qui comprendrait aussi **tissu**.

    b. La signification ⟨[temps] imparfait⟩ est morphologique en français :
     elle est toujours exprimée par une partie de mot-forme (= un suf-
     fixe) **-ai-** /ɛ/ ou **-i-** /j̇/, qui fait partie du même mot-forme que le
     radical du verbe caractérisé par cette signification.

Nous disons donc qu'une signification est morphologique si et seulement
si elle est exprimée de façon morphologique. Mais il existe des significations
qui peuvent être exprimées (dans une même langue) soit de façon morphologique, soit de façon non morphologique. (Le choix peut être facultatif ou bien se
faire en fonction du contexte, de quelques traits sémantiques, etc., ce qui ne
nous intéresse pas ici.)

(4) En tchouktchi, la signification ⟨rennes⟩ s'exprime de façon non mor-
     phologique — par un mot-forme séparé **qora+t** — dans les usages
     référentiels, où il s'agit de rennes spécifiques :
     a. *tə   + γənrit +Ø + əne   +t   qora +t*
     1SG.SUJ garder AOR 3.OBJ PL renne PL.NOM
     ⟨[Je] gardais [des] rennes⟩.
     [Le CO^{dir} apparaît en tchouktchi au nominatif : voir la note 14, chapi-
     tre IV de cette partie, §2, p. 223.]

Dans un usage non référentiel, cette signification est exprimée de façon
morphologique, par l'***incorporation*** de la racine **qora-** ⟨renne⟩ dans le mot-
forme verbal :
     b. *tə   + qora +γənret +Ø   +ək*
     1SG.SUJ renne garder   AOR 1SG.SUJ
     ⟨[J']étais gardien de rennes⟩ [telle était mon occupation].

Il est naturel d'appeler les significations qui sont toujours morphologiques (dans une langue donnée) significations *morphologiques au sens fort*; les significations qui peuvent être morphologiques mais admettent aussi une expression non morphologique seront appelées significations *morphologiques au sens faible*.

Dans ce livre, ce sont surtout les significations morphologiques au sens fort qui nous intéressent.

 Dans ce qui suit, nous omettrons le déterminant *au sens fort* en parlant des significations morphologiques au sens fort; donc, sauf mention expresse du contraire, *signification morphologique* = 'signification morphologique au sens fort'.

Quant aux significations morphologiques au sens faible, nous allons seulement caractériser les procédés de leur expression (à l'intérieur des mots-formes) sans les analyser elles-mêmes.

4.3. Significations non morphologiques. Pour mieux nuancer le concept de signification morphologique, qui occupe une place capitale dans notre exposé, nous insisterons ici sur la DÉLIMITATION EXTERNE de ce type de signification; c'est-à-dire que nous caractériserons les significations non morphologiques. Celles-ci sont groupées sous deux rubriques principales :

A. Les significations exprimées à l'extérieur des mots-formes.

B. Les significations exprimées par des mots-formes mais pas à l'intérieur du même mot-forme que la signification repère (voir ci-dessus, **4.1**).

A. Plusieurs significations linguistiques$_1$ sont exprimées à l'extérieur des mots-formes : soit par la prosodie, soit par la structure syntaxique de la phrase (NB : ce sont des signes *non segmentaux*, voir Cinquième partie, chapitre I). Nous nous limiterons à deux exemples.

(5) En français, on a :

a. *Tu viendras me voir ce soir.*

b. *Tu viendras me voir ce soir?*

c. *Tu viendras me voir ce soir!*

d. *Tu viendras me voir ce soir?!?*

Les différences sémantiques entre les phrases en (5) : affirmation neutre (ou bien proposition, etc.) ~ question ~ ordre ~ étonnement (mélangé, peut-être, d'indignation ou de ravissement) — ne sont pas exprimées par des mots-formes ou dans des mots-formes. C'est ici le domaine de la prosodie de la phrase (intonation, timbre, rythme, débit, pauses, accents).

(6) **a.** En russe, on a :

pjat′ kilo 'cinq kilos' ~

kilo pjat′ 'approximativement cinq kilos'

desjat́ jaščikov ⟨10 boîtes⟩   ∼

jaščikov desjat́ ⟨approximativement 10 boîtes⟩

sorok čelovek ⟨40 personnes⟩   ∼

čelovek sorok ⟨approximativement 40 personnes⟩

b. En abkhaze, on a :

ž̥ʷiza cʼla ⟨11 arbres⟩   ∼

cʼla ž̥ʷiza ⟨(tous) ces 11 arbres ensemble⟩

fvʸaž̥ʷa čə ⟨20 chevaux⟩   ∼

čə fvʸaž̥ʷa ⟨(tous) ces 20 chevaux ensemble⟩

śʷ apswa ⟨100 Abkhazes⟩   ∼

apswa śʷ ⟨(tous) ces 100 Abkhazes ensemble⟩

Les significations ⟨approximativement⟩ en russe et ⟨(tous) ces … ensemble⟩ en abkhaze ne sont exprimées que par la construction syntaxique, plus précisément par l'inversion du numéral (qui normalement précède le nom quantifié, comme dans la colonne de gauche).

Nous verrons même que des significations *flexionnelles* (§2 de ce chapitre, **2.2**, p. 264 ssq.) apparaissent assez souvent dans les langues naturelles comme non morphologiques : ce sont des significations exprimées dans des *formes analytiques*, voir plus loin, chapitre VI, **3**, p. 351 ssq. Par exemple, le parfait français (ou anglais) est exprimé par une construction syntaxique entière :

$$\left\{ \begin{array}{l} \text{AVOIR} \\ \text{ÊTRE} \end{array} \right\} \xrightarrow{\text{auxiliaire}} V_{\text{participe passé}}$$

(plutôt que par le verbe auxiliaire pris isolément; cf. Percov 1978).

B. La plupart des significations linguistiques₁ (ce sont des significations lexicales) sont non morphologiques : elles sont exprimées par des mots-formes, mais pas par les mêmes mots-formes qui comprennent leur signification repère. Ainsi, ⟨très⟩ (= **très, bien, fort**, …) est une signification non morphologique en français, parce que pour dire ⟨très/fort important⟩ (où ⟨important⟩ est la signification repère), nous utilisons un mot-forme **très** (ou **fort**) à côté du mot-forme **important**. Nous ne pouvons faire autrement en français et exprimer, par exemple, ⟨très⟩ par un affixe qui ferait partie de l'adjectif qualifié.

Le nombre total de significations lexicales non morphologiques du type indiqué (= **B**) dans une langue quelconque est de l'ordre de 10^6, c'est-à-dire à peu près un million. (Cf. l'Introduction, chapitre II, **3**, p. 67.)

Cette estimation se vérifie aisément si l'on prend le nombre d'entrées consignées dans un bon dictionnaire de la langue (de 60 000 à 100 000 mots-vedettes dans des dictionnaires courants) et qu'on le multiplie par le nombre moyen d'acceptions différentes par entrée : entre 5 et 10.

Par contre, le nombre total de significations (lexicales et grammaticales) non morphologiques du type **A** se situe (selon la langue) entre 10^2 et 10^3. Ce chiffre inclut les significations exprimées prosodiquement (une vingtaine) et les significations exprimées par des constructions syntaxiques (une centaine).

5. Présentation systématique des classes de significations

L'opposition «morphologique $\sim$ non morphologique» se fonde sur le caractère d'expression des significations et croise les deux oppositions introduites plus haut : «lexicale $\sim$ grammaticale» (avec la subdivision «flexionnel $\sim$ dérivationnel») et «sémantique $\sim$ syntaxique». Les trois oppositions (dont deux sont binaires et une, ternaire) prises ensemble entraînent la possibilité théorique de 12 classes de significations que nous passerons en revue (commençant par les significations morphologiques et suivant à l'intérieur des regroupements «morphologiques» et «non morphologiques» le même ordre que dans la figure I-1, p. 326).

1. Significations morphologiques lexicales sémantiques : par exemple, les cas du type **tex-** ʿtechniqueʾ ou **part-** ʿde partiʾ en russe, c'est-à-dire les significations des signes qui, sous la forme donnée, ne peuvent être utilisées que comme premier élément d'un mot-forme (plus précisément, d'un radical) composé₁, donc comme un élément compositif. Par exemple, *plan* ʿplanʾ $\sim$ *tex+plan* ʿplan techniqueʾ ou *sobranie* ʿréunionʾ $\sim$ *part+sobranie* ʿréunion de partiʾ.

NB : Ceci est un cas de significations morphologiques au sens faible, puisque ʿtechniqueʾ et ʿde partiʾ peuvent être exprimés en russe (et très souvent, ils le sont) par des adjectifs séparés, cf. *texničeskij plan* ʿplan techniqueʾ et *partijnoe sobranie* ʿréunion de partiʾ.

L'expression morphologique des significations lexicales sémantiques est typique de la **composition**, en particulier, d'un sous-type de composition appelé **incorporation** (Cinquième partie, chapitre II, §2, **9.6**). Comparez l'exemple (7) :

(7) En guilyak, pour dire ʿmettre les skisʾ, on utilise le verbe *ilvid* ʿʿchausserʾ et le nom *es* ʿfixation du skiʾ; *es* n'est pas ajouté à *ilvid* ʿ en tant que complément séparé mais préfixé en tant que partie intégrante du mot-forme : le résultat est *ezvlid* ʿʿmettre les skisʾ. Voici encore quelques cas similaires :

uɣd ʿ   ʿentrerʾ $\oplus$ *təf* ʿmaisonʾ   = *təvɣd* ʿ ʿentrer dans la maisonʾ

alɣd ʿ   ʿouvrirʾ $\oplus$ *řə* ʿporteʾ   = *řəlɣd* ʿ ʿouvrir la porteʾ

arkt ʿ   ʿfermer à cléʾ $\oplus$ *řə* ʿporteʾ   = *řarkt* ʿ ʿfermer la porte à cléʾ

maŋgd ʿ ʿêtre fortʾ $\oplus$ *qʰoġa* ʿespritʾ = *qʰoġamaŋgd* ʿ ʿêtre fort d'espritʾ [être intelligent]

L'incorporation de l'objet direct est un procédé très fréquent en guilyak; en principe, elle est possible pour tout verbe transitif et tout nom. [3]

2. Significations morphologiques lexicales syntaxiques : cette classe ne semble pas exister. Nous n'en connaissons pas, du moins, et ne pouvons en imaginer un exemple. (Cela serait l'incorporation, dans des mots-formes, de racines qui signaleraient des liens syntaxiques entre autres racines au sein du mot-forme.)

3. Significations morphologiques grammaticales sémantiques :

a. Flexionnelles : par exemple, le nombre du nom ou le temps et le mode du verbe en français.

b. Dérivationnelles : par exemple, le diminutif, le nom d'agent, l'adjectif potentiel (en **-able**) en français.

4. Significations morphologiques grammaticales syntaxiques :

a. Flexionnelles : par exemple, le genre et le nombre de l'adjectif ou la personne et le nombre du verbe en français.

b. Dérivationnelles : par exemple, le nom d'action (*déplacement*), le nom de qualité (*correction* [*de cette formule*], au sens de ᶜcette formule est correcteᵓ) ou l'adjectif de relation (type *urbain*) en français.

5. Significations non morphologiques lexicales sémantiques : les «mots pleins» de toutes les langues.

6. Significations non morphologiques lexicales syntaxiques : prépositions et conjonctions régies (voir le point 2 sous **3** ci-dessus, p. 326).

7. Significations non morphologiques grammaticales sémantiques :

a. Flexionnelles : par exemple, les articles en français et en anglais (si on les considère comme marqueurs d'une catégorie flexionnelle du nom); les temps composés des langues romanes, germaniques et autres.

(8) En danois, les articles indéfinis **en** [genre commun] et **et** [genre neutre] sont employés tout comme en français : ils précèdent le nom (*en mand* ᶜun hommeᵓ, *et hus* ᶜune maisonᵓ), dont ils peuvent être séparés par un adjectif : *en god mand* ᶜun brave hommeᵓ, *et god hus* ᶜune bonne maisonᵓ. Par contre, l'article défini a les mêmes formes (plus *-(e)ne* au pluriel), mais il est suffixé au nom et devient du même coup partie intégrante (= inséparable) du mot-forme :

sg	*mand*	ᶜhommeᵓ	~	*mand +en*	ᶜl'hommeᵓ
	kone	ᶜfemmeᵓ	~	*kon +en*	ᶜla femmeᵓ
	hus	ᶜmaisonᵓ	~	*hus +et*	ᶜla maisonᵓ
pl	*mænd*	ᶜhommesᵓ	~	*mænd +ene*	ᶜles hommesᵓ
	koner	ᶜfemmesᵓ	~	*koner +ne*	ᶜles femmesᵓ
	huse	ᶜmaisonsᵓ	~	*huse +ne*	ᶜles maisonsᵓ

Par conséquent, la signification de l'article défini danois appartient à une autre classe de significations que celle de l'article indéfini;

?
19
à laquelle?

b. Dérivationnelles : un dérivatème manifesté par un mot-forme (c'est la ***dérivation analytique*** parallèle à la ***flexion analytique***; le terme *analytique* et le concept de forme analytique seront étudiés dans le chapitre VI de cette partie, en **3**, p. 351 ssq.

(9) En amharique, le mot-forme **balɛ**, qui signifie littéralement ʿmaître/ chef/gouverneurʾ (cf. *baal* ʿseigneurʾ, désignant des divinités sémitiques), fonctionne comme les suffixes français **-iste**, **-eur**, **-ien** :

mɛkina	ʿautomobileʾ	∼ **balɛ** *mɛkina*	ʿautomobilisteʾ
bet	ʿmaisonʾ	∼ **balɛ** *bet*	ʿpropriétaire de la maisonʾ
barneṭa	ʿchapeauʾ	∼ **balɛ** *barneṭa*	ʿcelui de chapeauʾ
dənnəč	ʿpommes de terreʾ	∼ **balɛ** *dənnəč*	ʿcelui de pommes de terreʾ
sɛrg	ʿla fête de nocesʾ	∼ **balɛ** *sɛrg*	ʿorganisateur de la fête de nocesʾ

Il est naturel d'appeler le phénomène présenté en (9) la dérivation analytique, par analogie évidente avec la flexion analytique (les formes verbales composées, les degrés de comparaison analytiques, les cas grammaticaux analytiques). En fait, ce terme est souvent utilisé par rapport aux langues sémitiques. Une mise en garde est cependant indispensable : cet usage terminologique constitue un abus de langage puisque la technique considérée ne produit pas des lexies mais des syntagmes₁ multilexiques, qui sont néanmoins sémantiquement équivalents à des lexies dérivées₁ et jouent le même rôle dans la langue. Autrement dit, ici nous avons affaire à la formation des unités lexicales qui ne sont pas des lexies. (On peut voir des parallèles significatifs dans les expressions analytiques des valeurs des fonctions lexicales : par exemple, S_2 du type *une victime de l'agression* ou *l'objet de notre considération*, S_{loc} du type *l'arène de lutte* ou *le théâtre des hostilités*, etc. Nous croyons qu'il est très utile de chercher une généralisation du concept de dérivation qui permettrait de considérer dans une même rubrique les dérivés₁ véritables et analytiques. Cependant, ce sujet dépasse de loin le cadre du CMG.

8. Significations non morphologiques grammaticales syntaxiques :

a. Flexionnelles : par exemple, la signification de la particule **to** introduisant l'infinitif anglais (si on la considère comme marqueur de l'infinitif); cas grammaticaux analytiques : voir les cas analytiques en tagalog, Deuxième partie, chapitre III, §4, **2.2**, 2, exemple (12).

b. Dérivationnelles : par exemple, les significations des mots-formes indépendants qui fonctionnent en tant que marqueurs de nominalisation de propositions entières, tel le lexème russe TO ʿceʾ :

(10) **To**, *čto on otsutstvoval, udivilo vsex*, litt. ʿCe [= le fait] qu'il était-absent a-étonné tout-le-mondeʾ ∼ *Ego otsutstvie udivilo vsex* ʿSon absence a-étonné tout-le-mondeʾ.

Remarquons que les lexèmes FAIT en français et FACT en anglais, qui servent eux aussi de nominalisateurs, ne sont pas pourtant des marqueurs purement syntaxiques. (²⁰⁄₂₀?) Qu'est-ce que cela veut dire au juste? Comment peut-on le prouver?) Par contre, le lexème français CE, comme dans *Je m'étonne de ce qu'il ne vienne pas*, est un marqueur «pur» de nominalisation.

De ces douze classes théoriques de significations, comme nous l'avons vu, 11 classes existent et doivent être étudiées par la linguistique. Mais dans le cadre plus étroit de la morphologie$_2$, nous ne prenons pas en considération toutes ces classes.

Par définition, la morphologie$_2$ s'intéresse principalement aux SIGNIFICATIONS MORPHOLOGIQUES GRAMMATICALES (les classes 3a-b et 4a-b), en y ajoutant les significations non morphologiques grammaticales (les classes 7a-b et 8a-b), qui s'entremêlent avec les premières.

Les significations lexicales sont étudiées dans le cadre d'une discipline linguistique$_2$ spéciale : la lexicologie, dont la branche appliquée est la lexicographie (qui s'occupe des dictionnaires au niveau plus pratique). Elles sont répertoriées et décrites dans un dictionnaire de langue, la lexicologie offrant la théorie sous-jacente à la compilation des dictionnaires. Il faut cependant se rendre compte du fait que la lexicologie (ainsi que la lexicographie) n'est pas une science linguistique$_2$, si on prend ce terme comme s'appliquant à la sémantique$_2$, à la syntaxe$_2$ ou à la morphologie$_2$: il n'y a pas de niveau de représentation linguistique$_1$ spécial qui corresponde à la lexicologie (Introduction, chapitre II, **2**, p. 47 ssq.; **5**, p. 75). La lexicologie assure une étude complexe de lexèmes comprenant l'étude sémantique, syntaxique, morphologique et phonologique en interaction. Par conséquent, nous pouvons dire que les significations lexicales relèvent de la sémantique$_2$, en particulier, de la sémantique lexicale; en même temps, leur étude fait partie de la lexicologie. Les significations grammaticales, par contre, se trouvent «sous la juridiction» de la morphologie$_2$, mais seulement en ce qui a trait à la correspondance entre faisceaux de sens et faisceaux de moyens morphologiques (voir plus haut, §2, **5.2**, p. 277). L'étude purement sémantique des significations grammaticales est du ressort de la sémantique$_2$, cette fois, de la sémantique morphologique.

NOTES

[1] (**2**, la fin de l'exemple (2b), p. 326). Ou bien on peut dire (ce qui revient au même) que ce sont la relation modificative et le nom gouverneur qui imposent le féminin et le singulier à l'adjectif. La distinction entre les significations sémantiques (= sémantèmes) et les significations syntaxiques (= syntaxèmes) est bien connue en linguistique. Entre autres, elle est formulée explicitement dans Martinet 1980 : 67, où les sémantèmes grammaticaux sont appelés des *modalités* et les syntaxèmes, des *fonctionnels* («[Ces derniers sont des monèmes qui] attachés à d'autres monèmes, leur confèrent l'autonomie [dans

l'énoncé — I.M.] en indiquant leur fonction, c'est-à-dire leur relation avec le reste de l'énoncé» (*ibid.*)).

[2] (**3**, 2, p. 326). Les significations lexicales syntaxiques appellent quatre commentaires.

1. La signification d'une préposition (ou d'une conjonction) régie est obligatoire; elle n'est pas choisie par le locuteur mais plutôt imposée par la langue. Néanmoins elle est lexicale — par défaut, puisqu'elle n'est ni flexionnelle, ni dérivationnelle, c'est-à-dire qu'elle n'est pas grammaticale. (Pour voir ceci, il suffit de confronter une telle signification aux définitions I.30-I.32.) Nous avons touché au problème de l'obligatoire dans les significations lexicales au §2 de ce chapitre, **6.2**, 2, p. 280.

2. Une signification lexicale syntaxique peut être facultative : dans les cas (assez rares) où un syntaxème exprime une relation syntaxique déjà exprimée, de toute façon, par d'autres moyens. Par exemple, latin *Eo* (*in*) *Romam* ⸢Je-vais (à) Rome⸣, où **in** ⸢à⸣ peut toujours être omis sans affecter la grammaticalité ni le sens (puisque le rôle syntaxique de *Roma* +*m* est bien marqué par son cas accusatif obligatoire).

NB : Notons que ce phénomène — une préposition facultative — peut être interprété différemment, à savoir comme une double expression de la même signification sémantique. Alors **in** dans *Eo in Romam* serait considéré comme un «mot plein» mais redondant et sujet à effacement, ce qui est dû exactement à cette redondance.

3. Une préposition régie n'est «vide» que dans le contexte où elle est régie. La même préposition peut être «pleine» dans un contexte différent. Ainsi, **sur** est «vide» dans *Jean insiste sur cette table* mais «plein» dans *Le magazine se trouve sur cette table* (dans la deuxième phrase, **sur** peut alterner avec **dans, sous, près de, derrière,** etc., tandis que dans la première, **sur** est complètement automatique).

4. La signification d'une préposition ou d'une conjonction non régie appartient aux significations lexicales sémantiques; en d'autres termes, elle est classée parmi les significations de tous les mots «pleins».

[3] (**5**, exemple (7), p. 331). Il importe d'indiquer que l'incorporation mentionnée n'interdit point l'apparition itérée du même nom en tant que complément autonome du verbe (par exemple, si l'on veut le munir de certains déterminants). Ainsi, on dit en guilyak :

(i)   *təf+tox təvγd*⸢dans-maison maison-entrer⸣
         [-**tox** est le suffixe de l'allatif];

(ii)   *řə řəlγd*⸢porte porte-ouvrir⸣; etc.

Les exemples (i) et (ii) montrent la différence entre l'expression morphologique et l'expression non morphologique de la même signification dans le même syntagme$_1$.

?
21

Dans les mots-formes guilyak à incorporation, tels que **ezvlid′** au lieu de **esilvid′*, etc., vous observez toute une série de changements phonémiques accompagnant l'incorporation. Décrivez-les rigoureusement en termes de modifications₁ (Troisième partie, chapitre II, §3).

RÉSUMÉ DU CHAPITRE V

Tout d'abord, on distingue les ***significations lexicales*** et les ***significations grammaticales***. Parmi ces dernières, on isole une classe de significations ayant une importance particulière pour le CMG : les ***significations flexionnelles***. On définit le concept de ***catégorie flexionnelle*** pour ensuite définir le ***grammème*** (= signification flexionnelle) et le discuter en se fondant sur de nombreux exemples.

Le ***dérivatème*** est défini par analogie avec le grammème; on présente une comparaison détaillée entre les deux et on introduit un concept intermédiaire : le ***quasi-grammème***. On décrit enfin la place particulière de la dérivation dans un modèle linguistique₁. Une distinction fort importante est opérée : ***dérive₁*** (au sens fort : synchronique) vs ***dérive₂*** (au sens faible : diachronique).

Une typologie de significations est proposée, fondée sur les trois oppositions suivantes :

– lexicale   *vs* grammaticale,
– sémantique   *vs* syntaxique,
– morphologique *vs* non morphologique.

CHAPITRE VI

LEXÈME : FORMULATION DÉFINITIVE

1. Considérations préliminaires

1.1. Caractérisation informelle du lexème. *Grosso modo*, un lexème est une unité du plan paradigmatique : l'ENSEMBLE MAXIMUM des mots-formes qui ont tous une même signification (le plus souvent) lexicale et, le cas échéant, une même signification dérivationnelle, mais qui manifestent des significations flexionnelles bien différentes et qui, par cela même, s'opposent entre eux, en s'excluant mutuellement dans une position donnée dans le texte. Cette formulation a besoin d'être précisée mais elle est importante en ce sens qu'elle fait ressortir deux caractéristiques essentielles du lexème :

• Le lexème est étroitement lié au DICTIONNAIRE de la langue, puisque c'est dans un dictionnaire que les significations lexicales et leurs expressions sont décrites. Comme, d'une part, un lexème est déterminé par l'unité de la signification lexicale de ses mots-formes, il doit avant tout être spécifié par un article de dictionnaire.

• Le lexème est étroitement lié à la GRAMMAIRE de la langue, puisque c'est dans la grammaire (en particulier, dans un des compartiments de la morphologie$_2$) que les significations flexionnelles et leurs expressions sont décrites. Comme, d'autre part, un lexème est déterminé par l'opposition des significations flexionnelles de ses mots-formes, il doit également être spécifié par l'inventaire de ces significations.

Le lexème est le point de rencontre entre le dictionnaire et la grammaire.

Pour procéder, nous devons signaler les deux complications suivantes qui empêchent la formulation simpliste «un lexème est un ensemble de mots-formes».

Primo, il existe des mots-formes qui n'appartiennent à aucun lexème. Ce sont les mots-formes *secondaires* (chapitre IV, §5, **1**, pp. 247-248), résultat des transformations syntaxiques : des clivages et des amalgames (tels les préfixes séparables représentant les formes verbales en hongrois — l'exemple (11a), §2 du chapitre IV, p. 202 — ou les amalgames du type **au** ou **du** en français). Un mot-forme secondaire doit d'abord être réduit aux mots-formes primaires dont il est issu; seuls ces derniers peuvent être référés à leurs lexèmes.

Secundo, certaines significations flexionnelles peuvent bien être, comme nous l'avons vu (chapitre V, §4, **5**, p. 331 ssq.), non morphologiques; par conséquent, un lexème peut aussi inclure, à côté des mots-formes, des syntagmes$_1$ exprimant des significations flexionnelles pour une signification lexicale donnée — des *formes analytiques* (par exemple, le lexème LIRE en français inclut, entre autres, les syntagmes$_1$ *avons lu, ..., aurais lu, ..., ayant lu, ... a été lu, ...*).

Il s'ensuit que, d'une part, tous les mots-formes trouvés dans le texte ne sont pas des éléments de lexèmes, mais seulement ceux qui se trouvent dans une correspondance directe avec des articles de dictionnaire; d'autre part, ce ne sont pas seulement des mots-formes qui sont des éléments de lexèmes : il y a, en plus, des syntagmes$_1$. La révision de notre formulation préliminaire suivra ces deux axes.

1.2. Le lexème et le dictionnaire. Un mot-forme quelconque peut, en général, être décrit :

– soit par un seul article de dictionnaire (plus, bien sûr, toutes les données grammaticales pertinentes);

– soit par deux (ou plusieurs) articles de dictionnaire (plus la grammaire, tout comme dans le premier cas);

– soit par aucun article de dictionnaire (seulement par la grammaire).

Cela dépend de la nature du mot-forme à l'étude :

• Les mots-formes primaires (chapitre VI, §5) non composés$_1$, du type **crayon, le/la/les, dans, trébuchant, locaux** [nom ou adjectif], **porte-avions,**[1] **mademoiselle, va, sachions,** etc., sont décrits chacun par un article de dictionnaire.

• Les mots-formes primaires composés$_1$, du type all. **Sonnenberge** ʿsoleil-montagnesʾ [= ʿmontagnes ensoleilléesʾ], etc., sont décrits chacun par deux (ou plusieurs) articles de dictionnaire.

• Les mots-formes secondaires du type du préfixe perfectif du hongrois **meg,** utilisé tout seul comme réponse positive (par exemple, **Megolvastad?** ʿAs-tu lu cela?ʾ — **Meg** ʿOuiʾ) [«mots-formes par promotion»] et du type fr. **au** [«mots-formes par rétrogradation»] ne sont directement décrits par aucun article de dictionnaire.

Du point de vue de leur réunion en lexèmes (= de leur lexémisation), nous allons retenir exclusivement les deux premiers types de mots-formes. Nous les appellerons des *lexes*, et dans ce chapitre il ne s'agira que des mots-formes de ces types.

Tous les mots-formes secondaires — ceux résultant des transformations qui «factorisent» une partie du mot-forme primaire (tel **meg-** hongrois) et ceux résultant des transformations qui «amalgament» deux mots-formes primaires (fr. **au** = **à** ⊕ **le**, it. **nel** = **in** ⊕ **il**) — ne sont donc pas des lexes.

Dans une description scientifique de la langue **L**, tout lexe de **L** doit être spécifié par le dictionnaire, ou lexique, de **L** et par sa grammaire. (Quant aux mots-formes non lexes, ils sont réduits, comme nous l'avons indiqué, aux lexes correspondants par des règles de la grammaire; théoriquement, ils ne doivent pas être répertoriés dans le dictionnaire. [2]) La grammaire s'adresse aux propriétés communes à de vastes classes de lexes — à ce qui est commun à tous les verbes, ou à tous les verbes transitifs, à tous les noms, etc. Le dictionnaire, pour sa part, prend en charge les données plus spécifiques, valables seulement pour un groupe limité de lexes, tels que les formes du verbe SECOURIR. Ces données ont trait, bien entendu, aux trois composantes du lexe : à son signifié, à son signifiant et à son syntactique (tout cela — moins les parties couvertes par la grammaire, c'est-à-dire par les règles générales).

Si toutes les données pertinentes sur le lexe **l** sont contenues dans un article de dictionnaire, nous dirons que *cet article de dictionnaire décrit le lexe* **l**.

Un lexe peut être décrit, comme nous l'avons dit, par plusieurs articles de dictionnaire (si ce lexe est un composé$_1$); cependant, pour le moment, nous ignorerons ce fait, dans le but de simplifier nos raisonnements. Nous y retournerons plus loin (p. 343 ssq.).

La notion «être décrit par un article de dictionnaire» nous permet de formuler le critère de distribution de lexes en lexèmes, ou le critère de lexémisation.

Critère de lexémisation

Si deux lexes ne peuvent pas être décrits par le même article de dictionnaire (plus les règles grammaticales), ils appartiennent nécessairement à deux lexèmes différents.

Par exemple, le russe a **dóma** ⸢maison, SG.GÉN⸣ et **dóma** ⸢à la maison/ chez soi⸣; la différence sémantique que l'on observe ici ne peut pas être couverte par la grammaire, puisque aucune autre forme génitive du russe ne signifie ⸢à/dans …⸣ : **jaščika** ⸢boîte, SG.GÉN⸣ ≠ ⸢dans la boîte⸣, **stola** ⸢table, SG.GÉN⸣ ≠ ⸢à/sur la table⸣, etc. *Ergo*, **dóma** ⸢maison, SG.GÉN⸣ et **dóma** ⸢à la maison/chez soi⸣ sont décrits par deux articles de dictionnaire différents et par conséquent, ils appartiennent à deux lexèmes différents :

   dóma ⸢maison, SG.GÉN⸣   ∈ DOM [nom] ⸢maison⸣;
   dóma ⸢à la maison/chez soi⸣ ∈ DOMA [adverbe] ⸢à la maison/chez soi⸣
[DOM contient 11 autres lexes : toutes les formes de deux nombres et de six cas; DOMA ne contient qu'un seul lexe **dóma**.]

L'inverse n'est malheureusement pas vrai : du fait que deux lexes peuvent être décrits par le même article de dictionnaire, il ne découle point qu'ils appartiennent au même lexème. Il se peut que leur différence grammaticale soit DÉRIVATIONNELLE, alors que pour appartenir au même lexème, les lexes à l'étude

doivent — par définition — manifester seulement des différences FLEXION-
NELLES. Par exemple, angl. **eater** ⟨celui qui mange⟩ peut être complètement
caractérisé par l'article de dictionnaire de EAT ⟨manger⟩ plus la description
grammaticale du suffixe d'agent **-er** ⟨celui qui...⟩; malgré tout, ⟨celui qui ...⟩
étant un dérivatème en anglais, nous ne dirons pas que **eater** et **eat** (ainsi que
eaten, ate, eating, ...) sont des lexes du même lexème, donc :

> **eat, eats, eaten, ate, eating, has eaten,** ... ∈ EAT [verbe] ⟨manger⟩;
> **eater, eaters, eater's, eaters',** ... [plus les mêmes formes avec l'article
> correspondant] ∈ EATER [nom] ⟨mangeur⟩.

Tel est le cas de toute dérivation productive.

 L'existence d'un critère négatif de classification sans qu'il
n'existe de critère positif est un trait typique des descriptions des
langues naturelles qui est déterminé par la nature de ces dernières. Dans beaucoup de cas, les contrastes et les oppositions
observables nous INTERDISENT DE RÉUNIR quelques éléments linguistiques₁ dans une même classe ou dans une même unité; nous
avons affaire à des considérations formelles qui excluent cette
réunion. Par contre, dans les mêmes cas, il n'existe pas de raisons
formelles qui nous FORCERAIENT À RÉUNIR tels ou tels éléments,
et la réunion doit se faire sur la base de ressemblances physiques,
donc de considérations informelles. Voici trois exemples assez
banals :

1. En phonologie, le fait que les sons $[f_1]$ et $[f_2]$ s'opposent
dans la même position et distinguent deux signifiants implique
univoquement qu'ils appartiennent à deux phonèmes différents.
Mais si $[f_1]$ et $[f_2]$ ne s'opposent pas, on ne peut aucunement en
conclure qu'ils appartiennent au même phonème. Ainsi, en anglais, [h] et [ŋ] ne s'opposent pas, [h] apparaissant toujours après
une pause et devant une voyelle et [ŋ] toujours après une voyelle
et devant une pause ou une consonne; [3] mais cela ne veut pas dire
que [h] et [ŋ] sont des allophones du même phonème.

2. En morphologie, le fait que deux signes s_1 et s_2 puissent
être linéairement séparés par un mot-forme «évident» **w** implique
univoquement que s_1 et s_2 appartiennent à deux mots-formes différents. Mais si aucun mot-forme «évident» ne peut être inséré
entre s_1 et s_2, il ne s'ensuit pas que s_1 et s_2 font partie du même
mot-forme. Ainsi, en français, **le** et **vois** dans *Je le vois* ne peuvent pas être séparés par un mot-forme incontestable, et pourtant
ils ne sont pas des parties du même mot-forme (**le** est un mot-forme à part, un préclitique : voir plus haut, chapitre IV, §2, **2.3,**
exemple (6), p. 192).

3. En syntaxe, soit deux syntagmes₁ binaires

$$w_1 \xrightarrow{\ r\ } w_2 \quad \text{et} \quad w_1' \xrightarrow{\ r'\ } w_2',$$

constitués des mêmes lexèmes; la dépendance syntaxique entre ces lexèmes va dans la même direction, et les deux syntagmes$_1$ ne diffèrent que par des moyens purement syntaxiques. Le fait qu'ils peuvent s'opposer sémantiquement, c'est-à-dire que :

$$^{\langle}w_1 \xrightarrow{\ r\ } w_2^{\rangle} \neq {}^{\langle}w_1' \xrightarrow{\ r'\ } w_2'^{\rangle}$$

implique que les relations syntaxiques r et r' sont différentes. Si en russe nous avons :

desjat' $\xrightarrow{\ r\ }$ **metrov** $^{\langle}10$ mètres$^{\rangle}$

vs

metrov $\xrightarrow{\ r'\ }$ **desjat'** $^{\langle}$à peu près 10 mètres$^{\rangle}$,

l'ordre des mots étant un moyen syntaxique, nous en concluons que $r \neq r'$ (Mel'čuk 1981 : 52).

Mais si en français :

marcher $\xrightarrow{\ r\ }$ **rapidement** et **marches** $\xrightarrow{\ r'\ }$ **rapide** ne s'opposent pas sémantiquement (l'adverbialisation en **-ment** est un moyen syntaxique), on ne peut rien en déduire au sujet des relations r et r'. Il faut avoir recours à des considérations variées et complexes pour décider si la relation syntaxique qui lie un adjectif à son nom en français est identique à celle qui lie un adverbe en **-ment** à son verbe.

Pour la raison qui vient d'être mentionnée, le résultat positif du test dictionnairique (c'est-à-dire deux lexes donnés peuvent être décrits par un même article de dictionnaire) n'est pas suffisant pour réunir ces lexes dans un lexème : il faut, en plus, que la différence sémantique observée entre eux soit complètement représentable en termes de significations flexionnelles.

1.3. Le lexème et la grammaire. Du point de vue morphologique, un lexème est donc l'ensemble de tous les lexes qui se distinguent entre eux exclusivement par les grammèmes (et les quasi-grammèmes) qu'ils expriment. Dans un langage plus habituel, bien que moins précis, on dit que le lexème est la totalité des «formes (flexionnelles) d'un mot», c'est-à-dire des résultats de la flexion de ce dernier selon les catégories pertinentes.

Or nous savons déjà que certains grammèmes sont exprimés de façon non morphologique, c'est-à-dire par des mots outils séparés ou par toute une construction utilisant des mots outils. Cela produit ce qu'on appelle les *formes analytiques*, du type **ai lu** ou **a été construite**, qui sont, respectivement, des lexes de LIRE et de CONSTRUIRE (voir plus loin, **3.2**, la définition I.44, p. 352). Dans nos termes, cela signifie que parmi les lexes il doit y avoir des syntagmes$_1$ — suites (chaînes) de mots-formes syntaxiquement liés.

1.4. Le lexe. Maintenant nous pouvons définir le lexe et discuter en plus de détails certains traits pertinents de ce concept.

Définition I.41 : lexe

Nous appelons *lexe* soit un mot-forme de la langue (= mot-forme primaire, qui est décrit par un ou plusieurs article(s) de dictionnaire), soit un syntagme₁ dont un mot-forme exprime une signification lexicale et tous les autres mots-formes, seulement des significations flexionnelles.

De la définition I.41, il découle trois constatations importantes :

1. Il y a deux types de lexe à distinguer. D'une part, ce sont les LEXES MOTS-FORMES, d'autre part, les LEXES SYNTAGMES₁.

2. Un lexe syntagme₁ est composé de lexes mots-formes. Dans ce cas, un lexe comporte [= est constitué] donc d'autres lexes.

3. Comme corollaire, un lexe mot-forme peut être en même temps un élément du lexème L_1 et une partie d'un lexe du lexème L_2. Par exemple, dans **avons été vus** le mot-forme **été** est un lexe du lexème ÊTRE2 [verbe auxiliaire] et une partie constituante du lexe syntagme₁ **avons été vus**, qui est un lexe du lexème VOIR.

Commentaires sur la définition I.41

Nous allons discuter les trois points suivants :
– Lexe mot-forme composé₁;
– Lexe mot-forme et signification lexicale;
– Lexe mot-forme et lexe syntagme₁.

1. Il existe toute une vaste classe de mots-formes primaires, c'est-à-dire des lexes, qui ne peuvent pas être décrits chacun par un seul article de dictionnaire, puisque leur nombre est pratiquement illimité. Ce sont des mots-formes composés non phraséologisés, ou ***composés₁***. Insistons : il s'agit des mots-formes composés₁ PARFAITEMENT RÉGULIERS, qui sont typiques de plusieurs langues. Limitons-nous à trois exemples :

(1) **a.** hongrois

haboskávé ʿcafé crèmeʾ (**hab** ʿcrèmeʾ, **habos** [adjectif] ʿavec de la crèmeʾ, **kávé** ʿcaféʾ);

vízespohár ʿverre d'eauʾ (**víz** ʿeauʾ, **vízes** [adjectif] ʿavec de l'eauʾ, **pohár** ʿverreʾ);

háztető ʿtoit de maisonʾ (**ház** ʿmaisonʾ, **tető** ʿtoitʾ);

téglagyár ʿusine de briquesʾ (**tégla** ʿbriqueʾ, **gyár** ʿusineʾ); etc.

b. russe

šestimotornyj ʿà six moteursʾ (**šest′** ʿsixʾ, **motor** ʿmoteurʾ; **-n** est un suffixe adjectivalisant, et **-yj**, la désinence du masculin singulier au nominatif);

trëxmačtovyj ʿà trois mâtsʾ (**tri** ʿtroisʾ, **mačt(+a)** ʿmâtʾ; **-ov** est un suffixe adjectivalisant);

četyrnadcatimetrovyj ⟨de 14 mètres⟩ (**četyrnadcat'** ⟨quatorze⟩, **metr** ⟨mètre⟩);

etc. [le numéral apparaît dans ces composés₁ au génitif].

c. allemand

Literatursprache ⟨langue littéraire⟩, **Kanzleisprache** ⟨langue de chancellerie⟩, **Geschäftssprache** ⟨langue d'affaires⟩, **National-sprache** ⟨langue nationale⟩, **Schriftsprache** ⟨langue écrite⟩, **Publi-zistiksprache** ⟨langue de journalisme⟩, etc.

Tous les mots-formes qui apparaissent en (1) sont des lexes, mais des lexes manifestant des lexèmes composés₁. Tout comme les lexèmes dérivés₁, les lexèmes composés₁ ne peuvent pas (et ne doivent pas) être répertoriés dans le dictionnaire : ils sont librement formés par les locuteurs à partir de lexèmes «primitifs» et de règles générales de composition, qui opèrent en **L**. Par consé-quent, de tels mots-formes sont décrits en termes de deux (ou plus) articles de dictionnaire. (Rappelons qu'un article de dictionnaire décrit toujours un lexème «primitif», et un seul.) Du point de vue logique, l'existence de lexes composés₁ ne change rien à notre construction.

2. En parlant du lexe mot-forme, nous ne pouvons pas exiger qu'il ex-prime nécessairement une signification lexicale : il existe des mots outils, c'est-à-dire des mots-formes (= lexes) qui n'expriment que des significations grammaticales. Tels sont, par exemple, les verbes auxiliaires ou les pré-positions et les conjonctions régies. Il existe, en plus, des mots pleins qui expriment, quand même, seulement des significations grammaticales : par exemple, les articles. Pour cette raison, le type de signification exprimée ne peut pas servir de critère d'identification d'un lexe. Cf. le commentaire 2 sur la définition I.42, p. 348.

3. La formulation concernant le lexe syntagme₁ est différente de la formu-lation concernant le lexe mot-forme puisqu'un syntagme₁ décrit par un seul ar-ticle de dictionnaire n'est pas nécessairement un lexe. Dans la plupart des cas, un tel syntagme₁ est une locution idiomatique (≈ un phrasème) : **chemin de fer** ⟨moyen de transport utilisant la voie ferrée⟩, **casser sa pipe** ⟨mourir⟩, **tom-ber dans les pommes** ⟨perdre connaissance⟩, **sur le coup** ⟨immédiatement⟩, etc. L'existence des locutions idiomatiques nous force à introduire dans la défini-tion I.41 des conditions spéciales pour identifier les syntagmes₁ lexes. Cf. plus loin, **5.1**, p. 362.

1.5. Une conséquence intéressante de la définition I.41 : lexe «article + nom». De notre définition de lexe il découle que la combinaison d'un nom avec un article (en français ou en anglais, par exemple) doit être considérée comme un lexe. En effet, dans **un bateau** il y a un mot-forme — **bateau** — qui exprime une signification lexicale, l'autre — **un** — n'exprimant qu'une signi-fication grammaticale (= obligatoire, c'est-à-dire flexionnelle). Comme résultat, le syntagme₁ **un bateau** est un lexe (un élément du lexème BATEAU, voir plus bas).

Cette analyse ne correspond pas à la démarche de la grammaire traditionnelle, où on ne traite pas d'habitude les syntagmes₁ du type **un bateau, le bateau, du pain,** ... comme des lexes, c'est-à-dire comme des formes analytiques de lexèmes BATEAU, PAIN, etc. Pourtant il nous semble que la combinaison d'un nom avec l'article en français n'est pas moins grammaticale que la combinaison d'un verbe avec l'auxiliaire dans des temps composés. On sait très bien à quel point l'emploi d'un nom sans article est restreint en français (ou en anglais) et à quel point l'apparition d'un article est déterminée soit par un choix sémantique obligatoire, soit par la structure syntaxique. Tout cela rend plausible la description des syntagmes₁ dudit type comme des lexes du français.

Plus important encore, dans plusieurs langues, un des articles est utilisé comme suffixe faisant partie du mot-forme respectif, alors que les autres sont des mots-formes indépendants qui forment des syntagmes₁ avec le mot-forme porteur de la signification lexicale. Tel est le cas, entre autres, du danois (2a) et du roumain (2b) :

(2) **a.** danois

sg   **bog** ⟨livre⟩ ~ **bog+en** ⟨le livre⟩~

   ~ **en (nye) bog** ⟨un livre neuf⟩~ **den nye bog** ⟨le livre neuf⟩
hus ⟨maison⟩~**hus+et** ⟨la maison⟩~

   ~ **et (store) hus** ⟨une grande maison⟩ ~ **det store hus** ⟨la grande maison⟩
pl   **bøger** ⟨livres⟩~ **bøger+ne** ⟨les livres⟩ ~ **de nye bøger** ⟨les livres neufs⟩
huse ⟨maisons⟩ ~ **huse+ne** ⟨les maisons⟩ ~ **de store huse** ⟨les grandes

   maisons⟩. [4]

   b. roumain

sg   **urs** ⟨ours⟩ ~ **urs+ul** ⟨l'ours⟩ ~

   ~ **un urs** ⟨un ours⟩ ~ **cel mai bun urs**, litt. ⟨le plus bon ours⟩
noapte ⟨nuit⟩ ~**noapte+a** ⟨la nuit⟩ ~

   ~ **o noapte** ⟨une nuit⟩ ~ **cea mai bună noapte** ⟨la plus bonne nuit⟩
pl   **urşi** /úrš'/ ⟨ours [pl]⟩ ~ **urşi+i** ⟨les ours⟩ ~

   ~ **cei mai buni urşi** ⟨les plus bons ours⟩
nopţi ⟨nuits⟩ ~ **nopţi+le** ⟨les nuits⟩ ~

   ~ **cele mai bune nopţi** ⟨les plus bonnes nuits⟩

[**cel, cea, cei, cele** sont les formes de l'article déterminatif qui s'emploie devant les adjectifs et les numéraux et qui constitue une particularité du roumain par rapport aux autres langues romanes.]

En danois et en roumain, l'analyse des syntagmes₁ «article + nom» comme des lexes semble encore mieux justifiée qu'en français et en anglais.

Somme toute, la définition de lexe prépare le terrain pour le concept de lexème, qui maintenant peut être défini sans difficulté.

2. Concept de lexème

2.1. Remarques préalables et définitions. Le lexème est un concept assez complexe, dont la définition présuppose trois concepts sous-jacents qui NE SONT PAS ENCORE DÉFINIS : *morphème*, *allomorphe* et *mégamorphe*, voir définitions V.26, V.27 et V.57, Cinquième partie, chapitre II, §4, et chapitre VI. Suivant le principe de base de notre exposé, qui consiste à éviter les références à des concepts définis ultérieurement, nous aurions dû reporter la définition du lexème à plus tard. Néanmoins, nous avons préféré préserver l'unité logique de la Première partie et en finir avec la notion de mot, analysée en concepts de mot-forme et de lexème. Ceci étant dit, nous pouvons procéder aux définitions de trois concepts importants : le *lexème*, la *forme d'un lexème* et la *forme analytique*.

Tout d'abord, nous devons formuler deux mises en garde importantes.

• Soit **w** un lexe et **s**, un signe linguistique$_1$ élémentaire ou quasi élémentaire. Il nous faudra parler du signe **s** qui appartient à l'ensemble des signes en termes desquels **w** est représenté :

$$\mathbf{w} = \oplus(\mathbf{s_1}, \mathbf{s_2}, \ldots, \mathbf{s_n}) = \oplus\{\mathbf{s_i}\};$$
$$\mathbf{s} \in \{\mathbf{s_i}\}.$$

Mais, pour raccourcir l'écriture, nous nous permettrons d'écrire, dans la définition qui suit, $\mathbf{s} \in \mathbf{w}$ [dans le sens de «$\mathbf{s} \in \{\mathbf{s_i}\}$»].

• Comme un autre raccourci, nous utiliserons, dans la définition, l'expression *signe flexionnel*, dont le sens approximatif est comme suit (cf. Cinquième partie, chapitre II, §3, **2.1**). Un signe flexionnel est un signe élémentaire ou quasi élémentaire tel que :

– soit le signifié de ce signe n'est constitué que de significations flexionnelles, c'est-à-dire qu'il n'exprime aucune signification non flexionnelle;

– soit le signe est vide$_2$, mais il est *imposé par une signification flexionnelle*, c'est-à-dire que son emploi est exigé par le syntactique d'un signe flexionnel.

[(Entité ou opération linguistique$_1$) vide$_1$ = 'ʻ... qui n'a pas de signifié' (donc, une unité monoplane); (signe linguistique$_1$) vide$_2$ = 'dont le signifié est vide' (au sens ensembliste; donc, un signe spécial qui ne signifie rien mais qui est utilisé, à côté des autres signes, dans la construction des énoncés.)]

Des signes flexionnels non vides$_2$ sont des marqueurs des significations flexionnelles de toutes sortes (= des affixes flexionnels); des signes flexionnels vides$_2$ sont, par exemple, des éléments thématiques et assimilables, nécessaires dans les formes flexionnelles. Des signes non flexionnels non vides$_2$ sont des radicaux lexicaux et des affixes dérivationnels; des signes non flexionnels vides$_2$ sont des affixes dérivationnels vides$_2$ — affixes qui sont très rares mais qui pourtant existent, comme, par exemple, le suffixe russe **-ic** dans **lis+ic**(+*a*) 'renard', qui est un synonyme parfait de **lis**(+*a*) 'renard' (pour les suffixes dérivationnels vides$_2$, voir Cinquième partie, chapitre II, § 3, **8.1**).

Définition I.42 : lexème

Nous appelons *lexème* un ensemble maximum de lexes $\{w_i\}$ qui vérifie simultanément les deux conditions suivantes [l'une sémantique, l'autre formelle] :

1. Quels que soient deux w_i différents, la différence entre leurs signifiés est soit nulle, soit représentable en termes de significations flexionnelles [= en termes de grammèmes et de quasi-grammèmes].

2. Quels que soient deux w_i différents, $w_m \neq w_n$, pour chaque signe $s_m \in w_m'$ élémentaire ou quasi élémentaire qui n'est pas flexionnel, on peut trouver un signe $s_n \in w_n'$ élémentaire ou quasi élémentaire qui n'est pas flexionnel non plus, tel que :

   (a) soit s_m et s_n sont identiques ou ils sont des allomorphes d'un même morphème;

   (b) soit au moins un de s_m et s_n est un mégamorphe et alors les parties non flexionnelles des signifiés 's_m' et 's_n' sont identiques.

Les commentaires sur la définition I.42, où nous expliquons, entre autres, le pourquoi de ces deux conditions, seront donnés un peu plus loin, après la définition I.43 et les exemples de lexèmes.

Notation

«Lexème» comme tel sera désigné par L.

Définition I.43 : forme d'un lexème

Un lexe appartenant au lexème L est appelé *forme du lexème* L.

Conformément à la tradition, nous parlerons aussi de *formes grammaticales*, ou *flexionnelles*, de L, étant donné que les différences entre ces lexes se réduisent — par définition — aux grammèmes ou aux quasi-grammèmes (= aux significations flexionnelles).

Pour désigner un lexème concret, nous utilisons (comme, d'ailleurs, tout le monde) une de ses formes : la FORME LEXICOGRAPHIQUE ou la FORME DE CITATION. C'est la forme du lexème choisie pour le représenter dans un dictionnaire. En règle générale, ce choix se fait selon les deux critères suivants :

1. Du point de vue de son signifié, la forme de citation doit être la moins *marquée* (pour le concept de marqué, voir Deuxième partie, chapitre I, **2**, 1). *Grosso modo*, cela signifie que la forme de citation doit exprimer le moins possible de catégories flexionnelles, soit être catégoriellement la plus simple possible.

2. Du point de vue de son signifiant, la forme de citation doit assurer la formation la plus facile possible des autres formes, c'est-à-dire qu'elle doit contenir le *morphe de base* (Cinquième partie, chapitre II, §4), soit être formellement la plus simple possible.

Il doit être évident que le choix de la forme de citation dépend, de façon essentielle, de la langue, et que le conflit logiquement possible entre les deux critères mentionnés est résolu plus ou moins arbitrairement.

Ainsi, dans le cas du verbe, on prend comme forme de citation :

– l'infinitif (en français, russe, allemand, ...);
– la 1re personne du singulier au présent (en latin, grec, bulgare, ...);
– la 3e personne du singulier non objectif au présent (en hongrois, ...);
– la 3e personne du singulier masculin au perfectif (en arabe, ...);

et ainsi de suite.

La forme de citation d'un lexème L sera donc utilisée comme son nom conventionnel.

Notation

Le nom d'un lexème est imprimé dans ce livre en majuscules; très souvent il est muni d'un numéro distinctif (identifiant l'acception particulière — la signification lexicale exprimée par le lexème en question; voir plus haut, chapitre I de la Première partie, **4.2**, p. 102).

Exemples

À titre d'exemple, nous donnons ici quelques lexèmes français (les numéros distinctifs sont ceux du *Petit Robert* 1981) :

(3)   **a.** TRAVAIL**II.1** 'ensemble des activités humaines ...' =
       = {**travail, le travail, du travail**}
     TRAVAIL**II.2** 'façon de travailler une matière ...' =
       = {**travail, le travail**}
     TRAVAIL**II.3** 'œuvre, ouvrage' =
       = {**travail, un ⟨le⟩ travail, travaux, des ⟨les⟩ travaux**}
     TRAVAIL**II.4** 'suite d'entreprises et d'opérations ...' =
       = {**travaux, les travaux**}
    b. BLANC**I.1** [adjectif de couleur] = {**blanc, blancs, blanche, blanches, plus blanc, ..., le plus blanc, ..., les plus blanches**}

Ce lexème inclut 12 lexes — à la condition qu'on accepte, comme grammème français, le comparatif en **plus** et le superlatif, mais non pas les sens 'moins' et 'le moins'. [5]

    c. VITE**II.1** 'rapidement' = {**vite, plus vite, le plus vite**}
    d. QUAND**I.1** 'au moment de' = {**quand**}
    e. FLAMBER**II.1** 'être en combustion vive' = {**flambe, flambes, ..., flambent, flambais, ..., flambaient, flambai, ..., flambèrent, flamberai, ..., flamberont, flamberais, ..., flamberaient, [que je] flambe, ..., [qu'ils] flambent, flambe!, flambons!, flambez!, ai flambé, avais flambé, ..., eus flambé, ..., [que j'] aie flambé, ..., flamber, avoir flambé, flambant, ayant flambé**}

Le lexème FLAMBER**II.1** contient 101 lexes — les formes «surcomposées» (**a eu flambé, aurait eu flambé,** ...) et les formes de ce qu'on appelle le «futur immédiat» et le «passé immédiat» non comprises; comparez plus loin, **3.3,**

p. 352. (Voir la liste de formes du verbe ARRIVER dans le *Petit Robert* 1981 : 2161.) Un verbe transitif français en contient beaucoup plus : aux formes en (3e), il faut ajouter les formes passives (le passif participial et le passif réfléchi) et les trois variantes supplémentaires pour chaque temps composé où le participe peut s'accorder avec un complément d'object direct (*le récit que j'ai écrit ~ la nouvelle que j'ai écrite ~ les récits que j'ai écrits ~ les nouvelles que j'ai écrites*) et probablement d'autres formes. [6]

2.2. Commentaires sur la définition I.42. Nous avons repoussé ces commentaires après la définition I.43 parce que nous voulions donner d'abord les exemples de lexèmes, et que ces derniers exigeaient que nous ayons introduit le concept de forme de citation, etc.

Il nous semble opportun de commenter les quatre points importants de la définition I.42 :
– caractère maximal du lexème;
– signification lexémique;
– différences purement flexionnelles entre les lexes d'un même lexème : condition 1;
– allomorphie des marqueurs des parties de la signification lexémique : condition 2.

1. L'exigence que le lexème soit l'ensemble MAXIMUM de lexes garantit que tout lexe qui peut être un élément du lexème L y sera inclus obligatoirement. Si, par exemple, nous n'incluons pas le lexe **agissant** dans le lexème AGIR, ce dernier ne sera pas un ensemble maximum. (*L'ensemble maximum de X$_i$* signifie ʿl'ensemble de tous les X$_i$ʾ; comparez le commentaire 1 sur la définition I.29, §2 du chapitre V, **1**, p. 262.)

2. La partie de la signification totale d'un lexe qu'on obtient en en soustrayant la ou les significations flexionnelles s'appelle la *signification lexémique*. Il découle de la définition I.42 que tous les lexes appartenant à un même lexème ont la même signification lexémique (= qui, comme il est évident, est la partie non flexionnelle du signifié global de chaque lexe). La signification lexémique caractérise donc le lexème comme tel. De façon générale, une signification lexémique inclut nécessairement une ou plusieurs significations radicales (plusieurs — dans le cas d'un lexème composé₁) et peut-être un ou plusieurs dérivatèmes (dans le cas d'un lexème dérivé₁).

La signification lexémique, ou la signification du lexème en cause, n'est pas nécessairement une signification lexicale : il existe des lexèmes qui n'expriment que des significations flexionnelles, tels les articles ou les verbes auxiliaires. Cette situation nous contraint à ne pas caractériser davantage la signification réunissant tous les lexes d'un lexème. Cf. le commentaire 2 sur la définition I.41, p. 343.

3. Dans un premier temps, la condition 1 prévoit le cas de lexes équisignifiants : des variantes soit facultatives, comme all. [*dem*] **Tag** ~ [*dem*] **Tage**, soit distribuées syntaxiquement, comme fr. [*je*] **peux** ~ **puis** [-*je?*], c'est-à-dire le cas des lexes qui ne diffèrent pas sémantiquement. Dans un deuxième temps, cette condition garantit que les lexes d'un même lexème ne possèdent pas d'autres différences sémantiques que des différences flexionnelles (autrement dit, qu'ils ne possèdent pas de différences lexicales ou dérivationnelles).

4. La condition 2 de la définition I.42 est nécessaire, avant tout, pour exclure d'un lexème L_1 les lexes d'un autre lexème L_2 qui sont des synonymes absolus des lexes de L_1. Cela est fait par le biais de l'exigence de l'allomorphie des signes à signifié identique. Par exemple, en russe, les verbes SMOTRET′ et GLJADET′ sont des synonymes absolus (dans un de leurs sens, bien sûr), les deux signifiant ʿregarderʾ. Sans la condition en question, n'importe quel lexe de l'un pourrait (et même devrait, puisqu'un lexème est un ensemble maximum) être pris pour un lexe de l'autre. Pourtant, comme les morphes **smotr-** et **gljad-**, qui expriment la signification lexicale ʿregarderʾ commune à tous les lexes des deux lexèmes, ne sont pas des allomorphes du même morphème (définition V.27, Cinquième partie, chapitre II, §4), ce pêle-mêle de lexes synonymes sera évité.

La condition 2 nous protège non seulement contre la synonymie des racines, comme dans le cas de SMOTRET′ et GLJADET′, mais aussi contre la synonymie des affixes dérivationnels et contre les affixes dérivationnels vides$_2$. Considérons, par exemple, les paires d'adjectifs russes comme DOG-MAT+IČESK(+*ij*) *vs* DOGMAT+IČN(+*yj*), les deux signifiant ʿdogmatiqueʾ ou SUMATOŠ+LIV(+*yj*) *vs* SUMATOŠ+N(+*yj*), les deux signifiant approximativement ʿtracassierʾ. (Des paires de ce type sont fréquentes en russe : plusieurs dizaines.) À l'intérieur de chaque paire, nous voyons deux lexèmes différents mais absolument synonymes (*dogmatičeskij/dogmatičnyj podxod* ʿapproche dogmatiqueʾ; *sumatošlivaja/sumatošnaja devica* ʿune demoiselle tracassièreʾ); ils ont, en plus, des racines identiques. Ce qui les distingue, ce sont les suffixes dérivationnels adjectivalisateurs **-ičesk** vs **-ičn** et **-liv** vs **-n**, suffixes qui expriment le même signifié (ʿadjectif relationnelʾ), sans être pourtant des allomorphes du même morphème. La condition 2 n'est pas satisfaite, et les deux adjectifs en question seront distingués comme deux lexèmes par la définition I.42.

De façon similaire, la définition I.42 traitera comme deux lexèmes différents les verbes dans les paires russes BRODJAŽ(+*it′*) *vs* BRODJAŽ+NI-Č(+*at′*) ʿvagabonderʾ ou PROKAZ(+*it′*) *vs* PROKAZ+NIČ(+*at′*) ʿfaire des espiègleriesʾ : le deuxième membre de chaque paire contient le suffixe vide$_2$ **-nič**, qui n'est pas flexionnel (puisqu'il n'exprime aucun signifié et n'est pas imposé par un affixe flexionnel), alors que le premier membre ne contient pas de suffixe correspondant.

Il est intéressant de noter que les verbes russes RAS+PROŠČ(+*at′sja*) et RAS+PROST(+*it′sja*) ʿdire adieu, prendre congéʾ seront acceptés par la définition I.42 comme appartenant au même lexème, puisque les radicaux verbaux **prošč** et **prost** appartiennent au même morphème (= ils sont reliés par des alternances regulières du russe). Ce traitement semble correspondre à l'intuition des locuteurs.

Cependant, la condition 2 n'empêche pas l'inclusion dans un même lexème des mots-formes se distinguant par un affixe flexionnel vide$_2$. Ainsi, prenons deux mots-formes verbaux de l'espagnol :

$$\textbf{dec} + \textbf{i} + \textbf{r} \ \text{`dire'} \ \text{et} \ \textbf{dich} + \textbf{o} + \textbf{Ø} \ \text{`dit [participe passé]'}.$$

Le signe **dec-** /deθ/ est un allomorphe du morphème radical, qui exprime la signification lexicale [= non flexionnelle] `dire'; le signe **dich-** /dič/ est un ***mégamorphe fort*** (voir Cinquième partie, chapitre VI, définitions V.58 et V.60) exprimant cumulativement `dire' et `participe passé' [une signification flexionnelle]; les signes **-r** `infinitif', **-o** `masculin' et **-Ø** `singulier' expriment tous les trois des significations flexionnelles. Enfin, le signe **-i-** [élément thématique] n'exprime pas de signification flexionnelle, mais il est vide$_2$ et imposé par des significations flexionnelles : il apparaît automatiquement dans les formes flexionnelles du verbe (suivant une règle précise : Sixième partie, chapitre II, §1, **5.3**, règle A.1). Le signe **-i-** est donc flexionnel et n'entre pas en ligne de compte non plus. Les seuls signes non flexionnels à comparer sont donc **dec-** et **dich-**; un des deux, à savoir **dich-**, est un mégamorphe, et tous les deux expriment la même signification non flexionnelle `dire'. De ce fait, la condition 2(b) est satisfaite pour **decir** et **dicho**. (N. Pertsov a attiré mon attention sur les complications liées aux affixes flexionnels vides$_2$ et à des phénomènes apparentés dans la définition du concept de lexème. Plus que cela, il a participé, de façon très active, à la formulation finale de cette définition cruciale.)

 Strictement parlant, pour assurer une plus grande généralité de la définition I.42, nous aurions dû utiliser au lieu d'***allomorphe*** vs ***morphème*** les termes plus généraux : ***allo-*** vs ***-ème***. En effet, si l'on pense aux dérivatèmes, on peut avoir affaire à des moyens morphologiques autres que les morphes (par exemple, aux apophonies ou aux conversions$_2$). Cependant, étant donné que les concepts correspondants ne sont pas évidents et ne seront pas introduits avant la Cinquième partie, nous avons préféré nous limiter à une formulation plus simple (qui est d'ailleurs facilement généralisable).

Résumons. La définition I.42 est très générale. Elle prévoit — à part les lexèmes «ordinaires» — les lexèmes composés$_1$ et les lexèmes dérivés$_1$, c'est-à-dire les lexèmes composés et dérivés de façon complètement régulière (qui, pour cette raison, ne doivent pas être consignés dans le dictionnaire, alors que les lexèmes composés$_2$ et les lexèmes dérivés$_2$ se trouvent dans le dictionnaire, tout à fait comme les lexèmes «ordinaires»). Cependant, nous ne pouvons pas être sûr que cette définition réunit des lexes dans les lexèmes ou distingue des lexèmes de façon toujours satisfaisante, par exemple, suivant les exigences du lexicographe.

Ainsi, la définition I.42 traitera comme lexèmes différents les adverbes russes NAISKOS′ *vs* NAISKOSOK ʿde biaisʾ ou les noms ŽIRAF [masc] *vs* ŽIRAFA [fém] ʿgirafeʾ — dû à la violation de l'exigence de l'allomorphie. Par contre, les verbes RASPROŠČAT′SJA *vs* RASPROSTIT′SJA (voir plus haut, p. 349) seront inclus dans le même lexème. Est-ce que c'est une bonne solution? Est-ce que, dans d'autres langues, on trouve d'autres cas douteux? Beaucoup de recherches empiriques sont nécessaires pour établir la version définitive de ce concept crucial de la morphologie qu'est le lexème.

3. Formes analytiques

3.1. *Analytique* en linguistique. L'adjectif *analytique* (et son corrélat, *analyse*) est fréquemment utilisé dans la littérature linguistique₂ mais de façon peu rigoureuse. En gros, *analytique*, qui s'oppose à *synthétique*, implique ʿdeux (ou plusieurs) mots-formes syntaxiquement liés là où l'on pourrait s'attendre à un seul mot-formeʾ.

> On dit donc qu'une signification est *exprimée de façon analytique* si et seulement si elle est exprimée par un (ou plusieurs) mot(s)-forme(s) séparé(s) alors qu'elle aurait pu — dans la langue en question — être exprimée par une partie de mot-forme.

Prenons un exemple.

(4) Considérons la locution française *sortir de ses gonds* ʿse laisser aller à des mouvements de colère, etc.ʾ; le causatif de cette locution — ʿcauser que X sorte de ses gondsʾ — peut être exprimé soit comme *faire sortir X de ses gonds*, soit comme (vieilli) *jeter ⟨mettre⟩ X hors de ses gonds*. La première expression est analytique (ʿcauserʾ est exprimé par un verbe à part : *faire*), la deuxième, synthétique (ʿcauserʾ est exprimé de façon "fusionnée" avec ʿsortirʾ : par *jeter* ou *mettre*).

Un autre exemple venant du persan :

(5) Les expressions verbales persanes du type *tämam kärdän*, litt. ʿfin faireʾ = ʿterminerʾ, *gäp zädän*, litt. ʿcauserie frapperʾ = ʿcauserʾ ou *mäġlub saxtän*, litt. ʿvaincu bâtirʾ = ʿvaincreʾ sont souvent appelées verbes analytiques, puisqu'elles sont constituées de deux mots-formes (d'un nom exprimant la signification lexicale et d'un verbe auxiliaire exprimant toute l'information grammaticale).

[On observe quelque chose de semblable en français : *porter un coup* ≈ *frapper*; *pousser un cri* ≈ *(s'é)crier*; *faire une demande* ≈ *demander*; *remporter une victoire* ≈ *vaincre*; etc.
$\boxed{\substack{? \\ 22}}$ Pouvez-vous vous rappeler la description proposée pour les expressions de ce type?]

Il existe d'autres emplois du terme *analytique*, que nous considérons abusifs. Ainsi, on dit parfois que le nom russe *zenitka* est une expression synthétique correspondant à l'expression analytique *zenitnoe orudie*, litt. ⟨anti-aérien canon⟩ = ⟨une pièce de D.C.A⟩; de façon analogue, *gruzovik* est synthétique par rapport à l'expression analytique *gruzovoj avtomobil'*, litt. ⟨de-charges automobile⟩ = ⟨camion⟩, comme *vetrjak* est synthétique à côté de *vetrjanaja mel'nica*, litt. ⟨à-vent moulin⟩, analytique. Cependant, nous n'allons pas étudier ici tous les emplois de l'adjectif *analytique* : en tant que terme rigoureux, cet adjectif n'est admis dans notre système que dans l'expression *forme analytique*. Les autres emplois sont toujours permis, mais seulement à titre de caractérisations approximatives et métaphoriques, sans prétentions logiques et sans un sens précis.

3.2. Le concept de forme analytique. Comme toujours, nous commençons par une définition, pour traiter de problèmes spécifiques ensuite.

Définition I.44 : forme analytique

> Une expression constituée de plusieurs lexes [= multilexique] est appelée *forme analytique* (*du lexème* L) si et seulement si elle est un lexe syntagme₁ (de L).

3.3. Forme analytique du lexème L ou syntagme₁ multilexémique L₁ — L₂ — ... — Lₙ? Comme on le voit, la définition de forme analytique est tout à fait triviale; mais le problème consistant à distinguer entre forme analytique d'un lexème donné et syntagme₁ comprenant deux ou plusieurs lexes différents n'en est pas un. Une expression française du type *vais* ⟨*vas, va, ...*⟩ *lire* ou *vient* ⟨*vient, ...*⟩ *de lire* est-elle une forme analytique du lexème LIRE (futur et passé immédiats, respectivement) — ou est-elle plutôt un syntagme₁ libre composé de deux lexèmes : ALLERI.5 ⟨être sur le point de⟩ ⊕ LIRE et VENIRII.3 ⟨avoir juste fini de⟩ ⊕ LIRE? En anglais, pourquoi l'expression du type *will read* ⟨lira⟩ est-elle considérée comme une forme analytique (= futur) de READ alors que des expressions semblables, telles *is going to read* ⟨va lire⟩, *can read* ⟨peut lire⟩ ou *must read* ⟨doit lire⟩, sont traitées de syntagmes₁ bilexémiques GO_{progr} ⊕ READ, CAN ⊕ READ et MUST ⊕ READ? On peut poser des questions comme celles-ci à propos de toute une série d'expressions dans un très grand nombre de langues. (Cf. la note 6, p. 365.)

Dans la littérature spécialisée, on trouve beaucoup de propositions concernant les critères de démarcation entre formes analytiques (d'un lexème) et combinaisons libres de plusieurs lexèmes (voir, par exemple, Žirmunskij et Sunik 1965). Cependant, selon nous, cette démarcation se fait automatiquement à partir d'une décision qui doit, de toute façon, être prise au préalable : il faut comprendre, avant tout, si la signification «additionnelle» exprimée par l'expression «suspecte» est ou n'est pas flexionnelle. Rappelons que *grosso modo*

(⟨?/23⟩ Pourquoi ce *grosso modo*?) cela implique le caractère OBLIGATOIRE de la catégorie qui inclut la signification en cause (chapitre V de cette partie, §2, **2.1**,

p. 262). Ce trait d'obligatoire n'est pas toujours facile à déterminer mais il est suffisant pour bien délimiter les formes analytiques. Voyons un exemple.

(6) En finnois (comme dans d'autres langues ouraliennes, telles l'esto-nien, l'ijorien, le lapon, etc.), pour nier une forme verbale personnelle, on y prépose la négation qui accepte les désinences personnelles mais qui n'exprime pas le temps; le verbe «lexical» perd la désinence per-sonnelle mais exprime le temps. Voici les formes de verbe TULLA ꞌvenirꞌ au présent et à l'imparfait de l'indicatif :

		affirmation		négation	
présent	1sg	*minä*	*tule +**n***	*minä*	*e +**n***	*tule*
	2sg	*sinä*	*tule +**t***	*sinä*	*e +**t***	*tule*
	3sg	*hän*	*tulee*	*hän*	*ei*	*tule*
	1pl	*me*	*tule +**mme***	*me*	*e +**mme***	*tule*
	....					
imparfait	1sg	*minä*	*tul +i +**n***	*minä*	*e +**n***	*tul +lut*
	2sg	*sinä*	*tul +i +**t***	*sinä*	*e +**t***	*tul +lut*
	3sg	*hän*	*tul +i*	*hän*	*ei*	*tul +lut*
	1pl	*me*	*tul +i +**mme***	*me*	*e +**mme***	*tul +leet*
	....					

? | 24 | Dans les formes verbales ci-dessus, vous observez deux «irrégularités» : 3sg du présent affirmatif et 1pl de l'imparfait négatif. Pouvez-vous les expliquer? **Indices** : (i) Les formes du verbe PUHUA ꞌparlerꞌ au présent affirmatif sont comme suit : *minä puhun, sinä puhut, hän puhuu, ...* (ii) La forme *tullut* est un participe passé actif.

Traditionnellement, la grammaire finnoise considère les expressions *en tule, et tule, ei tule*, etc., comme des lexes syntagmes₁ du lexème TULLA, donc comme des formes analytiques. Cela s'explique, probablement, par le fait que la négation verbale est manifeste en finnois de façon plus complexe que dans les langues indo-européennes, où la particule négative est tout simplement ajoutée à la forme verbale. Mais la complexité des transformations entraînées par la négation finnoise et même son caractère «verboïde» sont-ils suffisam-ment pertinents pour lui conférer le statut flexionnel? Si, en effet, la négation [= ꞌne ... pasꞌ] est un grammème, l'affirmation en devient un aussi par opposi-tion; et nous sommes forcé de postuler, pour le verbe finnois, un signe zéro (un affixe? un mot-outil?) qui l'exprime. La situation se complique davantage du fait que nous pouvons considérer la négation comme un quasi-grammème; de cette façon, nous n'aurions pas besoin d'une opposition obligatoire et l'ꞌaffir-mationꞌ ne devrait pas devenir une signification flexionnelle. Pour le moment, nous ne savons pas comment rejeter l'hypothèse de caractère flexionnel de la négation finnoise, sauf par analogie avec d'autres langues. Par exemple, il n'y a pas de raison évidente pour que la négation finnoise soit plus flexionnelle que la négation française : si nous acceptons de dire que fin. *en tule* est un lexe (= une forme analytique) du lexème TULLA, nous sommes obligé de dire que fr. *ne viens pas* est un lexe (= une forme analytique) de VENIR, une constatation que probablement personne n'acceptera comme satisfaisante. Avons-nous alors une raison convaincante pour penser que les expressions verbales négatives en finnois sont plutôt des syntagmes₁ libres bilexémiques : EI ⊕ TULLA, etc.? Pas vraiment. En effet, si le finnois avait un verbe négatif (signifiant ʿne ... pasʾ) qui se conjuguerait à tous les temps et modes, de telle façon que le verbe nié devrait apparaître toujours à la même forme invariable, il serait plus facile d'accepter le statut bilexémique des expressions avec EN, ET, EI, ... Cependant, ce n'est pas le cas : comme nous l'avons indiqué, le verbe négatif n'a les formes personnelles qu'au présent de l'indicatif et à l'impératif; les autres temps et modes sont exprimés par la forme du verbe nié (= «lexical») :

le verbe LUKEA ʿlireʾ à la 1re personne du singulier

	présent	imparfait	parfait		plus-que-parfait
indicatif	*en lue*	*en lukenut*	*en ole*	*lukenut*	*en ollut lukenut*
potentiel	*en lukene*	——	*en liene*	*lukenut*	——
conditionnel	*en lukeisi*	——	*en olisi*	*lukenut*	——

Ce fait rend l'idée de formes analytiques négatives en finnois plus plausible, de façon que l'approche traditionnelle de ces formes peut après tout être correcte. Nous ne sommes pas en mesure d'étayer une solution définitive, et nous nous limiterons à signaler le cas de formes négatives finnoises en tant qu'illustration de la complexité du problème «forme analytique *vs* syntagme₁». (Comparez les difficultés liées à la forme négative en anglais : chapitre IV, §4, **2**, exemple (6d), p. 243.)

Récapitulons :

Dans l'étude des formes analytiques, on établit d'abord le répertoire de grammèmes et de quasi-grammèmes de **L**, après quoi on établit facilement les formes analytiques de **L** : tout syntagme₁ exprimant une signification lexicale plus un grammème ou quasi-grammème est une forme analytique.

Nous connaissons cependant un critère, proposé dans Smirnickij 1956, utile en tant qu'instrument heuristique.

Critère de forme analytique (critère de Smirnickij)

Soit une expression multilexique **E** (de la langue **L**) exprimant une signification lexicale ʿLʾ et une signification «douteuse» ou «suspecte» ʿσʾ.

E est une forme analytique du lexème L si :

    a) ⟨σ⟩ est exprimée ailleurs en **L** de façon synthétique

ou au moins si

    b) ⟨σ⟩ appartient à la catégorie dont d'autres significations sont exprimées en **L** de façon synthétique.

Exemples

(7) **a.** En russe, à l'aspect imperfectif du verbe, le futur est exprimé par un mot-forme à part, le verbe auxiliaire BUD- (comme SHALL/WILL en anglais); mais au perfectif, le futur est exprimé synthétiquement (comme en français) : par un préfixe, un suffixe ou un radical spécial (souligné dans les exemples). Cf. :

			futur imperfectif		futur perfectif
PISAT′	⟨écrire⟩	1sg	bud+u	pisat′	<u>na</u>+piš+u
KRIČAT′	⟨crier⟩	2sg	bud+eš	kričat′	krik+<u>n</u>+eš
LOŽIT′SJA	⟨se coucher⟩	3sg	bud+et	ložit′sja	<u>ljaž</u>+et

Suivant la condition (a) du critère de Smirnickij, les expressions russes du type **budu pisat′**, etc., sont des formes analytiques du verbe correspondant.

b. En allemand, le futur est toujours exprimé par un mot-forme à part, le verbe auxiliaire WERDEN (litt. ⟨devenir⟩) : **[ich] werde schreiben** ⟨[j'] écrirai⟩, **[du] wirst schreien** ⟨[tu] crieras⟩, **[er] wird sich legen** ⟨[il] se couchera⟩. Mais deux autres temps — le présent et l'imparfait — sont exprimés synthétiquement; cf. **schreibe** ⟨[j']écris⟩ ∼ **schrieb** ⟨[j']écrivais⟩, **schreist** ⟨[tu] cries⟩ ∼ **schreitest** ⟨[tu] criais⟩, **legt sich** ⟨[il] se couche⟩ ∼ **legte sich** ⟨[il] se couchait⟩. La condition (b) du critère de Smirnickij impose à des formes allemandes comme **werde schreiben**, etc., le statut de forme analytique.

4. Paradigme

Au concept du lexème, on associe de façon naturelle un autre concept, très pratique dans les descriptions morphologiques : le concept de *paradigme*. Cependant, le terme *paradigme* étant ambigu, il nous faudra en fait introduire deux concepts apparentés mais différents : *paradigme₁* et *paradigme₂*.

4.1. Concepts pertinents. Dans nos raisonnements, nous nous fondons sur l'approche de A. Zaliznjak (1967 : 30).

Soit un lexème L de la langue **L**, appartenant à la classe distributionnelle **K**.

Définition I.45 : paradigme₁

Nous appelons *paradigme₁ du lexème* L la liste qui contient toutes les combinaisons possibles en **L** de tous les grammèmes caractérisant les lexèmes de la classe **K**(L) et telle que pour chaque combinaison de grammèmes, cette liste spécifie le(s) lexe(s) de **L** qui l'exprime(nt).

Notation

«Paradigme₁» sera désigné par Π; nous écrirons Π(L) pour ʿle paradigme₁ du lexème Lʾ.

Pour présenter le paradigme₁ d'un lexème quelconque, on utilise, en règle générale, la méthode suivante. On construit une matrice à n_1 colonnes et n_2 lignes, où $n_1 + n_2 = n$, qui est le nombre de grammèmes (et de quasi-grammèmes) de toutes les catégories flexionnelles caractérisant le lexème. Cette matrice s'appelle la *matrice paradigmatique*; chacune de ses colonnes et de ses lignes est étiquetée par le grammème correspondant. Chaque case de la matrice est de cette façon associée à une combinaison particulière de grammèmes, et on met dans la case le lexe (ou les lexes) qui exprime(nt) justement cette combinaison.

Dans le cas normal, chaque case de la matrice paradigmatique ne contient qu'un seul lexe. Dans quelques cas plutôt exceptionnels, une case peut contenir plusieurs lexes, qui sont alors des variantes libres. Nous pouvons donner un exemple en russe :

(8) Pour tous les noms russes de la 1ʳᵉ déclinaison (en **-a**), on a, à l'instrumental du singulier, **knigoj/knigoju** ʿlivreʾ, **golovoj/golovoju** ʿtêteʾ, **kryšej/kryšeju** ʿtoitʾ, etc., sans aucune différence de sens ou de propriétés syntaxiques.

Dans d'autres cas, également exceptionnels, une case peut ne contenir aucun lexe, donc rester vide; cette situation sera étudiée en **4.2**, p. 358.

Exemples

(9) Pour le nom estonien, le paradigme₁ est organisé par les catégories flexionnelles du nombre et du cas; le paradigme₁ sera donc à deux dimensions. Prenons, à titre d'illustration, le lexème VEND ʿfrèreʾ :

Cas	Nombre	
	singulier	pluriel
nominatif	**vend**	**vennad**
génitif	**venna**	**vendade**
partitif	**venda**	**vendi**
allatif	**vennasse**	**vendadesse**
inessif	**vennas**	**vendades**
élatif	**vennast**	**vendadest**

[Le paradigme n'est pas complet : il reste encore 8 cas grammaticaux.]

(10)   Pour le verbe fini actif maltais (un dialecte de l'arabe), le paradigme$_1$ est organisé par les catégories flexionnelles et les grammèmes suivants :
- mode (indicatif ~ impératif);
- aspect**V** (perfectif ~ imperfectif);
- nombre verbal (singulier ~ pluriel);
- personne verbale (1re ~ 2e ~ 3e);
- genre**I.2** verbal (masculin ~ féminin).

Nous citerons ici le paradigme$_1$ du verbe FEHEM ʿcomprendre' à l'indicatif seulement; il aura par conséquent quatre dimensions.

NB : Suivant la tradition de la grammaire arabe, l'ordre de personnes est 3-2-1 (plutôt que 1-2-3, comme c'est l'habitude dans les grammaires européennes); cela s'explique par le fait que la forme de la 3e personne du singulier masculin au parfait est la plus simple et qu'elle sert de base pour la construction des autres. (C'est la forme de citation, voir **2** plus haut, après la définition I.43, p. 346.)

Nombre	Personne	Genre**I.2**	Aspect	
			perfectif	imperfectif
singulier	3^e	masc	**fehem**	**jifhem**
		fém	**fehmet**	**tifhem**
	2^e		**fhimt**	**tifhem**
	1re		**fhimt**	**nifhem**
pluriel	3^e		**fehmu**	**jifhemu**
	2^e		**fhimtu**	**tifhemu**
	1re		**fhimna**	**nifhemu**

Paradigme$_1$ du verbe maltais FEHEM ʿcomprendre' à l'actif de l'indicatif

Figure I-2

Très souvent, le paradigme$_1$ d'un lexème donné est trop grand (= occupe trop d'espace) pour qu'on puisse le présenter au complet et d'un bloc. L'usage courant est de citer des paradigmes$_1$ par parties; par exemple, on donne d'abord le paradigme$_1$ d'un verbe à l'indicatif seulement et après son paradigme$_1$ au subjonctif, et ainsi de suite. Nous procéderons ainsi en présentant ci-dessous (figure I-3, p. 359) le paradigme$_1$ du verbe anglais (pour donner un exemple de paradigme$_1$ comprenant beaucoup de formes analytiques).

(11)   Pour le verbe fini anglais, le paradigme$_1$ est organisé selon les 8 catégories flexionnelles suivantes :
- mode (indicatif ~ conditionnel ~ irréel ~ subjonctif ~ impératif);
- temps (présent ~ passé);
- résultativité (résultatif [angl. *perfect*] ~ non résultatif);

- aspect**IV** (progressif ~ non progressif);
- perspective (potentiel [correspond au futur et au futur-dans-le-passé] ~ non potentiel);
- statut (neutre ~ non neutre [forme avec DO]);
- nombre verbal (singulier ~ pluriel);
- personne (1re ~ 2e ~ 3e).

Les verbes transitifs ou régissant une préposition ajoutent une autre catégorie :

- voix (actif ~ passif).

(Pour les détails sur les catégories flexionnelles du verbe anglais dans la présente approche, voir Mel'čuk and Pertsov 1987 : 168-169, 175-177.)

L'intérêt particulier du paradigme₁ du verbe anglais est qu'il est constitué, dans la plus grande partie, de formes analytiques. Cependant, à cause de sa taille impressionnante, nous ne le citons ci-dessous (figure I-3, p. 359) que partiellement : pour quatre catégories seulement (mode, temps [distingué seulement à l'indicatif], résultativité et aspect**IV**).

4.2. Paradigme₁ défectif. Nous avons déjà mentionné le cas de paradigmes₁ ayant des cases vides; maintenant nous allons analyser ce cas de façon systématique.

Définition I.46 : paradigme₁ défectif

‖ Un paradigme₁ Π est appelé *défectif* si et seulement si au moins une combinaison de grammèmes dans Π n'a aucun lexe correspondant.

Autrement dit, dans la matrice paradigmatique de Π(L) il y a au moins une case vide. Par exemple, le verbe français FRIRE n'a pas de lexe pour les trois personnes du pluriel au présent : **nous frions*, **vous friez*, **ils frient*, ni pour l'imparfait. Le paradigme₁ de FRIRE est donc défectif; par abus de langage nous dirons aussi que le verbe FRIRE est défectif.

Il existe deux types principaux de défectivité :

– Défectivité SYSTÉMATIQUE, quand un grammème ne peut être exprimé nulle part dans le paradigme₁ donné; comme résultat, on aura dans la matrice paradigmatique toute une colonne ou toute une ligne vide.

– Défectivité FORTUITE, quand juste certaines combinaisons déterminées de grammèmes ne sont pas exprimées dans le paradigme₁ mais qu'en dehors de ces combinaisons, tous les grammèmes intéressés sont exprimés; dans ce cas, la matrice paradigmatique affiche seulement une ou plusieurs cases vides (sans que toute une colonne ou une ligne soit vide).

La défectivité systématique a, à son tour, deux sous-types : la défectivité SÉMANTIQUE et la défectivité FORMELLE. La première est due à l'incompatibilité sémantique d'un grammème et de la signification lexicale du lexème; la deuxième est produite par l'impossibilité formelle (phonémique, accentuelle, ...)

				Mode					
				indicatif		condi-tionnel	irréel	subjonctif	impératif
				présent	passé				
Résultativité	non résultatif	AspectIV	non progressif	you walk	you walked	you would walk	(if) you walked	(requires that) you walk	walk!
			progressif	you are walking	you were walking	you would be walking	(if) you were walking	(requires that) you be walking	be walking!
	résultatif	AspectIV	non progressif	you have walked	you had walked	you would have walked	(if) you had walked	(requires that) you have walked	have walked!
			progressif	you have been walking	you had been walking	you would have been walking	(if) you had been walking	(requires that) you have been walking	have been walking!

Paradigme₁ du verbe anglais WALK ᶜmarcher⁾ à la 2ᵉ personne (singulier et pluriel) au non-potentiel du statut neutre

Figure I-3

de construire l'expression correspondante pour une combinaison de grammè-mes tout à fait concevable et compatible avec le lexème donné.

Exemples

(12)   Défectivité systématique sémantique :

    a. Absence du pluriel pour les noms signifiants des corps (= ma-tières), des états, etc., non comptables : ÉCHAUFFEMENT, BLANCHEUR, RAPIDITÉ, SANTÉ, etc.

    b. Absence de toutes les personnes et de tous les nombres, sauf la 3ᵉ personne du singulier, pour les verbes impersonnels signifiant les phénomènes naturels ou corporels : PLEUVOIR (*Il pleut*), TONNER1 (*Il tonne*), russ. SMERKAT′SJA ᶜdevenir noir [≈ approche de la nuit]⁾, RVAT′ [≈ ᶜvomir⁾, mais dans une cons-truction inverse : *Menja rvët*, litt. ᶜIl me vomit⁾ = ᶜJe vomis⁾], NESTI [≈ ᶜavoir la diarrhée⁾, aussi dans une construction in-verse : *Menja nesët*, litt. ᶜIl me porte⁾ = ᶜJ'ai la diarrhée⁾], etc.

(13)   Défectivité systématique formelle :

    a. Absence du singulier morphologique pour les noms qui ont toujours la forme plurielle mais qui dénotent des objets ou des événements comptables : CISEAUX, LUNETTES, FUNÉRAILLES; angl. PANTS ʿpantalonʾ, PLIERS ʿpinceʾ, BELLOWS ʿsouffleʾ, etc.

Ici, le singulier est sémantiquement possible, et on le forme même parfois à l'aide de moyens lexicaux (**une paire de ciseaux ⟨de lunettes⟩**). Notons que les singuliers morphologiques [un] CISEAU et [une] LUNETTE existent mais constituent des lexèmes différents (par rapport à CISEAUX et LUNETTES) à cause de leur sens : ʿoutil d'acier destiné à travailler le bois...ʾ et ʿouverture ronde...ʾ/ ʿinstrument d'optique...ʾ

    b. Absence de l'actif /du non-réfléchi pour les verbes qui sont toujours à la forme passive / à la forme réfléchie tout en ayant le sens actif et non réfléchi :

        lat. HORTOR ʿj'encourageʾ, VEREOR ʿj'ai peurʾ, LOQUOR ʿje disʾ, PARTIOR ʿje partageʾ, etc.

        [les verbes de ce type s'appellent *verbes déponents*; voir Quatrième partie, chapitre II, §1];

        russe SMEJAT′SJA ʿrireʾ [**-sja** est le suffixe du réfléchi], KAZAT′SJA ʿsemblerʾ, BOJAT′SJA ʿavoir peurʾ;

        fr. S'ÉCRIER, S'ESCLAFFER, SE MOQUER, S'ÉBATTRE.

    c. Absence de l'imparfait / de l'imperfectif pour les verbes qui sont toujours au parfait / au perfectif mais qui peuvent signifier soit une action perfective, soit un état durable :

        lat. COEPI ʿj'ai commencéʾ [action perfective] *vs* MEMINI ʿje me souviensʾ et ODI ʿje haisʾ [états durables];

        russe OČUTIT′SJA ʿs'être trouvé [quelque part]ʾ [action perfective].

Pour les cas de défectivité systématique, il est usuel d'utiliser en tant que désignation acceptée du phénomène en question le nom latin du seul grammème présent (auprès du lexème donné) en y ajoutant *tantum* ʿseulementʾ. Ainsi :

un nom	sans	pluriel	est appelé	*singulare tantum*;
un nom	sans	singulier	est appelé	*plurale tantum*;
un verbe	sans	imparfait	est appelé	*perfectivum tantum*;
un verbe	sans	actif	est appelé	*passivum tantum*;
un verbe	sans	non-réfléchi	est appelé	*reflexivum tantum*;

etc.[7] (Cf. chapitre V, §2, **2.3**, 4, pp. 268-269.)

(14)   Défectivité fortuite :

    a. Le nom russe MEČTA ʿrêveʾ n'a pas de génitif pluriel : **mečt*, toutes les autres formes du pluriel étant présentes [une forme comme **mačt**, le génitif pluriel de MAČTA ⁽mât⁾, est tout à fait normal; donc il n'y a pas non plus de raison formelle].

b. Les verbes russes POBEDIT′ ⁽vaincre⁾ et UBEDIT′ ⁽convaincre⁾ n'ont pas de 1re personne du singulier au futur : ***pobežu**, ***ubežu**, bien que toutes les autres formes (des deux nombres) soient possibles [les autres verbes du même type formel, comme RODIT′ ⁽mettre au monde⁾, construisent facilement leur 1re personne du singulier au futur : **rožu**].

c. Le nom latin *SPONS ⁽volonté⁾ n'a que l'ablatif (*meā sponte* ⁽de mon gré⁾, *sponte deōrum* ⁽avec la volonté des dieux⁾) et — rarement — le génitif *spontis*; les autres cas n'existent pas, bien qu'il n'y ait pas de raison formelle pour cela. Par contre, le nom FĀS ⁽loi divine; destin⁾ n'a que le nominatif et l'accusatif (*si cadere fās est* ⁽si [mon] destin est de tomber⁾; *contra ius fāsque* ⁽contre la loi et la providence⁾), à l'exclusion des autres cas.

4.3. Types de paradigmes₁. Chaque paradigme₁ peut être caractérisé selon les trois dimensions, ou axes, suivantes :

– ORGANISATION GRAMMATICALE du paradigme₁, soit l'ensemble des combinaisons de grammèmes qui y sont représentées. Autrement dit, c'est le nombre de cases dans la matrice paradigmatique plus leur étiquetage;

– DÉFECTIVITÉ du paradigme₁, soit l'indication de toutes les cases vides;

– MOYENS FORMELS utilisés pour construire tous les lexes du paradigme₁, soit les moyens morphologiques : les affixes, les modifications (y inclus les alternances, les réduplications, etc.) et les schémas accentuels ou tonals, ainsi que les moyens non morphologiques (utilisés dans la construction des formes analytiques).

Ces trois données constituent le type du paradigme₁.

Définition I.47 : paradigme₂

‖ Nous appelons le type d'un paradigme₁ son *paradigme₂*.

Nous évitons pourtant de dire que *«deux paradigmes₁ ont le même paradigme₂»; nous disons plutôt que «deux lexèmes ont le même paradigme₂/des paradigmes₂ différents» ou que «deux lexèmes sont fléchis selon le même paradigme₂/selon deux paradigmes₂ différents».

Exemple

(15) Considérons les paradigmes₁ de trois lexèmes grecs (le grec du Nouveau Testament, 1er siècle de notre ère) : HŌRA ⁽heure⁾, EPAGGELIA ⁽promesse⁾ et GLŌSSA ⁽langue⁾; tous les trois sont des noms féminins.

HŌRA		EPAGGELIA		GLŌSSA	
Nombre					
Cas	SG	PL	SG	PL	SG	PL
nominatif	hōra	hōrai	epaggelia	epaggeliai	glōssa	glōssai
vocatif	hōra!	hōrai!	epaggelia!	epaggeliai!	glōssa!	glōssai!
accusatif	hōran	hōras	epaggelian	epaggelias	glōssan	glōssas
génitif	hōras	hōrōn	epaggelias	epaggeliōn	glōssēs	glōssōn
datif	hōrā(i)	hōrais	epaggeliā(i)	epaggeliais	glōssē(i)	glōssais

Les deux premiers noms ont le même paradigme$_2$, qui est cependant différent du paradigme$_2$ du troisième. ($\boxed{\substack{? \\ 25}}$ Trouvez la différence.) Nous pouvons donc dire qu'en grec, HŌRA et EPAGGELIA sont déclinés selon le même paradigme$_2$, mais non pas GLŌSSA.

5. Phrasème et vocable

Du point de vue de ce livre, le lexème constitue la limite supérieure de nos analyses. En effet, le lexème relève de la morphologie$_2$, puisque c'est lui qui détermine le paradigme$_1$, et que le paradigme$_1$ se trouve complètement dans le cadre de la juridiction morphologique. Par contre, tout ce qui est au-delà du lexème, c'est-à-dire les regroupements de mots-formes plus généraux et plus abstraits, dépasse les bornes de la morphologie et ne doit pas être considéré ici.

Néanmoins, nous croyons utile d'ébaucher, ne serait-ce que très superficiellement, les deux pistes selon lesquelles on développe la généralisation du concept de mot-forme en lexicologie — pour donner un peu de profondeur à notre tableau. Cette généralisation se fait selon l'axe syntagmatique et selon l'axe paradigmatique.

5.1. Généralisation syntagmatique du lexème : phrasème.

À côté des lexèmes, on considère les unités lexicales multilexémiques, ou ***phrasèmes*** (≈ *synthèmes* de Martinet, *synapsies* de Benveniste, *lexies complexes* de Pottier) : tels que CORDON BLEU, CASSER SA PIPE, TOMBER DANS LES POMMES, SUR LE COUP, etc. (voir plus haut, ce chapitre, **1.4**, **3**, p. 343). Un phrasème est un analogue complet du lexème : il possède, lui aussi, un article de dictionnaire à part, ce dernier comprenant une définition, une description du régime (s'il y a lieu), des données sur la combinatoire lexicale restreinte, etc. Un phrasème peut même manifester des particularités morphologiques :

— Un phrasème peut ne pas posséder certaines significations grammaticales, bien que les lexèmes qui le composent ne soient point défectifs. Par exemple, le phrasème russe VSEM VZJAT′, litt. ʿpar tout prendreʾ, signifiant 'avoir toutes les qualités imaginables', n'a pas d'aspect imperfectif ni de futur, alors que le verbe VZJAT' 'prendre [perfectif]' a un paradigme₁ complet et que le sens du phrasème ne contredit point ces grammèmes.

– Un phrasème peut posséder quelques formes (des lexes) n'apparaissant pas en dehors de ce phrasème ou qui y sont obligatoires alors qu'ailleurs elles sont facultatives. Par exemple, le nom russe STRAX 'peur' admet la forme du partitif **straxu** seulement dans des phrasèmes : **so straxu** 'par peur', **naterpet′sja straxu** 'avoir eu une peur bleue'; dans le phrasème SLOŽA RUKI, litt. 'ayant rangé les bras' = 'bras croisés' on trouve comme forme du gérondif **složa**, tandis que la seule forme du gérondif du verbe SLOŽIT' 'ranger' admise ailleurs est **složiv**, etc.

Ainsi, comme nous le voyons, il existe un lien direct entre phrasèmes et morphologie, mais il est quand même trop marginal pour que nous nous sentions obligé d'inclure dans le CMG l'examen de l'aspect morphologique des phrasèmes.

5.2. Généralisation paradigmatique du lexème : vocable. Tous les lexèmes dont les lexes possèdent des signifiants partiellement identiques et qui sont sémantiquement apparentés sont réunis pour former un *vocable*. Plus précisément, la partie du signifiant commune à tous les lexes d'un lexème s'appelle le *signifiant de ce lexème*. Un vocable est alors l'ensemble de tous les lexèmes dont les signifiants sont identiques et qui sont tous sémantiquement liés. (Ce n'est pas une définition parce que l'expression *être sémantiquement lié* appelle des clarifications; nous espérons tout de même que c'est une caractérisation intuitivement compréhensible.) Notre lexème correspond à une acception lexicographique traditionnelle, à un sens d'un mot donné; notre vocable correspond à un mot polysémique. Par exemple, TRAVAIL**II.1**, TRAVAIL**II.2**, etc. (voir l'exemple (3) dans ce chapitre, **2**, après la définition I.43, p. 347), ainsi que tous les autres TRAVAIL qui n'y sont pas mentionnés, constituent le vocable TRAVAIL.

Les lexèmes constituant un vocable peuvent tous avoir les mêmes propriétés morphologiques et, dans ce cas-là, la description morphologique de tous les lexèmes est mise en facteur et affectée au vocable comme un tout. Dans d'autres cas, une partie seulement des descriptions morphologiques individuelles des lexèmes peut être ainsi factorisée, le reste étant différent pour chaque lexème; et ainsi de suite. De ce fait, le vocable a aussi des liens avec la morphologie, mais tout comme dans le cas des phrasèmes, ces liens sont plutôt marginaux et ne seront pas traités ici.

*

*   *

Ceci termine notre étude du mot-forme et de tous les concepts pertinents; nous pouvons maintenant procéder à l'analyse de la structuration de la morphologie₂ en tant que science linguistique₂.

NOTES

[1] **(1.2, p. 338).** Les noms français du type *porte-avions, gratte-ciel, fourre-tout, amuse-gueule* ou *garde-à-vous, boit-sans-soif, pissenlit, tire-au-cul,* etc., ne sont pas des composés₁, c'est-à-dire des composés au sens fort du point de vue synchronique. Pour nous, ce sont des noms spécifiés chacun par un article de dictionnaire comme un tout. Ils ne sont composés que du point de vue de leur étymologie (qui est tout à fait transparente pour les sujets parlants), donc dans la perspective diachronique. Synchroniquement, ce sont des noms simples (composés₂, c'est-à-dire composés au sens faible); comparez la discussion des dérivés₁ *vs* dérivés₂ au §3 du chapitre V, **7.3,** 3, p. 311 ssq.). Les vrais composés, c'est-à-dire les composés₁, sont formés productivement et librement dans le discours et ne peuvent pas être consignés dans le dictionnaire : par exemple, all. *Verwendungsmöglichkeiten* ᶜpossibilités d'applicationᵓ (*Verwendung* ᶜapplicationᵓ, *Möglichkeiten* ᶜpossibilitésᵓ) ou *Lösungsvorschlag* ᶜproposition de solutionᵓ (*Lösung* ᶜsolutionᵓ, *Vorschlag* ᶜpropositionᵓ). Cf. plus loin, l'exemple (1), p. 342.

[2] **(1.2, p. 339).** Rien n'empêche, bien entendu, d'inclure des mots-formes non-lexes dans le dictionnaire — tous ou quelques-uns — pour des raisons pratiques, par exemple, en vue de faciliter leur identification (tout à fait comme on inclut dans les dictionnaires des formes morphologiquement irrégulières).

[3] **(1.2,** 1, sous ⚖, p. 340). Exception : en anglais [h] et [ŋ] peuvent quand même se trouver tous les deux en position intervocalique, mais seulement à la frontière entre deux morphes ou submorphes; cf. *be+hind* ᶜderrièreᵓ /bihá ͥnd/ et *sing+er* ᶜchanteurᵓ /síŋə/.

[4] **(1.5,** exemple (2a), p. 344). Le cas du norvégien est encore plus compliqué que celui du danois. En norvégien, l'article indéfini est toujours préposé en tant que mot-forme indépendant, et l'article défini est toujours postposé en tant que suffixe, même si le nom en cause est modifié par un adjectif (le danois, lui, comme on le voit dans la colonne de droite de (2a), n'a pas d'article suffixé dans cette dernière construction). En plus, avec un adjectif modificateur préposé à un nom défini, le norvégien exige un DEUXIÈME article défini, qui apparaît, cette fois-ci, comme un mot-forme séparé qui précède l'adjectif :

(i) norvégien

sg **by** ᶜvilleᵓ 　 ~ **by +en** ᶜla villeᵓ 　 ~ **en (store) by** ᶜune grande villeᵓ ~

　 　 　 　 　 ~ **den store by +en** ᶜla grande villeᵓ

　 kart ᶜcarteᵓ 　 ~ **kart +et** ᶜla carteᵓ 　 ~ **et (nye) kart** ᶜune nouvelle carteᵓ

　 　 　 　 　 ~ **det nye kart +et** ᶜla nouvelle carteᵓ

pl **by +er** ᶜvillesᵓ ~ **by +er +ne** ᶜles villesᵓ ~ **de store by +er +ne** ᶜles grandes villesᵓ

　 kart ᶜcartesᵓ 　 ~ **kart +ene** ᶜles cartesᵓ 　 ~ **de nye kart +ene** ᶜles nouvelles cartesᵓ

Nous avons ici soit le MARQUAGE double (par **den, det** et **-en, -et**) d'un même grammème (= ᶜdéfini'), soit la RÉPÉTITION, ou l'itération, d'un même grammème au sein d'un lexe (cf. plus haut, chapitre V, §2, **2.3**, 3, p. 267 ssq.).

⁵ (**2**, exemple (3b), p. 347). En faisant ce choix, dans le présent exemple et dans l'exemple suivant, nous nous conformons, sans trop de raisonnement, à la tradition de la grammaire française, pédagogique ainsi que descriptive. Le seul argument que nous pouvons citer en faveur de la solution adoptée est que pour les sens ᶜplus Adj' et ᶜle plus Adj', il existe en français deux formes synthétiques (bien que supplétives) :

bon   ~ **meilleur** [≈ ᶜplus bon'] ~ **le meilleur**;

mauvais ~ **pire** [≈ ᶜplus mauvais'] ~ **le pire**,

alors que les sens ᶜmoins Adj' et ᶜle moins Adj' ne sont exprimés qu'analytiquement. Cf. Deuxième partie, chapitre II, §3, **6.9**.

⁶ (**2**, exemple (3e), p. 348). Encore une fois, en parlant de la composition du lexème verbal français, nous suivons la tradition. Nous ne savons pas si, par exemple, on ne devrait pas inclure dans le lexème verbal le causatif (*faire écrire*) et le passif en *se faire* (*Il s'est fait voler dans le train*); ce dernier, cependant, semble sémantiquement trop restreint et son usage trop capricieux pour qu'on puisse lui conférer le statut d'un grammème ou d'un quasi-grammème. — Notons que le futur immédiat est exclu des formes analytiques du lexème verbal français par la grammaire traditionnelle peut-être pour la raison suivante : le «vrai» futur n'est pas possible après la conjonction **si**, mais ce qu'on appelle le futur immédiat l'est; cf. :

(i) **Si tu **liras** ce livre…* [= *Si tu lis ce livre…*]

vs

*Si tu **vas lire** ce livre…*

⁷ (**4.2**, exemple (13c), p. 360). L'usage des expressions latines avec *tantum*, qui est, du point de vue pratique, très commode, implique plus de symétrie dans les faits de langage qu'il n'y en a en réalité. Pour cette raison, il nous semble nécessaire de prévenir le lecteur en illustrant ce point avec l'exemple de *singularia/pluralia tantum*. Les deux groupes ne sont pas du tout parallèles :

– Un *singulare tantum* n'a pas de pluriel, le plus souvent à cause de son sens. Ainsi, en russe MED' ᶜcuivre' ou MRAMOR ᶜmarbre' ne forment pas le pluriel parce que ces lexèmes dénotent des matières, qu'on ne peut pas compter; ces noms ne se combinent pas avec des numéraux cardinaux (*tri medi ᶜtrois cuivres', **šest' mramorov* ᶜsix marbres', …), et la raison en est la même. Mais en principe la forme du pluriel peut être facilement produite pour eux. Cf. (12a), p. 359.

– Un *plurale tantum* n'a pas de singulier, le plus souvent à cause de sa forme. En russe, VOROTA ᶜporte cochère' ou NOŽNICY ᶜciseaux' dénotent les objets qu'on compte et qui peuvent bien être au nombre d'un; ces lexèmes se combinent facilement avec des numéraux (*troe vorot* ᶜtrois portes', *šest' no-*

žnic ⸢six paires de ciseaux⸣), mais il leur manque la forme spéciale du singulier bien qu'ils en possèdent le sens. (Cf. (13a), p. 360.) En plus, parmi les *pluralia tantum* russes, il y a des noms qui, sémantiquement, dénotent des matières et qui conséquemment, du point de vue sémantique, sont des *singularia tantum*! Ce sont, par exemple, ČERNILA ⸢encre⸣ ou OTRUBI ⸢son [résidu de la mouture de blé]⸣, qui, bien sûr, ne sont pas combinables avec des numéraux. Plus précisément, les *pluralia tantum* sont des noms ayant comme forme de base la forme plurielle. Certains d'entre eux admettent aussi le singulier sémantique (par exemple, VOROTA), dont la forme coïncide cependant avec celle du pluriel; les autres, par contre, ne distinguent pas le nombre du tout (par exemple, ČERNILA).

REMARQUES BIBLIOGRAPHIQUES

Une définition similaire de lexème se trouve dans Laskowski 1987; voir aussi Laskowski 1990, où l'on définit et analyse concepts apparentés, particulièrement les concepts de forme flexionnelle et de paradigme (*inflectional paradigm ~ functional paradigm ~ formal paradigm*). Pour les concepts de lexème, de phrasème et de vocable, considérés du point de vue lexicographique, voir Mel'čuk 1988c.

RÉSUMÉ DU CHAPITRE VI

Les concepts de *lexe* et de *lexème* sont définis et commentés; la discussion qui s'ensuit porte sur les concepts de *forme analytique* et de *paradigme*.

CHAPITRE VII

STRUCTURATION DE LA MORPHOLOGIE$_2$

En nous appuyant sur l'étude du mot-forme effectuée dans les chapitres I-VI de cette partie, et surtout en nous prévalant de la conception du mot-forme comme signe linguistique$_1$ (définitions I.22 et I.23, chapitre IV, §2), nous pouvons procéder à la description de la structure générale de la morphologie$_2$ en tant que science linguistique$_2$. En même temps, cette démarche nous conduira à préciser le plan (du reste) de ce livre, puisque notre exposé s'articulera de façon à refléter l'organisation propre à ce précieux objet linguistique$_1$: mot-forme.

Comme nous l'avons déjà dit dans l'Introduction, il est extrêmement important que le lecteur, à chaque instant de la lecture, puisse situer précisément le point à traiter par rapport au contenu entier et qu'il puisse prévoir tant les sujets à venir que les directions possibles de leur traitement.

La morphologie$_1$ est *grosso modo* l'étude (= la description) du mot-forme. Le mot-forme, comme nous l'avons vu, est un signe linguistique$_1$, c'est-à-dire un triplet :

⟨signifié; signifiant; syntactique⟩.

Par conséquent, la morphologie$_2$ inclut les quatre divisions majeures suivantes :

- Étude des signifiés morphologiques, plus précisément des signifiés grammaticaux.
- Étude des signifiants morphologiques.
- Étude des syntactiques morphologiques.
- Étude des signes morphologiques, avec deux subdivisions :
  - signes morphologiques élémentaires;
  - signes morphologiques non élémentaires.

L'adjectif *morphologique* doit être interprété ici, bien entendu, comme ʿ(ayant lieu) à l'intérieur d'un mot-formeʾ; le lecteur peut regarder plus haut, définition I.40, §4 du chapitre V, **4.2**, p. 327.

À cela s'ajoute, de façon naturelle, une autre division importante :

- Étude des modèles morphologiques, c'est-à-dire des descriptions spécifiques des fragments morphologiques des langues différentes.

(Pour le concept de *modèle* au sens qui nous intéresse ici, se reporter à l'Introduction, chapitre II, **1**, postulat 2, p. 42, et à la Sixième partie, chapitre I, §3.)

Si les quatre premières divisions relèvent plus ou moins de la morphologie théorique, la cinquième comprend la morphologie descriptive. Les études théoriques (= générales et spéculatives) fournissent les outils nécessaires :

concepts, formalismes, notations, etc., tandis que la description donne aux études théoriques les grains de faits à moudre et leur sert de terrain d'essai.

La théorie morphologique n'est pas possible sans modèles morphologiques descriptifs, et vice versa.

D'ailleurs, la même situation a cours dans toutes les sciences; il n'y a rien de spécifique ici à la morphologie$_2$ linguistique$_2$.

Nous savons très bien que le fragment morphologique d'une langue naturelle n'existe pas dans le vide. Tout d'abord, les mécanismes morphologiques sont appelés, dans la plupart des cas, à exprimer certains éléments sémantiques. Outre cela, les mécanismes morphologiques interagissent avec, d'une part, les mécanismes syntaxiques et, d'autre part, les mécanismes phonologiques. Des processus syntaxiques engendrent, entre autres, des mots-formes composés$_1$, qui relèvent de la morphologie; les sandhis externes (voir Troisième partie, chapitre II, §3, 5), morphologiquement conditionnés, peuvent avoir lieu entre des mots-formes syntaxiquement liés, et du même coup, la morphologie débouche, encore une fois, sur la syntaxe, etc. En même temps, les mots-formes produits par la morphologie doivent être traités par les règles morphonologiques, sinon ils ne sont pas complètement corrects. Tout ceci nécessite une division supplémentaire de la morphologie (en fait, une division intermédiaire) :

- Étude des INTERACTIONS entre la morphologie et les autres domaines de la linguistique, avec trois subdivisions :
  - morphologie et sémantique;
  - morphologie et syntaxe;
  - morphologie et phonologie.

De surcroît, la morphologie peut être étudiée à travers l'espace et le temps. Ces deux approches entraînent encore deux divisions de la morphologie$_2$ (les deux mêmes qui existent en linguistique générale) :

- Étude de la TYPOLOGIE morphologique, c'est-à-dire comparaison des langues différentes sous l'aspect purement morphologique.
- Étude de la DIACHRONIE morphologique, c'est-à-dire analyse des changements historiques qui affectent la morphologie des langues.

Et enfin, il faut penser aux fondements notionnels et logiques de la morphologie$_2$, aux principes et aux méthodes de cette recherche; cela nous donne la dernière grande division :

- Étude des études morphologiques, ou les éléments de la MÉTA-MORPHOLOGIE.

Ces neuf divisions épuisent les divisions MAJEURES dans cette discipline linguistique$_2$. Cela veut dire que tout problème relatif au mot-forme vu sous l'angle de sa structure intérieure tombera nécessairement dans une des divisions mentionnées, ces dernières ayant, bien sûr, beaucoup de subdivisions ultérieures.

Dans ce livre, nous aurions souhaité couvrir tout le domaine de la morphologie, tel qu'ébauché ci-dessus. Cependant, vu les contraintes de temps et d'espace, nous avons arbitrairement exclu de nos délibérations les trois thèmes suivants :

- interaction entre, d'une part, la morphologie, et, d'autre part, la sémantique, la syntaxe et la phonologie;
- typologie morphologique;
- diachronie morphologique.

Ce qui nous laisse avec six thèmes pertinents, auxquels il faut en ajouter un septième : étude préliminaire du mot, notion centrale de ce livre.

Conformément à ces sept thèmes morphologiques, notre livre s'organise en SEPT parties (dont la première est déjà exposée) :

Première partie	:	Le mot
Deuxième partie	:	Significations morphologiques
Troisième partie	:	Moyens morphologiques
Quatrième partie	:	Syntactiques morphologiques
Cinquième partie	:	Signes morphologiques
Sixième partie	:	Modèles morphologiques
Septième partie	:	Principes de la description morphologique

Nous espérons que, muni de cet itinéraire, le lecteur ne se perdra pas dans la taïga morphologique! (La structure interne d'une partie de ce livre a déjà été expliquée dans l'Introduction, chapitre I, §3, **2**, p. 34 ssq.).

RÉSUMÉ DU CHAPITRE VII

On présente la structuration de la morphologie en tant que discipline linguistique₂; on caractérise la division et l'organisation du CMG.

RÉSUMÉ DE LA PREMIÈRE PARTIE

L'exposé de la Première partie passe par les étapes suivantes :
1. *Mot* = mot-forme *vs* lexème.
2. Mot-forme en tant que signe linguistique₁ :
   ⟨ 'signifié', /signifiant/, Σ(syntactique)⟩.
3. Méta-opération ⊕; représentabilité, quasi-représentabilité et divisibilité linéaire des signes; signe élémentaire.
4. Autonomie (forte et faible) des signes linguistiques₁; critères d'autonomie faible.
5. Mot-forme comme signe ayant une autonomie suffisante; cohérence du système de mots-formes; cohésion du mot-forme.
6. Clitique, un mot-forme dégénéré.

7. Types majeurs de mots-formes.

8. Types de significations; catégorie flexionnelle et grammème; quasi-grammème; dérivatème; place de la dérivation dans la langue.

9. Lexème comme ensemble de mots-formes et de syntagmes₁ n'ayant que des différences flexionnelles; lexe et forme analytique; paradigme.

Les concepts étudiés nous permettent d'organiser la présentation suivant les trois composantes du mot-forme en tant que signe linguistique₁ :
– le signifié du mot-forme (Deuxième partie),
– le signifiant du mot-forme (Troisième partie),
– le syntactique du mot-forme (Quatrième partie).

Après cela, nous passons à l'étude des signes linguistiques₁ élémentaires (Cinquième partie), pour ensuite illustrer l'application de notre système conceptuel sur la base de trois modèles morphologiques spécifiques (Sixième partie).

Enfin, nous discuterons de la méthodologie de la recherche morphologique (Septième partie).

SOLUTION DES EXERCICES

1 (P. I, ch. I, **1**, p. 97). Nous disons que le mot pris isolément, c'est-à-dire complètement hors contexte, est «l'objet presque unique de la morphologie$_2$», puisque la morphologie$_2$ s'occupe aussi des interactions formelles ENTRE LES MOTS dans le texte, c'est-à-dire dans la chaîne syntagmatique. Ces interactions, appelées *sandhis externes*, sont traitées plus loin dans le CMG : Troisième partie, chapitre II, §3, **5**, définition III.24.

2 (P. I, ch. I, **3**, p. 98). Nous disons que «l'ambigu précède le vague» en ce sens que l'adjectif *vague* s'applique à un sens particulier bien déterminé, et non pas à une «masse» sémantique non articulée. Par conséquent, pour qualifier un sens de vague ou pour éliminer le caractère vague d'un sens, il faut déjà avoir ce sens nettement distingué des autres, donc désambiguïsé. Par conséquent, l'ambigu doit être considéré d'abord.

3 (P. I, ch. I, **4**, p. 100). Nous disons que le concept ʿmot-formeʾ précède le concept ʿlexèmeʾ, puisque nous définissons ʿlexèmeʾ, en première approximation, comme ʿun ensemble des mots-formes qui ...ʾ. Par conséquent, le mot-forme doit être défini d'abord. Le mot-forme est pour nous un objet moins abstrait que le lexème.

4 (P. I, ch. I, **4.1**, p. 101). Si deux mots-formes différents, tout en étant différents, peuvent avoir comme signifié le même sens (SYNONYMIE), cela veut dire qu'un mot-forme n'est pas un sens pris isolément. Si deux mots-formes différents, tout en étant différents, peuvent avoir comme signifiant la même chaîne phonique (AMBIGUÏTÉ), cela veut dire qu'un mot-forme n'est pas une chaîne phonique prise isolément.

5 (P. I, ch. II, §1, **2.2**, exemple (1), p. 113). La différence observée entre *şehir* et *şehr-* est le résultat d'une alternance, notamment, d'une troncation appelée la *syncope* : Troisième partie, chapitre II, §3, **2.1**, exemple (50). Cette syncope se produit, comme on le voit, devant un suffixe vocalique (= qui commence par une voyelle).

6 (P. I, ch. II, §1, note 3, p. 121). Les relations ʿêtre la sœur de ...ʾ et ʿêtre le frère de ...ʾ ne sont pas converses : *Marie est la sœur de Janine* n'implique aucunement que *Janine est le frère de Marie*! Par contre, les relations ʿacheter de ...ʾ et ʿvendre à ...ʾ sont converses : *J'achète du pain de M. Perrier* implique que *M. Perrier me vend du pain* (et vice versa). Les relations ʿsuivreʾ et

ʽprécéderʼ sont également converses : si *X suit Y*, alors nécessairement *Y précède X* (et vice versa).

7 (P. I, ch. II, §2, **1**, exemple (1), p. 124). L'index numérique qui suit l'écriture **lettre** dans **lettre**₁ est le numéro distinctif de l'acception lexicographique particulière ou l'identificateur du lexème correspondant (il s'agit ici de l'acception que l'on trouve dans *la lettre A*, *Biffe la dernière lettre dans ce mot!*, etc.).

8 (P. I, ch. II, §3, **1**, après l'exemple (1), p. 131). L'énoncé français **Où?** constitue une phrase complète, constituée d'une proposition elliptique, qui est constituée, à son tour, d'un seul mot-forme **où** et d'un supramorphe de prosodie interrogative; le mot-forme **où** est constitué d'un seul morphe. Le signifiant de ce morphe est constitué d'un seul phonème /u/.

9 (P. I, ch. III, §1, **3**, à la fin, p. 142).
  1) L'union de deux signes ne présuppose aucune séquence temporelle. Du point de vue logique, l'union des signes linguistiques₁ se fait «en parallèle», aux trois «étages» simultanément. En la représentant sur papier, nous sommes obligé de suivre un ordre temporel quelconque de réalisation des opérations. Cependant, il n'y a pas lieu de croire que dans le cerveau du locuteur, l'union des signes linguistiques₁ se fait de façon séquentielle.
  2) Si le signifié d'un signe n'est pas un sens mais une opération linguistique₁ qui doit être appliquée au syntactique d'un autre signe (= une conversion₁), ce signifié ne s'amalgame pas avec un autre signifié, comme il est prévu dans le cas général : il est appliqué selon sa nature. Par exemple, le signifié d'un suffixe de la voix passive est la commande de changer la diathèse du radical de départ, c'est-à-dire de l'actif, d'une certaine façon (en intervertissant les rôles du 1ᵉʳ et du 2ᵉ actant syntaxique profond; voir Deuxième partie, chapitre II, §4, **4.2**, C, 7, définition II.36); ce signifié sera appliqué au syntactique du radical de départ.
  Voici la formulation complète et exacte de la règle décrivant l'union linguistique₁.
  Soit deux signes du niveau morphologique :
$$\mathbf{a} = \langle {}^{\zeta}\text{a}^{\zeta}; a; \Sigma_{\mathbf{a}} \rangle \text{ et } \mathbf{b} = \langle {}^{\zeta}\text{b}^{\zeta}; b; \Sigma_{\mathbf{b}} \rangle;$$
pour fixer les idées, posons que ʽaʼ est un sens, et *a* est une chaîne phonémique. (**NB :** Nous excluons ici certaines combinaisons logiquement possibles : par exemple, l'union de deux signes dont les signifiants sont des opérations. C'est volontaire puisque, du moins à notre connaissance, de telles combinaisons n'apparaissent pas dans les langues naturelles.)

  Alors, $\oplus(\mathbf{a}, \mathbf{b})$ implique les trois actions suivantes :
  <u>Union des signifiés</u>
  1) Si ʽbʼ est un sens, ʽaʼ et ʽbʼ sont amalgamés.
  2) Si ʽbʼ est une opération (= une conversion₁), elle s'applique selon sa nature (à $\Sigma_{\mathbf{a}}$).
  <u>Union des signifiants</u>

1) Si b est une chaîne phonémique, a et b sont concaténés.

2) Si b est une prosodie, elle se superpose à a.

3) Si b est une opération (= une modification$_1$ ou une conversion$_1$), elle s'applique selon sa nature (à a ou à Σ_a).

Union des syntactiques

Σ_a et Σ_b sont réunis au sens ensembliste.

10 (P. I, ch. III, §2, **3.1, Remarque** après l'exemple (4), p. 150). La différence entre, d'une part, la paire **am** ~ **are** (et toutes les paires semblables) et, d'autre part, la paire **go** ~ **wen+t** réside dans le fait suivant : les signes **am** et **are** s'opposent comme des entités entières, indivisibles sur le plan formel, bien que leurs sens soient parfaitement «divisibles» ('be, prés, 1, sg' *vs* 'be, prés, pl'), alors que le signe **go** s'oppose au signe **wen**, avec lequel il partage le même sens ('aller'), et le signe **-∅** 'présent' s'oppose au signe **-t** 'passé'. Les signes **am** ~ **are** sont des mégamorphes supplétifs constituant des mots-formes (= des lexes) d'un même lexème BE; les signes **go** ~ **wen** sont des allomorphes supplétifs d'un même morphème {GO}. Pour les détails, voir Cinquième partie, chapitre VII, **3**.

11 (P. I, ch. III, §2, **3.2**, exemple (7), p. 153). Le signifiant de **fixation** [de ski] est représentable en termes de *fix-(er)* et de *-ation*, mais son signifié ne peut pas être réduit à 'action de fixer'. De la même façon, le signifiant de **papillonn(+er)** est décomposable en *papillon* et $\mathbf{C}^{N \Rightarrow V}$; cependant, sémantiquement, 'papillonner' ≠ 'agir comme un papillon', et ainsi de suite.

12 (P. I, ch. III, §3, **1**, p. 157). Parce que seuls les phonèmes et leurs combinaisons sont suffisamment nombreux pour assurer la variété nécessaire de signifiants, qui doivent être au nombre d'à peu près 100 000. Les autres moyens formels — entités suprasegmentales et opérations linguistiques$_1$ — sont loin d'être suffisants pour ce but.

> L'appareil phonatoire/auditoire de l'homme est incapable de fonctionner avec un nombre de prosodies qui soit suffisant pour cette tâche; le nombre d'opérations significatives linguistiques$_1$ est réduit de par sa nature.

13 (P. I, ch. IV, §1, **3.3**, exemple (12b), p. 180). Le $\bar{a}$ long que l'on observe dans *-āŋani* en (12a) représente le résultat de la *fusion* du *-a* final du marqueur du futur *vāŋia* et du *-a* initial de *aŋani* (voir Troisième partie, chapitre II, §3, **2.1**, exemple (36)).

14 (P. I, ch. IV, §2, **2.4**, 🐾, p. 198). Les signes *-emos*, *-á*, etc., en portugais sont tous des marqueurs du futur; *monsieur, madame, mademoiselle* sont des termes d'adresse directe.

15 (P. I, ch. IV, §2, **3.2**, 4, exemple (27), p. 215). La cohésion phonique se trouve dans la forme *t +otkocʔə +ntəwat +ək*, où le radical *utkucʔ* ⟨piège⟩ subit l'*harmonie vocalique* et devient *otkocʔ* sous l'influence du radical verbal *ntəwat* ⟨tendre⟩, dans lequel il est incorporé (voir Troisième partie, chapitre II, §3, **2.1**, 1, exemple (21)). De la même façon, le radical nominal *ŋaj* ⟨montagne⟩ devient *ŋej* quand il est incorporé dans le radical verbal *pkir-* ⟨arriver⟩.

16 (P. I, ch. IV, §4, **2**, exemple (5), p. 242). La distribution des allomorphes indiqués est déterminée par le phonème initial du morphe qui les suit immédiatement : devant une consonne non nasale, on sélectionne *kʼut-*, devant une nasale, *kʼun-*, devant une voyelle, *kʼutʔ-*, et enfin, devant une semi-voyelle, *kʼuru-*. On observe ici le phénomène d'*assimilation régressive*, voir Troisième partie, chapitre II, §3, **2.1**, 1, c.

17 (P. I, ch. V, §2, note 2, p. 281). Si ce qu'on appelle en haoussa «le double/ triple pluriel» n'est qu'une expression itérée d'un seul grammème ⟨pluriel⟩, l'exemple (6) ne peut évidemment servir d'illustration pour l'ITÉRATION DU GRAMMÈME ⟨pluriel⟩ lui-même.

18 (P. I, ch. V, §3, **5.1**, 3, exemple (5), p. 295). Les suffixes turcs cités sont distribués selon les règles suivantes :
   – les allomorphes avec /ʒ/ apparaissent après les consonnes non sourdes, et ceux avec /č/, après les sourdes (nous avons ici affaire à une *assimilation progressive*);
   – les allomorphes avec /a/ apparaissent après les radicaux à voyelle postérieure, et ceux avec /e/, après les radicaux à voyelle antérieure (c'est un cas typique d'*harmonie vocalique*).

19 (P. I, ch. V, §4, **5**, exemple (8), p. 332). La signification de l'article défini danois est une signification morphologique grammaticale sémantique flexionnelle (classe 3a).

20 (P. I, ch. V, §4, **5**, exemple (10), p. 334). Les deux lexèmes signifient ⟨fait⟩ et, par conséquent, ajoutent à la proposition nominalisée l'idée de factualité; ils ne sont donc pas des marqueurs purement syntaxiques. Pour le prouver, il est suffisant de trouver une phrase où la nominalisation avec FAIT est impossible. Par exemple, la phrase russe :
   (i) ***To, čto Ivan bolen, neočevidno,***
      litt. ⟨Ce que Jean [est] malade, n'[est pas] évident⟩.
ne peut être traduite en français par :
   (ii) ***Le fait** que Jean est malade n'est pas évident.*
puisque justement *Jean est malade* n'est pas un fait! [La bonne traduction serait :
   (iii) *Il n'est pas évident que Jean soit malade.*]
   Ces observations valent aussi pour le lexème anglais FACT.

21 (P. I, ch. V, § 4, note 3, p. 336). Les incorporations guilyak affichent les alternances suivantes :
- *es* + *ilvid′* $\Longrightarrow$ *ezvlid′* :
  1) l'*apocope* de *i-*;
  2) la *métathèse* *lv* $\Longrightarrow$ *vl*;
  3) la *sonorisation* *s* $\Longrightarrow$ *z* | ____ /C_{[+sonore]}/;
- *təf* + *uγd′* $\Longrightarrow$ *təvγd′* :
  1) l'apocope de *u-*;
  2) la sonorisation *f* $\Longrightarrow$ *v* | ____ /C_{[+sonore]}/;

- *řə* +*alγd′* $\Longrightarrow$ *řəlγd′* :
  la *troncation* de *a-*;

- *řə* + *arkt′* $\Longrightarrow$ *řarkt′* :
  la troncation de -*ə*.

22 (P. I, ch. VI, **3.1**, exemple (5), p. 351). Les expressions de ce type sont décrites, dans le cadre du MST, en utilisant l'appareillage des *fonctions lexicales* : voir l'Introduction, chapitre II, **2**, p. 56.

23 (P. I, ch. VI, **3.3**, p. 352). Parce que les significations grammaticales sont caractérisées en fait de façon beaucoup plus complexe : voir chapitre V de cette partie, §1 et §2, p. 255 ssq.

24 (P. I, ch. VI, **3.3**, exemple (6), p. 353).

a. Au présent de l'indicatif, la 3e personne du singulier est exprimée dans le verbe finnois par une apophonie d'*allongement* (qui affecte la dernière voyelle du radical) :
$$\langle \text{'3, sg'}; /V/\# \Longrightarrow /\bar{V}/\#; \text{ verbe, présent, } ...\rangle$$
(voir Troisième partie, chapitre II, §3, exemple (24)).

b. Le mot-forme *tulleet* représente la forme régulière du pluriel du participe, qui est au pluriel puisqu'il s'accorde en nombre avec le sujet grammatical.

25 (P. I, ch. VI, **4.3**, exemple (15), p. 362). Le paradigme_2 du lexème GLŌSSA diffère des paradigmes_2 des lexèmes HŌRA et EPAGGELIA en ce que GLŌSSA prend, au génitif et au datif du singulier, les suffixes casuels **-ēs** et **-ē(i)**, alors que HŌRA et EPAGGELIA prennent, dans les mêmes cas, **-ās** et **-ā(i)**.

RÉFÉRENCES

Abréviations :

BLS-n — *Berkeley Linguistics Society, Proceedings of the **n**-th Annual Meeting*

BSLP — *Bulletin de la Société de linguistique de Paris*

CLS-n — *Chicago Linguistic Society, Papers from the **n**-th Annual Regional Meeting*

FL — *Folia Linguistica*

FoL — *Foundations of Language*

IJL — *International Journal of Lexicography*

IULC — Indiana University Linguistic Club

JoL — *Journal of Linguistics*

LA — *Linguistic Analysis*

LB — *Linguistische Berichte*

Lg — *Language*

LI — *Linguistic Inquiry*

NTI — *Naučno-texničeskaja informacija*

RLM — *Recherches linguistiques à Montréal*

SiI — *Semiotika i informatika*

SIL — Summer Institute of Linguistics

UCLA — University of California, Los Angeles

VJa — *Voprosy jazykoznanija*

WLG — *Wiener Linguistische Gazette*

WPL — *Working Papers in Linguistics*

WSA — *Wiener Slawistischer Almanach*

ZPSK — *Zeitschrift für Phonetik, Sprachwissenschaft und Kommunikationsforschung*

Anderson, Stephen

1977 On the Formal Description of Inflection. *CLS-13*, pp. 15-44.

1982 Where's Morphology? *LI*, 13 : 4, pp. 571-612.

1985 Inflectional Morphology. In : Shopen, Tymothy, ed., *Language Typology and Syntactic Description. Vol. III: Grammatical Categories and the Lexicon*, Cambridge, *etc.* : Cambridge, University Press, pp. 150-201.

1988   Morphological Theory. In : Newmeyer, Frederick, ed., *Linguistics* : *The Cambridge Survey. Vol. I. Linguistic Theory* : *Foundations*. Cambridge, *etc.* : Cambridge University Press, pp. 146-191.

Apresjan, Jurij
1968   Ob èksperimental'nom tolkovom slovare russkogo jazyka [À propos d'un dictionnaire explicatif expérimental du russe]. *VJa*, n⁰ 5, pp. 34-49.

1969a Tolkovanie leksičeskix značenij kak problema teoretičeskoj semantiki [La définition des significations lexicales en tant que problème de la sémantique théorique]. *Izvestija AN SSSR. Ser. lit. i jazyka*, 28 : 1, pp.11-23.

1969b O jazyke dlja opisanija značenij slov [Sur une langue destinée à décrire les significations des mots]. *Izvestija AN SSSR. Ser. lit. i jazyka*, 28 : 5, pp. 415-428.

1978   Jazykovaja anomalija i logičeskoe protivorečie [Anomalie linguistique *vs* contradiction logique]. In : *Tekst-Jazyk-Poetyka*, Wrocław : Ossolineum, pp. 129-151.

1980   *Tipy informacii dlja poverxnostno-semantičeskogo komponenta modeli «Smysl⟸⟹Tekst»* [Types d'information pour la composante sémantique de surface du modèle Sens-Texte]. Vienne : WSA. 119 pages.

Apresyan, Jurij, Igor Mel'čuk, and Alexander Žolkovskij
1969   Semantics and Lexicography: Towards a New Type of Unilingual Dictionary. In : F. Kiefer, ed., *Studies in Syntax and Semantics*, Dordrecht : Reidel, pp. 1-33.

Aronoff, Mark
1976   *Word Formation in Generative Grammar*. Cambridge, MA — London : The MIT Press. 134 pages.

1983   A Decade of Morphology and Word Formation. *Annual Review of Anthropology*, vol. 12, pp. 355-375.

Axmanova, Olga
1966   *Slovar' lingvističeskix terminov* [Dictionnaire des termes linguistiques]. Moscou : Sov. Ènciklopedija. 606 pages.

Badecker, William, and Alfonso Caramazza
1989   A Lexical Distinction between Inflexion and Derivation. *LI*, 20 : 1, pp. 108-116.

Beard, Robert, and Bogdan Szymanek
1989   *Bibliography of Morphology, 1960-1985*. Amsterdam — Philadelphia : John Benjamins. 193 pages.

Bergenholtz, Henning, und Joachim Mugdan
1979   *Einführung in die Morphologie.* Stuttgart, *etc. :* W. Kohlhammer. 200 pages.

Bergmann, Rolf
1980   *Verregnete Feriengefahr und Deutsche Sprachwissenschaft* : Zum Verhältnis vom Substantivkompositum und Adjektivattribut. *Sprachwissenschaft*, 5 : 3, pp. 234-265.

Bider, Il'ja, et Igor' Bol'šakov
1976   Formalizacija morfologičeskogo komponenta modeli «Smysl ⟸⟹Tekst». I. Postanovka problemy i osnovnye ponjatija [Formalisation de la composante morphologique du modèle Sens-Texte. I. Problème posé et notions de base]. *Texničeskaja kibernetika*, n⁰ 6, pp. 42-57.

1977   Formalizacija morfologičeskogo komponenta modeli «Smysl ⟸⟹Tekst». II. Dinamika morfologičeskix preobrazovanij [Formalisation de la composante morphologique du modèle Sens-Texte. II. Dynamique des transformations morphologiques]. *Texničeskaja kibernetika*, n⁰ 1, pp. 32-49.

Bierwisch, Manfred, and Ferenc Kiefer
1969   Remarks on Definitions in Natural Language. In : F. Kiefer, ed., *Studies in Syntax and Semantics*, Dordrecht : Reidel, pp. 55-79. [Version française : F. Kiefer, *Essais de sémantique générale*, 1974, Paris : Mame, pp. 41-80.]

Bloomfield, Leonard
1933   *Language.* New York : Holt, Rinehart and Winston. 564 pages.

Borer, Hagit, ed.
1986   *Syntax and Semantics, 19 : The Syntax of Pronominal Clitics.* New York : Academic Press, 380 pages.

Borsodi, R.
1967   *The Definition of Definition. A New Linguistic Approach to the Integration of Knowledge.* Boston.

Botha, Rudolf P.
1968   *The Function of the Lexicon in Transformational Generative Grammar.* The Hague : Mouton. 272 pages.

Bulygina, Tat'jana
1977   *Problemy teorii morfologičeskix modelej* [Problèmes de la théorie des modèles morphologiques]. Moscou : Nauka. 287 pages.

Bybee, Joan L.
  1985   *Morphology (A Study of the Relation between Meaning and Form).* Amsterdam — Philadelphia : John Benjamins. 235 pages.

Carstairs, Andrew
  1981   *Notes on Affixes, Clitics and Paradigms.* Bloomington, In : IULC. 75 pages.
  1987   *Allomorphy in Inflexion.* London : Croom Helm. 271 pages.

Chapin, Paul
  1972   Review of Botha 1968. *FoL*, 8 : 2, pp. 298-303.

Chomsky, Noam
  1970   Remarks on Nominalization. In : Roderick Jacobs and Peter Rosenbaum, eds, *Readings in English Transformational Grammar*, Waltham, MA, *etc.* : Ginn, pp. 184-221.

Corbin, Danielle
  1987   *Morphologie dérivationnelle et structuration du lexique.* Volumes I et II. Tübingen : Max Niemeyer. 937 pages.

Dahlberg, Ingetraut
  1976   Über Gegenstände, Begriffe, Definitionen und Benennungen. *Muttersprache*, 86 : 2, pp. 81-117.

Dell, François
  1978   Certains corrélats de la distinction entre morphologie dérivationnelle et morphologie flexionnelle dans la phonologie du français. *RLM*, 10, pp. 1-10. [= Y.-Ch. Morin, A. Querido, réd. *Études linguistiques sur les langues romanes*].
  1979   La morphologie dérivationnelle du français et l'organisation de la composante lexicale en grammaire générative. *Revue romane*, 14 : 2, pp. 185-216.

Di Sciullo, Anna Maria, and Edwin Williams
  1987   *On the Definition of Word.* Cambridge, MA : The MIT Press. 115 pages.

Dressler, Wolfgang
  1977   Elements of a Polycentric Theory of Word Formation. *WLG*, n⁰ 15, pp. 15-32.
  1982   General Principles of Poetic License in Word Formation. In : *Logos semantikos. Studia Linguistica in Honorem Eugenio Coseriu*, vol. II, Berlin, *etc.* — Madrid : W. de Gruyter and Gredos, pp. 423-431.

1985 *Morphonology : The Dynamics of Derivation.* Ann Arbor, MI : Karoma. 439 pages.

1986a Explanation in Natural Morphology, Illustrated with Comparative and Agent-Noun Formation. *Linguistics*, 24, pp. 519-548.

1986b Inflectional Suppletion in Natural Morphology. In : Benjamin F. Elson, ed., *Language in Global Perspective (Papers in Honor of the 50th Anniversary of the Summer Institute of Linguistics 1935-1985)*, Dallas, TX : The SIL, pp. 97-112.

1987 Word Formation (WF) as Part of Natural Morphology. In : W. Dressler *et al.* 1987, pp. 99-126.

1989 Prototypical Differences between Inflection and Derivation. *ZPSK*, 42 : 1, pp. 3-10.

Dressler, Wolfgang, Willi Mayerthaler, Oswald Panagl and Wolfgang Wurzel
1987 *Leitmotifs in Natural Morphology.* Amsterdam — Philadelphia : John Benjamins. 168 pages.

Dressler, Wolfgang, Hans Luschützky, Oskar Pfeiffer and John Rennison, eds
1990 *Contemporary Morphology.* Berlin — New York : Mouton-de Gruyter. 317 pages.

Dubois, Jean, *et al.*
1973 *Dictionnaire de linguistique.* Paris : Larousse. 516 pages.

Essler, W. K.
1970 *Wissenschaftstheorie. I. Definition und Reduktion.* Freiburg — München : K. Alber.

Fodor, Janet D.
1980 *Semantics : Theories of Meaning in Generative Grammar.* Cambridge, MA : Harvard University Press. 225 pages.

Gentilhomme, Yves
1980 Un microsystème didactique. *Bulletin de linguistique appliquée et générale* [Université de Besançon], nᵒ 7, pp. 81-94.

1982 De la notion de notion à la notion de concept, processus dynamique itératif d'acquisition des notions, conséquences lexicales et didactiques. *Travaux du Centre de Recherches Sémiologiques* [Université de Neuchâtel], nᵒ 42, pp. 67-89.

1985 *Essai d'approche microsystémique : théorie et pratique. Application dans le domaine des sciences du langage.* Berne, *etc.* : Peter Lang. 294 pages.

Gołąb, Z., A. Heinz et K. Polański
1970 *Słowntik terminologii językoznawczej* [Dictionnaire de terminologie linguistique]. Warszawa : Państwowe Wydawnictwo Naukowe.

Greenberg, Joseph
1963   Some Universals of Grammar with Particular Reference to the Order of Meaningful Elements. In : Joseph H. Greenberg, ed., *Universals of Language*, Cambridge, MA : The MIT Press, pp. 58-90.

Guthrie, Malcolm
1970   Bantu Word Division. In : Guthrie, M. *Collected Papers on Bantu Linguistics*, London : Gregg International, pp. 5-32.

Halle, Morris
1973   Prolegomena to a Theory of Word Formation. *LI*, 4 : 1, pp. 3-16.

Hammarström, Göran
1976   *Linguistic Units and Items*. Berlin, *etc.* : Springer. 131 pages.
1984   The Terms *linguistic* and *linguist*. *FL*, 18 : 3-4, pp. 555-556.

Hammond, Michael Th., and Michael Noonan, eds
1988   *Theoretical Morphology* : *Approaches in Modern Linguistics*. San Diego, CA – Toronto : Academic Press. XV/394 pages.

Hamp, Eric
1966   *A Glossary of American Technical Linguistic Usage 1925-1950*. Utrecht : Spectrum. 68 pages.

Harris, Alice
1986   Commensurability of Terms. In : W.P. Lehman, ed., *Language Typology 1985* [Papers from the Linguistic Typology Symposium, Moscow, 9-13 December 1985], Amsterdam—Philadelphia : John Benjamins, pp. 55-75.

Harris, Zellig
1951   *Structural Linguistics*. Chicago — London : The University of Chicago Press. 384 pages.

Haugen, Einar
1951   Directions in Modern Linguistics. *Lg*, 27 : 3, pp. 211-222.

Heupel, C.
1973   *Taschenwörterbuch der Linguistik*. München : List.

Hjelmslev, Louis
1968-1971   *Prolégomènes à une théorie du langage*. Paris : Éditions de Minuit. 227 pages. [La parution en danois : 1943; traduction anglaise : 1953.]
1985   *Nouveaux essais*. Paris : Presses Universitaires de France. 207 pages.

Hockett, Charles
1947   Problems of Morphemic Analysis. *Lg*, 23 : 3, pp. 321-343.

Ivanov, Vjačeslav
1961 *O postroenii informacionnogo jazyka dlja tekstov po deskriptivnoj lingvistike* [Construction d'une langue informationnelle pour les textes de la linguistique descriptive]. Moscou : Vsesojuznyj Institut Naučnoj i Texničeskoj Informacii. 16 pages.

Jakobson, Roman
1971 Shifters, Verbal Categories and the Russian Verb. In: R. Jakobson, *Selected Writings*, vol. II, pp. 130-147.

Juilland, Alphonse, and Alexandra Roceric
1972 *The Linguistic Concept of Word. Analytic Bibliography.* The Hague — Paris : Mouton. 118 pages. [Janua Linguarum. Series Minor, 130].

Kiefer, Ferenc
1972 À propos Derivational Morphology. In : F. Kiefer, ed., *Derivational Processes*, Stockholm: Research Group for Quantitative Linguistics, pp. 42-59.

Kiparsky, Paul
1982 Word-Formation and the Lexicon. In : F. Ingemann, ed., *Proceedings of the 1982 Mid-America Linguistics Conference*, Lawrence : University of Kansas, pp. 3-29.

Knobloch, Johann, ed.
1961-1971 *Sprachwissenschaftiliches Wörterbuch*. Heidelberg : Winter.

Koerner, Konrad
1972 *Contribution au débat post-saussurien sur le signe linguistique.* The Hague — Paris : Mouton. 103 pages.

Krámský, Jiři
1969 *The Word as a Linguistic Unit.* The Hague — Paris : Mouton. 82 pages.

Kubrjakova, Elena
1974 *Osnovy morfologičeskogo analiza* [Bases de l'analyse morphologique]. Moscou : Nauka. 319 pages.

Kuipers, Aert
1975 On Symbols, Distinctions and Markedness. *Lingua*, 36 : 1, pp. 31-46.

Kuznecov, Pëtr S.
1964 Opyt formal'nogo opredelenija slova [Ébauche d'une définition formelle du mot]. *VJa*, n⁰ 5, pp. 75-77.

Lakoff, George
    1986   Classifiers as a Reflection of Mind. In : Colette Craig, ed., *Noun Classes and Categorization*, Amsterdam — Philadelphia : John Benjamins, pp. 13-51.

Laskowski, Roman
    1987   On the Concept of the lexeme. *Scando-Slavica*, 33, pp. 169-178.
    1990   The Structure of the Inflectional Paradigm. *Scando-Slavica*, 36, pp. 149-159

Lehmann, Christian
    1982   Directions for Interlinear Morphemic Translations. *FL*, 16 : 1-4, pp. 199-224.

Levy, Judith N.
    1978   *The Syntax and Semantics of Complex Nominals.* New York, *etc.* : Academic Press. 301 pages.

Lewandowski, Th.
    1973-1975 *Linguistisches Wörterbuch.* Heidelberg.

Lieber, Rochelle
    1981   *On the Organization of the Lexicon.* Bloomington. In : IULC. VIII/212 pages.

Lyons, John
    1968   *Introduction to Theoretical Linguistics.* Cambridge : Cambridge University Press. 519 pages.

Malblanc, Alfred
    1961   *Stylistique comparée du français et de l'allemand.* Paris : Didier. 351 pages.

Marchand, Hans
    1960   *The Categories and Types of Present-Day English Word Formation.* Wiesbaden : Otto Harrassowitz. 379 pages.

Marouzeau, Jules
    1969   *Lexique de la terminologie linguistique.* Paris : Genthner. XI/265 pp.

Martinet, André
    1980   *Éléments de linguistique générale.* Paris : Armand Colin. 223 pages. [La première édition : 1960.]

Masterman (= Braithwaite), Margaret
    1954   Words. *Proceedings of the Aristotelian Society*, nº 54, pp. 209-232.

Matthews, Peter H.

1972 *Inflectional Morphology. A Theoretical Study Based on Aspects of Latin Verb Conjugation.* Cambridge : Cambridge University Press. XI/431 pages.

1974 *An Introduction to the Theory of Word-Structure.* Cambridge : Cambridge University Press. 243 pages.

Mayerthaler, Willi

1981 *Morphologische Natürlichkeit.* Wiesbaden : Athenaion. 203 pages.

Meillet, Antoine

1921 *Linguistique historique et linguistique générale.* Paris : Champion. VIII/334 pages.

Mel'čuk, Igor

1974a Statistics and the Relationship between the Gender of French Nouns and their Endings. In : V. Ju. Rozencvejg, ed., *Essays on Lexical Semantics,* vol. I, Stockholm : Skriptor, pp. 11-42.

1974b *Opyt teorii lingvističeskix modelej «Smysl ⟺Tekst»* [Esquisse d'une théorie des modèles linguistiques du type Sens-Texte]. Moscou : Nauka. 314 pp.

1981a Meaning-Text Models : A Recent Trend in Soviet Linguistics. *Annual Review of Anthropology,* vol. 10, pp. 27-62.

1981b Types de dépendance syntagmatique entre les mots-formes d'une phrase. *BSLP,* 76 : 1, pp. 1-59.

1982a *Towards a Language of Linguistics. A System of Formal Notions for Theoretical Morphology.* München : W. Fink. 160 pages.

1982b Lexical Functions in Lexicographic Description. *BLS-8,* pp. 427-444.

1987 From Meaning to Text : Semantic Representation in the Meaning-Text Linguistic Theory and a New Type of Monolingual Dictionary. In : *Work Papers* [The Summer Institute of Linguistics], 31, Grand Forks, ND : University of North Dakota, pp. 73-125.

1988a *Dependency Syntax : Theory and Practice.* Albany, N.Y. : State Univ. of New York Press. 428 pages.

1988b Paraphrase et lexique dans la théorie linguistique Sens-Texte : Vingt ans après. *Cahiers de lexicologie,* 52 : 1, pp. 5-50, 52 : 2, pp. 5-53.

1988c Principes et critères de description sémantique dans le DEC. In : Mel'čuk *et al.* 1988, 27-39. [Une version anglaise : Semantic Description of Lexical Units in an Explanatory Combinatorial Dictionary : Basic Principles and Heuristic Criteria. *IJL,* 1988, 1 : 3, pp. 165-188.]

Mel'čuk, Igor, and Nikolaj Pertsov

1987   *Surface Syntax of English : A Formal Model in the Meaning-Text Framework*. Amsterdam — Philadelphia : John Benjamins. 428 pages.

Mel'čuk, Igor, and Alexander Zholkovsky

1988   The Explanatory Combinatorial Dictionary. In : Martha Evens, ed., *Relational Models of the Lexicon*, Cambridge *etc.* : Cambridge University Press, pp. 41-74.

Mel'čuk, Igor, *et al.*

1984   *Dictionnaire explicatif et combinatoire du français contemporain* : *Recherches lexico-sémantiques I*. Montréal : Presses de l'Université de Montréal. 172 pages.

1988   *Dictionnaire explicatif et combinatoire du français contemporain* : *Recherches lexico-sémantiques II*. Montréal : Presses de l'Université de Montréal. 332 pages.

1992   *Dictionnaire explicatif et combinatoire du français contemporain* : *Recherches lexico-sémantiques III*. Montréal : Presses de l'Université de Montréal. 323 pages.

Miyaji, Hiroshi

1969   On the Definition of Japanese Words and Word Classes. In : A.Juilland, ed. *Linguistic Studies Presented to André Martinet*, Part III, New York : Intern. Ling. Association [=*Word*, 25 : 1-2-3], pp. 228-244.

Molino, Jean

1985   Où en est la morphologie? *Langage*, n⁰ 78, pp. 5-40.

Morin, Jean-Yves

1975   Old French Clitics and the Extended Standard Theory. *CLS-11*, pp. 390-400.

Morin, Yves-Charles

1975   Remarques sur le placement des clitiques. *RLM*, 4, pp. 175-181.

1978   The Status of Mute «e». *Studies in French Linguistics*, 1 : 2, pp. 79-140.

1979   La morphologie des pronoms clitiques en français populaire. *Cahier de linguistique*, n⁰ 9, pp. 1-36.

1981   Some Myths About Pronominal Clitics in French. *LA*, 8 : 2, pp. 95-109.

1982   Cross-Syllabic Constraints and the French «e muet». *Journal of Linguistic Research*, 2 : 3, pp. 41-56.

1985 On the Two French Subjectless Verbs *VOICI* and *VOILÀ*. *Lg*, 61 : 4, pp. 777-820.

Morin, Yves-Charles, and Jonathan Kaye
1982 The Syntactic Bases for French Liaison. *JoL*, 18, pp. 291-330.

Morin, Yves-Charles, et Marielle St-Amour
1977 Description historique des constructions infinitives du français. *RLM*, 9, pp. 113-152.

Nespor, Marina, and Irene Vogel
1982 Prosodic Domains of External Sandhi Rules. In : H. van der Hulst, N. Smiths, eds, *The Structure of Phonological Representations*, Part I, Dordrecht — Cinnaminson : Foris, pp. 225-255.

Nida, Eugene
1949 *Morphology. The Descriptive Analysis of Words*. Ann Arbor, MI : The University of Michigan Press. 342 pages.

Panov, Mixail V.
1968 Izmenenie členimosti slov [Changements dans la divisibilité des mots]. In : M. Panov, réd., *Russkij jazyk i sovetskoe obščestvo. Slovoobrazovanie sovremennogo russkogo literaturnogo jazyka*. Moscou : Nauka, pp. 214-216.

Percov, Nikolaj
1978 O sintaksičeskoj konstrukcii kak o grammatičeskom sredstve jazyka (na materiale analitičeskix form anglijskogo glagola) [La construction syntaxique en tant que moyen grammatical de la langue (les formes analytiques de l'anglais)]. *SiI*, 10, pp. 162-167.

Pergnier, Maurice
1986 *Le mot*. Paris : Presses Universitaires de France. 128 pages.

Perlmutter, David M.
1970 Structure Surface Constraints in Syntax. *LI*, 1 : 2, pp. 187-255.

Plank, Frans
1981 *Morphologische (Ir-)Regularitäten. Aspekte der Wortstrukturtheorie*. Tübingen : Gunter Narr. 298 pages.

1986 Schleichers kürzester Satz im Zusammenhang betrachtet. *LB*, no 101, pp. 54-63.

Postal, Paul
1969 Anaphoric Islands. *CLS-5*, pp. 205-237.

Pottier, Bernard
1974 *Linguistique générale : théorie et description*. Paris : Klincksieck. 339 pages.

Reformatskij, Aleksandr
1960   *Vvedenie v jazykoznanie* [Introduction à la linguistique]. Moscou : Gos. učebno-pedagog. izd-vo. 432 pages.
1967   *Vvedenie v jazykovedenie* [Introduction à la linguistique]. Moscou : Prosveščenie. 542 pages.

Robinson, Richard
1954   *Definition.* Oxford : Clarendon Press. 207 pages.

Saksena, A.
1982   Contact in Causation. *Lg*, 58 : 4, pp. 820-831.

Saloni, Zygmunt
1975   W sprawie *się* [À propos de *się*]. *Język polski*, 55 : 1, pp. 25-34.

Sanders, Gerald
1974   Precedence Relations in Language. *FoL*, 11 : 3, pp. 361-400.

Sapir, Edward
1915   Abnormal Types of Speech in Nootka. *Canada, Geological Survey, Memoir 62, Anthropological Series n⁰ 5.* [Réimprimé dans : Sapir E., *Selected Writings of Edward Sapir in Language, Culture and Personality*, ed. by D. Mandelbaum, 1973, Berkeley, CA, *etc.* : University of California Press, pp. 179-196.]
1921   *Language.* New York — London : Harcourt, Brace & Jovanovich. 242 pages.

Saussure, Ferdinand de
1962   *Cours de linguistique générale.* Paris : Payot. 331 pages.

Scalise, Sergio
1986   *Generative Morphology.* Dordrecht — Riverton : Foris. X/237 pages.

Singh, Rajendra, et Alan Ford
1980   Flexion, dérivation et Panini. In : K. Koerner, ed., *Progress in Linguistic Historiography (Studies in the History of Linguistics 20)*, Amsterdam : John Benjamins, pp. 323-332.

Skoroxod'ko, Èduard
1965   Forma i soderžanie opredelenij v tolkovyx slovarjax [Forme et contenu des définitions dans les dictionnaires de langue]. *Filolog-ičeskie nauki*, n⁰ 1, pp. 97-107.

Smirnickij, Aleksandr
1956   Analitičeskie formy [Formes analytiques]. *VJa*, n⁰ 2, pp. 41-52.

Spencer, Andrew

1991 *Morphological Theory. An Introduction to Word Structure in Generative Grammar.* London : Basil Blackwell. 512 pages.

Stageberg, Norman

1978 Ambiguity in Action : A Bawdy Count. In : Thomas Ernst and Evan Smith, eds, *Lingua Pranca*, Bloomington, IN : IULC, pp. 39-46.

Szymanek, Bogdan

1989 *Introduction to Morphological Analysis.* Warszawa : Państwowe Wydawnictwo Naukowe. 316 pages.

Tagashira, Yoshiko

1979 What Distinguishes Compound Lexemes from Syntactic Phrases. In : P. Clyne, W. Hanks, and C. Hofbauer, eds., *The Elements : A Parasession on Linguistic Units and Levels,* Chicago : CLS, pp. 260-272.

Tegey, H.

1975 The Interaction of Phonological and Syntactical Processes : Examples from Pashto. *CLS-11*, pp. 571-582.

Thiele, Johannes

1987 *La formation des mots en français moderne.* Montréal : Presses de l'Université de Montréal. 180 pages.

Thomas-Flinders, Tracy, ed.

1981 *Inflectional Morphology : Introduction to the Extended Word-and-Paradigm Theory.* Los Angeles, CA : UCLA [= UCLA Occasional Papers 4]. 261 pages.

Timberlake, Alan

1986 Metalanguage. In : W. P. Lehman, ed., *Language Typology 1985* [= Papers from the Linguistic Typology Symposium, Moscow, 9-13 December 1985], Amsterdam — Philadelphia : John Benjamins, pp. 77-104.

Troubetzkoy, Nikolai

1967 *Principes de phonologie.* Paris : Klincksieck. XXXIV/396 pages.

Ulrich, W.

1972 *Wörterbuch linguistischer Grundbegriffe.* München.

Vachek, Josef

1966 *Dictionnaire de linguistique de l'École de Prague.* Utrecht — Anvers : Spectrum. 103 pages.

Vinay, J.-P., et Jean Darbelnet
1977   *Stylistique comparée du français et de l'anglais. Méthode de traduction.* Montréal : Beauchemin. 331 pages.

Welte, W.
1974   *Moderne Linguistik : Terminologie/Bibliographie.* Vol.1-2. München : Max Hueber. 767 pages.

Wierzbicka, Anna
1972   *Semantic Primitives.* Frankfurt am Main : Athenäum. 235 pages.
1980   *Lingua Mentalis. The Semantics of Natural Language.* Sydney, *etc.* : Academic Press. 367 pages.
1985   *Lexicography and Conceptual Analysis.* Ann Arbor, MI : Karoma. 368 pages.
1987a *English Speech Act Verbs. A Semantic Dictionary.* Sydney, *etc.* : Academic Press. 397 pages.
1987b The Semantics of Modality. *FL*, 21 : 1, pp. 25-43.
1988   *The Semantics of Grammar.* Amsterdam — Philadelphia : John Benjamins. 617 pages.
1989   Semantic Primitives — The Expanding Set. *Quaderni di semantica,* 10 : 2, pp. 309-332.

Winograd, Terry
1983   *Language as a Cognitive Process. Vol. 1: Syntax.* Reading, MA, *etc.* : Addison-Wesley. 640 pages.

Wurzel, Wolfgang V.
1984   *Flexionsmorphologie und Natürlichkeit.* Berlin : Akademie-Verlag [Studia Grammatica 21]. 223 pages.

Xolodovič, Aleksandr
1979   *Problemy grammatičeskoj teorii* [Problèmes de la théorie de la grammaire]. Leningrad : Nauka. 304 pages.

Zaliznjak, Andrej
1967   *Russkoe imennoe slovoizmenenie* [Flexion nominale en russe]. Moscou : Nauka. 370 pages.

Zwicky, Arnold
1977   *On clitics.* Bloomington, IN : IULC. 40 pages.
1985   Clitics and Particles. *Lg*, 61 : 2, pp. 283-305.
1987   Suppressing the Zs. *JoL*, 23 : 1, pp. 133-148.
1988   *Inflectional Morphology as a (Sub)component of Grammar.* [A paper presented at the 3rd International Morphology Meeting; inédit]

Zwicky, Arnold, and Geoffrey K. Pullum
1983 Cliticization *vs.* Inflection : English *n't. Lg*, 59 : 3, pp. 502-513.

Zwicky, Arnold, and Rex Wallace, eds
1984 *Papers on Morphology.* Columbus, OH : The Ohio State University [= WPL 29]. 207 pages.

Žirmunskij, Viktor, et Orest Sunik, réd.
1965 *Analitičeskie konstrukcii v jazykax različnyx tipov* [Constructions analytiques dans des langues de divers types]. Moscou — Leningrad : Nauka. 343 pages.

Žolkovskij, Aleksandr, et Igor Mel'čuk
1965 O vozmožnom metode i instrumentax semantičeskogo sinteza [À propos d'une méthode possible pour la synthèse sémantique et des instruments correspondants]. *NTI*, nᵒ 5, pp. 23-28.

1967 O semantičeskom sinteze [Sur la synthèse sémantique]. *Problemy kibernetiki*, vol. 19, pp. 177-238.

INDEX DES NOMS PROPRES

Cet index contient les noms mentionnés dans le texte, à l'exclusion des références bibliographiques.

INDEX DES LANGUES

INDEX DES TERMES ET DES CONCEPTS

INDEX DES DÉFINITIONS

3 1862 017 883 816
University of Windsor Libraries

Achevé d'imprimer
à Montréal
en l'an 2004
par
des Livres et des Copies inc.